主动理财理论与实践

# 主动理财理论与实践

陈先森　著

中国财政经济出版社

**图书在版编目（CIP）数据**

主动理财理论与实践/陈先森著．—北京：中国财政经济出版社，2010.12
ISBN 978－7－5095－2672－9

Ⅰ．①主…　Ⅱ．①陈…　Ⅲ．①财务管理—研究　Ⅳ．①TS976.15

中国版本图书馆 CIP 数据核字（2010）第 246683 号

责任编辑：吕小军　　　　责任校对：王　英
封面设计：和易润通　　　　版式设计：兰　波

中国财政经济出版社 出版
**URL**：http：//www.cfeph.cn
E－mail：cfeph@cfeph.cn

社址：北京市海淀区阜成路甲 28 号　邮政编码：100142
发行处电话：88190406　财经书店电话：64033436
北京财经印刷厂印刷　　各地新华书店经销
787×960 毫米　16 开　26.25 印张　426 000 字
2010 年 12 月第 1 版　2010 年 12 月北京第 1 次印刷
印数：1—5 000　定价：56.00 元
ISBN 978－7－5095－2672－9/F·2272
（图书出现印装问题，本社负责调换）
本社质量投诉电话：010－88190744

# 序

随着我国社会主义市场经济体制不断完善，政府职能转变加快，财政收支规模不断扩大，财政服务对象逐步拓宽，财政工作的复杂性和艰巨性越来越突出，迫切需要广大财政干部始终牢记“为国理财、为民服务”的宗旨，勇于改革，大胆创新，切实增强依法理财、科学理财、民主理财的能力，不断提高财政科学管理水平，更好地为改革发展稳定大局服务。

安徽素有敢为天下先的改革创新精神。近些年来，安徽财政部门认真贯彻落实党中央、国务院各项方针政策和安徽省委、省政府的决策部署，锐意进取，扎实工作，以加强财政管理基础工作和基层建设为抓手，深入推进财政科学化精细化管理，不断强基础、促改革、谋发展、惠民生，着力构建财政运行新机制、公共服务新体系、乡镇财政新模式和财政管理新平台，特别是创造性地开展“一卡通”、惠民直达工程等工作，取得了突出成绩。在较好服务安徽经济社会发展的同时，也在科学理财方面探索积累了不少宝贵的经验。

理论来源于实践，实践需要科学的理论作指导。陈先森同志先后担任安徽地税和财政部门的主要负责人，具有丰富的实际工作经验。同时，他也勤于思考，善于总结，注重将工作中的心得体会进行归纳和提炼，形成符合实际的科学理财思路和方法，用于指导工作实践。本书比较全面地反映了安徽财政改革发展的成绩与经验，提出了新时期进一步推进安徽财政改革发展的思路和措施：对财政调节国民收入分配，保障和改善民生，促进新农村建设，推动泛长三角融合发展，支持皖江城市带承接产业转移，实现财政与经济良性互动等理论和政策问题进行了深入思考；对加强财政科学化精细化管理，增强县乡财政保障能力，完善省内转移支付制度等重要体制机制改革完善工作提出了具体建议。总的看，本书既有对过去工作实践的回顾和总结，又有对未来改革发展的思考与建议，是先森同志多年来关于财政工作实践探索和理论研究的结晶，涉及面宽，内容丰富，观点鲜明，具有较强的针对性和可操作性，为做好财政工作和加强相关理论研究提供了有益的参考和借鉴。

“十二五”时期是我国全面建设小康社会的关键时期，是深化改革开放、加快转变经济发展方式的攻坚时期。完成中央“十二五”规划建议提出的各项目标和任务，对财政工作提出了新的更高要求，需要我们坚持以科学发展观为统领，紧紧围绕科学发展主题和加快转变经济发展方式主线，继续开拓创新，扎实工作，充分发挥财政职能作用，进一步提高科学理财的能力，不断开拓财政工作新局面，为全面完成“十二五”规划任务、全面建设小康社会作出新的更大贡献。

谢旭人

2010.12.8

# 目　录

## 理财思路篇



## 工作研究篇

## 改革发展篇

## 规范管理篇

# 理财思路篇

## 践行科学发展观推进主动理财的思考

近年来，安徽省各级财政部门认真贯彻落实科学发展观，积极发挥财政职能作用，在主动理财的理念形成和工作实践方面进行了有益探索，取得了一定成效，积累了宝贵经验。

### 一、主动理财的基本内涵及其实践

#### （一）主动理财的基本内涵

目前，理论界和财政界对主动理财尚无明确定义，结合财政工作实际，我们认为，主动理财即是以科学发展观为统领，以围绕中心、服务大局为前提，坚持以人为本、执政为民的原则，不做账房先生，不做摇头先生，主动作为，超前谋划，跳出财政看财政，综合运用多种财税手段和工具，实现财政职能作用的最大发挥。主动理财作为一种新的理财理念和思路，特点是主动作为，本质是为民理财，基本要求是未雨绸缪、谋划在前，根本目的是促进经济社会又好又快发展。就财政工作而言，科学理财是方法，民主理财是前提，依法理财是保障，主动理财则是基础，是贯穿始终的行为准则。

简单来说，主动理财就是要实现从“被动买单”、“被动理财”向“主动买单”、“主动点菜”的转变。主动理财与被动理财的区别在于，理财理念上，被动理财是被动应付的理财方式，被动执行，事后服务，墨守陈规，形同账房先生；主动理财强调主动性和超前性，主动请战，超前谋划，与时俱进，注重发挥主观能动性。理财目标上，被动理财基于财政收支的静态平衡，突出财政的保障功能，淹没于繁杂的事务性工作中；主动理财是跳出财政看财政，追求财政职能作用最大发挥，力求服务经济社会发展大局。理财范围上，被动理财仅仅局限于传统财政资金的收支；主动理财是全方位的、开放式的理财，随着社会经济的发展不断丰富和拓展。理财方法上，被动理财方法单一，行政法律手段运用较多；主动理财综合运用多种政策手段，善于发挥“组合拳”效应。由此可以看出，主动理财具有主动性、前瞻性、发展性、及时性、灵活性等特点。

### （二）主动理财的初步实践

新世纪以来，财政部党组深入学习实践科学发展观，积极完善宏观调控政策体系，针对财政经济发展的新阶段、新特点，提出了“主动买单”的理财新思路。安徽省财政厅积极响应，2007 年，旗帜鲜明地提出了“主动理财”理念，并要求做到“四个主动”，即主动协调关系，主动当家理财，主动接受监督，主动提升形象。同年 6 月在全省财政工作会议上强调：不做账房先生，做一名经济管理者；不做摇头先生，做一名财政明白人，主动理财、主动规范、主动创新、主动实践。9 月在全省市县财政局长会议上进一步提出“六个理念”，即以人为本的公共财政理念、服务大局的发展财政理念、改革创新的科学财政理念、统筹兼顾的协调财政理念、规范管理的绩效财政理念、强化监督的法治财政理念。2008 年，结合财政经济新形势，提出在解放思想中主动理财、在转变观念中促进发展、在践行宗旨中关注民生。同年，在深入学习实践科学发展观活动中，强调要把握“六个注重、六个增强”，提出要以“主动当家理财、服务跨越发展”为先导，坚持依法理财，立足法制化；注重过程管理，追求精细化；强调主动理财，推进规范化；主动民主决策，着力科学化；加强能力建设，营造常态化。2009 年 4

月在全省各市财政局长座谈会上，提出“如何将被动变主动理财，如何将困境变主动发展，如何将能力变主动实践”三个主题。这些都是对主动理财理念的深化和发展，丰富和完善了主动理财理念，在全省范围内营造了良好的舆论氛围。

### （三）主动理财实践初见成效

主动理财作为一种全新的理财理念，在理财实践中也不断发挥着积极和现实的作用。安徽省财政厅运用主动理财新理念指导工作实际，成效显著，对发挥财政职能，推动经济社会又好又快发展起到了积极的作用。如面对罕见的国际金融危机，省财政厅主动作为，先后派出 17 个调研小组开展“三深入”工作调研，积极谋求应对之策，调查报告很多建议被省委省政府系列文件所采纳。又如连续 3 年累计投入近 480 亿元实施民生工程，安排 25 亿元支持市县建立中小企业担保基金和中小企业贷款风险补偿资金，6 亿元支持合芜蚌自主创新综合配套改革试验区创新体系建设，及时出台支持县域经济、区域经济发展等一系列政策。这些主动理财的积极实践推动了地方经济的快速发展，创造了稳定和谐的社会环境，得到了省委、省政府和社会各界的肯定和赞许。2007 年、2008 年，省财政厅在省直机关效能建设考核中连续两年荣膺桂冠，政府系统目标管理考核中分获一、二名。省委书记王金山多次对财政工作予以肯定，在《关于报送 2008 年财政工作总结及明年工作的报告》上批示：财政工作积极主动，成效显著；在《2008 年争取中央资金情况的报告》上批示：财政工作显著，辛苦正在其中，全省人民都会感谢的。省长王三运在全省民生工程暨财政工作会议上指出：财政部门着眼大局，主动作为，科学理财，服务发展，在关键的时刻拿出关键的举措，解决关键的问题，为全省经济社会发展作出重要贡献。

## 二、主动理财的必要性和可能性

### （一）经济社会发展新形势新任务要求财政部门必须主动理财

其一，克服市场经济自身缺陷的要求。我国市场经济体制初步建立，但并不健全，以自发性、盲目性、滞后性为标志的“市场失灵”频有发生，有必要发挥政府“看得见的手”进行宏观调控。通过适时而主动的财政手段，主动理财，弥补市场缺陷，防止经济大起大落。

其二，财政职能作用发挥的内在要求。通常，财政具有资源配置、收入分配、经济稳定及经济发展四大职能，时况不同，地域不同，四大职能的主从顺序不同，发挥这些职能作用所采取的手段和工具也不尽相同。这就要求财政部门审时度势，科学研判经济发展态势，准确把握经济发展趋势，主动调整财政政策手段和工具，时而顺势而发，时而逆势而为，更好地发挥财政职能作用。

其三，促进财政经济良性互动的要求。经济决定财政，财政反作用经济，财政在支持经济发展的同时培植了“财源”、壮大了“财力”，为更好发挥其职能创造了条件。现阶段，我国刚由“吃饭财政”向“建设财政”转变，财力大而不强，财政部门必须主动理财，服务经济发展大局，在保持经济持续增长的同时促进自身的发展壮大。

其四，经济社会发展所处阶段的要求。我国正处于工业化发展的中期，人均 GDP 已超过 3000 美元，是一个厚积薄发、加速崛起的关键阶段，既是黄金发展期，也是矛盾凸显期。经济转型、产业升级、收入差距、人口老龄化等一系列问题接踵而至。为摆脱“中等收入陷阱”①，顺利跨越“刘易斯拐点”②，需要财政主动发挥资源配置作用，趋利避害，引导产业升级，促进经济转型，实现跨越发展。

### （二）财政宏观调控理论与实践的不断丰富和发展为财政部门主动理财提供了保障

其一，前人对政府理财思想和行为的积极探索，为主动理财提供了丰富的理论基础。早在 19 世纪中叶，马克思就在其著作中指出了资本主义国家对经济进行干预的必要性和普遍性，同时说明了社会主义国家宏观调控的

---

① 世行高级经济学家米兰·布拉姆巴特指出东亚新兴经济体赖以从低收入国家成长为中等收入国家的战略，对于他们向高收入攀升是不够的，几乎没有哪个经济体能够顺利驾驭届时将出现的复杂技术、社会和政治挑战，即存在“中等收入陷阱”。

② 工业化发展中期后，富余劳动力逐渐减少，“人口红利”逐渐枯竭，传统经济增长模式将缺乏支撑点，经济转型势在必行，这一理论最早由诺贝尔经济学奖得主刘易斯在人口流动模型中提出，故称之为“刘易斯拐点”。

特点及优越性。20 世纪 30 年代空前经济危机大爆发后，凯恩斯提出运用财政收支调控经济，大规模增加政府支出，增加社会有效需求，帮助大多数资本主义国家实现了大危机后长达 30 年的繁荣。我国自古以来就把理财作为治理国家的大事，认为理财对于政权的稳固、国家的兴衰、社会的进步与发展具有极为重要的意义。宋代的苏辙①、南宋的叶适②对此都有表述。建国以后，许多学者先后提出了“保障性财政”、“经营性财政”等概念，都不同程度地涉及了主动理财的思想内涵。所有这些有关政府理财思想和行为的积极探索，为主动理财提供了丰富的理论基础。

其二，我国财政部门历次宏观调控的成功事实，为主动理财提供了很好的典范作用。改革开放特别是 1992 年确立社会主义市场经济体制改革目标以来，我国经济发展多次受到国际经济周期的冲击，但始终避免了大起大落，这其中，政府适时而主动的宏观调控起到了十分重要的作用。如 1993 年为防止投资过热而实行适度从紧的财政政策，1998 年为抵御亚洲金融风暴出台扩大内需的积极财政政策，2004 年针对经济局部过热采取稳健的财政政策，以及 2008 年 11 月起实行的积极财政政策。财政部门根据政府宏观决策和经济运行状况适时出击、逆势而为，进而做到主动理财，有助于熨平经济发展中的周期性波动，实现国民经济持续健康发展。

其三，我国经济总量的提升、政府财力的壮大，为主动理财奠定了一定的财力基础。2008 年，我国经济总量已突破 30 万亿元人民币，上升为全球第四，全年财政收入达 6.13 万亿元，财政实力不断壮大，总体上摆脱了过去“吃饭财政”状况。现在一周财政收入比改革开放初的一年还要多，一日财政收入相当于过去的近两个月的收入。政府财力的壮大，为财政部门主动理财提供了必要条件。

其四，财政调控手段的丰富、调控水平的提高，为主动理财提供了必要的能力支撑。20 世纪 90 年代以来，我国财政部门针对经济发展不同状况实施了多次宏观调控，取得了显著的效果，也积累了丰富的经验。调控手段由原来以直接的行政和计划手段为主，发展成为以经济、法律等间接手段为

① 苏辙在《上皇帝书》指出：“财者，为国之命而万事之本。国之所以存亡，事之所以成败，常必由之。”

② 叶适在《财论总一》指出：“财者，今日之大事也，必尽究其本末而后可以措于政事。”

主，辅之以必要的行政、政府投资等直接手段。调控工具由单纯的税收、政府支出发展到综合运用国债、预算、补贴、担保、投融资、政府采购等等，并注重与货币工具的搭配使用。调控水平日益提高，调控技术日臻成熟，驾驭能力日趋增强，为实现主动理财提供了能力支撑。

## 三、主动理财的目标

### （一）以服务党委政府中心工作为目标，做有为财政

财政是政府重要职能部门，也是政府宏观调控的综合管理部门，是在党委、政府直接领导下开展工作，财政工作要想做好，必须紧紧围绕党委政府的中心工作、战略部署，当好参谋、做好助手。要主动理财，必须结合重大发展战略，纵览经济发展全局，主动为党委政府出谋划策，必须围绕决策部署，积极做好配合和实施工作，即以服务党委政府中心工作为目标，做有为财政。

### （二）以促进经济又好又快发展为目标，做发展财政

发展是硬道理，是解决中国所有问题的关键，是实现中华民族伟大复兴的根本出路，是党执政兴国的第一要务。经济决定财政，财政反作用于经济，而社会发展是财政经济可持续的保障。因此，要主动理财，必须以发展经济、服务社会为导向，不断做大经济“蛋糕”，保持社会稳定和谐，实现财政经济良性互动、循环互推，即以促进经济又好又快发展为目标，做发展财政。

### （三）以健全公共服务财政体制为目标，做民生财政

社会主义财政的本质是取之于民用之于民，方向和目标是建立公共财政体制，做服务财政、民生财政。财政所理之财，既不是私人财产，也不是股东财务，而是全体纳税人的钱，其理财行为，必须代表人民利益，对人民负责，财政部门理财的最终目标是最大程度满足人民群众意愿，服务人民群众根本利益。要主动理财，必须建立公共财政体制，完善基本公共服务体系，即以健全公共服务财政体制为目标，做民生财政。

### （四）以营造高效和谐理财环境为目标，做和谐财政

财政工作是综合性工作，涉及各个方面，财政职能的发挥需要以部门的配合协调为依托。因此，主动理财不是盲动蛮干，而是巧干实干共同干。财政工作干的如何，除练好内功外，上下左右内外的环境即理财生态十分重要，这既是主动理财的环境条件，也是主动理财的目标。要主动理财，必须努力营造改革创新的思想环境、提能增效的主题环境、文明高效的服务环境、蓬勃向上的人文环境、奋发有为的舆论环境，即以营造高效和谐理财环境为目标，做和谐财政。

## 四、主动理财的措施

财政部门推进主动理财，最能发挥财政作为政府综合管理部门的职能作用，最能提高财政围绕大局、服务发展的能力和水平，最能体现财政与时俱进、开拓奋进的改革创新精神，最能有效促进财政经济良性循环互动机制的形成。财政部门应深刻理解、全面把握主动理财的现实意义和精神实质，积极创新主动理财方法，着力提高主动理财能力，大力开展主动理财实践，更好地发挥财政职能作用，推动经济发展和社会各项事业全面进步。

### （一）牢固树立主动理财理念

主动理财，主动是行为，思想是先导，理财是目的，有什么样的思想，才会有什么样的行动和实践。要准确把握主动理财的丰富内涵，牢固树立主动理财的先进理念，概括起来，就是要做到“四破四立”。

一是破除账房先生意识，树立主动理财理念。财政部门不能等同于财务部门，绝非只是负责简单收支的“账房先生”。财政部门要主动当家理财，主动当好参谋，参与经济管理，在应对挑战中抢抓机遇，在确保当前中谋划长远。二是破除摇头先生意识，树立服务大局理念。虽然财政资金短缺在一定阶段长期存在，但财政部门完全不必事事“摇头”。在盘活现有资金、整合存量资源的基础上，财政部门必须识大体、顾大局，牢固树立“一盘棋”思想，紧紧围绕党委政府决策部署，纲举目张，服务大局，主动买单，积极为部门、基层、群众办实事、办好事。三是破除财力困难意识，树立服务发

展理念。要看到财政与经济发展的互动机制，毫不动摇地坚持“发展是执政兴国第一要务”方针，围绕中心，主动入局，自觉谋局，千方百计做大经济“蛋糕”。四是破除主观臆断意识，树立科学理财理念。财政部门要做好调查研究，做到“主动”而不“主观”，同时，对“越位”的领域及时“挪位”，对“缺位”的地方尽快“补位”，对“错位”的范围迅速“调位”，不断提高科学理财水平。

### （二）着力提高主动理财能力

思想是先导，能力则是基础，理财能力的不断提升是实现主动理财的前提条件和重要保障。主动理财能力涉及面很广，非一朝一夕可得，要适应不断变化的实际，在学习和实践中不断总结和提升。

一是提高勤于学习能力。树立终生学习理念，加强政策理论和专业知识的学习，增强对政策措施的分析判断和决策能力，提升主动理财的业务素质；广泛学习其他专业知识，提高建言献策能力。二是提高开拓创新能力。积极开展主动理财的创新实践活动，激发主动理财的干劲和闯劲，激扬主动理财的勇气和锐气，不断提出主动理财的新思路、推出主动理财的新举措、开创主动理财的新局面。三是提高统筹谋划能力。着眼于满足社会公共需要，统筹平衡好经济社会发展过程中的各种利益关系，既要增强抓大事、谋大事的能力，也要注重潜在性、经常性问题，透过现象看本质，做到见微知著、未雨绸缪，创造性地开展工作。四是提高有效执行能力。坚持“快细实严”的工作要求，将工作目标细化量化，明确职责，限时完成，提高效率，建立起主体明确、层次清晰、权责统一的高效工作执行机制。五是提高防腐自律能力。树立正确的人生价值观，增强党性修养和法制意识，严格遵守财经法规和纪律，筑牢拒腐防变的思想防线，规规矩矩做事、干干净净理财、清清白白做人，真正做到权为民所用，利为民所谋，情为民所系。

### （三）紧紧抓住主动理财重点

财政工作千头万绪、纷繁复杂，但更多的是带有全局性、根本性、牵动性的重点、难点工作，要紧紧抓住这些重点、难点工作来主动理财，有的放矢，起到“牵一发而动全身”的作用。

一是拓展收入来源，在“开源”中主动理财。稳定的财源是实现国家职能和提高国民福利的保障，“开源”可以通过增加新税种或提高税率，还可以挖掘政府非税收入，但都不能“杀鸡取卵”，这个“源”必须符合市场经济规律，符合税制改革的方向，符合国家总体战略部署，要在促进经济增长的过程中实现收入增长，真正做到民不增负而财力充足。全面推行增值税转型，研究开征资源税、环境保护税、物业税，加强土地、矿产等国有资源收益管理。要利用多种渠道，注重政策的长远效应，在促进经济和社会发展的同时，增加财政收入，以土地合理增值生财，以招商引资创利生财，以资本市场融资生财，以国有股份减持生财。同时，要加强税源调查，建立重点税源信息库，定期分析掌握经济形势和税源结构的变化趋势，创新税收征管方式，挖掘收入征管潜力。二是优化支出结构，在“节流”中主动理财。“开源”与“节流”本是硬币的两面，相对于“开源”而言，“节流”具有更强的可操作性，更能产生立竿见影的效果，但同时支出刚性大，节支阻力大。要优化财政支出结构，有保有压。具体要做到“三保三控”，“三保”即保增长、保民生、保稳定，“三控”即适当控制支出规模增长、控制行政经费增长、控制一般性项目支出增长。要围绕建设节约型政府的目标，启动公务卡改革，推行公务消费货币化改革，实现公务购用车、会议、公务接待、党政机关出国（境）四项经费预算“零增长”。同时，要全面实施部门预算、绩效评价、政府采购、国库集中支付等制度，增强财政资金运行的透明度，提高资金使用效益。三是加强监督管理，在“规范”中主动理财。监督管理既是实现主动理财目标的保障，又是评价主动理财实际效果的有效手段。财政监督应覆盖预算编制、政府采购、资金支付等各个环节，实现事前、事中、事后，收入、支出、绩效的全方位监督管理。推进实施财政投资评审论证、预算听证、预算支出绩效考评等工作，对财政支出的合理性和有效性进行全面分析和评价，提高预算安排的科学性、准确性、绩效性。同时建立健全绩效评价结果使用导向机制，把绩效考评结果作为预算安排和资金拨付的重要依据。

**（四）积极创新主动理财方法**

方法是实现主动理财的基本途径和方式，要在科学发展观和辩证唯物主义哲学观的指导下，积极探索和创新主动理财方法。

一是超前谋划求主动。“凡事预则立，不预则废”，财政工作同样如此。

财政部门要加大财政调研力度，提高形势研判能力，从全局、大局的高度系统研究影响科学发展的重大问题，主动谋划应对之策，注重调研成果向财政政策、党委政府决策的转化，更好地指导财政工作。二是集中财力办大事。唯物辩证法指出，事物发展过程中有主要矛盾和次要矛盾、矛盾主要方面和次要方面之分，解决任何问题都要善于抓住事物的重点和主流。财政资金的供求矛盾是普遍存在的，只有集中有限财力重点解决影响发展全局的主要矛盾以及矛盾主要方面，坚持量入为出、力所能及的原则，分清轻重缓急，不“撒胡椒面”，选准“大事”，做好“少米之炊”，才能更好地发挥财政职能作用，实现经济社会又好又快发展。要结合实践和当前，重点支持对经济社会发展具有全局性、牵动性的项目建设，确保法定增长支出需要，保障民生工程资金落实。三是统筹兼顾促和谐。唯物辩证法同时指出，主要矛盾和次要矛盾、矛盾的主要方面和次要方面在一定条件下可以相互转化，要统筹兼顾，坚持两点论和重点论的统一。财政是国民收入的再分配，与初次分配相比，更应注重公平，更应统筹考虑国民经济各个层面，特别是薄弱环节和弱势群体。此外，财政工作具有点多、线长、面广的特点，这更要求工作中坚持统筹兼顾原则，牢固树立“一盘棋”的全局思想，不能只顾一头、不顾其他，搞“单打一”，更不能搞本位主义。四是创新方式重实效。财政资金是稀缺资源，财政职能的作用大小不仅取决于资金量的大小，还取决于资金使用的方式方法。应充分利用财政资金导向性、牵动性的特点，发挥乘数作用，实现倍增效应，巧用四两拨千斤以吸纳社会资金参与经济和社会事业建设。要积极发挥财政资金杠杆作用，探索设立金融控股公司、创业风险投资基金、产业投资基金，加快建立中小企业信用担保体系，综合运用债券、股票、担保、贴息、融资券、票据等工具，促进多元化企业融资服务平台建设。五是雪中送炭惠民生。科学发展观的核心是以人为本，具体到财政就是把保障和改善民生作为财政责无旁贷的重要任务，把更多的财力向基层倾斜、向民生倾斜、向困难群体倾斜，多做雪中送炭之举，少做锦上添花之事，让改革发展的成果更多更好地惠及全体人民。

### （五）努力激活主动理财环境

环境不仅是主动理财能否实现的保障，也是主动理财能否发挥应有效应的关键。要树立环境也是生产力的思想，营造和谐主动理财环境。

一是营造改革创新的理财思想环境。创新理财理念，根据新时代、新形势的要求，围绕发展、围绕民生、围绕和谐，不断调整完善理财思路。二是营造提能增效的理财主题环境。提高财政资金使用效率是主动理财的最终归宿，要进一步增强质量、效率、效益和成本意识，理顺收入分配关系，优化支出结构，营造提能增效的主题环境。三是营造文明高效的理财服务环境。深入推进机关效能建设和能力建设，强化服务意识，提高服务效率，积极落实结构性减税（费）政策措施，优化经济发展环境。四是营造蓬勃向上的理财人文环境。要不断加强理财文化建设，深度挖掘理财文化内涵，开展丰富多彩的理财文化活动，激发人们的理财热情，形成处处关注理财、事事体现理财、人人支持理财的人文环境。五是营造奋发有为的理财舆论环境。大力宣传财政围绕大局、支持发展的政策措施，改革创新、开拓奋进的进取精神，服务民生、促进和谐的职能作用，努力使社会各界更多地关心财政、理解财政、支持财政，营造和谐顺畅的理财舆论环境。

### （六）健全主动理财体制机制

要实现主动理财长效化、常态化，必须探索财政经济发展规律，掌握主动理财之道，规划主动理财之策，为推动财政部门主动理财提供制度和机制保障。按照管理学上的要求，科学决策程序应是信息系统—咨询系统—决策系统—评价系统—监督系统。基于此，主动理财的体制机制应包括：

一是情况调研机制。主动理财政策的提出，措施的实施，必须经过广泛深入的调研，符合经济发展规律，符合党委、政府的决策部署，符合人民群众的现实需要。因此，要切实加强调查研究，问计于民，问计于基层。二是沟通会商机制。一方面及时主动向党委、政府、人大等部门报告财政工作和财政改革的主要做法，加强与兄弟部门的工作联系，争取工作的主动权；另一方面加强与税务、海关、银行等征管部门的工作联系，全面建立财税库银联席会议制度，定期召开经济形势分析会，发挥各部门优势，实现信息共享。三是民主决策机制。财政是政府的财政、人民的财政，只有建立民主决策机制，推行民主理财，才能保证纳税人的钱用在当处、花出效益。要综合运用公示、听证、论证等方式，广泛征求各方面意见，坚持阳光透明操作，维护人民群众的知情权和监督权。四是评价反馈机制。财政政策要及时适应变化了的客观实际，减少“政府失灵”的几率以及由此带来的损失，即要根据政策施行过程中的评价意见，适时加以调整，建立政策的相机决策机制。同时，还必须建立财政应急快速反应机制，加快应急财政资金拨付进度。五是监督考评体制。充分发挥财政专业监督、审计监督、人大监督等监督合力作用，确保财政资金合理安全运行；建立健全财政支出绩效考评体系，提高财政资金使用效率。

# 做好五篇“文章”实现跨越式发展

安徽既是一个经济社会刚刚走上平稳发展的省份，也是一个已进入发展速度较快、经济增长质量较好的省份。安徽省委省政府适时提出要在中部六省争先实现崛起。在这样的背景下，财政该怎么办？如何在支持和调控全省经济发展，做大经济、财政“蛋糕”中发挥更大作用？如何更好地改善民生，发挥财政资金最大效益？是摆在全省财政部门的现实课题，必须调整理财观，确立突出五个“围绕”，做好五篇“文章”的工作思路。

## 围绕崛起做支持发展文章

财政在经济社会发展中的地位和作用越来越重要，改革、发展、稳定都离不开强大的财力支撑。这就要求我们，不能把目光仅仅停留在财政收支管理上，要把视野扩大到支持和促进经济社会发展的大局，毫不动摇地坚持“发展是执政兴国第一要务”的方针，主动入局，自觉谋局，千方百计地做大经济“蛋糕”。当前最重要一点，就是要围绕安徽崛起，充分发挥财政职能，利用财税政策，大力支持“861”行动计划，大力支持县域经济发展，加快推进东向发展、中心城市发展、皖北地区发展等战略，支持和调控全省经济发展，努力把企业做大、做强，把财政“蛋糕”做好、做大。

## 围绕管理做规范理财文章

安徽是一个经济社会刚刚走上平稳发展的省份，就像老百姓居家过日子一样“穷家难当”。如何把有限的资金花到该花的地方，花出去的钱是否掷地有声，就要靠完备的财政法规制度和监督惩戒机制、规范的理财程序和理财行为、高素质的财政干部队伍提供支撑。规范理财，依法行政，就是要把一切财政收支活动纳入法制化、规范化轨道，在分配资金时，不能靠拍脑袋，凭空想象；在资金使用时，不能想干啥就干啥，随意支出。多年来，财政通过自身改革，越来越规范，但是，资金的安排、使用时时刻刻都在发生，有的时间很紧、要求很急，在这种情况下，能不能做到规范，特别是重要的环节能不能做到公平公正，这对财政规范管理提出了考验。我们要在建立监督惩戒机制和完善理财程序的同时，着重抓好两方面工作，一是提高财政干部的政策水平、理财能力，二是提升财政干部的思想境界和节俭意识。前者通过已开展的岗位大练兵活动来改善和提高，后者通过作风建设年活动来实现。这样做的目的，就是使大家明白，规范理财不能只规范别人、规范基层，更重要的是规范自己，提高能力，约束自身的权力。这样才能掌好权、管好钱，才能把规范理财的文章做好。

## 围绕民生做惠民惠农文章

2007 年，党和政府对改善民生作出了一系列承诺，开出了巨大的“民生红包”。特别是在省委、政府决定实施 12 项“民生工程”后，人大代表反响强烈，人民群众广泛拥护，普遍认为这是 2007 年政府工作的最大亮点。现在看，各项政策的含金量都很高，且有具体的政策措施和资金投入保障，尤其是围绕老百姓“生活难、看病难、上学难”等问题，各地能使的招，能拿的钱几乎都拿出来了，这充分反映了各级党和政府对解决民生问题的诚意和决心，也充分反映了以人为本的基本施政理念，也是财政资金取之于民、用之于民的最好诠释。然而，随着省政府文件的下发和责任状的签订，我们不得不思索，已定的政策能否做到了很好的衔接，力度和密度能否拿捏得很准，政策到了基层能否得到贯彻落实，几十亿元资金，能否保证落实到老百姓身上而不被挪用、截留、挤占。当前，担心执行力不够、政策打折扣或落实不到位，已成为政府之虑和普通百姓之惑。财政作为执行部门如何解政府之虑百姓之惑，是摆在我们面前的重大课题。为此，必须提高执行力，严格按政策办事；必须在落实上下真工夫，拿出实招、真招切实将资金发放到老百姓手里，真正让公共财政的阳光惠民、惠农。民生工程是一项德政工程，都是解决弱势群体急办的事情，要通过我们的努力，把好事做好，把党和政府的关怀更好更快地传递给老百姓。

## 围绕和谐做工作协调文章

构建和谐社会应从创建和谐机关抓起，而要创建和谐机关必须从理顺关系、协调矛盾、提高服务质量破题，要围绕群众和部门所想、所愿、所难展开工作，力争做到政府满意、部门满意、基层满意、群众满意和社会满意。财政工作千头万绪，纷繁复杂，矛盾多，关注度高，在处理事务的过程中，沟通协调至关重要。我们要把握层次，分类对待。对上级要多请示多汇报，争取领导的支持。除了采取经常性的汇报沟通外，最重要的还是要把工作做好，要通过开创性的、富有成效的工作业绩赢得上级的支持。对部门要多沟通多交流，主动服务，获取谅解。各部门之间是平等合作的关系，都是财政部门的服务对象，要在坚持法规政策的前提下，平等地商量事项、解决问题，每出台一项政策或安排一笔资金，都要说清楚背景或分配原则及依据，做到公正、透明，这样才能获取部门的谅解和支持。对市县要多调查多了解，主动解困，赢得理解。要“沉下去”深入细致地了解市县实情，把困难找出来、把问题找出来、把好经验总结出来，对能够解决的问题要及时解决，需要研究的问题要拿出方案，不能解决的问题要说清理由，要在帮助、指导中赢得理解。对群众来访要多倾听多解释，主动介绍政策，树立权为民所用、利为民所谋的好形象。群众来访大都反映的是政策落实问题，作为财政干部要把他们反映的问题了解透，要把政策讲解透，把应该解决的问题解决好，这样群众才能满意。众人拾柴火焰高，好的形象、好的反响，都是经过多方反映才形成的。应从身边事做起，从点滴事情做起，把各方关系处理好、协调好。

## 围绕效能做作风建设文章

加强机关效能建设是财政发展的需要，是提高理财水平和能力的根本途径，也是做好新形势下财政工作的重要举措。提高效率、提升能力首先要抓好作风建设，使优良的作风变成自觉的行动，这样才能持久地保持高效能。当前，要改进五种作风，在五个方面狠下工夫。一是改进思想作风，在求实创新上下工夫。进一步转变理财观念，理清新时期财政工作思路。二是改进学风，在知行合一上下工夫。牢固树立终身学习的思想，按照胡锦涛同志提出的“四学习、四提高”的要求，提升岗位能力，增强工作的科学性、预见性和创造性。三是改进工作作风，在狠抓落实上下工夫。树立服务至上的理念，强化责任意识，以推进财政发展为己任，高效率、快节奏地抓好每项工作，并一抓到底，抓出成效。四是改进领导作风，在优化服务上下工夫。进一步强化宗旨意识、公仆意识，善于倾听民意，体察民情，进一步密切与人民群众的血肉联系，切实把人民赋予的权力用于为人民服务中去。五是改进生活作风，在艰苦奋斗上下工夫。牢记“两个务必”，树立正确的权力观、地位观、利益观。牢固树立过紧日子的思想，节俭高效地花好每一分钱，切实推进节约型社会建设。

# 以财政理念创新促进安徽跨越发展

胡锦涛同志在党的十七大报告中指出，促进国民经济又好又快发展要深化财税、金融等体制改革，并提出了一系列改革方向和目标。财政部门有必要认真学习十七大报告精神，不断创新财政理念，促进安徽省的跨越式发展。

## 树立以人为本的公共财政理念

公共财政的特征是公共性，应该满足为政府生产及广大人民群众提供公共物品和服务的需要，满足调节居民之间收入分配的需要，满足实现宏观经济稳定、持续、均衡发展的需要，同时，应该运用好监督检查手段，保证各项职能得到发挥，保证经济社会协调发展，最终保证人的全面发展。为此，各级财政部门必须树立人本理财观，始终关注民生。首先，必须在公共财政的用财理念上实现新突破。要坚持以人为本的公共财政理念，牢固树立为民理财的意识，注重通过支出结构调整和优化，促进收入分配公平合理，保障全体人民共享发展成果。其次，必须在公共财政的覆盖领域上实现新突破。按照基本公共服务均等化的要求，既注重城市，又注重农村。当前和今后一段时期，要大力调整支出结构，保障灾后重建和受灾群众基本生产和生活需要；坚决落实“十二项民生工程”资金；落实好推进城乡统筹、节能减排、义务教育的各项政策；增加投入支持农村卫生建设、“新农合”和城镇居民医疗保障制度改革；统筹安排资金解决好因物价上涨而受影响的低收入群体的生活问题。

## 树立服务大局的发展财政理念

为发挥财政的资源配置和经济稳定职能以促进发展，要树立发展理财观，把财政支持经济又好又快发展作为第一要务，为公共财政支出提供雄厚的财力支撑。首先要解决“生财”问题。坚持按客观经济规律办事，大力发展经济、培植财源，壮大财力，确保财政的可持续发展，构建稳固、平衡、强大的财政。其次，增强全局意识。财政作为各种矛盾和利益的交汇点，要站在经济和社会发展全局的高度，把握财政规律，拓宽理财思路。一方面，要以支持和服务经济发展为己任，充分运用国债、税收经济手段，促进安徽省有比较优势的能源、原材料、农业及其他劳动密集型产业发展，支持主导产业做大做强，支持企业掌握核心技术，提高自主创新能力，努力打造经济发展的核心增长极。另一方面，按科学发展观的要求，通过科学执行国家财税政策，为企业平等竞争、自我发展创造公平、开放、宽松的财税环境；通过加强基础设施、公共工程建设，搭建有利于创业和发展的投资环境；通过财政投融资的杠杆作用，凝聚、引导社会资金的流向和流量，调控经济结构和布局，为创业和发展提供融资环境。

## 树立改革创新的科学财政理念

理财观决定着财政发展战略、模式和政策取向，会对整个财政实践产生重大而深远的影响。要把科学发展观作为统揽财政工作的根本指导思想，并把它切实贯彻落实到财政工作的每一个环节。要通过财政改革和观念、制度、技术、工作和文化创新，保持财政收入的可持续增长，理顺各种分配关系，确保各项政策、资金落实到位。按照这一要求，必须牢固树立全局、大局观，树立协调、和谐的发展观，树立为民、惠民的服务观和依法、遵规的管理观；围绕崛起、围绕管理、围绕民生、围绕和谐、围绕效能，创新制度；同时，加快“金财工程”建设步骤，用现代化手段为加强支出管理服务。

## 树立统筹兼顾的协调财政理念

近几年，党和政府高度重视全面、协调、可持续发展，这要求各级财政部门要树立协调理财观，以公共性为取向，以均等化为主线，充分发挥资源配置和收入分配职能，支持和服务于“五个统筹”。一是要鼎力支持解决“三农”问题。进一步深化农村综合改革，切实减轻农民负担；加大财政支农投入，整合支农资金，真正让公共财政的阳光普照“三农”。二是要支持区域协调发展。通过实施财税优惠政策和财政转移支付等手段，支持县域经济发展、东向发展、中心城市发展和崛起，扶持困难地区加快赶超。三是要推动社会事业发展。认真落实并不断完善促进社会发展的财税优惠政策，大力支持制度建设和体制创新，重点支持收入分配制度改革、就业和社会保障体系建设、教育体制改革和公共卫生体制改革。四是要大力支持环境保护和生态建设。合理运用财税调控手段，加大投入，完善措施，支持节能减排，促进环境保护和生态建设走上良性发展轨道。

## 树立规范管理的绩效财政理念

要把纳税人的钱花得明白、规范、出效益很不容易，现在社会各界都在关注财政的钱花在何处，效益如何，财政部门没有一个交代不行。各级财政部门都应树立财政绩效观，要看政策指向对象有多少人受益、解决了什么问题、多少问题。为此必须树立规范理财观，逐步建立财政预算支出绩效以成果为导向的管理机制，切实提高财政管理效率、资金使用效率和公共服务水平。应逐步建立以追求最大绩效作为预算管理根本目标、将实现既定目标作为财政管理根本要求、将财政资源配置的最终成果作为衡量管理水平根本标准的管理机制，并将此贯穿于预算编制、执行、监督等管理活动的全过程，从而形成一种新的面向结果的管理理念和方式。同时，还要认真研究如何利用好考评结果，在向社会各界公布绩效的同时，真正将绩效考评结果运用到下一年度预算安排上，运用到调整支出结构上，建立支出绩效对预算编制的正向激励机制。

## 树立强化监督的法治财政理念

依法行政、依法理财这一提法已有十几年，但真正使其得到全面推开并取得明显成效也只有几年时间。近期财政部提出要加强对财政运行全过程的监督，尽快建立“法治”财政。从安徽省省级财政讲，资金安排、分配、使用与监督检查脱节问题一直没有得到较好解决，行政审批方式创新还不够，财政管理和资金使用中仍存在违法违纪问题。为此，我们必须树立依法理财观，以法制的思想和精神为指导，通过建立和遵守财政法规和制度，规范理财程序，约束理财行为。要围绕依法理财的难点和重点加大推进力度。一是加快完善财政监督机制，强化监督与管理的进一步融合，特别要强化事前、事中监督，促进建立健全预算编制、执行、监督相互制衡的财政资金运行体系。二是进一步深化财政行政审批制度改革，落实行政许可法，实行责任追究。三是加强内部监督、规范财政信息披露，做到财政运行对监督机关透明、对预算单位透明、对社会透明，自觉接受人大、审计及社会监督。

# 科学发展观是科学理财的根本指针

科学发展观是马克思主义中国化的最新成果，是我国经济社会发展的重要指导方针，是发展中国特色社会主义必须坚持和贯彻的重大战略思想。科学发展观根植于中国特色社会主义的伟大实践，我们要认真学习、深刻理解和全面把握科学发展观的科学内涵、精神实质和根本要求，用科学发展观武装头脑、指导实践、推动工作。坚持第一要义，用科学理财的办法更好地服务跨越发展中的矛盾和问题；坚持以人为本，努力实现好、维护好、发展好广大人民群众的利益；坚持统筹兼顾，提升财政工作的效能；坚持全面协调可持续，促进全省国民经济平稳较快增长。

## 一、联系实际，是学习实践活动取得更大成效的根本保证

紧密联系思想实际，着力转变不适应、不符合科学发展观的思想观念。以解放思想大讨论为载体，在“为什么科学理财、能不能科学理财、怎么样科学理财”上统一认识。在思想和行动上，从传统理财观念的束缚中突破出来；从经验模式、教条主义的习惯中突破出来；从照本宣科、本本主义的条条框框中突破出来；从不温不火、不紧不慢的惰性心态中突破出来。激发科学理财的干劲和闯劲，激扬改革创新的勇气和锐气，使思想和行动更加符合实事求是的要求，更加符合经济社会发展规律、符合公共财政运行规律。

紧密联系工作实际，着力解决财政工作中影响和制约科学发展的突出问题。以科学理财、依法理财、民主理财、规范理财为主旨，提高学习、创新、谋划、执行和自律五种能力，围绕财政收入、支出、行政、监督、队伍

建设等环节的问题，突破“瓶颈”，做到“五化”：即坚持依法理财，立足法制化；注重过程管理，追求精细化；强调主动理财，推进规范化；主动民主决策，着力科学化；加强能力建设，营造常态化。

紧密联系群众实际，着力解决群众反映强烈的突出问题。以广泛发动建言献策为载体，通过发放问卷、现场座谈等多种方式，面向社会，开门迎谏，把广大人民群众最关心、最直接、最现实的利益问题找准找实。对照问题、深刻剖析，真敲实凿、认真解决，真正做到请群众参与、让群众知情，请群众监督、让群众检验，请群众评价、让群众满意。

紧密联系财政实际，着力完善有利于科学发展的体制机制。以落实积极的财政政策为契机，健全“五大体系”，即自主稳定增长的财政收入体系，保障和改善民生的公共财政支出体系，公共化取向的现代预算管理体系，适应均等化要求的省以下财政分配体系，促进科学发展的公共财政调控体系。

紧密联系安徽实际，着力提高促进科学发展的水平。以“推进科学发展、加速安徽崛起”为主题，增强学习实践、破解难题、创新机制、干事创业、能力建设、服务大局六个意识。坚定不移支持发展，坚持不懈服务“三农”，不遗余力改善民生，矢志不渝推动自主创新，齐心协力，危中抓机，共克时艰，力促发展。

## 二、彰显特色，是学习实践活动展现强大动力的有效途径

突出科学性，丰富科学理财的思路和办法。转变理财观念，确立服务跨越发展、全面协调可持续、统筹兼顾和以人为本的理财观念。破除账房先生意识，树立主动理财理念；破除摇头先生意识，树立服务大局理念；破除财力困难意识，树立支持发展理念；破除主观臆断意识，树立科学理财理念。创新理财思路，着力构建权责明晰、定位准确、规范透明的政府分配新机制，构建体系完整、制度健全、运行高效的支出管理新机制，构建制度完善、考评科学、约束有力的预算绩效考评新机制，构建经济与财政同步增长、相互协调、正向促进的收入增长新机制，构建制度健全、执行严格、监督有力的财政监督新机制，为财政科学发展提供制度保障。革新理财方法，全力围绕崛起做支持发展文章，围绕管理做规范理财文章，围绕民生做强农惠农文章，围绕和谐做工作协调文章，围绕效能做能力建设文章。

突出实践性，提高学习实践活动的执行力。坚持制定措施以实践为依据、解决问题用实践来推动、检验成效以实践作标准。坚持学习和实践相统一、相促进，学以致用，以学促干，当前要密切关注宏观经济形势和财政货币政策走势，有针对性地提出政策建议，努力当好党委政府决策的参谋助手。

突出针对性，增强了财政调控经济运行的能力。当前，我们正面对罕见的金融危机，要提振信心，凝聚力量，把支持经济平稳较快发展作为学习实践活动最重要的工作任务，在应对挑战中抢抓机遇，在确保当前中谋划长远。按照“促增长、扩内需、调结构”的要求，立足自身，练好内功，出台针对性强、含金量高、密集度大的应对措施，发挥财政熨平经济波动的调控作用。

突出创新性，完善了科学理财的体制机制。当前财政改革发展中存在的矛盾和问题，深层次原因仍然是体制不完善，机制不健全。要对有利于促进科学发展、提高机关效能的制度进行全面梳理、修订、完善；坚持边整改、边建制，抓好体制机制创新，把解决现实问题与建立长效机制紧密结合起来，着力建立健全落实科学发展观的财政决策、执行和监督机制，符合科学发展观要求的财政运行绩效综合评价机制，努力形成推动科学理财、服务跨越发展的体制机制优势。

突出实效性，赢得了广大人民群众的认可。财政收入取之于民，用之于民，真正做到取之有度，用之有效，就要脱下皮鞋上田埂，深入群众摸实情，保持财政系统党员干部的先进性，把群众拥护不拥护、答应不答应、赞成不赞成，作为衡量一切财政工作绩效的分水岭和试金石。要开门纳谏、闻过即改，建立有利于群众及时地表达意见、诉求利益的沟通机制；倾听基层干部、城乡居民及社会各方面的呼声，问需于民、问政于民、问计于民，建立有利于及时掌握民意、了解民情的工作机制；解决一般问题要快，解决突出问题要准，建立解决突出问题的财政应对机制，快速解决人民群众最关心、最直接、最现实，社会上最关注的问题，真正做到权为民所用，情为民所系，利为民所谋。

## 三、深刻感悟，让学习实践活动始终保持与时俱进的永恒活力

必须始终坚持与时俱进，践行中国特色社会主义理论不放松。科学发展

观是中国特色社会主义理论的重要组成部分。在新的历史时期，科学发展观回答了经济、政治、文化、社会和党建等一系列重大问题，得到了全党全社会的广泛认同。我们必须自觉地在科学发展观的统领下，保持强烈的忧患意识、危机意识，在解决问题时，要善于运用科学的精神、科学的态度、科学的方法，立足国情、省情，根据发展阶段的特征，尽力而为，量力而行，力求取得实效。在改革创新中，要把握好阶段特征和形势发展，提前考量、超前谋划，科学运筹，牢牢把握财政改革发展的主动权。

必须始终坚持坚定信念，支持加快发展不动摇。科学发展是一江春水，盲目发展是一潭死水。在国际金融危机持续蔓延，世界经济增长明显减速，安徽省经济运行出现困难的形势下，要以省委、省政府的一系列重大决策部署为行动指南，准确把握时机、力度、重点和节奏，高效落实积极的财政政策，出手快、出拳重、措施准、工作实，特别是要把缓解企业融资难题、提振企业发展信心作为一项重要的任务来抓。坚定地用科学发展观武装头脑，进一步解放思想，破旧制，立新规，闯新路，增强自信心，提高战斗力。

必须始终坚持科学理财，全力服务大局不懈怠。科学理财是动力源，主动理财是加速器。在国际国内大环境的影响下，安徽省财政收入增速趋缓，各项刚性支出不断增加，收支矛盾日益凸显。面对前所未有的重重压力，我们必须始终坚持科学理财，集中财力办大事和“雪中送炭”原则，主动调整财政支出结构。紧密联系经济社会发展实际，开展有针对性的调查研究，积极寻求对策，主动为党委政府当好参谋。注重经济社会协调发展，着力解决好广大人民群众最关心、最直接和最现实的利益问题。全力抓好民生工程这个“牛鼻子”，组织实施好各项惠民工程。积极主动发挥好财政职能作用，科学理性地统筹运用财税手段，配合货币政策，发挥组合效应，千方百计地“保增长、调结构、抓改革、重民生、促和谐”。

必须始终坚持科学实践，共克时艰不畏难。学习贵在实践，措施贵在落实。面对国际国内复杂多变经济形势的巨大挑战，我们必须以深入学习实践科学发展观活动为契机，跳出套路练应变，危中抓机促发展。坚持查摆问题，真敲实凿，不遮不掩；解决问题，注重实效，求准求快；整改提高，真抓实干，求全求好，以学习实践活动的成果来检验我们应对时艰的能力和水平。牢固树立“过紧日子”的思想，坚持勤俭办一切事业，精打细算，用好财力，真正将有限的资金用在“刀刃”上，向科学管理、规范管理、精细管理要效益，大胆探索科学理财、服务发展的新路子。

学习实践科学发展观是一个长期的过程，不可能一蹴而就、一劳永逸。我们要树立长期学习实践的观念，坚持不懈，与时俱进，更加自觉地用科学发展观统领财政工作。一是牢固树立学习实践科学发展观的长远观念。进一步改造主观世界，加强党性修养，树立正确的政绩观和利益观，以坚定的信念、坚强的党性、优良的作风，保证科学发展观的贯彻落实。二是建立健全学习实践科学发展观的长效机制。从制度和机制入手，探索财政经济发展规律，研究财政经济波动特征，掌握应对危机之道，规划财政科学发展路径。健全和完善有利于财政科学发展的考评机制和奖惩机制，确立贯彻落实科学发展观的正确绩效导向。三是始终不渝坚持科学发展观的长期实践。把科学发展观转化为推动财政科学发展的坚强意志、谋划财政科学发展的正确思路、促进财政科学发展的政策措施，推动财政工作的实际行动。四是持续保持学习实践科学发展观的长久效果。在全面建设小康社会的历史进程中，自觉地做科学发展观的忠实执行者。密切跟踪国家宏观调控政策走向，积极发挥财政职能作用，着力促进全省经济社会又好又快发展。

# 在转变经济发展方式上做文章

加快经济发展方式转变，是贯彻落实科学发展观的重大举措，是扎实推进全省经济工作的战略导向，是全面做好财政工作的基本任务，也是圆满完成“十一五”规划、科学谋划“十二五”规划的改革主线。全省各级财政部门要紧密结合工作实际，坚持主动理财、主动作为，积极在转变经济发展方式上做文章、下工夫、做贡献。

## 一、推进科学发展

加快经济发展方式转变，最重要的就是按照科学发展观的理念来做好经济工作，遵循经济规律，按照客观规律办事，特别是要用力学的原理来推进经济发展方式转变，把握好用力的大小、方向和作用点。胡锦涛总书记在中央省部级主要领导干部深入贯彻落实科学发展观、加快经济发展方式转变专题研讨班讲话中明确提出，国际金融危机对我国经济的冲击，表面上是对经济增长速度的冲击，实质上是对经济发展方式的冲击。经济发展方式的转变对当前、对长远都非常重要，对经济发展走势起到重要引导作用。我们落实科学发展，必须坚持与时俱进。随着经济形势的发展、社会形势的发展、各阶层需求的发展，“怎么样发展?”确实有一个方式转变的问题、有一个科学推进的问题、有一个合理布局的问题。加快经济发展方式转变，首先要树牢科学理念，做到以科学发展观为统领，不断适应财政经济社会形势发展变化，以科学理念指引发展方向，探索新思路、完善新举措、实现新突破。

## 二、拓宽发展空间

转变发展方式，实现科学发展，最主要的是不能以传统的理念或者固定的模式来固化我们的发展思想，必须拓宽发展视野，扩大发展空间。要紧紧抓住国际经济结构调整的难得机遇，突出战略重点，明确主攻方向。一是在自主创新上下工夫。安徽省工业比较落后，改革开放以来，通过合资、合作，引进了一些设备和技术，但由于自主创新能力不强，制约了经济快速发展。这几年，各省市对自主创新都高度重视，特别是2009年受到国际金融危机冲击后，都采取一系列措施，突出强调要加快发展电子信息、生物医药、公共安全等战略性新兴产业，包括安徽省最近正在发展的新型显示、文化创意等领域，这些都为下一步发展留下很大空间。二是在结构调整上下工夫。我们通常说的结构调整，就是要在城乡统筹、收入分配、就业保障这三个方面用力。归根结底就是加快经济发展，这本身也有结构问题，那就是改造传统产业、升级优势产业、培养新兴产业。通过产业发展、以城哺乡、以工哺农，着力解决城乡、收入分配、就业三大结构面临的矛盾和问题。安徽是传统产业比重较大的省份，也是原材料加工份额比较大的省份，新兴产业近几年才逐步发展，起步较晚，需大力发展低碳经济、绿色经济、循环经济，更有必要在存量上调整、增量上下工夫。三是在统筹城乡上下工夫。第一，三次产业协调发展。目前安徽省三次产业比重不协调，主要是安徽省农业比重所占份额较大，达14.9%，高于全国平均水平，二产、三产比重则相对较低。必须把工业强省放在更加突出的位置，同时加快推进现代服务业发展。第二，加快推进城镇化建设。李克强副总理指出，城镇化是经济社会发展的客观趋势。2008年安徽省城镇化率首次突破40%，但在全国排第24位，潜力和空间都很大。如果按城镇化率年均提高1.6个百分点测算，安徽省每年将直接带动城镇基础设施和住房新增投资需求超过3000亿元。我们要从战略高度充分认识其重要性，积极采取有效措施，加快城镇化进程，为新农村建设拓展新空间。第三，协调区域经济发展。安徽省面积约14万平方公里，版图虽然不大，但淮北、江淮和江南区域之间的差距很明显，区域的特色也很明显。齐头并进，协调发展就是一个重大课题。当前，尤其要加快皖北地区发展，从政策、资金等方面加大支持，加快皖北振兴步伐，促进全省区域协调发展。第四，密切关注收入分配。一次分配比较简单，二次分配的差距比较大，城乡之间，城市居民之间，包括区域之间，收入很不均衡。财政是分配的重要部门，有履行分配的重要职责，必须坚持调整和优化国民收入分配，积极研究提高居民特别是低收入群体收入的相关政策措施。

## 三、讲究发展方式

加快经济发展方式转变，针对“发展方式”而言，也有个深入研究的问题，主要有以下几个方面。一是充分借助平台载体。比如安徽的经济发展以“861”行动为抓手，社会建设以民生工程为抓手，这些都是载体。当前，我们拿到了几个国家级待遇：如皖江城市带承接产业转移示范区，六部委包括财政部批准的安徽和浙江、江苏并列的国家技术创新工程试点省，还有合芜蚌自主创新综合试验区，这些都为打造具有安徽特色的经济发展方式提供了崭新“平台”，必须加大支持力度，以实现科学发展，加速崛起进程。二是协力拉动“三驾马车”。投资、消费、出口，三者怎么结合、怎么协力，在不同的阶段有不同的要求、不同的阶段有不同的措施。近两年受世界金融危机冲击，出口遇到障碍、受到制约，但我们在消费上做足文章，特别是在扩大内需上下大工夫。把保障和改善民生作为扩内需的着力点，实施家电、汽车、摩托车、农机“四下乡”工程等，实践证明扩大内需取得了明显成效。必须继续坚持消费、投资、出口协调拉动，在加大政府公共投资、拓宽社会投资领域和渠道、运用出口退税等政策手段扩大出口的同时，千方百计扩内需，精心组织实施好33项民生工程。三是创新体制机制。要建立一整套考核体系、核算体系，包括影响政府之间分配关系、影响整个经济体制的财税体系。但也要充分认识到改革创新任务的长期性、复杂性和艰巨性。如财政体制改革，现实执行中很难，有的虽然在改，但改的力度有限，这就充分表明，在现阶段经济社会发展进程中，仍然面临着很多矛盾和问题，有的难题不可能一蹴而就，需要不断调研，观察思考，然后循序渐进加以解决。所以讲究发展方式，创新体制机制也很重要。必须继续深化财税体制改革，形成有利于加快经济发展方式转变的体制机制和政策导向，在改革中促转变，在转变中谋发展。

## 四、提高发展质量

加快经济发展方式转变，最终目的是提高发展质量。需要我们在制定和实施方针、政策、措施、办法时，充分发挥好财政政策“打前殿后”的支撑作用，在实践中找准工作着力点。一是有利产业升级。除通过市场化运作以外，政府要有导向，特别是财政要充分发挥财政政策“点调控”优势，大力促进节能降耗、环境保护和生态建设，淘汰落后产能，限制过剩产能，发展新兴产业。二是有利做大蛋糕。在经济规模做大的同时，财政的规模也要做大，这样才有更多的财力支持经济社会发展。如果经济发展没有充足的税源、没有足够的财力，经济发展方式转变或者是不理想，或者是不合格。必须通过发挥财税政策杠杆作用和财政资金“四两拨千斤”的作用，既引导经济结构调整和发展方式转变，又服务经济发展培育财源、涵养财源、壮大财源。三是有利长久持续。可持续发展是发展质量的一个重要标志，也是一个重要体现。胡锦涛总书记在2008年视察安徽时，提出一个经典的理念：今天的投入就是明天的结构。我们现在提出转变经济发展方式，转变的对不对、转变的好不好、转变的快不快，直接影响能不能可持续发展。四是有利社会和谐。我们的发展主要是满足人民群众日益增长的物质和精神文化需要，群众满意不满意是衡量我们工作的唯一标准。财政工作的切入点、着力点、落脚点必须体现百姓需要、体现社会需求，让改革发展成果更多更好的惠及人民群众，只有这样才能维护社会稳定、促进社会和谐。

## 五、营造发展环境

环境就是生产力。所谓环境，就是地方有一个良好的氛围，有一个良好的政治生态，干部、职工、群众有一个良好的精神状态。环境好了，才有人愿意去投资、才有人愿意去居住，长此以往，人气就会越来越旺，地方发展也会相应加快。一是统一思想认识。深刻认识加快经济发展方式转变的极端重要性和紧迫性，切实以转变经济发展观念为首要前提，以深化经济体制改革为重要保障，以优化经济结构为重要途径，以促进科技进步为中心环节，以提高劳动力素质为重要条件。二是凝心聚力谋事。不管是地方的经济发展，还是财政事业的发展，都有一个凝心聚力的问题。心思不用在工作上，用在旁门左道上，凝聚不了人气，形成不了合力，一个部门、一个地方发展肯定会受到影响，造成矛盾多、问题多、效益差。必须把心思用在干事业上，把精力集中到谋实事上，心往一处想、劲往一处使，齐心戮力、攻坚克难。三是完善工作机制。制度机制要共同来遵守，有规矩才有方圆，良好的工作机制是做好工作的重要基础。要进一步完善财政法规制度体系，健全财政法律工作制度，着力形成用制度管人、管事、管权的长效机制。四是坚持锐意进取。进一步弘扬求实为民、雷厉风行、锲而不舍的工作作风，始终保持昂扬向上、奋发进取、争当一流的精神状态，努力在营造优良环境中优化政治生态、在优化政治生态中提升工作效能，形成同心同德谋发展、攻坚克难齐奋进的工作局面。

# 把学习实践科学发展观贯穿财政工作的始终

从2008年9月27日开始，安徽省财政厅以“推进科学理财，服务跨越发展”为主题，深入开展学习实践活动。广大党员干部进一步深化了对科学发展观的科学内涵、精神实质和根本要求的认识和理解，贯彻落实科学发展观的自觉性和坚定性进一步增强，在制约和影响财政改革与发展的一些重大而突出问题上达成共识，达到了第一阶段的预期目标。贯彻落实科学发展观是一项长期、艰巨的重大战略任务，我们必须进一步统一认识，增强紧迫感，提高自觉性，真正把学习实践科学发展观贯彻于财政工作的始终。

## 一、坚持科学发展观，就要坚定不移地支持发展

科学发展观的第一要义是发展。科学发展观要求的发展，是好中求快、又好又快的发展，是速度与结构质量效益相统一的发展，是长期、稳定、可持续的发展。发展是硬道理，是解决一切问题的“总钥匙”。胡锦涛总书记2008年两次视察安徽，问得最多的是发展如何，讲得最多的是如何发展，比如，他提到要推进治淮工程建设，建立较为完善的流域防洪排涝减灾体系；发挥科技优势，在自主创新方面有更大作为；抓好淮河、巢湖流域环境整治；参与泛长三角区域发展分工，发展文化事业、社会建设等，都是事关安徽全面发展的大事、要事。比如，2008年9月30日前往小岗村途中，询问了奇瑞开拓国际市场情况，他说：“开始不要考虑赚多少钱，先在国际市

场站得住脚，再逐步扩大市场份额，从长计议。”他要求安徽要切实推动经济又好又快发展；切实做好农村综合改革发展工作；切实做好保障和改善民生工作；切实维护好社会稳定。这些话无不彰显出发展是第一要务的执政理念。同时，总书记两次在安徽一系列指示也饱含着对安徽人民的深情厚谊，寄寓着对安徽发展的殷切希望，这种重视、关心和厚爱，对全省人民来讲，是一种信心和力量，必将激发6700万江淮儿女建设家乡、致力发展的奋斗豪情，为加快安徽崛起注入源源不断的动力，对于凡是有事业心的人来说都会感到这是一份沉甸甸的责任。

近年来，安徽省经济呈现出加速发展、结构优化、质量提升、民生改善的良好势头，进入了厚积薄发、加速崛起的新阶段。与此同时，财政改革与发展也迈出坚实的步伐，理财思路更加清晰，收支规模和效益进一步提高，2007年财政收支双双跨越千亿元台阶，重点支出得到了较好保障，经济与财政良性互动的格局已基本形成。目前，安徽财政收支都保持了平稳较快增长的态势。2008年全年财政收入突破1300亿元，支出将超过1500亿元关口。现在的问题是，安徽省发展已面临外部和内部的双重约束，8月以来，经济增长显现回落迹象，财政收入增幅也逐月降低，这种情况下，如何通过财政体制、财政政策、财政预算及执行，配合货币政策等工具，来把这个来之不易的良好发展势头保持下去，就显得十分关键。

这两天省政府及相关部门，都在召开经济形势分析会，一方面是分析总的形势，另一方面是分析工业形势，再一方面是分析“三产”，特别是房地产的形势变化。为了适应省里形势的分析判断，做好财政支持发展的文章，今天上午我们专门开了会，准备安排17个小组51个人到17个市深入企业、深入基层、深入农村调研企业运行和农村发展问题，以求得在变化当中的政策建议，为省委、省政府当好参谋助手。我感到，按照国家宏观调控政策的要求，结合安徽省实际，当前和今后一个时期财政支持经济发展的着力点主要应在以下几个方面：一是要围绕经济发展方式转变，加大有效投入，促进中心城市加快发展。要综合运用国债资金、世行、亚行、开行及外国政府贷款，更多更好地利用税收、财政补贴、奖励补助等经济手段，支持有区位优势的中心城市加快发展。尽快研究制定支持宿州、亳州、阜阳三市加速崛起的财政政策措施。因为全面建设小康社会，全省都要同步发展，目前皖北地区发展相对滞后，所以省里面准备加大支持力度，特别要在项目上、资金上给予倾斜。前不久，金山书记专门带领省发改委、省财政厅在宿州、阜阳做了深入的调研，现在已拿出了政策措施，省政府常务会已经通过了，待省委同意后，准备召开大会。二是要围绕促进县域经济发展，加大扶持力度，培育新的增长极。应着力“输血”与“造血”并重，从体制、机制上采取措施，完善省直管县财政体制，落实财政激励政策，增加一般性转移支付规模，建立健全信用担保体系，为县域经济发展创造良好的发展环境。三是要围绕泛长三角发展战略，支持寻求合作，鼓励招商引资。前不久，省党政代表团赴江浙沪考察，寻求合作，主要是落实胡锦涛总书记视察安徽讲话精神，主动融入长三角。在这种形势下，我们要研究制定积极的财税政策，支持皖江城市带承接产业转移，争取中小出口企业贷款，解决好中小企业融资难问题。对促进非公经济发展壮大问题，2008 年 10 月 16 日，省委省政府专门召开了高规格的发展非公经济大会，出台含金量很高的财税政策，为下一步发展非公经济创造了很好的环境，我们一定要跟踪问效。同时，要研究扶持扩大内需的财政政策，着力培育与居民消费相关的生活服务业，增强消费对经济的拉动作用。

## 二、坚持科学发展观，就要坚持不懈地服务“三农”

农业、农村和农民问题，始终是关系党和国家工作全局的根本性问题。对于安徽这样一个农业和农村人口大省，没有农业和农村经济社会的持续发展，没有农民的生活富裕和全面发展，科学发展就无从谈起。作为农村改革发源地，如何在新一轮改革发展中从农村寻求新突破和新发展，是摆在我们面前的重大课题。

这几年，在中央强农惠农政策的引领下，安徽省农村经济社会发生了巨大变化。财政对“三农”投入大幅度增加、粮食生产能力逐步提高、新农村建设稳步推进、农民收入持续增长，农村低保和新型合作医疗基本实现了全覆盖，这都是历史上少有的。单就财政投入来看，2007 年全省财政用于“三农”的支出达 365. 9 亿元，比上年增加 82. 7 亿元，增长 29. 2%，其中，打卡直接补贴农民的资金达 71. 7 亿元，增长 63. 0%。2007 年上半年，打卡直接补贴农民的资金高达 67. 8 亿元，是 2007 年同期的 3. 5 倍，2007 年将超过 100 亿元，另外，其他涉农资金也有明显增加。但我们也注意到，解决农村基础薄弱、城乡发展不平衡问题才刚刚起步，制约农村发展的一些深层次问题还相当突出，财政投入与“三农”需求相比还有很大差距。

为此，在深入实践科学发展的进程中，我们必须下更大的决心、花更大的气力，进一步做好服务“三农”工作。10月17日，省厅中心组学习会上，五个同志发言都讲得很好，从不同角度提出不少新的理念、新的观点、新的见识，我归纳一下。一是要进一步加大惠农资金投入，提高农民种粮积极性，增加农民收入。胡锦涛总书记2008年9月30日到小岗村视察，对当地干部群众说，中央将明确农村基本经营制度保持长久不变，希望农民收入不断增长，生活水平不断改善，腰包能够鼓起来。为此我们要在不断增加投入的基础上，适当调整补贴方式，将补贴资金发放到真正种粮的农民手中。二是要进一步加大支农资金整合力度，提高支农资金的使用效益。研究探索将分散在各部门的支农资金进行整合，同时，财政部门内部也要建立支农资金分配使用的协调机制，形成支农合力。近几年财政部、厅里都在这方面做了很多工作，初见成效，这篇文章还要继续做。三是要尽快研究并实施以奖代补机制，增加对农村基础设施建设的投入。党的十七大提出政府的公共服务要均等化，十七届三中全会提出了二元结构要向一元化转变。这既是国家努力的方向，更是财政下一步优化支出结构工作的方向，在统筹城乡基础设施建设中，我们要切实把重点放在农村，促进农村社会全面进步，扩大公共财政覆盖范围，加快发展公益事业，使得城乡居民共享改革发展成果。同时引导农民自主改善生产、生活条件。四是要逐步建立完善农村社会保障制度，提高农民的消费预期。要尽最大努力解决好人民最关心、最直接、最现实的利益问题，从制度上重点解决好农民的“老有所养、病有所医”问题，调动农民这个最大群体的消费积极性，拉动经济持续增长。现在为了扩大内需，提高农民购买力，财政部正在会同有关部门出台措施，支持家电下乡，这也是扩大内需的一项重大举措。五是要推进农村综合改革，创新支持农村发展体制机制。在纪念改革开放30周年的时候，安徽省无论是农村改革，还是财政的涉农改革都有很大特色，很多亮点值得总结。像农村税费改革、粮食直补、省直管县、乡财县管、涉农资金一卡通、一线实，以及正在探索的惠民直达工程，都是从省财政厅做起的，这些工作都值得总结。为了落实十七届三中全会精神我们要继续继承前面实践中已取得的成功经验，下一步，要重点支持在依法自愿有偿原则下的土地流转，支持农村金融体系的创新，支持惠民直达工程试点市（县区）工作，保证在一些层面有所作为。

## 三、坚持科学发展观，就要不遗余力地改善民生

科学发展观的核心是以人为本。把发展的成果体现在提高人民生活水平上，体现在满足人民物质文化需求上，体现在实现人的全面发展上，是科学发展观的本质要求。实践已经证明，只有坚持保障和改善民生，才能激发人民推动科学发展的积极性、主动性和创造性，才能赢得广大群众的信任、拥护和支持。

我们深深地感受到，这几年，省委省政府的执政理念和实践已发生了重大变化，以人为本、执政为民已真实地成为各项工作的出发点和落脚点。2007 年，省委省政府决定在全省范围内实施 12 项民生工程，全年累计投入 78.4 亿元，使全省 4000 多万群众享受实惠，人均受益近 200 元。2008 年，在充分吸收成功经验的基础上，又将民生工程扩大到 18 项，财政投入将超过 160 亿元，5000 多万群众将从中受益。应当说这是一项创举，是实实在在赢得群众广泛拥护和赞扬的好事、实事。胡锦涛总书记两次视察安徽都讲到了安徽的民生工程抓得好、抓得实，给予了充分肯定。有幸的是这项工作牵头部门在财政厅，办公室设在财政厅，应该说为安徽的民生工程，为安徽的民生工作财政厅也做了一定的努力。民生工程只是一个抓手，据初步统计，2007 年财政涉及民生资金支出 351 亿元，民生工程只占民生资金的一部分，民生工程不能替代民生工作。在实施民生工程的同时，我们要注意到，民生工程仅仅是集中有限财力、在有限领域所办的部分实事，并不能涵盖民生问题的全部，还有改善城乡公共服务、发展社会事业等问题亟待解决，另外民生工程的保障范围、标准及监管措施仍需完善。

下一步，我们要对在学习实践活动中查找出来的民生问题，进行认真梳理，研究制定出具体的政策措施，切实推进以民生为重点的社会建设。当前，着力解决好以下问题。一是要围绕“学有所教、劳有所得、病有所医、老有所养、住有所居”的目标，逐步拓展民生工程的保障范围，增加投入、提高标准、完善措施，探索建立保障和改善民生的长效机制。2009 年工作怎么做，我们正在征求有关方面意见，在 2008 年工作基础上还要扩大民生

工程的范围和标准。二是要围绕“办实事、求实效、重实绩”的要求，逐步推广“惠民直达工程”，创新管理、审核、发放、服务方式，建立民生政策和资金落实新机制。三是要围绕教育优先的发展战略，加大对教育的投入，特别要加大对农村教育、职业教育的投入，为充分挖掘和发挥人力资源大省的优势提供支持。四是要围绕创业行动计划和建立健全社会保障体系的要求，完善促进就业的政策和资金投入体系，坚持“广覆盖、保基本、多层次、可持续”的原则，建立健全覆盖城乡的社会保障和社会救助体系。

## 四、坚持科学发展观，就要矢志不渝地推动自主创新

转变发展方式，是科学发展的内在要求，是实现经济又好又快发展的根本途径。实现科学发展，就要着力推动自主创新，使经济发展真正从主要依靠物质资源消耗向主要依靠科技进步、劳动者素质提高、管理创新转变；就要着力建设资源节约型和环境友好型社会，大力推进节能减排，实现速度与结构质量效益相统一、经济发展与人口资源环境相协调，努力实现全面协调可持续发展。比如，党的十六大以来，发展循环经济的理念日渐深入人心，以“减量化、再利用、再循环”为原则，以低消耗、低排放、高效率为基本特征，这个就是符合可持续发展理念的经济发展模式。

2008 年初，胡锦涛总书记在视察安徽时，要求安徽省在自主创新方面要有更大作为，要做强做大传统优势产业。就此，在深入调研和广泛论证的基础上，省委省政府决定设立合芜蚌自主创新综合配套改革试验区。前几天，又召开大会进行动员部署，要求各级各部门要以学习实践科学发展观活动为契机，真正把这项工作抓在实处、抓出成效。为贯彻落实省委省政府的决策部署，省财政厅积极开展专题调研，形成了财政支持自主创新的政策性文件，决定省级财政每年安排 5 亿元专项资金，用于支持试验区创新体系建设，决定在 5 年内每年安排 1 亿元，为试验区建立创业风险投资引导基金，并制定了一系列财税优惠政策。同时，为支持节能减排和生态文明建设，2007 年安排了 15.5 亿元用于促进节能减排和生态补偿，2008 年上半年已投入 8.9 亿元用于环境保护。与此同时，我们也清醒地认识到，安徽省自主创新的能力与发达地区相比还有较大差距，特别是科技创新的自主率不高、科技成果转化率不高的问题亟待解决；节能减排面临的困难仍十分艰巨。

对安徽这样一个经济欠发达、财力十分紧张的省份，财政如何支持发展方式转变、建立资源节约和环境友好型社会，我感到，最关键的是要有一整套好的制度安排。一是要建立多元化的投融资体系。对鼓励自主创新，要有效地利用财政贴息、政策性担保融资、税收优惠等手段，引导企业和社会资金投入，建立以财政投入为引导、企业投入为主体、社会投入为补充的多元化投入体系。目前我们在企业发展过程中出现了一些亮点，都说明了这个问题，譬如，马钢、海螺水泥、铜陵有色金属、奇瑞汽车、科大讯飞无疑是成功典范，值得总结推广。二是要明确政府投入的重点和关键。政府财政投入应着力支持制约经济发展的核心技术和关键技术研发，着力解决好科研成果转化问题，同时要明确各级投入的重点，突出特色，优化财政投入结构。最近，金山书记、三运省长两位主要领导讲话都很有针对性，明确主导靠政府，但不是政府包办代替，而是以企业为主体，以市场为导向，以体制为保障，政府要着力营造有利于市场基础性作用发挥的体制机制。三是要实施激励与约束相结合的财税政策。对节能工程、新能源利用、排污治理、环境保护和生态产业都要建立以奖代补机制，同时要结合主体功能区建设，加大对生态保护区的一般性转移支付力度，加快形成有利于生态文明建设的体制机制。四是要强化监督体系。2008 年，为了支持发展方式转变，围绕中心、服务大局，省财政在支持自主创新、环境及生态保护方面安排的资金前所未有，出台的政策前所未有。在这种情况下，我们如何强化财政监督，使得政府的投入更有效益。这样，建立跟踪问效机制和绩效评价体系，确保政策和资金落到实处，就显得更加重要。

## 五、坚持科学发展观，就要锲而不舍地强化自身建设

学习实践活动要求我们要突出实践特色、解决实际问题。这就要求我们必须着力转变不适应、不符合科学发展观的思想观念；着力解决财政工作中影响和制约科学发展的突出问题；着力发挥财政职能作用，解决群众反映强烈的突出问题；着力提高做好财政工作、促进科学发展、推动社会和谐的能力；着力完善有利于科学发展的财政体制机制。要能真正做到“五个着力”，必须有财政自身的改革发展作保障，必须把我们该做的事做好、做实，取得实效。

近年来，通过狠抓效能建设、作风建设和深入开展岗位大练兵、规范管理年、创建五型机关等活动，全厅党员干部的思想觉悟得到了进一步提高，服务科学发展的能力得到了一定程度的提升，服务和办事效能得到了进一步改善。同时，财政改革与发展的思路更加清晰，对一些重大而影响深远的体制机制问题进行了系统的研究，并制定出台了一系列政策措施，为推进科学理财，服务跨越发展奠定了坚实的人力、财力和政策支撑。但我们也要看到，少数党员干部贯彻落实科学发展的自觉性还有待于提高，对科学发展观的理解还有待于提高；我们的思想、作风、能力素质与推进科学发展的要求还不相适应；一些影响和制约科学发展的问题还比较突出；保障科学发展的体制机制还不够健全。最近，我在报纸上看到这样一段话：资本时代已到来，哪里有竞争哪里就有手段，哪里有利益哪里就出聪明，哪里有事件哪里就有机会，哪里有能力哪里就会胜利。所以，有人形象比喻，智力不好是次品，道德不好是危险品。这就说明一个道理：能力、品质、精神要统一到一定的高度才有希望。对此，我们一定要以深入学习实践科学发展观活动为契机，切实树立起科学发展的理念，切实提高谋划和推动科学发展的能力，切实在解放思想中推进财政改革创新。

对财政自身的改革与发展，我想，除了最近围绕省委省政府的中心工作提出来的“八个更加贴近”需要加快调研之外，我们还要重点做好以下工作。一是要尽快完善省以下财政体制。理顺政府间分配关系，界定各级政府的财权事权范围；围绕主体功能区建设的要求，建立统一、规范、透明的转移支付制度，逐步加大财力性转移支付规模，着力调整和规范专项转移支付制度，努力构建权责明晰、定位准确、规范透明的政府分配机制。二是要深化预算制度改革。提高预算体系的完整性，逐步建立由公共预算、国有资本经营预算、政府性基金预算和社会保障预算组成的财政预算体系；提高预算编制的精细度、透明度，强化预算执行，强化部门支出责任，切实提高预算的执行率，努力构建体系完整、制度健全、运行高效的支出管理新机制。三是要研究建立绩效评价体系。建立项目预评审制度，提高项目预算的真实性和可执行性；完善绩效考评指标体系，推进绩效考评的制度化建设，提高预算绩效考评的约束力，努力构建制度完善、考评科学、约束有力的预算绩效考评新机制。四是要确保收入稳定增长。在支持经济发展，培育财源，确保财力向民生、向“三农”倾斜，提高城乡居民消费能力的基础上，强化税收征管，严格非税收入管理，努力构建经济与财政同步增长、相互协调、正向促进的收入增长新机制。五是要强化财政监督。建立健全覆盖财政资金运行全过程的监督制度，促进监督与管理融合，努力构建制度健全、执行严格、监督有力的财政监督新机制。

通过这一阶段的深入学习，我感到，只有对科学发展观进行全面、准确、系统地理解和掌握，才能找准影响和制约科学发展的突出问题，才能分析透存在这些问题的原因，才能提出切实可行的整改措施，才能逐步完善推进科学发展的体制机制。我体会，要确保学习实践活动取得实效，还要统筹处理好“五个关系”。

一是全局与局部的关系。“不谋全局者，不足谋一域”。全局与局部密不可分，相辅相成，没有局部就没有全局，没有全局就没有局部。同时，局部对全局具有很强的依赖性，必须服从全局，离开了全局，任何局部都不可能得到充分发展。只有全局发展快了，更强大了，对局部的支持才会更多更有力，才能带动各个局部持续快速健康地向前发展。我们任何时候想问题看事情都要自觉地、主动地从大局出发，不能只顾一头，不顾其他，搞“单打一”，更不能搞本位主义，从本部门、本单位和个人利益出发来考虑问题、制定政策。要善于换位思考，特别是我们财政厅工作的同志，作为综合部门，更应该站在全局的角度考虑问题、制定政策。这就要求我们必须把财政工作放到经济社会发展的全局中去考察。在政策制定上，要体现科学发展，着眼于“五个统筹”的全局；在实践上，财政工作的谋划和部署要紧贴中心、服务大局；在管理上，要准确把握大势，主动地、创造性地发挥职能作用。

二是经济与社会的关系。经济建设是社会建设的前提和基础，也是社会建设的重要保障；社会建设是经济建设的重要目的，也为经济建设提供强大动力和支撑。当前，我们必须毫不动摇地支持经济发展，不断增强财政实力，才能为改善民生和加快社会建设奠定物质基础。否则改善民生和社会建设就会变成无源之水、无本之木。同时，必须高度重视和加强社会建设，使社会建设与经济建设相协调。如果社会建设滞后，各方面的社会矛盾就会增多，制约经济发展的因素也会增多，经济建设就会失去动力和支撑。因此，我们一定要合理统筹经济建设和社会建设，尽力使二者相互适应、协调推进。

三是需要与可能的关系。需求与可能常常是一对矛盾，也是一对相辅相成的互动主体。可能往往会制约需求，供给越不足，需求就会越强烈，同时，需求在一定程度上往往会刺激发展，从而提高供给的可能。当前，安徽省处于发展的关键时期，民生问题、债务问题、发展问题都对财政工作是个严峻考验。我说过财政工作“三难三更难”。20 世纪 90 年代保吃饭、保运转，现在要办的好事要事太多。随着财力增加，大家期望在短期内都能解决，实际上不仅我们做不到，发达地区也做不到，在这种情况下必须循序渐进，先急后缓，逐步解决。不管是民生问题也好，债务问题也好，还是发展问题也好，只能量力而行、尽力而为。同时，要提高资金的使用效益，使财政的资金花在刀刃上。我们从 2007 年以来，一直在抓支出进度，就是要解决发挥资金效益问题，我们大量的资金结转，从财政上花不出去，这不仅发挥不了资金的使用效益，而且还会人为制造矛盾，所以必须增强责任感和紧迫感。应当看到，科学发展涉及经济、政治、文化、社会、生态建设的方方面面，对财政资金的需求都很迫切，但我们不得不考虑财力十分紧张这一现实。这就要求我们，既要积极进取，尽最大努力解决经济社会发展的突出问题，又要从实际出发，充分考虑自己的承受能力。在解决实际问题时，不能要求过高过急，那样既不利于解决问题、维护群众利益，也会影响经济社会协调发展、损害群众的长远利益。因此，我们必须立足当前，着眼长远，从办得到的事做起，一步一个脚印地做好工作。

四是求实与创新的关系。求实与创新是相互统一的整体，以求实的精神开拓创新，在开拓创新中务求实效，是坚持科学发展的基本要求，也是促进安徽省实现跨越发展的现实需要。财政工作落实科学发展观、服务经济社会发展，不能流于形式，说在嘴上、写在纸上，而是要出实招、办实事、求实效，这样才能真正发挥职能、体现价值、达到目的。我们要做到遵循规律，学会顺势借势，顺势看无用，实有大用，先谋势再谋利，势来了利挡不住，趋势初若不重视，一旦形成已晚矣！目前中央和省里不断研究分析国内外经济形势，就是希望做到不利中寻求机遇，有利中防止问题。同时，日新月异的时代发展，经济体一化前提下国际国内经济形势的剧烈变换及社会建设方面的不同需求，也要求我们必须及时调整思路，更新观念，创新体制机制，这样才能适应新起点、新形势的要求，才能在解决实际问题上取得新进展，在创新体制机制上实现新突破。

五是治队与理财的关系。“为政之道，要在得人”这就是治队和理财的关系。最近，我也看到这样两段话：“靠勤劳吃饭踏实，靠技术吃饭光荣，靠学问吃饭高尚”；“方法对头，一天可办很多事，方法不对，几天办不了一件事。提高效率不是干劲，工作长短主要在方法。”这就说明每一个人都要有较高的综合素质，较强的工作能力。财政干部队伍既是学习实践科学发展观活动的主体，也是落实科学发展观，主动理财、科学理财、民主理财、依法理财的主体。因此，要理好财必须要把队伍建设摆在重要的战略位置，热情带队，精心育队，严格管队。只有不断增加党员干部的政治意识、宗旨意识、法律意识、服务意识和责任意识，不断提高学习能力、创新能力、谋划能力、执行能力和自律能力，才能为落实科学发展提供人力支撑。同时，只有把学习成果和各方面的能力运用于理财实践，才能不断提出新思路，推出新举措，开创新局面。

# 新形势下财政部门必须着力处理好的几个关系

随着社会主义市场经济体制的建立和发展，我国经济运行方式发生了重大转变。财政是国民经济综合管理部门，财政工作关系社会经济发展战略目标的实现，财政部门是社会关注的焦点，因此，在新形势下，如何更好地做好财政工作，充分发挥财政的职能作用，是摆在我们面前的重大课题和重要任务。连日来，通过学习党的十七大报告精神，我对此做了一些思考，认为关键是要着力处理好以下五个关系。

**处理好发挥职能与支持发展的关系，努力做到大局为先**。从邓小平同志提出“发展是硬道理”，到党的十七大提出“必须坚持把发展作为党执政兴国的第一要务”、“必须坚持全面协调可持续发展”，发展始终是摆在我们党和政府面前第一位的问题。因此，财政必须紧紧围绕发展这个大局，以支持、促进发展为己任。安徽省财政虽然还比较困难，但这几年在保吃饭、保运转的同时，仍挤出一部分资金支持发展，把促进发展作为财政的重要任务。省财政每年安排部分资金用于县域工业园区贴息、奖励，利用财政间隙资金支持园区基础设施建设，财政注资支持建立省市县三级中小企业信用担保体系，缓解中小企业融资难问题。安排重大项目建设资金，支持铁路、公路等基础设施建设，促进加快融入长三角。为调动县级加快发展的积极性，省财政制定了财政激励政策，对地方财政收入中税收收入比上年增收部分，按增收额的20%奖励发展资金，对19个财政强县“十一五”期间每年奖励1000万元。经过几年的努力，安徽省县域财政经济取得了长足的发展。

2006年，全省县级财政收入增幅首次超过全省平均水平4.5个百分点，2007年1—9月比全省平均水平高5.3个百分点。财政比较困难的中西部地区，在促进经济发展方面也不是无法作为，关键是要找准切入点，遵循市场经济规律，发挥财政职能作用。

**处理好组织收入与支出责任的关系，努力做到良性循环**。依法组织财政收入、用好纳税人的钱是财政部门的责任。以收入保支出，以支出促收入，形成生财有道、聚财有方、用财有效的机制，实现收支相互促进，良性循环。目前，从安徽省情况看，收入已进入依法征管、健康有秩、稳定增长阶段，矛盾的主要方面是支出管理，向管理要效益的潜力和空间还很大。2006年，省本级支出结转69.7亿元。一方面，资金大量结转，另一方面，花钱的地方很多，有些支出还得不到保障或保障程度仍很低。大连会议之后，我们积极贯彻会议精神，为切实改变“重收入、轻支出”、“重分配、轻管理”的状况，省政府专门下发了改进和加强财政支出管理的文件，促进财政支出管理的科学化、精细化。同时，重点狠抓了财政支出进度。财政支出管理各项政策措施效果开始显现。2008年，我们将积极开展财政“规范管理年”活动，重点是抓提高财政资金绩效。

**处理好规范管理与推进改革的关系，努力做到协调共进**。安徽这些年在全国率先实行了农村税费改革、省直管县财政体制改革、乡财县管改革、补贴农民资金“一卡式”发放等多项改革。这些改革措施有的已形成了财政管理的办法、制度，为进一步规范管理、提高资金使用效益发挥了重要作用。实践证明，改革是加强管理的重要手段，规范管理是改革的重要目的。我们体会，改革的成败，关键是要协调推进，把握改革的力度、时机。有的改革方向是对的，但时机不成熟，往往适得其反，如推行多年的公务用车改革，一直执行不够理想，很难被社会广泛认同。也许，过几年，顺理成章，瓜熟蒂落。安徽省合肥市取消了市直部门基本账户，当时，省财政也想仿效，考虑多方面因素，我们认为时机不够成熟，决定在省直部门暂不推行这项改革。其次，要完善配套措施，不能单兵突进，有的改革走得太快，配套改革没有跟上，改革的成效就大打折扣。如收入分配制度改革，由于事业单位配套改革措施至今仍未出台，容易引发社会上的一些议论和猜测，对此，应及早明确，协调推进收入分配制度改革。从促进规范管理方面看，要善于总结改革的做法，将改革的成果，升华为制度，及时形成日常的规范化管理。

**处理好上级政府与下级政府的关系，努力做到统筹兼顾**。省级财政既承担着一定的宏观调控职能，又肩负着均衡省以下财力差距的重任，是中央与市县财政的桥梁；市县财政掌握信息，了解情况，承担着财政支出的主要管理责任。2006 年，中央补助收入占安徽省财政支出的比重已达到 56.4%，中央转移支付资金在安徽省经济社会事业发展中具有举足轻重的地位，必须科学合理安排，统筹兼顾省与市县利益，既要注重发挥省级宏观调控作用，又要注重增强基层的保障能力，调动市县政府主动理财的积极性。2007 年，安徽省在这方面做了一些探索，在转移支付分配方法上，建立了与财政部基本接轨的以标准财政收支为基础的转移支付制度，在分配规模上，按照进一步向基层倾斜、向困难地区倾斜的原则，加大了对市县转移支付力度，市县转移支付比上年增长 2.3 倍。这样做，既减少了各地“跑省”、“跑厅”的机会，引导大家把精力、时间集中在研究工作上，又避免了省财政大包大揽的做法，增强了市县的支出管理责任。下一步，关键是要按照党的十七大报告提出的“围绕推进基本公共服务均等化和主体功能区建设，完善公共财政体系”的要求，合理界定省、市、县政府的事权和支出责任，调整和规范省以下各级政府财政收入划分。同时，促进转移支付制度更加科学、合理、规范、透明。

**处理好自身建设与外部协调的关系，努力做到提升形象**。财政是国民经济综合管理部门，是矛盾的焦点。财政工作要被社会理解、了解，必须在加强自身建设的同时，主动与外部沟通协调，提升财政在党委、政府和各部门的形象。2007 年，我们开展了以提高机关效能、转变机关作风、增强岗位能力为主要内容的三项活动，进一步加强干部队伍建设，机关作风明显改善，干部队伍素质整体提升，社会认同度明显提高。同时，在贴近中心，服务大局方面，我们进一步转变思路，紧紧围绕党委、政府提出的发展战略和大政方针，主动埋单，不做单纯的“账房先生”和“摇头先生”，积极为部门、为基层解决一些实际问题。主动向省政府提出实施 12 项民生工程，省财政当年安排 24 亿元资金，让最广大的人民群众共享改革发展成果。

# 在主动当家理财中促进科学发展

党的十七大报告全面系统地阐述了科学发展观的科学内涵和精神实质，对于全面深入地推进新时期的财政工作具有十分重大的意义。为贯彻落实好科学发展观，促进全省经济又好又快发展，全省各级财政部门要紧密联系实际，立足自身、围绕大局，发挥职能，扎实做好财政工作，主动当家理财，为构建和谐安徽作出积极贡献。

## 在解放思想中主动理财

安徽素有敢闯敢试、敢为人先的首创精神。全省各级财政部门要继续弘扬“大包干”精神，通过新一轮思想大解放推动安徽在新的起点上实现新一轮大发展。一是要不断拓宽理财思路。坚持“突出五个围绕，做好五篇文章”的理财观，即围绕崛起做支持发展文章，围绕管理做规范理财文章，围绕民生做惠民惠农文章，围绕和谐做工作协调文章，围绕效能做作风建设文章。同时，统筹考虑城乡均衡发展，既要考虑历史债务的消化问题，也要重视目前面临的突出矛盾，更要研究新情况、新问题，把握财政工作的主动性、适应性和协调性。二是要着力提高理财能力。讲究生财之道、聚财之方，做到用财有效；不断做大财政“蛋糕”、切实分好、用好财政“蛋糕”，做到依法理财、雪中送炭、集中财力办大事；坚持服务至上，积极为部门、为基层、为群众办实事、办好事。三是要积极创新理财方式。在整合财力中盘活财力、放大财力。2007 年，安徽集中财政资金 6700 万元，引导带动 14 个试点县整合财政支农资金 7.2 亿元，2008 年要继续加大整合专项资金力度。同时，合理分配财力，建立健全财政资金分配使用、跟踪问效机制，不断提高财政资金的使用效益；继续探索惠民政策落实机制，巩固扩大“一卡通”、“一线实”等惠民资金管理经验，选择5个地市试点“惠民直达工程”，做好试点经验总结推广工作。真正实现上下一个渠道，一个漏斗，一个平台，一个系统，保障惠民政策落实到位，提高惠民政策管理绩效。

## 在转变观念中促进发展

当前，安徽正处于厚积薄发、加快崛起的关键时期，各级财政部门要抓住中部崛起的机遇，通过体制、机制创新，促进全省经济发展。一是要超前谋划。2008年上半年，省财政出台了财政支持县域经济发展、支持新农村建设、促进和谐安徽建设等8个政策文件，紧密结合了全省中心工作。今后，应继续加大财政调研力度，系统研究影响科学发展的重大问题，并注重调研成果向财政政策的转化，指导全省的财政工作。二是要主动实践。积极贯彻落实工业强省战略，调节经济发展结构，引导发展方式的转变；深化财政体制改革，推进公共服务均等化，合理界定省市县三级政府的事权范围和支出责任；深化农村综合改革，清理化解农村义务教育债务，建立公共服务平台。三是要“输血”与“造血”政策并用。2007年，省财政安排一般性转移支付28亿元，比2006年增加20亿元；下达专项转移支付215亿元，比2006年增加69.7亿元，有力地促进了县域经济发展。2008年省财政继续坚持将更多的财力向基层倾斜，加大对基层的转移支付力度，提高市县政府基本公共服务能力，为县域经济发展“输血”。同时针对制约县域经济发展的“瓶颈”问题和关键环节，着力从体制、机制、政策等方面增强其“造血”功能。

## 在优化结构中突出重点

2008年上半年，安徽省财政运行良好，财政收支继续保持平稳快速增长。但由于国际、国内经济增长的不确定性因素增加以及今年以来安徽连续出现雨雪冰冻、手足口病疫情等灾害影响，财政减收增支因素增多，财政收支矛盾仍然十分突出。各级财政部门应大力调整和优化财政支出结构，突出保障重点，切实履行公共财政职能。一是要加大对社会建设等公共服务领域的投入，特别是大幅度地增加教育、卫生、文化、社会保障等方面的支出。二是要加大对突发事件处置的工作力度，优先调度资金，做到急事急办、特事特办。四川汶川地震以来，省财政部门迅速反应，紧急安排地震灾区抗震救灾支出近6000万元；调拨2.8亿元资金为灾区建设活动板房，支援了灾区的恢复重建工作。三是要多渠道筹措资金，确保县级津补贴改革工作的顺利实施，维护基层干部职工的切身利益。

## 在践行宗旨中关注民生

保障和改善民生是新时期财政工作的重要任务。2007年，安徽省委、省政府认真贯彻落实科学发展观，从广大人民群众最关心、最直接、最现实的利益出发，深入实施12项民生工程。全年累计投入78.4亿元，全省4000多万群众从中享受实惠，人均受益近200元。今年安徽民生工程在去年12项的基础上又增加了6项，实施18项民生工程，预计需投入财政资金160多亿元，惠及全省5000多万群众。各级财政部门要切实履行牵头职责，积极争取相关部门协调配合，保障民生工程配套资金的全面到位。同时，要围绕“学有所教、劳有所得、病有所医、老有所养、住有所居”的目标，逐步拓展范围、增加投入、提高标准、完善措施；着力构建覆盖城乡的基本公共服务体系，巩固现有基础和平台，结合财力状况和工作实际，与发展各项社会事业相对接，特别是跟社会保障体系建设相衔接，建立民生资金预算的自然增长机制，推进保障和改善民生的长效化、规范化。截至2008年6月底，省财政已拨付中央和省级资金62.1亿元，拨付进度为49.2%，其中省级资金拨付进度为83.1%。全省农村低保、五保户供养等发放或补助到人的资金已按时发放；农村中小学危房改造、农村公路村村通、广播电视村村通等工程类项目建设均保持有序推进。

## 在勤俭节约中保障运转

各级财政部门要从政治的、全局的高度，充分认识做好增收节支工作的重要性和紧迫性，进一步增强公仆意识、忧患意识和节俭意识，狠抓财政增收节支工作。2008年，安徽省专门下发了《关于做好当前财政增收节支工作的通知》，要求各地高度重视当前经济运行中的不确定因素，坚持厉行节约，勤俭办一切事业，减少不必要的支出，把资源更多地用在地震灾后恢复重建上，用在解决人民群众生产生活困难上，用在国家经济社会发展最急需的地方。一方面要依法加强收入征管，密切关注经济运行中可能出现的矛盾和问题，综合分析各种增减收因素，进一步细化工作措施，加大税收征管力度，严格非税收入管理，努力做到应收尽收，千方百计增加收入。另一方面要大力推行财政精细化管理，想方设法节约经费。建立健全会议审批制度，从严控制会议数量、会期、规模；严格实行“三员分离、三单合一、严格标准、定点接待、规范管理、单独列支、定期公布、实名登记”制度，简化公务接待；加强出国团组管理，压缩出国团组规模，控制出国人数；切实加强机关公务用车管理，严禁超编制、超标准配置公务用车。同时，进一步硬化预算约束，切实减少预算追加，大力降低行政成本。加强财政资金监管，强化资金绩效评价，进一步提高财政资金使用的规范化、合理化、效益化。加大对违纪问题的查处力度，坚决纠正各种违法、违规行为，严肃处理讲排场、比阔气等各种铺张浪费行为。各级财政部门要带头勤俭节约、增收节支，保障政府的正常运转，维持改革发展的稳定局面。

# 应对危机更应增强主动理财意识

在宏观经济形势严峻考验下，安徽省财政收支实现三年翻一番，财政收入连续第五年实现高位增长，为全省经济社会平稳较快发展提供了坚实的财力保障。2008 年，全省财政收入完成 1326 亿元，增长 28.2%，其中，地方财政收入完成 724.6 亿元，增长 33.3%。全省财政支出完成 1622.8 亿元，增长 30.5%，其中，教育、科技、三农、社会保障、环境保护支出分别实现较高幅度增长，支出结构进一步优化。为主动适应新形势、新任务、新要求，全省各级财政部门要继续加大财政管理创新力度，主动理财、强化管理，全面提升财政科学发展水平。

## 一、树立“五化”，提高财政管理水平

2009 年的经济形势仍旧严峻，非常时期更要着力加强财政管理。安徽省各级财政部门必须保持开拓创新、求真务实的精神状态，切实树立“五化”，努力提高财政管理水平，确保积极的财政政策贯彻落实到位。

### （一）坚持依法行政，推进法制化

近年来，通过推进财政改革、加强法制建设、规范执法行为，依法理财运行机制日渐形成。与此同时，不符合依法理财要求的问题仍然存在，突出表现在一些财政规章和规范性文件不适应形势变化，跟不上公共财政的现实要求；财政预算的规范性、约束力不强；财政决策程序、理财行为等不够规范；财权监督制约机制不够完善等。财政部门要深刻认识推进依法理财的长

期性、艰巨性，进一步提升依法理财水平。一要加强财政法规制度建设，强化预算编制、收入征管、财政审批、绩效评价等制度约束，切实提高财政规范性文件的质量。二要建立健全监督机制，主动接受人大依法监督，自觉接受政协民主监督，广泛接受社会监督，增强依法理财的自觉性。三要严格理财过错责任追究，结合岗位责任制、财政执法责任制，完善理财过错责任追究机制，坚持惩教并重、有错必纠、处罚到位。

### （二）强调主动理财，立足全局化

主动理财的过程就是充分发挥财政职能的过程，就是要围绕全省中心大局，积极主动作为，主动调查研究，主动当好参谋，主动服务发展。要跳出财政看财政，既要算经济账，更要算政治账、社会账、长远账，做到“主动”而不“主观”，“到位”而不“越位”。一要主动围绕中心谋划发展，不能一提到公共财政就过分强调财政退出竞争性领域，而要在支持经济发展中培植财源，增强后劲，壮大财力。二要找准支持发展的契合点，准确把握本轮积极财政政策的原则要求，主动转变财政支持方式，加强财政政策与货币政策、产业政策的配合，抓住国家扩大内需的难得机遇，加快基础设施建设，支持经济发展方式转变和结构调整，促进经济又好又快发展。同时，要努力建设和谐财政、民生财政，主动办好惠及民生的实事、好事。三要严格项目和资金管理，确保国家扩大内需政策落到实处。

### （三）推进民主决策，着力科学化

一要提高民主决策的自觉性，牢固树立大局意识、责任意识、绩效意识，在制定政策、分配资金、审批项目等方面坚持民主决策，保证财政决策的科学性。二要完善民主决策途径，善于运用科学理论、先进手段和成功经验降低决策风险和执行成本。三要完善财政民主决策机制，综合运用公示、听证、论证等方式，广泛征求各方面意见，保证重大决策经得起检验。四要建立决策评价机制，及时跟踪反馈决策执行情况，注重调整完善有关决策，做到长计划、短安排，保证财政决策紧跟形势变化。五要坚持阳光透明操作，切实提高财政政策和业务活动的透明度，维护人民群众的知情权和监督权，实现科学决策、民主决策。

### （四）注重过程管理，追求精细化

近年来，全省财政部门在财政过程管理中积极探索，财政过程管理不断强化。与此同时，过程管理不全面、不细致的问题仍然突出，管理制度“空白”点较多，围绕预算编制、执行、监督的“全过程管理”亟待加强。一要实现预算编制精准化，进一步细化预算内容，增强预算透明度；完善基本支出标准体系，强化项目论证，建立预算管理的新模式；完善人员和资产数据库，建立完善资产配置标准体系，努力实现资源公平配置。二要提高预算执行有效化，树立“分配与管理并重、投入与绩效并重”的理念，加强预算执行管理。三要实行财政监督日常化，建立事前审核、事中监控与事后检查相结合，日常监督与专项检查相结合的监督检查机制，积极探索绩效评价经验，加快建立预算支出的绩效考评机制，完善预算支出绩效考评指标体系。

### （五）加强能力建设，营造常态化

提升能力是提高理财水平的先决条件。近年来，通过开展机关效能建设、岗位大练兵和作风建设年活动，安徽省财政系统初步形成了求真务实的工作氛围。但财政干部队伍素质与落实科学发展观的要求相比仍然存在一定差距，提升能力必须日积月累。全省财政系统要上下联动、全员参与，把能力建设作为一项长期的任务紧抓不放，努力打造一支能力强、结构优、素质高的干部队伍。

## 二、主动作为，保持发展良好势头

当前，安徽省经济发展的基本面是好的，厚积薄发、加速崛起的基本态势没有改变，财政部门面临的主要是减收因素集中，支出压力加大，经济增长放缓，就业形势严峻等困难。因此，2009 年全省财政部门应进一步深入学习实践科学发展观，促进经济平稳较快增长，着力保障和改善民生，推进和谐社会建设。

### （一）全力支持经济发展保增长

认真贯彻落实积极财政政策，用足各项扩大内需的财税措施，充分发挥政府引导资金作用，综合运用担保、贴息、风险补偿、考核激励等办法，支持金融机构信贷投放，多渠道筹集资金，吸收社会资本，加大有效投入，努力保持经济又好又快发展势头。做大财政收入“蛋糕”，密切跟踪财税政策调整动向，认真实施结构性减免税费，提高财政收入质量。支持区域经济发展，加大扶持力度，积极支持参与泛长三角区域发展分工合作，大力支持合芜蚌自主创新综合配套改革试验区建设，积极支持皖北及沿淮地区发展；壮大中心城市和县域经济，加快培育更具竞争力的区域增长极，促进区域经济协调发展；制定财政支持政策，进一步助推园区经济和城乡统筹发展。促进发展方式转变，落实各项税费优惠政策，大力支持科技型中小企业技术创新，加快自主品牌建设；积极推进城镇污水处理厂和淮河巢湖流域污水处理厂建设，全面启动长江和新安江流域县级污水处理厂建设；贯彻落实资源税改革政策，加大节能减排和环境治理投入力度；继续实施并完善退耕还林补助政策，支持生态环境保护体系建设。着力扩大消费需求，贯彻落实扩大内需的方针，支持现代服务业建设，增强消费对经济增长的拉动作用，增加对低收入群体补贴，提高企业退休人员养老保险金；全面实施家电下乡工程，启动农村消费市场；积极发挥政府采购作用，促进本地企业健康发展。

### （二）保障和改善民生促和谐

精心牵头实施全省28项民生工程，充分发挥民生工程拉动内需、促进城乡居民共享改革发展成果的“双效应”，同时，大力支持社会事业发展。坚持教育优先发展，大力促进义务教育均衡发展，巩固完善义务教育经费保障机制；落实好农村义务教育化债工作、义务教育阶段教师绩效工资兑现工作，同时推进职业教育发展，支持高校质量工程建设，促进其他各类教育事业共同发展。健全就业服务体系，继续实施基本养老保险、失业保险、基本医疗保险补贴和公益性就业岗位补贴政策，支持建立促进零就业家庭和困难群众再就业长效机制；在确保社会保险基金不出现缺口的前提下，准确运用阶段性降低城镇职工基本医疗保险、失业保险、工伤保险、生育保险的费率政策，着力稳定就业局势，推进社会保障体系建设，完善农民工、被征地农民社会保障政策；探索建立事业单位养老保险制度，完善现行养老保险制度；提高城乡居民最低生活保障、生活困难救助、医疗救助标准。完善医疗服务保障体系。继续加大资金投入，巩固完善城镇居民基本医疗保险制度和新型农村合作医疗制度，完善重大疾病防治财政补助政策，扩大计划免疫范围，提高补助水平。加大廉租住房保障力度，在积极争取中央专项资金同时，省财政将继续安排以奖代补资金；各市县政府要强化主体责任，共同缓解城市低收入家庭住房困难。严格落实配套资金责任，财力向农村农民、向困难群体、向民生倾斜，不断完善和巩固民生工程。

### （三）推进新农村建设抓统筹

采取更加有力的措施，努力在新一轮农村改革发展中寻求新突破和新发展。进一步增加资金投入，按照基本公共服务均等化的要求，进一步调整和优化支出结构，不断增加对“三农”的投入，让公共财政的阳光更多地照耀农村。积极发展现代农业，加大农业综合开发力度，着力实施“633 工程”，加快推进6个万亩现代农业综合开发示范区建设，重点支持30个种粮大户发展，重点扶持30家农业产业化龙头企业；加大支农资金整合力度，大力支持“532 强龙工程”；采取以奖代补等形式，引导和支持农民开展小型农田水利设施等项目建设，改善生产生活条件。加大对种粮农民直补力度，增加种粮农民直补资金规模，确保补贴资金及时、足额发放到农民手中，充分调动种粮农民积极性。支持发展农村公共事业，支持农业服务体系建设，探索建立“以钱养事”农村公益性服务新模式；积极开展村级公益事业建设“一事一议”财政奖补试点；加快建立完善农村社会保障制度，从制度上、机制上着力解决农民“老有所养、病有所医”问题；加强农村文化建设，丰富农民文化生活，促进农村社会全面进步。继续深化农村综合改革，支持在依法自愿有偿原则下的土地流转，支持农村金融体系创新，扩大农业保险试点范围，全面推进为民服务全程代理制，进一步完善农村基层工作新机制，支持开展城乡一体化综合配套改革试验，推进二元结构向一体化转变，促进城乡统筹发展。

### （四）加快公共财政改革破难题

完善省以下财政体制，进一步理顺政府间分配关系，加快形成统一、规范、透明的转移支付制度，扩大财力性转移支付规模，规范专项转移支付制度，着力提高县级财政保障能力。增强预算完整性，逐步构建由公共财政预算、国有资本经营预算、政府性基金预算和社会保障预算组成的有机衔接的财政预算体系；完善综合预算制度，努力将政府以行政权力和国有资产所有者身份集中的社会资源全部纳入预算管理；规范超收收入的使用，探索建立预算稳定调节基金制度。规范国库集中支付，按照“纵向到底、横向到边”的要求，全面推开市县国库集中支付制度改革；加快推进财税库银税收收入横向联网，建立健全国库集中支付动态监控机制，防范财政资金支付风险。

### （五）提高科学理财水平强规范

巩固扩大“规范管理年”活动成果，努力提高财政管理科学化、精细化水平。加强财政法制建设，继续落实“五五”财政法制宣传教育规划，全面推行行政执法责任制。规范财政收支管理，坚持依法治税，加强税收征管；规范非税收入征管，进一步提高财政收入质量；把支出管理放到更加重要的位置，进一步加快财政支出进度，切实提高财政资金使用效益。严格财政预算管理。推进编制综合预算，增强预算编制的科学性；加强政府采购管理，扩大政府采购范围和规模，提高政府采购执行率；积极推动行政事业单位国有资产管理与预算管理、财务管理相结合。强化财政监督管理，努力构建制度健全、执行严格、监督有力的财政监督新机制。加强财政绩效评价，建立项目预评审制度，完善绩效考评指标体系，努力构建制度完善、约束有力的预算绩效考评新机制。加强乡镇财政管理，适应农村改革新形势，围绕管理农村社会事务、发展农村经济、提供公共服务的现实要求，着力推进乡镇财政职能转变。提升财政信息化水平，加快“金财”工程应用支撑平台建设，确保2009年完成省本级应用支撑平台实施任务，力争2010年在全省市级财政部门全面推广。

### （六）狠抓财政增收节支重落实

依法加强收入征管。积极配合税务部门，坚持组织收入的原则，进一步完善征管手段，坚决制止和纠正有税不征和违规减免税行为，严厉打击偷骗税行为，努力做到应收尽收。调整财政支出结构，做到以“调整”渡难关，向“管理”求效益。千方百计降低行政成本，严格实行公务购车、会议、接待、党政机关出国（境）经费零增长政策，切实把节约资金用在经济社会发展最急需的地方，用在解决群众生产生活困难上；深化公务卡管理改革，扩大省级试点范围，鼓励有条件的市开展试点；加强行政事业单位资产管理，严格审核控制行政事业单位车辆、大型设备等资产增量，推动节约型政府建设。加强党风廉政建设，发扬艰苦奋斗优良传统，严肃财经纪律，坚决反对大手大脚花钱和铺张浪费行为。

**（七）营造提能增效环境激活力**

在全省财政系统开展“能力建设年”活动，按照省委省政府“切实提高领导科学发展的能力”的总体要求，着力提升“五种能力”，切实增强财政队伍的整体素质。提高学习能力，树立终生学习理念，实现工作学习化、学习工作化，建立学习培训激励机制，树立学习“增量”比“存量”更重要的理念。提高创新能力，激发创新创造潜能，激励财政干部在实践中突破陈规，奋发有为。提高谋划能力，既要增强抓大事、谋大事的能力，也要注重潜在性、经常性问题，创造性地开展工作。提高执行能力，坚持“快细实严”的工作要求，提高办事效率，不折不扣地履行职责。提高自律能力，增强党性修养和法制意识，严格遵守财经法规和纪律，筑牢拒腐防变的思想防线。

# 财政局长的定位与管理

无论是财政厅长，还是财政局长，作为财政部门的“一把手”，都是在党委、政府的领导下履行一样的职责，工作范围虽然不同，感受基本一致。面对新的形势和任务，财政局长必须进一步明确定位，实施科学高效的管理。

## 一、地位与作用

要正确认识财政局长的地位与作用，首先要把握财政局长的岗位特点和规律。这样，就会油然而生一种紧迫感、责任感、使命感，自然而然就会多一份从容、淡定、洒脱。结合这些特点锻炼自己，丰富自己，提高自己，才能够有所进步，超越自我。我体会，财政局长在具体工作至少扮演六种“角色”。

1. 为民理财的“管家”。财政是一个经济范畴，又是一个政治范畴，事关治国安邦、强国富民。为民理财，是财政部门的职责所系、使命所托，具有“法定性”特征。财政局长作为部门的行政首长，在党委、政府的领导下，受人民的委托，代行理财施政职责，具有较高的政治地位。因财政所理之财，既不是私人财产，也不是股东财务，而是全体纳税人的钱，其理财行为，必须体现政府意志，代表人民利益，对人民负责。在任何时代，任何社会制度下，财政都是个大问题，它与经济制度的作用发挥、国家民主法治制度的构建等几乎所有的国家大事都密切相连。亚当·斯密在《国富论》中称：“财政为庶政之母。”2008 年人代会期间，温家宝总理在记者招待会上说："一个国家的财政史是惊心动魄的。如果你读它，会从中看到不仅是经济的发展，而且是社会的结构和公平正义。在这5年，我要下决心推进财政体制改革，让人民的钱更好地为人民谋利益。"温家宝总理的话，揭示了经济基础与上层建筑，财政与社会结构及民生发展的关系，道出了中外历史上财政改革的复杂性和艰巨性，高度概括了财政在政治、经济和社会发展中的重要性。既然财政如此重要，作为一个地方的财政首长，其职责、地位不言而喻，必然要求财政局长具有强烈的责任感和使命感。

2. 管钱用钱的"财神"。由于我国仍处于社会主义初级阶段，物质财富远未实现极大丰富，人民生活仍不富裕，大多数地区仍处于"吃饭财政"和"吃饭建设型财政"阶段，"要钱"、"花钱"的需求比较多。加之财政部门具有"管钱"、"用钱"的职能，且具有一定的自由裁量权。在需求大于供给的情况下，就出现了"强势"与"弱势"的差别，社会看来财政是"有钱有权"的部门，财政局长作为财政部门的代表，被社会各界戏称为"财神爷"，甚至所有的财政干部都被称为"财神"。与此相关的部门，国土局长被称为"土地爷"，铁路部门叫"铁老大"，电力部门叫"电老虎"。这种称谓，既有群众朴素的阶层意识表达，体现了财政部门具有较高的社会地位，也有社会上对财政的"恭维"、"调侃"之情，可谓"毁誉参半"，意会复杂。我们今天谈论这一称谓，绝不是纠缠于具体概念，而是探究背后的深层次意义。我们现在建设公共财政，讲究取之于民、用之于民，强调生财有道、聚财有方、用财有规，只有按照规范花好每一块钱，才能成为造福于社会、服务于人民、无愧于自身的财政干部。

3. 领头带路的"班长"。作为"一把手"，在领导班子里就是"班长"，在单位就好比一个家庭的"家长"，如何领好头、带好路，我认为至少要发挥好三个作用。一是明确导向。我们始终坚持这样一个观点，"一把手"是出思路、定战略的，好比一个家庭要秉承什么样的"家训"，弘扬什么样的"家风"。导向不明，思路不清，人心不齐，战斗力必然大打折扣。二是做好表率。管理学上有个经典例子：一头狮子带领的一群羊，一定能够打败一头羊带领的一群狮子。生动诠释了"一把手"的示范表率作用。我们一直强调，要破除"账房先生"、"摇头先生"观念，不能只顾埋头拉车，更要抬头看路，尤其是"一把手"，绝不能纠缠于简单的收收支支，淹没在琐碎的繁文缛节之中，而要花更多的时间考虑"干什么"、"怎么干"，找到过河的“桥”与“船”，带领一班人马到达胜利的彼岸。三要及时纠偏。毛主席说过，正确的路线确定之后，干部是决定性的因素。对于一个单位，目标确定以后，执行力是关键。“一把手”所要做的工作，就是要把目标和思路转化为班子的集体意志，转化为全体干部的共同追求，整个团队做到目标上同向、思想上同心、工作上同力。这样，一支无所畏惧、无往不胜的坚强队伍就形成了。当然，在制定目标的过程中，要广泛发扬民主，充分倾听意见，做“一把手”而不“一手把持”。事实上，我们有些财政局长，在抓班子、带队伍、干事业上，思路清晰，工作出色，可以说引领了一方风气，振兴了一方经济，在全省乃至全国都创造了很多成功经验，值得认真学习借鉴。总之，“一把手”的作用至关重要，你考虑周全，组织到位，协调到位，落实到位，就能够出成果、出政绩。

4. 地方发展的“后盾”。财政具有宏观调控、收入分配、资源配置、监督管理四项职能，其中前三项职能基本涵盖了政府日常事务，从某种意义上说，监督职能是为前三项职能的更好发挥而服务的。古今中外的历史经验表明，有财才有政，财强政方固。建设强大而稳固的财政，是提高执政能力的重要物质基础。可以说，财政与政府是与生俱来的，政府的一切行政活动，无不通过财政资金的流向来体现。正如著名经济学家熊彼特所说：“一个民族的精神、它的文化水平、它的社会结构、它的政策所部署的行动，所有这些以及更多的东西都被写进它的财政史之中……谁懂得如何倾听它的声音，谁就能更清晰地识别世界历史的雷鸣。”悉数历史改革人物，依稀能够想象财政改革的惊心动魄，战国时期秦国的商鞅、汉武帝时期的桑弘羊、北宋时期的王安石、明朝时期的张居正……他们都充当了特定时期“财政总管”的角色，并为所处的时代服务。在现行的政治体制下，一个地方的党委、政府必须积极作为，才能创造政绩，才能赢得民心，政府想要干事创业，必须要有坚强的财力支撑，于是，大多数的财政局长，或者于困难之际临危受命，或者于励精图治之时担纲上阵，担当党委、政府的“重要助手”，其职责与使命十分重大。政府发展依靠财政，部门办事盯着财政，群众冷暖渴望财政，于是，为政府行政、施政筹集财力，为地方发展、稳定做好“后盾”，就成为财政局长的最重要任务，财政局长也在完成任务中实现着人生价值。

5. 幕后奉献的“使者”。在外人看来，财政部门风光无限，无外乎“管管钱”、“算算账”。实际上，财政部门的真实状态是：加班加点是常态，辛辛苦苦是常事。一年到头，别人忙时你最忙，别人闲时你也忙，春节放假最晚的是财政，节后上班最早的也是财政。突发事件来临时，财政部门更是像“打仗”和“救火”。我曾经留意过，在业务繁忙时期，晚上下班以后，财政厅多半的房间灯火通明，双休日有三分之二的处室在加班。因为，财政财务特点决定，月尾月末、年尾年末，正是财政业务集中时期；每逢突发事件，体现党委政府高度重视，必须有两个显著标志：一是领导第一时间赶赴现场指挥；二是财政救援资金紧急拨付。在应急的背后，财政干部付出多少，没有多少人会特别关注。钱从哪里来？应该怎么花？必须怎么花？这些问题没有人十分了解。在现行体制下，许多具体的事务转移到基层财政部门，我想，市县财政局尤其是局长的工作节奏肯定十分紧张。职责决定了你必须忙忙碌碌，业务决定了你必须默默奉献，关键是要带着感情，带着激情，带着责任，保持良好的精神状态。正如王金山书记在厅里《关于2008年争取中央资金情况的报告》上批示：财政工作显著，辛苦自在其中，全省人民都会感谢的！

6. 台前评判的“被告”。作为一个地方、一个部门、一个单位的领导，都想任期内有所作为，这种干事创业的积极性无可厚非，加之近年来财政收入增长较快，拉升了社会各界的期望值，各方面的支出需求“水涨船高”。大家都知道，财政部门的会议特别多，大大小小的会议都要财政参加，有的议题已经事先经过政府领导同意，有的需要在会上讨论的，但基本上都是需要拿钱的，都是要财政局长表态的。实事求是地说，由于多年历史欠账太多，特别是教育、医疗卫生、社会保障等方面的投入不足，以及长期以来重城市、轻农村的惯性影响，社会事业发展薄弱，广大农村发展滞后，城乡二元结构矛盾突出，城乡贫富差距较大，长期以来积累的深层次问题逐步显现，部门的很多事情都想早办、急办，很多事情也确实需要办、应该办，但财政“蛋糕”有限，不可能照单全收。在这种情况下，如果只是简单地说：没有钱！办不了！一下子就把所有的矛盾揽到自己头上，结果就成了众人批判的“靶子”，走向了“对立面”。有时部门私下找到财政部门，找你10次，你解决了9次，就有1次没解决，他仍然不满意，认为你不支持、不帮忙，一有机会仍然提意见，一不小心又成了“被告”，有时候，不仅得罪了“同僚”，同僚背后的政府领导也不满意，说不定面临政治风险。所有这些，并不是大家故意跟你过不去，在花钱、用钱的问题上，这一矛盾是永恒的，是每一个财政局长必须始终面对的问题。在这种情况下，要求财政局长必须具备“新闻发言人”的素质，既对情况“了然于心”，又要讲究“应对艺术”，做到临阵不乱，要能够讲清楚“名堂”，即使不给钱，大家也能信服。

总之，以上6个“角色”是客观存在的。岗位特点决定了财政局长必须具有更高的政治素养、更强烈的责任意识、更宽阔的战略思维、更健全的心理素质、更纯熟的处事艺术。只有弄清岗位特点和规律，在实践中不断摸索和提高，才能不断开创工作新局面。

## 二、重点与难点

毛泽东同志在《矛盾论》中已经阐述：凡事都有主要矛盾和次要矛盾，解决任何问题都要善于抓住事物的本质和主流，集中力量解决主要矛盾和矛盾的主要方面。财政工作千头万绪、复杂艰巨，但其中一些全局性、根本性、牵动性的工作至关重要，这也是财政局长必须面对和解决的重点和难点，甚至是困惑和无奈。我归纳为以下几个方面：

1. 财政收支矛盾。结合我在财政和地税工作的经历，我总结出“三难三更难”：少钱难，多钱更难；收钱难，分钱更难；花钱难，管钱更难。但这些难处归根结底是“钱太少”，收支矛盾仍然是财政工作的主要矛盾，2008年，安徽人均财力仅2020元，在全国处于末位。县级经济实力整体薄弱，大部分县维持在“保吃饭、保运转”状态，个别县甚至吃饭“难保”，基本是：“拆东墙补西墙，墙墙有洞；借新债还旧债，债债难清”，长期依靠转移支付艰难度日。俗话说：穷家难当；巧妇难为无米之炊。面对财政历史欠账多、收支矛盾突出的窘境，如何逐步摆脱财政困境，走上良性发展轨道，始终是摆在各级党委、政府面前的一个重要课题。大家都知道，收支矛盾突出，欠账无法兑现，群体矛盾就可能激化，和谐稳定的大局就面临震荡。而且有一个奇怪的现象：越是贫穷落后的地方，干群之间的互信关系越脆弱，地方风气越不好，也是群体上访的多发地带。各个方面都需要钱，来自上下左右的压力扑面而来，如果不能有效解决，或者学会自我调适，致使焦虑与抑郁情绪越积越重，各方面的压力可以击垮一个人。解决这一矛盾的根本出路是“发展”，是培植财源，增强后劲，用发展成果解决发展中的问题。但就“收支矛盾”本身来说，仍是困扰财政局长的最直接、最现实的问题。

2. 服务中心大局。现在全国、全省的发展趋势可谓“一片大好”。基础好、起步早的地区提出率先崛起、保持领先；基础差、起步晚的地区提出加快发展、奋力赶超。具体到一个市、一个县也是如此。一个地方的党委、政府都会制定一个发展规划和年度目标，提出一些发展战略和举措，作出一些专项决策部署，目的是统一思想，团结带领辖区人民群众开创工作新局面。政以财立，财以辅政。党委政府的中心工作就是“大局”，围绕中心创造性地开展工作，就是服务大局，也是体现工作水平的最直接、最有效的途径。如果不能结合财政工作实际，站在党委政府的高度想问题、谋对策、出实招，而是经常“晚一步”、“慢半拍”、“不着调”，开展工作按部就班、稀松平常，就会造成财政工作与政府工作“两张皮”现象，结果是领导不满意，工作很被动，只能是机械地付账，被动地买单，工作没少做，结果不理想。这样的话，财政局长只是政府的“财务出纳”，而不是政府的“财政总管”，最多发挥了一半的职能。

3. 强化改革管理。回顾安徽省财政改革30年辉煌成就，从发轫安徽省的“大包干”，到率先实施的农村税费改革，再到正在深化的农村综合改革；从率先实施涉农补贴发放“一卡通”，到惠民资金管理审核“一线实”，再到正在试点的“五个一”构架的惠民直达工程，这些开全国先河的成功经验，无不来源于基层、升华于上层，但归根结底是基层实践创造的产物。我们市县的财政局长们，来自财政政策实施的第一线，与基层联系更紧密，离人民群众最近，群众需要什么？政策可不可行？应该怎样解决？财政局长理应更清楚，只要在政策允许的范围内，就可以在“一亩三分地”里大胆试验，并善于发现基层的新鲜做法，及时总结归纳提炼，形成可操作、可推广的实践经验。当前，进一步深化改革的现实要求迫切，社会呼声很高，时机比较有利，温家宝总理在《政府工作报告》中表示，做好2009年工作要把握4条原则，其中之一就是“抓改革、增活力”。我们一定要坚持把深化改革作为促进财政科学发展的根本动力，加大重点领域和关键环节改革力度，如资金整合问题、绩效评价问题、农村改革问题，等等，亟待进一步解放思想，深化改革措施，消除体制、机制、制度障碍，保持财政事业的生机活力。

4. 平衡不同意见。财政部门处在矛盾汇集的焦点，受到的摩擦来自多个方向，有些摩擦甚至在不知不觉中已经发生了，处理这些矛盾的难度也比别人大。其中最大的矛盾是来自上级的不同意见，因为在分工负责制下，各部门首先向政府分管领导报告，如果分管领导直接批示到财政部门，你要先请示财政主管领导，后面还有政府主要领导、党委领导，有时候“人大”也参与其中，哪一个环节意见不一致，财政部门都处于“两难”境界，有时候虽然事情办完了，仍然不能使各个方面都满意。再比如，无论是“农口”的钱，还是“建口”的钱，虽然资金的主要“出口”都在财政，但整合部门资金、集中财力办大事，往往面临很多阻力，遇到上级领导不同意见，更是难以推进。这方面的矛盾其他部门也会遇到，只不过财政的感受更为明显、更加常见，在这种多向度、多维度、多层次的复杂矛盾中，如何正确对待、怎样正确处理，很有学问，也需要不断摸索。

5. 处理人际关系。管好、用好纳税人的钱是财政部门义不容辞的责任，要求财政局长按章办事、铁面无私。但“人”具有社会属性，处在财政局长的位子上，更是免不了人情世故，总是有很多人通过直接、间接的关系找到你，有的为“公家”，有的为个人，有的合情合理，有的要求过分。处理人情关系是财政局长日常工作的重要内容，也是劳神、费心的“负担”，有时会严重分散工作精力。比如，有的财政局长带着书记、县长，大老远的直接到厅里来，如果厅领导不接待，你又不好交代，有的还提出一些不合理的要求，又不好当面拒绝，双方都很尴尬。古话说：“人情练达皆文章。”对此，既不能拒之门外，又不能“有求必应”，既要以真诚的态度接待来访，又要保持清醒头脑，把持住自己，防止乱开“口子”，于人于己，善莫大焉。

6. 尽心尽力尽责。在纪念中国财政改革30周年的一次座谈会上，刘仲藜、项怀诚、金人庆三位老部长坐到一起，金人庆有一句“玩笑”话：“看一下我们的头发都快掉光了，就这一点来说，我们三个都是合格的财政部长。”我们的很多财政局长也有这一明显特征，从侧面说明，作为财政局长非常辛苦，如果单以职务升迁论得失的话，可能付出与回报不成比例，但既然党委、政府把我们放在财政局长的位子，就应该俯下身子，踏实工作，不求收获、但问耕耘。职位的升迁去留，人生的高低起伏，有多种因素决定，无论什么时候都应该正确看待，否则就会背上沉重的思想负担。

除此之外，对于不同地区、不同对象，肯定还有其他重点和难点，只不过以上6个方面具有普遍性，也是财政部门尤其是“一把手”需要补缺补差、精益求精用心做好的工作。总之，矛盾是普遍存在的，是不以人的意志转移的，最现实的解决路径是从内部找原因，在自身上下工夫，通过更有效的工作、更得力的举措、更全面的素质，去化解矛盾、突破瓶颈、争取主动。

## 三、实践与思考

近年来，根据新形势、新任务的要求，我们提出了一系列的理财思想、理念和思路，省委、省政府对财政工作批示较多、表扬较多，既是鼓励，也是鞭策。对此，我们没有骄傲自满的理由，只有再接再厉的责任。《财政“十一五”规划》有4项主要目标：到2010年，财政收入达到1300亿元，5年实现翻一番；财政支出达到1500亿元，5年实现翻一番多；区域财政发展进一步协调，力争财政收入超10亿元的县（市）超过10个；公共财政体制进一步健全。其中，财政收支规模这两个“硬性”指标已经提前两年完成；2008年超过10亿元的县（市）有7个，另有一批县（市）发展迅猛，在没有大的波动的情况下，一定能够完成规划目标。我想，除了这些硬性指标外，我们应当有这样的理想和追求：即再经过3年到5年的不懈努力，我们的财政实力更雄厚，财政对跨越发展、加速崛起的支撑力更坚强；我们的大部分市县财政状况进一步好转，“吃饭、运转”不再是困扰各位财政局长的主要难题；我们的民生工程标准更高、范围更广，惠及千家万户，财政工作更加深入人心；我们的财政改革始终走在全国前列，再创造出一批“叫得响”的成功经验；我们财政部门服务大局的能力更强、理财水平更高，党委、政府更加满意，财政权威、部门影响力进一步提升；我们财政部门的形象更好、干部素质更高，成为党委政府满意、社会各界认可、人民群众爱戴的一支队伍。

这一美好的愿望，是建立在我们已有的成绩之上，是建立在对安徽跨越发展的信心之上，是建立在对财政干部开拓创新、锐意进取的信任之上。有梦想才能有蓝天，有激情才能有创造，有责任感才能有宏图，有使命感才能有壮志。这一目标是全省财政系统庄严责任，关键在于各位局长发挥好

“领头羊”作用。

1. 围绕大局，争取主动。财政部门要为党委政府分忧，为地方发展解难，关键在于见事早、出手快，参到点子上，谋到关键处，做到由被动执行向主动请战转变，由事后服务向超前谋划转变，由常规性汇报向创造性建议转变。作为党委政府领导总是希望了解更多有价值的信息以供决策之需。管理学上有一句名言：下属的报告永远少于上司的期望。财政部门一定要彻底转变一种业务习惯：只管埋头拉车，不了解上级领导决策意图，工作缺乏针对性。2008 年，金融危机爆发以后，中央采取了积极的财政政策和适度宽松的货币政策，出台了一系列刺激经济的举措，紧接着几个省市也陆续采取了一些动作，我们密切关注兄弟省市的动向，认为安徽省也必将会出台相关政策，经过认真考虑和测算，及时向省政府建议拿出 25 亿元支持担保体系建设。事实上，值此紧要关头，省委省政府也要体现积极作为的姿态、提振市场信心，正在筹划出台系列政策，可谓不谋而合，我们的意见当场拍板通过。试想，如果我们慢慢腾腾，缺乏敏感性，一旦政府布置下来，或者其他部门意见被采用，效果肯定大不相同，只能被动买单。在多次场合，省委、省政府领导都对此高度肯定，王三运省长对此评价为：财政部门积极作为、主动理财的“经典之作”。

2. 自上而下，达成共识。很多同志说：现在财政想干一点事情真难！难就难在“意见不统一”，尤其是上级领导意见不一致。一件事情，最忌拖而不议、悬而未决，一旦进入党委政府的决策视野，提上议事日程，就好比进入了“快车道”。因此，对于“一把手”来说，只要看准的事情，就应该果断向前推进，不可左右摇摆、瞻前顾后，否则就会延误时机。在推进的过程中，争取上级领导的支持至关重要，有时需要党委、政府“一把手”亲自过问。这就要求，各位财政局长要多请示、多汇报、多建言献策，多做“穿针引线”的事，全力争取上级支持。当然也要把握时机、讲究艺术，所谓“长袖善舞”。记得我刚回到厅里时，开过一次 17 个市的财政局长座谈会，有一位局长说得很到位：财政部门如何主动作为，怎么衡量效果，就是要通过自身的工作，“影响”党委政府的决策。一项全局性的工作，如效能建设、政风评议、目标考核，等等，大家都在争先恐后地干，怎么干得漂亮、干得出彩，有时上级领导的一次肯定、一个批示好比“特写”镜头，往往具有“聚焦”的效果，就能使优势凸现出来，引领上下达成共识。当然，“影响”上级决策、获得领导肯定，前提是把自身工作做好、做扎实、做出亮点，两者之间的因果关系不能本末倒置，否则就会舍本逐末、得不偿失。

3. 谋划在前，树立权威。一个人、一个单位的威信，是在一次次“急难险重”的任务考验中树立起来的。管理学对“权力”一词的定义有几种，其中一个观点：“权力就是影响力”。影响力大，你可以“登高一呼，声音不高但应者云集”；没有威信，你可能声嘶力竭但无人理睬，只能独自品味“寂寞的美丽”。2007 年上半年，淮河流域发生洪涝灾害后，财政厅在迅速建立救灾资金拨付绿色通道的同时，及时派出工作组分赴山区、丘陵和平原地区，调研倒房重建成本，制定了针对性、操作性很强的倒房重建补助标准。这一做法得到了省政府领导的充分肯定，倒房重建标准被民政部采用，并在全国推广。在企业管理中，有远见的企业家最重视两件事，一是树立品牌；再一个就是“行业标准”。谁率先建立了公认的“行业标准”，谁就能在这一领域拥有绝对“话语权”，谁就是这一行业的“领导者”，谁就能获得“垄断利润”。好比电脑行业的英特尔“奔腾”处理器，所有零部件厂家都要自觉与之“匹配”。试想，对于倒房重建标准，如果单靠部门意见，一来财政资金效益难以保证，二来如果群众意见大、领导不满意，审计监督出了问题，财政也难辞其咎。我们谋划在前、做深做实，制定出公认科学的“标准”，为解决类似问题提供了“范本”，自然而然就消除了杂音、提高了威信、树立了部门权威。

4. 部门之间，主动沟通。财政工作千头万绪，纷繁复杂，矛盾多，关注度高，沟通协调至关重要。现在媒体呼吁：中国要在国际舞台展现“大国”风范，社会各界对此普遍认同，其中“和谐”、“负责”、“包容”是关键词。财政作为综合经济管理部门，也要体现“风格”、展现“风范”、转变作风。部门、基层有求于你，但不代表高人一等，其他单位与财政部门是平等合作关系，它们本身也是财政部门的服务对象，要平等合作地商量事项、解决问题，既要笑脸相迎，热情接待，协商办事，也要采取“走出去”的方式，主动上门服务，这样才能得到大家的谅解和支持，才能提高财政部门的“满意度”和“美誉度”。这两年，财政厅有关处室结合业务特点，与预算单位建立了定期“会商机制”，厅领导带队与预算单位“面对面”协商，赢得了服务对象的高度评价。部门、基层的同志来财政部门办事，我们要按照文明办公“五要五不”的标准，热情耐心服务，及时解决问题，不能解决的要把问题说清楚，让人心服口服。“众人拾柴火焰高”。好的形象，好的反响，需要经过多方反映才能形成。希望各位局长做好表率，带好队伍，使每一位同志都能从身边事做起，从点滴事情做起，把各方关系处理好、协调好，维护好系统形象。

5. 系统内部，统一思想。俗话说：人心齐，泰山移。上下一心，步调一致，是提高团队战斗力的基本保障。一个处、一个科、一个股都是“家庭”一员，必须加强团结协作，相互配合，要坚持先内后外，统一口径，一致对外，坚决反对推诿扯皮，不顾大局，相互拆台。应当说，财政系统的凝聚力很强，但我们也了解到，个别财政局内部班子不够团结、队伍比较松散，甚至成员之间“离心离德”，干部各怀心思，结果是内部搞不好团结，外部树不起形象。一方面，说明你这个单位“政治生态”环境不好，另一方面，说明“一把手”总揽全局的能力不强。这样的单位必然难以提高效能，难以出成绩，难以让党委政府满意。作为财政局长，既要能够驾驭全局，当好乐队指挥；又要协调得力、得法，学会“弹钢琴”，在抓工作、带队伍中做到“三个善于”：善于把党在财政工作上的方针政策转化为财政局长个人的工作思路，善于把财政局长个人的工作思路转化为领导班子的集体智慧，善于把领导班子的集体智慧转化为广大干部职工的自觉行动。

6. 加强宣传，营造氛围。身处传媒时代，任何人都难以置身事外。无论是奥运会火炬传递遭遇阻挠，还是温家宝总理在剑桥大学演讲发生的闹剧，中方在自我反思时，都有一个共识：国外需要了解一个真实的中国，我们的媒体“声音”太微弱。因此，掌握话语权、赢得主动权、提高舆论引导力，成为当前对外宣传的重中之重。具体到财政工作也是如此，目前，已经不是只做不说，或者多做少说的时期，如我们牵头实施民生工程，应当说怎么宣传都不过分，既符合构建和谐社会的要求，也有利于工作推进。新闻宣传此消彼长、此强彼弱，你不说，别人就会乱说；你自己不宣传，别人就会乱宣传。许多工作的被动局面，很大程度上因为宣传不到位。如规范津贴补贴问题，社会误解很深，甚至吃力不讨好。在做好核心内容保密工作的前提下，对于既定的测算标准、责任主体等宏观政策，如果宣传解释到位，就有利于化解矛盾，有利于工作推进。2009 年财政政策变动较大，财政改革措施较多，要切实增强宣传意识，加倍重视财政宣传，善于借助多种宣传媒体，大力宣传财政工作好成绩、好氛围、好趋势，努力使社会各界更多地关心财政、理解财政、支持财政，营造和谐顺畅的理财环境。

以上6条，与其说是财政工作的实践与思考，不如说是财政工作方法“分享”，不一定全部正确，只希望对大家有所启发。总之，在新的形势下，作为财政局长，我们要坚持主动理财、服务大局；我们要坚信一分耕耘、一分收获；我们仍需深入思考、勇于实践。

## 四、班子与个人

团结和谐是一个班子乃至一支队伍的重要品质和核心竞争力。要求班子成员胸襟宽阔、公道正派、相互尊重、相互理解、加强沟通、和衷共济，自觉维护班子团结，不断增强班子的创造力、凝聚力和战斗力。财政局长作为班长，既是班子中平等的一员，又在班子中处于核心地位，更要率先垂范，加强修养，努力提高抓班子、带队伍的本领，坚持以坚强的党性带班子，以优良的作风带班子，以规范的制度带班子，以高尚的人格带班子，以一个团结和谐的好班子带出一个好队伍。

1. 主动思考，学习是基础。学习既是掌握知识，熟悉业务，增强本领的重要手段和方法，也是增强党性，加强修养，陶冶情操的一个基本环节和基本途径。过去讲知识就是力量，现在美国人提出，学习知识不是一个追求结果，而是一个永恒的过程；过去人们认为“学而优则仕”，现在人们更加意识到“仕而优则学”。只有领导精通了业务，才能组织得当，指挥有方；才能赢得干部职工发自内心的尊重和拥戴。学不如人、不懂业务的领导，实际在某种程度上放弃了领导权。因此，领导干部要始终坚持把讲学习作为一种政治责任，一种精神追求，一种思想境界，孜孜以求，学而不怠。希望每一位局长，都能够静下心来，多读些书，多研究些问题，只有勤于学习，敏于思考，善于总结，勇于实践，才能不断提高自己的理论思维能力和运用理论解决实际问题的能力，才能成为履行职责、胜任使命的专家和实干家。加强学习，一要坚持学思结合。学是思的基础，思是学的升华。只有学思结合，才能见微知著、以小见大，才能把知识转化为财政实践，才能把实践经验转化为制度，才能把制度上升为理论和规律，从而增强按规律办事的自觉性和主动性。二要坚持专博结合。既广闻博览，开阔视野，做“复合型”

人才；又要以专求精，术业有专攻，做“专家型”局长。三要坚持知行合一。把理论学习与解决财政实际问题结合起来，把学习成果转化为谋划工作的思路、推动工作的措施和实践探索的能力，提升实践科学发展观的本领，只有这样，才能学得生动、思得有效。

2. 主动实践，调研是基础。调查研究，是保障科学决策、服务跨越发展的先决条件，也是指导财政实践、提升理财水平的最有效途径。安徽财政改革30年辉煌成就，是一幅波澜壮阔的实践史、开拓史，调查研究始终贯穿其间，可谓功不可没。2008年，我们贴近中心大局，广泛深入开展调研，形成了一大批颇具前瞻性、指导性和针对性的调研报告。这些课题研究成果，有的已经被省委、省政府重要文件吸纳和体现，有的已经转化为具体财政政策，有的正在财政工作中直接应用，有力推动了财政事业进步。当前，中央再次强调深入实际、调查研究，温家宝总理指出：宏观经济形势复杂多变，分析判断形势、实施科学调控难度加大，仅靠经验，不深入调研，不深入实际，不了解全局；仅知道今天，不知道昨天，不前瞻明天，是很难作出正确决策的。2009年是21世纪以来全国全省经济社会发展最为困难的一年，国家继1998年之后再次启动积极的财政政策，许多现实挑战和工作难点亟待一一破解，各级财政部门迫切需要大兴调查研究之风。这要求各位财政局长不仅要高度重视调查研究，把深入调研作为一种基本的工作态度和必须的工作环节；还要做好表率，问计于民、问政于民、问需于民，多出针对性强、理论水平高、应对措施实的调研精品，为科学理财提供更加坚实的智力支持和理论基础。

3. 主动理财，能力是基础。提升能力是提高理财水平的先决条件，是永葆财政事业生机活力的基础工程。创造财政业绩离不开一支作风优良、能力过硬的财政干部队伍。通过开展机关效能建设、岗位大练兵和作风建设年活动，全省财政系统初步形成了充满激情肯干事、精明干练会干事、求真务实干成事的可喜氛围。现实生活中，一些干部职工主观上也想干事、也想干成事，但工作结果往往达不到预期目标，归根结底是能力不够、综合素质不过硬。我们必须清醒地认识到，财政干部队伍素质与落实科学发展观的要求相比，与省委、省政府的要求相比，与人民群众的期望相比，仍然存在一定差距，本领恐慌、能力不足，仍然是影响财政效能的根本问题。提升能力必须日积月累，能力建设贵在常抓不懈。因此，2009年我们在全省财政系统开展“能力建设年”活动，着力提升“五种能力”，目的就是通过上下联动、全员参与，努力打造一支能力强、结构优、素质高的干部队伍，为财政事业发展提供坚实的智力支持和人才保障。目前，活动已进入第二阶段，希望大家带头参与，拓展载体，丰富内容，务求实效。

4. 主动服务，敬业是基础。宋朝朱熹说：“敬业”就是“专心致志以事其业”。即用一种恭敬严肃的态度对待自己的工作，认真负责，一心一意，任劳任怨，精益求精。敬业精神是一个人以明确的目标选择、朴素的价值观、忘我投入的志趣、认真负责的态度，从事自己的主导活动时表现出的个人品质。敬业精神是做好本职工作的重要前提和可靠保障。作为财政局长，发扬敬业精神尤为重要。一要忠心。所谓“在其位，谋其政”，财政局长肩负着为民理财的重任，上要对得起党和政府，下要无愧于人民群众，以只争朝夕的精神，尽心尽责地做好本职工作。二要专心。把工作当成课题研究，把事业当成人生追求，长期坚持，精进不殆，必有所成。现在提倡一天干一件实事，一月干一件新事，一年干一件大事，一生干一件有意义的事。当回首往事时，才能少留遗憾，工作值得回味，人生富有意义。三要热心。要像对待亲情、爱情一样投入工作，始终保持一份对工作的激情和热爱。财政工作始终紧随时代脉搏，连着千家万户，虽然压力大、承受多，但很充实、很高尚，这段人生经历也是莫大的财富。我们提倡把敬业当成一种信念，把勤奋当成一种习惯，把奉献当成一种乐趣。但是，我也要真真切切地告诉同志们：身体健康是搞好工作的前提。要注意劳逸结合，学会调适和放松，有一个好身体、好心态，才能更好地履行职责。

5. 主动垂范，品格是基础。“政者，正也。子帅以正，孰敢不正？”作为“一把手”，只有品格优良，做好表率，才能引领一方风气，守好一方水土，营造良好的“政治生态”。一要发扬民主、合作共事。民主集中制是我们党的根本组织制度和领导制度。在班子成员中，由于学识、经历、年龄、性格等不同，相互之间在一些问题的认识上可能有所差异，平时的工作方法也会存在差别，这些都是正常的。作为“班长”，要学会容人之短、用人之长。要善于沟通，反对独断专行，不搞“一言堂”，遇事多商量、多沟通，充分调动每个人的积极性，形成合力。真正做到职责上分，思想上合；工作上分，目标上合；制度上分，关系上合；业务上分，效益上合；执行上分，督查上合，达到整体推进工作的目的。二要以身作则、力求双赢。要求下级做到的，自己带头做到；禁止别人去做的，自己坚决不做。要通过自己的言行，增强自己的威信和感召力。在此基础上，要力求实现共赢。市场经济条件下，上下级之间不是简单的管理者与被管理者的关系，不能采取你说我做，你错我批的管理方式，而要在注重政治权力的同时，强调同志关系，相互帮助，合作共赢。在工作上要使 $1+1\geqslant2$，不能搞零和博弈，更不能搞负和博弈，而要搞正和博弈，共同进步，从而形成政治素质与业务能力共同提高、上下级关系良性互动的局面。三要以人为本、关心发展。我们提倡“淡泊名利”，但不是反对“追求进步”。作为领导，不仅要关心下属的业务进步，也要关系他们的职务升迁，尤其是岗位关键、工作清苦的同志，更要创造环境提高他们的政治待遇，把组织的关怀送到每一个同志的心灵深处。现在有一种现象：越是业务骨干，越是“培训没时间、提拔没机会”，原因是岗位重要、任务太重，结果是相对清闲的出去“充电”，忙碌的整天疲于奔命，致使干部教育培训失去初衷。用人导向事关上级的“公心”、事关下属的“人心”、事关每一个人的“价值评判”标准，用好一个干部，等于树立了一面旗帜；用错一个干部，等于发出了一个错误信号。作为“一把手”，都有识人用人的责任，一定要坚持正确的用人导向，多关心那些实干、肯干、会干事的同志，让他们心里面有“希望”、事业上有“奔头”。四要严于律己、宽以待人。所谓“严于律己”，关键要有一种定力，有一种不为外物所动的境界。常修为政之德、常思贪欲之害、常怀律己之心，不为名所累，不为利所伤，把握住法律、道德、纪律这三条主线，克己奉公，增强党性，当好表率，堂堂正正做人、兢兢业业做事，干干净净做官。所谓“宽以待人”，就是要以宽容之心对待下属和同志，宽容是一种大气量、大胸怀和大智慧，宽容在道德上所产生的震撼，有时比严厉的责罚还要强烈。宽容可以凝聚人心，产生无穷无尽的力量。应该指出，宽容决不是放纵，不是无原则的妥协，而是在坚持原则的基础上，给他人以足够的空间和改过的机会。

最后，我想用供职财政厅长之初的四句话与大家共勉：对党要忠，对民要亲，对人要诚，对己要严。只要我们以一个拳拳赤子之心，事不避难，勇于担当，奋勇向前，就一定能够团结带领广大干部职工不断铸造财政事业新辉煌，并在敬业奉献中抒写壮丽的人生华章！

# 用改革创新精神推进科学理财

改革开放30年来，安徽财政改革与发展取得了巨大成就，农村税费等多项改革均走在全国前列。改革未有穷期，发展永无止境。在新的历史起点上，各级财政必须深入学习实践科学发展观，继续用改革创新精神推进科学理财，为促进科学发展、加速安徽崛起作出新贡献。

## 坚持第一要务，大力促进经济又好又快发展

胡锦涛总书记2008年两次视察安徽，问得最多的是发展如何，讲得最多的是如何发展，无不彰显出发展是第一要务的执政理念。我们财政部门要准确把握国家宏观调控方向，增强宏观调控的预见性、针对性和灵活性，在实践中进一步解放思想，创造性地开展工作，保持当前全省经济良好发展势头。

一是坚定不移地实施工业强省战略。围绕经济发展方式转变，综合运用国债资金、世行、亚行、开行及外国政府贷款，更多更好地利用税收、财政补贴、奖励补助等经济手段，加大有效投入，支持有区位优势的中心城市加快发展。

二是积极培育新的经济增长极。围绕促进县域经济发展，着力“输血”与“造血”并重，加大扶持力度，从体制、机制上采取措施，完善省直管县财政体制，落实财政激励政策，增加一般性转移支付规模，建立健全信用担保体系，为县域经济发展创造良好的发展环境。

三是大力支持招商引资。围绕加快融入泛长三角发展合作与分工，

抓紧研究制定积极的财税政策，支持皖江城市带承接产业转移，着力解决好中小企业融资难问题，促进非公经济发展壮大。研究扩大内需的财政政策，培育与居民消费相关的生活服务业，增强消费对经济的拉动作用。

## 坚持城乡统筹，大力促进农村改革与发展

安徽是一个农业和农村人口大省，也是农村改革的发源地。但安徽省农村基础薄弱，城乡发展不平衡，制约农村发展的一些深层次问题还相当突出。各级财政部门要认真贯彻落实党的十七届三中全会精神，必须以更大的决心、更大的气力，在新一轮农村改革发展中寻求新突破和新发展。一是多渠道增加农民收入。进一步加大财政对惠农资金的投入，在此基础上，适当调整惠农资金补贴方式，确保将补贴资金发放到真正种粮的农民手中，充分调动农民种粮积极性。二是进一步加大支农资金整合力度，不断提高财政支农资金使用效益。三是切实增加对农村基础设施建设的投入。四是加快建立完善农村社会保障制度，调动农民这个最大群体的消费积极性，拉动经济持续增长。五是深入推进农村综合改革。支持在依法自愿有偿原则下的土地流转，支持农村金融体系的创新，全面推进为民服务全程代理制，创新支持农村发展体制机制。

## 坚持改善民生，大力促进社会建设

一是围绕“学有所教、劳有所得、病有所医、老有所养、住有所居”的目标，逐步拓展民生工程的保障范围，增加投入、提高标准、完善措施，探索建立保障和改善民生的长效机制。二是围绕“办实事、求实效、重实绩”的要求，逐步推广“惠民直通工程”，建立民生政策和资金落实新机制。三是围绕教育优先的发展战略，加大对教育的投入，特别要加大对农村教育、职业教育的投入，为充分挖掘和发挥人力资源大省的优势提供支持。四是围绕创业行动计划和建立健全社会保障体系的要求，完善促进就业的政策和资金投入体系，坚持“广覆盖、保基本、多层次、可持续”的原则，建立健全覆盖城乡的社会保障和社会救助体

系。

## 坚持突出重点，大力推动自主创新

胡锦涛总书记年初视察安徽时指出，只有不断提高自主创新能力，才能始终把握发展的主动权，才能增添发展的新优势，并要求我们在自主创新方面有更大作为。最近，省委、省政府决定设立合芜蚌自主创新综合配套改革试验区，这是贯彻胡锦涛总书记视察安徽重要讲话精神的重要举措，也是推进自主创新、促进安徽崛起的重大决策。我们迅速行动，在调研的基础上，及时出台了财政支持自主创新的政策性文件，从2008年起，省级财政每年安排5亿元专项资金，用于支持试验区创新体系建设；今后5年内每年安排一定资金，建立试验区创业风险投资引导基金；并制定了一系列财税优惠政策。同时，还要着力从制度上、机制上把财政支持自主创新的各项工作任务落到实处。一是建立以财政投入为引导、企业投入为主体、社会投入为补充的多元化投入体系，有效利用财政贴息、政策性担保融资、税收优惠等手段，引导企业和社会资金投入，大力支持自主创新。二是优化财政投入结构。明确各级政府投入的重点，突出特色，着力支持制约经济发展的核心技术和关键技术研发，着力解决好科研成果转化问题，集中力量支持在一些核心技术和关键技术上实现突破。三是实施激励与约束相结合的财税政策。建立以奖代补机制，大力支持发展节能工程、新能源利用、排污治理、环境保护和生态产业；结合主体功能区建设，加大对生态保护区的一般性转移支付力度，加快形成有利于生态文明建设的体制机制。同时，建立自主创新和环保及生态建设投入的跟踪问效机制和绩效评价体系，确保财政资金用到实处，用出效益。

## 坚持以人为本，大力推进财政自身建设

一是进一步完善省以下财政体制，努力构建权责明晰、定位准确、规范透明的政府分配机制。二是深化预算制度改革。提高预算体系的完整性和预算编制的精细度、透明度，切实提高预算的执行率，努力构建体系完整、制度健全、运行高效的支出管理新机制。三是建立健全绩效评价体系。建立项

目预评审制度，提高项目预算的真实性和可执行性；完善绩效考评指标体系，推进绩效考评的制度化建设，提高预算绩效考评的约束力，努力构建制度完善、考评科学、约束有力的预算绩效考评新机制。四是强化财政监督管理。坚持依法理财治税，建立健全覆盖财政资金运行全过程的监督制度，促进监督与管理融合。

# 在优化整合中求效益

构建财政支出管理新机制，必须按照公共财政的要求，进一步净化财政供给范围；按照构建和谐社会的要求，进一步明确财政支出重点；按照市场经济的要求，进一步创新财政支出方式；按照效益最大化的要求，进一步健全财政支出绩效评价体系。

## 优化支出结构 创新支出方式

优化财政支出结构，重点是界定好支出范围，解决财政该不该“买单”的问题；找准支出重点，解决支出的方向问题；选择好支出方式，解决如何支出的问题。这三个方面相辅相成，缺一不可。

解决这三方面的问题，一是按照市场优先的原则划分政府和市场职能，凡是市场可以承担的，政府就不应当承担；凡是市场可以和政府合力承担的应尽量扩大市场的作用，解决政府职能越位与缺位的问题。二是财政应退出一般性、竞争性生产领域，着力于保障基本公共需要、培育市场和创造良好的市场机制、体制环境。对一般国有企业不应再直接投入企业挖潜改造资金，而应通过贴息等方式对重点产业、企业进行有选择性的支持，引导优化产业结构，以实现经济的可持续发展。三是对社会事业实行不同的财政扶持政策。对纯公益事业，财政要按政策予以保障；对带有一定经营性质的公益事业，财政予以补助；对非公益事业，财政逐步减少直至退出对这些领域的投入，将其推向市场。财政应集中有限的资金保障教育、公共卫生、社会保障、民生等重点支出。同时按照市场经济的要求大胆创新支出方式，如对支持经济发展的专项资金，采用投资、贴息、补助等多种方式，积极发挥财政资金的引导作用和乘数效应。对农村公益事业和准公益事业，转变养机构、养人的传统做法，大力推行“以钱养事”。

## 整合分散资源 提高资金效益

目前专项转移支付总体规模过大、范围太宽、种类繁多、项目分散、交叉重复，难以发挥资金的规模效益，需在明确中央和地方事权和支出责任的基础上，进行全面清理和优化整合。

一是对符合事权划分和中央履行宏观调控职能所需的项目予以保留；对数额明确并基本固定的，全部纳入年终固定结算项目或冲抵上解，不再作为专项转移支付管理；其余项目转作增加一般性转移支付规模。

二是规范专项转移支付管理模式。对必须保留的专项转移支付，可以实行以下三种管理模式，以增加地方的调控能力。第一种是对于那些只规定使用方向，不确定具体项目的转移支付项目，应按客观因素进行分配，具体项目由下级政府自主确定，并实行备案制。第二种是按照宏观调控的要求，对于直接核定到具体项目的专项转移支付项目，实行审批制；对能够办理直接支付的项目，应直接支出，不对下实行专项转移支付。第三种是对一些政策性补贴支出，可以向社会公开资金分配政策，对符合政策规定的项目，实行核定制。近几年来，安徽对财政支农专项资金清理整合方面进行了有益的尝试，2006 年省级集中统筹安排重点支农项目 23 个近 6 亿元，取得了较好的效益。

## 深化部门预算 强化预算约束

安徽省部门预算改革从 2000 年开始试行，经过多年的实践和不断完善，取得了显著成果。下一步部门预算改革的重点，概括起来就是努力实现“六个延伸”，即向行政事业单位资产管理预算延伸，向按经济分类编制支出预算延伸，向全口径预算编制延伸，向建立标准支出体系延伸，向绩效预算延伸，向提高县级部门预算编制水平延伸。同时严格控制预算追加，引入并扩大预算追加听证制度，除对防汛、抗旱、救灾、防疫等应急性、突发性重大追加事项急事急办外，其他需要追加的事项实行定期集中研究办理；除农业、教育、科技支出项目安排有明确的法律规定外，财政部门应排除干扰，统筹管理，切实维护财政部门的预算分配权。

## 推进绩效管理　注重财政质量

切实树立绩效预算理念，把绩效管理理念与方法引入财政支出管理中。在预算编制中，进一步细化各部门的行政目标和职责范围，建立支出绩效对预算编制的正向激励机制，逐步实现对财政资金从目前注重资金投入的管理转向注重对支出效果的管理。按照“统一规划、积极稳妥、先易后难、分步实施”的原则，逐步建立与公共财政相适应、以提高政府管理效能和财政资金使用效益为核心、以实现绩效预算为目标的科学、规范的预算绩效评价体系。尤其要把行政成本纳入绩效评价体系，把行政费用占 GDP 和财政支出的比重、公务员人均行政费用和行政费用增长率等作为行政成本的控制指标。在转移支付分配办法上，探索运用“权重法”、“因素法”等分配计算方法，力争所有的转移支付项目，都建立起科学合理的分配依据和计算方法，保证资金分配的公开、公正、透明、效率。

# 服务科学发展 推动全面转型

为贯彻落实党的十七届五中全会精神，省委、省政府紧密结合安徽实际，坚持把科学发展作为“十二五”规划的主题，并旗帜鲜明地提出“全面转型”这一主线，为“十二五”时期我省经济社会发展确立了基调、明确了方向。面对新形势、新任务，财政部门必须以主题统领全局、以主线贯穿全程，进一步统一思想、坚定信心，主动理财、积极作为，为推进科学发展、全面转型、加速崛起、兴皖富民进程作出积极贡献。

## 一、科学研判形势，推动全面转型势在必行

全面转型，就是要以加快转变经济发展方式为战略牵引，努力实现速度与质量、内需与外需、发展与民生、增长与环境、经济与社会等方面的有机统一，坚持在发展中促转变、在转变中谋发展，实现经济社会全面协调可持续发展。

1. 全面转型是科学发展的具体实践。中央历来十分重视发展方式问题。党的十二大提出，把全部经济工作转到以提高经济效益为中心的轨道上来。党的十四届五中全会提出，实行经济增长方式从粗放型向集约型的根本性转变。党的十五大、十六大对转变经济增长方式提出了更加明确的要求。在新世纪，我国经济发展进入了新阶段，对增长与发展的认识有了进一步提高，在推动产业结构优化升级、统筹城乡区域和经济社会发展、促进可持续发展以及调整需求结构等方面，进行了新的实践。党的十七大提出新的更高要求，加快科学发展，促进经济发展方式转变。其内涵既涵盖要素结构的变

化，又包括产业结构、需求结构、城乡结构、区域结构的变化，也包括资源和生态环境的状况。从经济“又快又好”到“又好又快”，再到“科学发展”，反映了客观规律，顺应了时代要求，是科学发展观认识的深化、实践的总结。

2. 全面转型是加速崛起的客观要求。近年来，省委、省政府坚持以科学发展观为指导，抢抓中部崛起重大机遇，工业化进程不断加速，经济结构不断优化，综合实力大幅提升，人民生活明显改善，社会建设全面加强，经济社会发展迈上了快车道。但也要看到，我省经济总量居中、人均水平靠后的欠发达省情没有根本改变，发展不足、发展不快、发展不优仍是面临的最大矛盾，特别是我省人均 GDP 即将达到 3000 美元的中等收入水平，发展中的资源和环境压力与约束将空前增大，收入差距扩大造成的社会矛盾将集中多发，持续协调发展的难度大大增加，实现安徽更好、更快、更高层次的发展，已经成为适应新形势、应对新挑战、满足新要求的必然选择。必须加快转型发展，促进经济增长由主要依靠投资、出口拉动向消费、投资、出口协调拉动转变，由主要依靠增加物质资源消耗向主要依靠科技进步、劳动者素质提高、管理创新转变。

3. 全面转型是兴皖富民的必由之路。兴皖是富民的前提和基础，也是富民的重要保障；富民是兴皖的重要目的，也为兴皖提供强大动力和支撑。党的十七大报告明确指出，必须在经济发展的基础上，更加注重社会建设，着力构建和谐社会。目前，我省经济社会发展总体形势很好，在全面建设小康建设进程中有许多有利条件，但也要看到，经济增长的资源环境代价过大，部分低收入群众生活比较困难，劳动就业、社会保障、收入分配、教育卫生、居民住房等方面关系群众切身利益的问题仍然很多，特别是人民群众日益增长的物质和精神需求，对公共服务、生活环境以及个人全面发展寄予了更大的期盼。新形势、新任务要求我们加快转型发展，更加注重保障和改善民生，进一步提高人民群众幸福指数，促进和谐安徽建设。

## 二、发挥财政职能，推动全面转型责任重大

财政是宏观经济的重要调控手段，是党和国家履行经济社会管理职责的物质基础和财力保障。在推动全面转型的进程中，财政有信心、有条件、有

能力完成光荣历史使命。

1. 财政事业发展奠定了良好基础。新中国成立以来，安徽财政事业取得了巨大成就，财政面貌发生了翻天覆地的变化。财政运行质量不断提高，初步形成了良性、健康、可持续的财政收入稳定增长机制，财政收入规模连续跨越1000亿元、2000亿元新台阶，财政实力的不断壮大，为推动全面转型奠定了坚实的物质基础。财政支出结构不断优化，财政逐步退出对一般性、竞争性领域的直接投入，不断加大对教育、科技、文化等社会事业、农业、环境保护以及基础设施建设等公共服务领域的支出，优先保障和改善民生，实现了由生产建设财政向公共财政的转型，财政职能的重大转变，为推动全面转型提供了重要支撑。财政改革管理不断加强，部门预算、国库集中收付、政府采购制度体系基本形成，收支两条线管理改革深入推进，预算的完整性、规范性、透明度显著提高，财政管理基础工作和基层建设扎实推进，财政科学化精细化管理水平明显提升，财政体制的完善，为推动全面转型提供了强大动力。

2. 社会各界期盼注入了强大动力。随着我省经济社会的发展和人民生活水平的提高，财政工作的地位和作用越来越重要，社会各界对财政的关注度越来越高。省委省政府高度重视财政工作，主要负责同志每年都作出大量指示批示，2009年省政府专门下发关于加强财政科学化精细化管理的指导意见，为做好新时期下财政工作指明了前进方向。人大政协有效监督财政工作，定期听取财政工作汇报，审议财政预决算，参议财政若干重大事项，为改进和加强财政工作提出了宝贵建议。人民群众更加关心财政工作，借助政府信息公开等平台载体，加强对财政政策、资金使用效果的监督，为打造“阳光财政”起到了助推作用。特别是随着财力的显著增强，方方面面都期盼财政加大投入，形势倒逼财政既要服务发展开辟财源，不断做大“蛋糕”，又要集中财力办大事，有效用活“蛋糕”，也要公共财政倾斜民生，切实分好“蛋糕”。

3. 主动理财实践积累了有益经验。特别是2008年下半年以来，我们坚持“做科学理财的行家、做服务大局的里手”的理财思路，把促进发展方式转变和经济结构调整，作为财政调控的重要着力点，充分发挥财政政策、资金的引导和杠杆效应，大力支持战略性新兴产业、循环经济和低碳经济发展，促进发展方式转变。省财政从2008年起连续5年，每年安排6亿元专项支持合芜蚌自主创新试验区创新体系建设。2009 年安排 1.7 亿元支持奇瑞、江淮、星马等企业自主研发；安排 25 亿元财政资金支持市县建立中小企业担保基金和贷款风险补偿资金，着力建设全省信用担保体系，有力促进了全省中小企业发展；安排 21.3 亿元支持淘汰落后产能和资源枯竭城市转型；继续促进区域协调发展，增加对皖北地区的一般性转移支付，支持 150 个镇开展扩权强镇试点，制定财政超收分成等扶持政策。2010 年安排 2 亿元支持国家技术创新工程试点省建设，安排 10 亿元专项支持皖江城市带承接产业转移示范区建设，有力地促进了经济平稳较快发展，积累了在复杂环境中推动经济又好又快发展的宝贵经验。

## 三、找准用力方向，推动全面转型更加深入

“十二五”时期，要把服务全面转型作为科学理财的主攻方向，着力增强财政宏观调控的科学性、针对性、有效性，更加主动、更加坚定地加快转变发展方式。

1. 坚持科学理财。一是建设发展型财政。坚持发展第一要务，千方百计培植财源，增强发展后劲，着力促进经济又好又快发展，不断做大经济和财政体量，为推动全面转型提供坚实财力支撑。二是建设民生型财政。坚持发展经济与改善民生有机结合，把改善民生、发展社会事业作为扩大内需、调整结构的重点，进一步优化支出结构，集中更多的财政资源着力保障和改善民生，着力提升人民群众幸福指数。三是建设绩效型财政。牢固树立功能财政思想，主动当好参谋，主动研判形势，加强财政政策与金融政策、产业政策的协调配合，不断完善财政绩效管理体系，保障财政经济持续健康发展。四是建设创新型财政。准确把握宏观调控政策新动向，准确把握财税体制改革新要求，结合实际深入调研，及时出台针对性强、含金量高、密集度大的政策措施，充分发挥财政杠杆作用，支持加快经济结构调整、实现发展方式转变。五是建设管理型财政。加快建立具有安徽财政特色的基层和基础管理体系，不断提高财政科学化精细化管理水平，提高服务全面转型的决策执行力和整体创造力。

2. 突出主攻方向。坚持把加快经济结构调整作为今后一个时期财政工作的中心任务，充分发挥财政政策作用直接、运用灵活、定点调控的优势，

加快经济发展方式转变。一要突出协调拉动，着眼拉动内需。增强消费、投资、出口“三驾马车”的协同拉动作用，从传统依靠出口导向型增长方式、投资拉动的增长方式转为以内需拉动增长、以消费支撑的增长方式，这是转型的核心。必须把扩大消费需求作为扩大内需的战略重点，认真实施“四下乡、两换新”消费补贴政策，强化对城乡消费升级的政策引导；加强农村流通设施建设，积极开展农产品现代流通综合试点，促进城乡流通一体化；支持“农超对接”、网上购物等新型流通方式，支持发展新型消费业态。必须把调整投资结构与扩大消费结合起来，政府公共投资优先安排于扩大内需的在建、续建和收尾项目，发挥好财政调节收入的“二次分配”作用，增加对农民的生产生活补贴，健全农村社会保障体系，努力挖掘农村市场消费潜力，促进投资消费良性互动。二要突出产业升级，优化资源配置。结合产业调整和振兴规划，促进我省具有竞争力的钢铁、有色、建材、煤电、化工等优势行业发展，延伸产业链条，提高产业附加值，最大限度发挥资源优势。大力支持汽车、工程机械等装备制造业发展，推动现代物流、金融、商贸服务等生产性、生活型服务业加快发展。三要突出科技进步，推进自主创新。继续做好“创新驱动、内生增长”文章，以科技引领经济可持续发展。2010 年一次性安排 25 亿元专项转移支付，支持建立战略性新兴产业发展引导资金和风险投资引导基金，力度之大前所未有，关键要密切关注政策执行的效果，发挥好财政资金的引导效应，完善财政科技投入稳定增长机制。大力推进科技产业化，完善促进企业自主创新的财政激励机制，推进产学研一体化，推动创新要素向企业集聚，在电子信息、生物医药、新能源、新材料、节能环保、公共安全、文化创意等领域培育一批成长性强的新兴产业，尤其要集中财力，培育一批基础好、潜力大的领军企业，发挥好安徽自主创新的竞争力和支撑力。结合实施人才强省战略，大力支持科技队伍建设，为科技创新提供人才支撑和智力支持。四要突出节能减排，推进生态环保。坚持把节能减排与发展低碳经济、循环经济、生态工程建设有机结合起来，不断增强资源节约和环境保护的内生动力。完善财政引导和补贴政策，扩大节能环保产品推广使用，积极倡导绿色消费模式。完善“以奖代补”机制，加强节能减排能力建设，坚决淘汰落后产能，积极推进工业、交通、建筑重点领域节能；支持城镇污水管网建设，强化财政对生态环境等公共产品的保障。大力发展循环经济，加快资源循环利用产业发展，支持实施重大生态修复工程。

3. 统筹协调推进。充分发挥财政政策和资金“打头殿后”的作用，大力支持区域协调发展、城乡统筹发展和社会协调发展。一要加快皖江城市带示范区建设，促进区域协调发展。必须牢牢抓住承接产业转移难得机遇，进一步加大财税支持力度，加快推进示范区建设，完善组织架构、政策体制和空间布局，尤其是在“承接”上做足文章，加强招商引资力度，强调“择商选资”，注重“招大引强”，进一步形成品牌效益和抢滩效应，使其成为科学发展、全面转型的先行区。下更大力气推动区域协调发展，尤其是加快皖北振兴步伐，加强财税政策的支持和引导，使更多的“人财物”向皖北汇集，加快区域间“南北合作”进程，挖掘内生发展潜力，加大支持县域经济发展力度，推动县域经济迈上新台阶，为皖北地区乃至全省经济“强身健体”。二要加快推进城镇化，促进城乡统筹发展。目前我省城镇化率超过40%，如果按城镇化率年均提高1.6个百分点的速度测算，仅城镇基础设施和住房新增投资需求每年超过3000亿元。因此要把壮大中心城市、提升城市能级作为推进城镇化的首要任务，大力支持合肥经济圈建设，推动芜马同城化进程，提升中心城市的承载力，加快小城镇发展步伐，增强城镇转移人口、吸纳就业、安居乐业的能力，推进“富民兴皖”进程。针对安徽省情，进一步推进新农村建设步伐，加大强农惠农力度，加大财政扶贫力度，推进县级支农资金整合，大力发展现代农业，加强农村基础设施建设和公共服务，深化农村综合改革，着力促进农业增效增收，加快形成城乡经济一体化发展新格局。三要建立民生工程长效机制，促进社会协调发展。2007年以来，我们精心组织实施民生工程，4年来累计投入财政资金840亿元，困难群体的生活明显改善，人民群众幸福指数逐步提高。当前，必须更加有效地解决好社会发展和民生领域的突出问题，增强经济社会发展的协调性，努力形成推动全面转型的持久动力。要进一步调整和优化支出结构，优先安排民生工程资金，确保政策资金足额到位；拓宽民生工程资金渠道，鼓励和吸引社会资金投入，建立健全多元化资金投入机制；完善民生工程后续管理，保证民生工程项目建成后有效使用和正常运转，努力让人民群众早受益、多受益。坚持实施积极的就业政策，加快建立覆盖城乡的公共就业服务体系，坚持广覆盖、保基本、多层次、可持续方针，加快完善覆盖城乡的社会保障体系，健全城镇职工和居民养老保险制度，尽快实现新型农村养老保险制度全覆盖。

4. 深化财政改革。坚持用改革的办法解决深层次的矛盾和问题，加快推进重要领域和关键环节的财政改革，着力形成有利于加快经济发展方式转变的财政制度安排。一要理顺省以下财政体制，促进基本公共服务均等化。继续完善财政转移支付制度，进一步理顺省与市、市与非直管县和市辖区的财政分配关系，努力做到财力与事权相匹配。以满足县级基本财力保障需要，实现保工资、保运转、保民生为目标，力争在“十二五”前三年基本建立起县级基本财力保障机制，“十二五”后期逐步提高保障水平。二要完善预算编制管理制度，提高预算完整性和透明度。健全政府预算体系，加快建立和完善由公共财政预算、国有资本经营预算、政府性基金预算和社会保障预算组成的“四大预算体系”，全面反映财政收支总量、结构和管理活动。健全绩效预算评价体系，在全省全面推开“预算支出绩效考评”工作，完善考评指标，丰富考评方式，健全运行机制，强化结果运用，努力构建制度完善、指标科学、责任明确、约束有力的预算支出绩效管理机制。三要发挥好财政政策和资金保障作用，统筹推进重点领域改革。深入推进医药卫生体制改革、文化体制改革，着力激发体制机制活力。推进国民收入分配制度改革，努力提高居民收入在国民收入分配中的比重，提高劳动报酬在初次分配中的比重，健全企业职工工资正常增长机制和支付保障机制，维护社会公平正义、和谐稳定。四要推进财政科学化精细化管理，不断提高科学理财水平。加强财政监督管理，继续加强对扩内需等政策性资金的监督管理，规范财政权力运行，建立健全覆盖财政资金和财政运行全过程的监督机制。坚持勤俭办一切事业，从严控制一般性支出，真正把有限的资金花在“刀刃上”。扎实开展标准化乡镇财政所建设，强化乡镇财政“一线服务”和“一线监督”职能；扎实推进“金财工程”，为财政科学精细管理提供信息化支撑。

5. 营造和谐氛围。坚持主题活动牵引，大力弘扬沈浩精神，提升财政效能，营造理财环境，激发队伍活力，为财政改革与发展提供了坚实的思想保障、人文基础和良好的内外部环境。当前要紧密结合“创先争优”活动，精心组织“五要五比”主题实践活动，即要主动理财，比科学发展；要解放思想，比改革创新；要爱岗敬业，比真抓实干；要节俭自律，比无私奉献；要服务至上，比优良作风，进一步掀起学沈浩创先进争优秀的热潮。通过深入持久地开展创建活动，不断提升财政干部整体素质。要进一步解放思想，抢抓机遇，以思想的大解放推动发展的大跨越。要进一步提升学习能力，不断增强工作的前瞻性、针对性和实效性，不断提高领导科学发展、驾驭复杂局面的能力。要进一步改进机关作风，服务至上，真抓实干，积极投身到服务科学发展、推动全面转型的时代洪流中去。要进一步提升财政文化品位，通过加强财政精神文化、制度文化、行为文化、廉政文化和文化载体建设，实现财政文化与财政制度的柔性互补，形成同心同德谋发展、攻坚克难促转型的生动局面。

# 工作研究篇

## 财政保障和谐安徽建设的实践和思考

构建和谐社会，民生是本。服务民生，需要财政做好保障。两年来，按照省委、省政府的统一部署，全省财政情注百姓寻良策，主动埋单解民忧，从人民群众最关心、最现实、最直接的问题着手，围绕“生活难、看病难、就业难、上学难”以及与民生紧密相关的问题，支持建立完善各项惠民制度，保障各项民生工程开展，探索构建财政促进和谐社会建设的长效机制，为缓解部分低收入群体生活困难，逐步提高广大人民群众生活水平和质量，维护社会稳定和促进经济发展，推进和谐安徽建设作出了应有的努力和贡献。

### 一、不断加大投入，全力保障和谐安徽建设

#### （一）建好最低保障线，为困难群体解决生活难问题提供制度保证

帮助困难群体缓解生活难问题，是和谐社会建设的基础和前提。近

年来，各级财政部门改变过去零打碎敲的补助方式，一方面不断加大投入，一方面在制度建设上下工夫，为全省困难群体解决生活难问题建立了稳定长效的保障机制。从2006年起，每年投入2亿多元，对全省10.5万未参保的城镇集体企业退休人员提供生活补助；投入1.6亿元为全省2.8万名企业军转干部提供生活困难补助；59万被征地农民可以按照自愿的原则参加养老保险，政府和集体出资用于基础养老保险金发放标准原则上不低于每人每月80元；从2007年起，每年投入资金3.4亿元，在全省全面建立农村居民最低生活保障制度，保障人数130.9万人；每年投入资金3.8亿元，对全省45.7万农村“五保户”实行分散和集中供养；每年投入资金6亿多元，使全省28.1万优抚对象生活得到了有效保障。据不完全统计，2007年，全省仅补助城乡低收入群体生活补助资金就达18.2亿元。

与此同时，各级财政还运用国民收入二次分配的杠杆手段，注重相对公平的原则，适时、合理地调整不同群体之间的利益关系，不断提高对困难群体的生活补助，逐步缩小社会群体之间的贫富差距。对农民实行“多予少取或不取”的反哺政策。推行农村税费改革，增加对农业、农村、农民直接补贴，出台减免农业税政策，减轻农民负担、增加农民收入。“增”“减”政策的出台，每年给全省农民群众的补助达88.2亿元。陆续提高部分社会保障对象的保障标准。2004年以来，安徽省四次提高企业退休人员养老金水平，财政累计补贴养老保险基金达112.9亿元；提高了城市居民最低生活保障、农村“五保户”和特困群众以及重点优抚对象等困难群体的生活补助标准，仅此四项全省财政2007年新增补助资金就达6.8亿元。推进机关事业单位人员津贴补贴改革。积极探索推进省直单位“阳光津贴”制度，对达不到规定“保底”津贴标准的单位，由省财政安排专项经费补齐到“托底”标准，同时对津贴实行“限高”封顶。另外还统筹考虑相关群体的利益诉求，按照“同城同待遇、同职（级）同待遇”的原则，进一步规范了公务员津贴补贴。

困难群众基本生活保障体系的建立，不同社会群体利益关系的合理调整，从制度上基本解决了低收入群体生活难问题，促进了经济利益关系逐步协调，筑起了和谐安徽建设最基本的一道保障线。

### （二）开辟一片新天地，为下岗职工就业再就业提供资金和政策支持

就业是民生之本。促进困难群体就业，帮助他们获得收入、改善生活，是共建共享和谐社会的重要保证。两年来，全省各级财政共投入资金 20 多亿元，全力推进就业再就业工作。

充分发挥财政资金的导向作用，引导重点工作的开展。两年来，全省各级财政投入资金 4230 万元，帮助建设 2300 多个城市社区和 500 多个重点乡镇就业工作站（所）；安排 11940 万元，对 60 多万名下岗失业人员进行了培训，通过组织起来就业和帮扶零就业家庭等方式，使近 16 万名下岗失业人员通过街道社区统一组织实现了在创业园区、街就业；安排 66194 万元使 30 多万公益性岗位就业人员、"4050" 灵活就业人员及享受低保的国有企业下岗职工享受了不同程度的社保补贴。

支持就业方式创新，提高资金使用效益。两年来，各级财政共安排 3.5 亿元专项资金，支持就业方式的创新，实施多项优惠政策综合叠加使用，充分发挥政策整体联动效应，一方面努力提高下岗职工的创业能力，支持开展"培养千名小老板、带动万人再就业"活动，培训 1.3 万名创业带头人，带动 2.9 万名下岗失业人员再就业。一方面培育发展再就业创业园（区、街），全省已建立再就业创业园（区、街）922 个，吸纳 5.6 万下岗职工实行再就业。

突破工作难点，全面落实政策。推进小额担保贷款工作。两年来，各级财政安排担保基金 2.1 亿元，贷款额近 4 亿元，贷款贴息支出 892 万元，支持近 3000 名下岗失业人员实现了再就业和创业。支持国有企业改制。两年来，各级财政安排特定政策补助资金 47243 万元，对全省 287 家国有困难企业在改制过程中发生的对职工的经济补偿和社保补贴等困难进行补助，有力地支持了国有企业改革，推进了就业和再就业工作。

开展就业帮扶，帮助困难群体再就业。两年来，各级财政部门安排资金 21270 万元，对 4 万多名就业特殊困难人员进行重点帮扶，已有 2.9 万人实现再就业；扩大下岗失业人员基本养老保险补贴范围，帮助 20 多万名"4050" 人员及灵活就业人员解决养老保险的参保和接续问题；安排农民工技能鉴定和就业服务补助 13767 万元，300 多万农民得到免费培训和免费职介，为他们就业提供了帮助；建立残疾人就业保障制度，为 6 万名残疾人实

现就业和再就业提供了资金和政策上的帮助。

政策的倾斜、资金的投入、措施的得力，有效地破解了困难群众的就业难题，使他们的就业权益得到较好保障，生活状况有了明显改善，社会和谐程度不断提高。

### （三）构筑健康保护网，为缓解“看病难、看病贵”问题多办实事

建立医疗保障体系。完善城镇职工基本医疗保险制度。2006 年底，全省参保人数 441.2 万人，基金收入 38.7 亿元，支出 26.7 亿元。开展新型农村合作医疗试点。从 2003 年开展试点 4 年来，财政总投入达 6.5 亿元。2008 年将覆盖全省 5160 万农业人口。探索建立城镇居民医疗保障制度。从 2007 年开始在全省实施，各级财政将投入资金 6 亿多元，惠及全省城镇近千万居民。全面推进城乡居民医疗救助制度。2006 年，各级财政用于城乡医疗救助支出近 5000 万元，共救助特困农民 20 万人次，城镇特困居民 11 万人次。

加强基层医疗卫生服务能力建设。从 2007 年开始，5 年内各级财政将投入 8.9 亿元，在全省建立社区卫生服务机构 2000 个。社区卫生服务网络的逐步形成，为进一步满足城镇居民对医疗保健的基本需求创造了条件。从 2007 年开始，全省各级财政将投入农村卫生建设资金 12 亿元，改扩建乡镇卫生院 1230 个，村卫生室 10000 所，同时安排专项经费为农村卫生院（所）添置设备，培训人才。

加强公共卫生建设。两年来，各级财政共投入专项建设资金近 12 亿元，用于疾病控制中心、传染病医院、急救中心建设，在安徽省基本构建了疾病预防控制、医疗救治和卫生监督三大体系，应对突发性公共卫生事件的能力增强。完善重大疾病防治财政补助政策。对计划免疫和艾滋病、血吸虫、肺结核以及重大传染病和突发公共卫生事件病人的补助，制定了专门的补助政策，安排了专项补助资金。支持农村改水改厕工作。两年来，省财政安排专项资金近 1 亿元，直接帮扶和补助全省 19 个示范乡镇建设新型无害化厕所，带动全省新建各类卫生厕所 6 万多座，有效地减少了疫病在农村的传播。

卫生保障体系、医疗服务体系、公共卫生体系构建了保护百姓健康的“安全网”，财政的投入与支持，使这张网的覆盖面不断扩大，效能不断增

强。

### （四）推进教育公平，让困难家庭的孩子都能接受良好教育

建立农村义务教育经费保障机制。2005年，安徽省就在20个国家贫困县推进“两免一补”工作，2006年，全省共投入“两免一补”资金2.5亿元，全省134.5万农村中小学贫困学生和部分城市困难家庭学生得到资助，全省17个省辖市已确立了近100所进城务工就业农民子女就学定点学校。农村义务教育经费保障机制的建立，有力地促进了农村义务教育的均衡发展。2006年，全省小学、初中适龄人口入学率分别为99.72%和98.19%，小学、初中毕业生升学率分别为99.97%和63.40%，整个高中阶段招生达到77.59万人，比上年增长9.14%。

做好国家助学贷款财政贴息工作，资助贫困大学生完成学业。积极构建和完善以“奖、贷、勤、补、减（免）”为主体的贫困大学生资助体系，落实“绿色通道”，努力实现“不让一名学生因家庭贫困失学”的承诺。2005—2006学年，省财政共贴付风险金和贷款利息3000多万元，为全省88所高校35797名学生发放助学贷款18255.7万元；争取中央财政支持安徽省76所公办全日制普通高校国家助学奖学金2831万元，其中助学金资助了16534名学生，877名学生获得国家奖学金。此外，2005年获得中央中等职业教育国家助学奖励资金4700万元，有力地推动了安徽省中等职业教育事业的发展。

加强农村中小学基础设施建设，提高办学条件和水平。启动实施寄宿制学校建设工程。两年来，投入资金1.9亿元，新建、改扩建128所农村寄宿制学校；投入4.2亿元，启动实施了第二批农村中小学现代远程教育工程。加快了第二期中小学危房改造工程实施进程。自2001年6月开始在全省范围内启动农村中小学危房改造工程以来，截至2006年，全省已累计投入危房改造资金40亿元，改造危房940万平方米，占现有校舍总面积的22%。

农村中小学生“两免一补”、中小学危房改造及改善办学条件、高等院校及中等职业学校学生奖贷学金等政策的实施，为不让一个孩子因贫困而失学提供了条件，安徽省教育正在加速迈向公平。

### （五）缩小城乡差别，让公共财政阳光普照“三农”

安徽是农业大省，农业人口多，相对贫困的农民多。建设“和谐安徽”必须通过不断加大政策和资金的扶持，逐步缩小城乡差别，尽快让农民富裕起来。

贯彻执行国家“三农”政策，建立财政支农支出稳定增长机制。2005年，全省财政仅农业处归口支农三类支出累计完成46.9亿元，其中省级财政支农三类支出累计完成22.8亿元；2006年，全省“支农三类”支出累计完成54.4亿元，较上年增加7.5亿元，增长16%。

促进农业生产，实现农民增收。各级财政部门认真贯彻落实良种补贴、粮食直补、农机补贴、综合直补等各项惠农政策，2006年共发放各类补贴资金40亿元，农民人均受益77元。通过各项惠农政策落实，以及实施小麦高产攻关活动和启动水稻产业提升行动，粮食综合生产能力显著提高，全省农民因粮食增产人均增收超过100元，实现了农业增产、农民增收。2006年全省农民人均纯收入为2969元，同比增加328元，增长12.4%。

强化农村公共服务，统筹城乡发展。2005—2007年以来，各级财政共投入资金14亿元，完成农村公路建设1万多公里；两年来，省财政安排补助资金7500万元，支持小型农田水利工程设施建设“民办公助”试点工作；全省各级安排经费22896万元，支持动物疫病防控工作；全省各级安排2655万元扶持农民专业合作组织。目前全省已有各类农村合作经济组织4000多个，成员137万人，带动农户220万户；安排专项资金4000万元，带动全省小城镇建设总投入96亿元；安排经费28323万元，支持农村饮水工程建设，全省142万农村人口用上了清洁卫生的饮用水。

推进农村综合改革，减轻农民负担。从2005年开始，全省免征农业税和落实农业税灾减资金，共减轻农民负担22.18亿元；开展农村综合改革试点。转变乡镇政府职能，建立农村基层管理新体制，建立农村公共产品供给新机制，建立“三农”社会化服务新体系；防范政府债务风险。近两年，支持和帮助了县乡化解财政直接债务近10亿元。

公共财政阳光普照“三农”，各项惠农惠民政策全面实施，促进了农业和农村经济发展，改善了农民生产生活条件，农村社会和谐稳定，广袤田野更加充满生机。

### （六）共建美好家园，为人民群众提供更加安全的生活环境

扣紧生命“安全带”，维护群众生命权。安全生产，人命关天。两年来，各级财政安排专项经费4200万元，进一步支持企业加大对安全事故隐患的整治力度，遏制各类重大、特大事故隐患的发生。投入资金近2亿元，支持企业技改和科技成果转化，有效改善了企业的生产条件和环境，增强了生产的安全性。据统计，2006年，事故总量下降18.7%，事故死亡人数下降10.4%，工矿商贸企业事故起数和死亡人数同比下降1.2%和1%，重大事故起数和死亡人数，同比下降10.9%和8.4%。

打造平安安徽，保持社会稳定。严厉打击各种刑事犯罪活动、维护良好的社会治安秩序，是和谐社会建设的重要内容和必要保障。两年来，各级财政投入49684万元支持基层政法部门基础设施建设；投入63573万元改善政法部门装备；投入11.7亿元支持政法部门办案；投入6722万元工作经费支持社会治安综合治理工作。财政资金的支持，有效地改善了政法部门的执法条件和手段、提高了政法部门的执法能力和水平，持续保持了全省社会政治基本稳定、治安秩序基本平稳、人民群众基本满意的良好态势。

严把“入口”关，确保食品药品安全。民以食为天，食以安为先。各级财政部门不断增加对相关执管部门的资金投入。近两年，省财政分别安排工商系统执法办案及商品检验检测资金7649万元；安排食品药品监督专项经费10764万元，安排质量技术监督专项经费15014万元。这些经费的投入，有力地推进了食品放心工程建设、整顿和规范了药品市场秩序活动。

让天更蓝水更清，建设环境友好型社会。两年来，各级财政投入40亿元，支持治淮工程建设，到2006年底，淮河流域“十五”计划83个项目，完工62个，当年增加10个；重点流域水污染防治能力继续提高，淮河流域“十五”计划建设的29个污水处理厂完工9个，新增完工项目6个。两年来，各级财政安排“生态安徽建设”经费2400万元，支持开展生态示范基地项目建设，2006年全省40个乡镇、88个村、1030户被授予示范工程称号。加强环境保护能力建设，两年来，各级财政财政投入环境保护资金11.9亿元，进一步提高了对环境保护的监督、监测能力。

财力的支持，为防止安全事故的发生、打击犯罪维护治安、确保食品药品安全、提高生态安徽省建设水平提供了保障，为确保人民安居乐业，社会

安定有序作出了贡献。

**（七）加快文体事业发展，逐步提高普通百姓生活的质量和品位**

着力推进文体广播电视事业发展，为群众提供精神食粮。两年来，省财政安排省级宣传文化发展专项资金6432万元，安排文化事业建设经费5058万元；安排5240万元，支持省博物馆、图书馆及部分地方博物馆、图书馆建设、维护；投入2782万元，支持广播电视“村村通工程”建设。截至2006年底，全省2681个50户以上自然村“村村通”建设工程通过国家验收。全省广播电视基础设施建设力度加大，部分市、县广电中心大楼和省局播控大楼相继建成，全省广播电视数字化建设取得了新的进展，全省广播、电视人口综合覆盖率分别达96.05%和95.38%。

构建农村公共文化服务体系，巩固农村基层文化阵地。两年来，各级财政投入资金938万元，推进全省文化信息资源共享工程、农村电影数字化放映“2131”工程、农村文化“杜鹃花工程”等建设。重点文化工程建设，促进了乡镇文化站活动、经费、人员和设施的“四落实”，巩固了农村基层文化阵地，丰富了农民群众文化生活。逐步建立了农村文化建设长效机制。两年来，省级财政安排农村文化专项资金2500万元，支持县、乡文化、图书站馆建设，同时对一批长期活跃在农村一线、为广大群众送艺送戏的社会演艺团体、电影放映队、文化大院等给予重点补助和奖励。

支持城乡居民体育健身工程试点，促进群众体育蓬勃开展。安排144万元专项资金开展了农民体育健身工程试点工作，在全省350个行政村建设标准混凝土篮球场、配置室外标准篮球架、室外乒乓球台；在全省范围组织开展了以“健身、健康、和谐”为主题的全民健身系列活动，全省有7个单位被国家体育总局命名为第5批全国城市体育先进社区。

从总体上看，安徽省解决民生诸多问题的制度和体系已初步建立，群众在生活、就业、看病、上学等方面普遍反映的难题得到明显缓解，人民群众的基本生活得到明显改善，生活质量有了明显提高，经济发展与社会进步更趋协调，和谐安徽建设的成果已经展现，美好安徽的未来充满希望！

回顾财政促进和谐安徽建设的过程，主要的体会有几点：

1. 增强责任、主动买单。财政要为构建和谐社会做好保障，首先要解决好认识问题、感情问题和观念问题。解决好认识问题，就是不断提高创造性的执行党的方针大略的自觉性，就是要在以人为本，构建和谐社会的过程中，自觉发挥职能，争取有所作为；解决好感情问题，就是从广大人民根本利益出发，时刻关注人民群众的冷暖疾苦，带着对人民群众的深厚感情去履行公共财政的职能，去为人民谋利益，谋幸福；解决好观念问题，就是改变多年来计划经济体制下财政工作偏于当“账房先生”的现象，变被动收钱、管账，为主动买单、服务，在构建和谐社会的过程中主动、积极地发挥职能作用。认识提高了，观念转变了，感情加深了，就有了为构建和谐社会做好保障的强烈责任感，高度自觉性和主动积极的工作态度，就有了不竭的想民生之所想、急民生之所急、帮民生之所帮的内在动力。过去是政府安排财政买单，主管部门要求财政部门买单，现在是财政部门主动买单，各级财政部门用崭新的工作姿态正在为构建和谐安徽书写新的篇章。

2. 统筹谋划，当好参谋。和谐社会建设涉及整个经济发展和社会事业，关系不同阶层、不同群体诸多利益，财政部门应该从哪下手，怎样买单？实践中，各级财政部门既着眼全盘，统筹谋划；又关注细微，重点突破，为党委政府当好参谋。统筹谋划，就是对构建和谐社会有直接关系的工作，在财力可能的情况下多角度全方位考虑，科学合理的安排资金投入，不断加大支持力度，不断提高整体推进效果；重点突破，就是紧扣人民群众急需解决的问题，开展调查研究，提出解决问题的方案和建议，几年来，安徽省建立的几十项“低标准、广覆盖”的社会保障体系，特别是省政府 2007 年实施的 12 项民生工程，大多是财政部门在调查研究的基础上向政府提出建议并被采纳。构建和谐社会需要办的事很多，需要的资金量很大，安徽财力有限，各级财政围绕大局，科学安排，既当家又理财，在实践中走出了一条为构建和谐社会做好保障的新路子。

3. 着眼长效，建好制度。多年来，各级财政在解决民生问题上也投入不少资金，但有的资金投入效益不尽如人意，其中一条重要原因，就是存在“头痛医头，脚痛医脚”的现象，临时性、零散性的补助比较多，盲目性，随意性比较大，资金使用的整体效益受到了一定影响。针对这个问题，各级财政注意在保障和谐社会建设过程中，着眼建立资金投入的长效机制，努力在加强制度和体系建设上下工夫。体系建立了，制度完善了，人民群众的根本利益就有了稳定、长期的保障，和谐社会建设的基础就不断得到了加强。在着眼长效，建好制度的过程中，各级财政针对人民群众急需解决的问题，在调查研究的基础上进行梳理分类，对不够完善的已建制度和体系加以完善，对未建制度和体系又急需解决的问题，区分好轻重缓急，根据财力可能采取“低标准、广覆盖”原则，先把制度框架搭起来，然后再逐步完善。目前安徽省在解决人民群众“生活难、看病难、就医难、上学难”等问题上建立的一系列制度体系，已经在和谐社会建设中发挥了很好的效益。

4. 务求实效，抓好落实。构建和谐社会，资金要保障到每一个具体工作上，资金落实不到位，政策落实就是一句空话，和谐社会建设的质量和效益就会大打折扣。加强资金管理，发挥使用效益，各级财政部门责无旁贷。在实践中，各级财政部门努力做到四个力求：一是制度设计力求科学。配合相关部门认真研究解决问题的措施和办法，科学合理的确定政策、制度定位走向，把有限的资金尽可能用在刀刃上。二是资金分配力求合理。配合相关部门尽力把基础数据搞准，尽力把分配过程中的随意性和可变性因素减少，尽力使资金分配与实际工作相吻合。三是一线操作力求规范。配合相关部门制定详细的一线工作方案，加强对一线操作的指导，帮助解决一线操作中出现的问题，制约一线操作人员不规范和不负责任的行为，确保资金落到实处。四是监督检查力求严格。通过建立一整套绩效考核和跟踪问效机制，监督检查指标体系和奖优罚劣制度体系，有效促进工作落实，切实保证资金到位。

## 二、财政在保障和谐安徽建设中面临的主要问题

### （一）资金供求矛盾突出

构建和谐社会需要解决的关系民生方面的问题很多，既有传统体制下遗留的老问题，又有发展中出现的新问题，人民群众的新期待还在不断增加，这些都给资金保障带来很大压力。

财力发展有限使资金供求矛盾更加突出。一是有限的财政收入与客观的民生需求矛盾突出。近年安徽省经济虽然快速发展，财政收入增幅很大、增速很快，但由于安徽省农业经济占有重要的地位，农业人口占全省总人口60%以上，农业和农民对财政经济的贡献十分有限，全省经济总量和财政收支规模仍然较小，人均财力在全国处于倒数位次。二是促进发展任务重，资

金需求多。安徽工业化和城市化水平较低，经济发展滞后。发展是第一要务，促进经济发展，需要资金支持。在财政收入总量既定的情况下，支持经济发展与支持民生工程这一对矛盾就很难绕开。三是支出结构调整难。现存的财政支出结构，形成了固有的部门（单位）和个人的既得利益。调整财政支出结构，势必要打破现有的利益格局，这无疑给支出结构的调整带来很大难度。单纯靠财政增量资金来解决民生问题也很不容易。

资金来源单一使资金供求矛盾更加突出。关注弱势群体，解决民生问题，是政府履行社会管理者职能的基本任务，是义不容辞的责任，但这绝不仅限于政府是唯一的责任主体，企业、个人也应当承担相应的社会责任和义务。而目前完整的社会责任体系和民间社会公益组织体系等多元化的资金筹集体系都还未建立，企业社会责任缺失，公民社会责任感也不强，关心弱势群体、帮助困难群众，基本上是依靠政府的单一财政支持，一方面财政压力大，一方面惠民资金总量小。

转轨转型期的利益诉求多样性和差异性使资金需求矛盾更加突出。一是历史性欠账。主要是计划经济体制下单位保障向市场经济体制下社会保障转换过程中，一部分社会群体被遗漏在现行社会保障体系之外。二是现存制度缺陷。由于在体制转换过程中，由政府主导的社会保障体系建立还在探索过程中，难免会存在制度上缺陷，总体上只能是低水平、低标准。三是群众对民生新的期待不断增强。一方面人的需求本身就处在动态的变化过程中；另一方面经济社会发展为群众对民生新期待提供了物质条件，百姓需要分享改革开放的成果。四是民生需求多层次与多样性。安徽省城乡居民在生存需求已经得到基本保障之后，对安全、享受、自我价值实现等新的、更高层次的物质的和非物质的精神需求逐步显现。五是既得利益群体民生需求呈现复杂性。当前社会形成了不同的彼此分离而又相互交叉复杂多变的利益群体，不同群体有不同的利益诉求，而且容易互相攀比。总之，转型转轨时期社会群体利益诉求差异性和多样性，增加了民生工程实施难度，往往是“按下葫芦浮起瓢”，历史性的老问题尚未解决，发展中的新问题又随之出现，使有限的财政资金更显捉襟见肘。

### （二）部门分割形成瓶颈制约

民生问题涉及社会方方面面，需要各部门通力合作。但在现行管理体制下，一方面部门是各自为政、各行其职，另一方面又是职能交叉、职责不清，这种状况已经成为民生工程实施过程的一大“瓶颈”。突出表现在以下几个方面：

1. 多头施政，统一性难以形成。现行管理体制下，表面上看，各个部门职责是清晰的，该干什么、不该干什么规定得清清楚楚。实际工作中，从部门来看也是各行其职、各负其责，没有任何缺位或越位；但从总体或全局来看，清晰的部门职责外表下却隐含着部门许多职能的交叉，看似各行其职、各负其责，实则是多头施政、缺乏统一性。这种体制一方面会导致责任主体不明，都干都不干、都管都不管的现象时有发生，有的甚至是出了问题还相互扯皮、推诿，无人负责；另一方面则肢解了部门合力，各行其职、多头行政，缺乏协调，增加了形成合力的难度。如缓解“就医难、看病贵”的问题就是典型表现。

2. 资金分散，整体效益难以发挥。当前，在实施民生工程、建设和谐社会过程中，各个部门都高度重视，都积极主动投身于民生工程和和谐社会建设，都在按各自职能管事、做事，往往是几个部门都在管同一件事、做同一件事。管事、做事就要有相应的资金保障，各个部门为了做事、管事，都要财政支持。从部门来看，也无可厚非，但从全局或从财政角度来看，可能存在资金分散和重复投入的问题，存在浪费与不足并存的问题，使有限的财政资金难以发挥更好的整体效益。

3. 部门利益，容易对全局利益产生不当影响。实施民生工程、建设和谐社会，部门齐抓共管本是一件好事，但受部门利益影响，有的部门在实施民生工程过程中，总想为本部门本系统带来一些方便或好处，这样一来，在制度设计、具体实施过程中，就容易对全局利益产生不当影响，容易出现只顾局部而忽视全局的现象发生，容易出现狭隘性或与既定目标有所偏离的现象发生。一方面使民生需求与财政资金保障矛盾更加突出，财政部门无能为力，难以协调；另一方面民生工程实施中的不平衡性，也容易引发一些矛盾和问题，一定程度上肢解或抵消了民生工程的整体效能。

### （三）制度设计存有缺陷

制度转轨缺乏过渡。新旧体制交替中新旧制度的并存，是一个历史的过程，不可能一步到位。在彼此的衔接与过渡过程中，必然存在矛盾和冲突，进而在保障主体、保障方式、保障标准等方面存在一定差异。如：计划经济体制下，同劳同酬，公平透明，收入差距不大，矛盾较小；市场经济体制下，劳动只是利益分配的一个要素，而不是唯一要素，同劳不同酬、多劳不多得、少劳不少得、不劳有所得的新利益分配机制基本形成，职工之间收入差距拉大，矛盾也随之加大。再如，新旧体制转轨过程中社会结构发生变化，打破了原来干部、工人、农民简单的社会分层结构，形成了新的、复杂的、多层次的社会分层和相应的利益群体，这些群体都有不同的利益要求。群体性利益矛盾和冲突日益显现，这些矛盾和问题增加了公共财政在推进民生工程、建设和谐社会中的均等化难度。

制度设计缺乏科学。在“以人为本”、构建和谐社会大的政治背景下，各级党委、政府高度重视民生问题，出政策、拿资金，为百姓办好事，热情相当高，但是，在制度设计方面也出现了一些值得重视的问题，一是对实施民生工程的艰巨性认识不够。实现公共财政均等化的基本目标需要长期、艰苦的努力，不可能一蹴而就。有些地方和部门对造声势、树形象很感兴趣，而对如何处理好全局与局部的关系、可能与现实的关系、近期与长远的关系等研究不够，制度设计中出现的短期行为和随意性、甚至盲目性，容易给和谐社会建设带来硬伤。二是系统研究、统筹谋划不够。需要解决哪些问题？轻重缓急如何区分？眼前与长期如何规划？目标、措施等具体操作办法如何拟定等等，研究不够，制度设计缺乏计划性和系统性。三是着眼差异，分类实施不够。不同地区经济社会发展具有差异性，不同地区的不同群体又具有差异性，在制度设计过程中，不能搞一锅煮、一刀切，一定要实事求是，分别对待，科学处置，这样民生工程的针对性和工作效果才能不断得到提高和增强。

制度之间缺乏衔接。目前，在构建和谐社会中，一系列制度的建设发挥了很大作用，但也存在一个问题，就是单项制度多，综合制度少，特别是制度与制度之间缺少衔接，缺乏联动，制度间科学的协调机制还没有形成。这样就容易在制度执行过程中，形成政策和制度覆盖的空挡和盲区，进而一定程度上抵消或弱化了制度自身应发挥的效应。如在失业、就业与最低生活保障制度设计方面，就没有解决好三者之间的衔接和联动。一方面，政府为解决下岗失业人员就业难问题，投入了大量资金，采取了很多办法，就业率在上升；另一方面在现行相对优惠的低保政策框架下，出现了宁吃“低保”

不愿就业的情况，或者隐性就业问题难以发现和解决，“低保”人数也在上升。同时，一些人钻现行政策“空子”，不断地在就业与失业之间“游动”，上岗下岗、下岗上岗，最大限度地享受政府提供的就业优惠政策和失业保险待遇。

### （四）城乡统筹任务艰巨

实施民生工程、建设和谐社会，城乡统筹和协调发展是关键。两年来，虽然安徽省公共财政在统筹城乡发展中做了大量工作，但城乡统筹和协调发展任务仍然艰巨，“和谐安徽”建设任重而道远。

财政受制度的制约对农村的补助有限。安徽省是农业大省，农业在国民经济中占有重要的地位。当前和今后相当长一段时期内，安徽省仍将处于城乡“二元”经济和社会结构，并同时表现为“二元”财政结构。这种城乡“二元”财政结构集中反映在“一品两制”上，即对同一种公共产品，在城乡居民的成本分摊和收益分享上有两种不同的制度安排。如教育、道路、环境、卫生等，在城市，其成本主要由政府承担，城市居民基本可免费或低价享用；在农村，则主要由农民在各种农村税收以外再通过非税方式自我“买单”，财政只给予一定补贴。目前财政虽然加大了对农村公共产品的投入，但仍然相对匮乏和不足。如占全国人口近60%的农民仅享用了20%左右的医疗卫生资源，农村中小学享受到的国家中小学教育经费仅占38%。

“工业反哺农业、城市支持农村”能力较弱。安徽省是一个农业大省，工业基础薄弱，工业化水平较低，工业在国民经济中比重相对较小；与全国或发达省份相比，经济规模相对弱小，全省国民生产总值和财政收入规模分别占全国的2.93%和2.07%。城市化水平低，农村人口多。2006年全省城镇居民只1000多万人，约占全省总人口的15.6%；经济发展落后，2006年全省人均国民生产总值处于全国28位，人均财力在全国也处于倒数位次。城乡居民可支配收入较小，2006年全省城乡居民人均可支配收入分别为9771.1元和2969元，分别相当于全国平均水平的83.1%和82.8%，分别位于全国的第20位和第21位。而且，全省国家级贫困县有17个，生活在绝对贫困线以下的农村特困人口还有一百多万人；农业产业结构调整不够到位，农业产业化和商品化水平较低，农产品加工业薄弱，农业比较效益较差。安徽省经济和社会结构的现状，决定了“工业反哺农业，城市支持农村”的能力较弱、压力较大，实现以工促农、以城带乡、城乡互动、统筹发展任务十分艰巨。

城乡民生保障体系差异性较大。由于城乡现实差距，农村人口众多，生活水平低，需要提供的公共产品任务太重，需要解决的问题太多，加之财政资金有限，一时还无力保障到位，所以造成城乡民生保障制度现实存在的差异一时还难以消除；同时，从农民群体来看，尽快融入城市与城市居民享受同等社会保障也不是指日可待之事。进城务工的农民大多只能从事文化水平要求低、技术含量要求低、年龄限制要求低的“三低”行业，具有短期性、临时性和不稳定性等特点。由于户籍和社会保障等直接关系农民融入城市的很多问题在制度上一时难以解决，“农民工”作为城市的“边缘群体”，期盼和城市居民一样享受均等化的公共财政阳光的普照，可能还有一段时间。

### （五）执行机制不够规范

再好的政策，需要人去贯彻；再多的资金，需要人去落实。当前，在一线操作过程中，还没有建立较为科学、严格和规范的执行机制，一定程度上影响了政策和资金落实的实际效果。

工作职能与现行管理体制存在矛盾。现行民生工程的资金管理体制呈倒“金字塔”结构，“上面千条线、下面一根针”，尤其是到乡村一级，上面百十个部门工作都落到那么几个人、十来个人身上，人少事多，工作职能与管理体制严重不对称。尤其是目前实施惠民工程，新增了十几个惠民项目、几十万甚至上百万惠民资金的审核与发放工作，在一个乡（镇）或社区一般只有一个经办人员在忙活，平时，他们还要担负其他很多硬性的工作，那么大的范围、那么多住地分散的对象、那么大的审核工作量，确实顾不过来。这种基层事多人少的现实，工作职能与管理体制的矛盾，客观地造成了基层一线操作机构和工作人员难以承受的压力，很多情况下只能敷衍了事，容易出现没人干事和干不好事的情况，执行很难到位。

一线执行缺乏制度约束。资金分配的激励性不够。基本上采取的是项目、标准和保障人数安排，较少考虑各地差异与工作绩效，体现不出实事求是和奖优罚劣的分配原则。容易造成干好干差一个样的“大锅饭”状况，不利于调动基层一线操作人员积极性。特别是一些基础数据的真实性缺乏约束性保障。下面报得多，得到的资金量就大。惠民项目多，资金量大，补助对象多，分布范围广，住地分散，审核起来费时、费人、费力，由于缺乏责任约束机制，从而很难避免一些一线工作人员不负责任的现象发生。现在的情况是，“天高皇帝远”，乡村和社区干部实际操作全凭个人觉悟，缺乏制度保障，工作规范和约束措施不过硬，干好干差，既难查，又难管。在落实政策和资金过程中，有相当大的弹性。

监督考核模糊乏力。目前在一线操作层面，还没有建立以公共服务为主要导向的干部政绩考核制度，基本公共服务在干部政绩考核中的权重很低，甚至没有。群众的是否满意并没有作为干部政绩考核的指标。项目的可行性以及实施以后的有效性如何，并没有相关的激励和惩处措施，更无人对项目的决策失误和资金的流失与浪费承担责任。均等化目标的实现在很大程度上依赖于实施主体，如果不对决策失误者问责，如果不对违法乱纪行为惩处，在监督考核制度缺位，责任主体不明的情况下，既难以保证资金安全，又难以使有限的资金发挥最大效益。

## 三、对财政保障和谐社会建设的几点建议

两年来，在国家实施支持中部崛起等重大战略的推动下，安徽经济快速稳步发展，财政收入与经济发展保持同步增长，财政实力持续增强，为财政部门调控经济，支持社会事业发展，奠定了比较好的物质基础，为促进和谐安徽建设提供了较大的作为空间。财政部门要不断创新工作思路，找准工作着力点，实施更加有效的政策资金支持，让公共财政在促进和谐社会建设中发挥更大的作用。重点要在构建“五大机制”上下工夫：

### （一）拓宽筹资渠道，优化支出结构，建立稳定合理的投入机制

要动员全社会力量参与共建和谐社会建设。在加快经济发展、加强税收征管，争取中央支持，不断增强财政对和谐社会建设的贡献力的同时，要注重发挥财政的协调和导向作用，坚持政府主导和社会参与的原则，营造一种社会舆论氛围，增强公民和企业的社会责任感。要研究制定“政策支持、税收优惠、精神奖励”的激励制度，引导公民和企业兴办公益事业、支持慈善事业。支持建立各类民间公益（慈善）组织，为个人和企业公益（慈善）活动提供健全的载体和平台，从而形成政府、企业和公民共建共享和

谐社会的机制。

要努力优化和调整财政支出结构。一是提高财政公共支出比重，把更多财政资金投向城乡公共产品和公共服务领域。要在保证国家规定的科技、教育、卫生、支农等法定支出基础上，通过优化和调整财政支出结构，努力实现“三个转变、两个做到、一个提高”，即由城市转向农村，重点支持农村基础设施建设；由一般基础设施建设转向社会公共事业发展、环境保护和生态建设；由经济建设转向促进科学发展，重点支持促进城乡、区域协调发展以及涉及广大人民群众生命财产安全和切身利益的项目。做到财政公共支出增长幅度不低于同期财政经常性收入的增长幅度；做到当年新增财政收入应主要用于公共支出。二是把解决社会矛盾作为公共财政首要职责。社会矛盾是社会和谐的对立面。构建和谐社会必须正确处理人民内部矛盾和其他社会矛盾。当前，要紧紧围绕实施民生工程过程中出现的新的难点、焦点和热点问题，发挥财政对国民收入的二次分配作用，把解决社会矛盾作为公共财政的重要职责，积极协调各方面利益关系，缩小城乡收入差距；推进社会公平，注重形成弱势群体与其他社会成员之间权利公平、机会公平、分配公平等为主要内容的社会公平机制，努力缓解或消除社会矛盾，促进和谐社会建设。

要进一步提高基层政府公共服务能力。要进一步规范、完善转移支付制度，完善财政奖励补助政策和省直管县财政管理体制、乡财县管财政体制，加大向县（市）倾斜财力，继续实施县乡财政振兴工程，积极贯彻落实“三奖一补”政策措施，健全县乡财政激励约束机制，进一步促进县域经济发展，努力化解县乡政府债务，加大财政政策和资金支持力度，逐步消化历史债务，切实减轻县乡政府债务负担，为各级政府特别是基层政府加快构建社会主义和谐社会提供财力保障。

### （二）加强协调，形成合力，建立统筹谋划和协同作战的互动机制

科学界定各级政府责任。我国实行分级负责的行政管理体制，财权事权统一。实施民生工程、建设和谐社会，是各级政府共同责任和义务。要按照公共产品的科学分类和受益范围等原则，对各级政府的责任作出科学而明确的界定，自省向下分级承担一定的社会管理者责任，建立政府间分级互动机制。要克服“等、靠、要”的思想，防止“上级不给钱，我就不办事”现

象的发生，逐步实现各级财力与支出责任基本相适应，构建利益共享、风险共担、激励发展的分级财政保障机制。

建立政府统筹协调机制。民生工程是永恒的工程、发展的工程，贯穿经济社会发展的始终。各级政府要充分认识实施民生工程、建设和谐社会的长期性、艰巨性和复杂性，充分发挥政府的主导作用，组织相关职能部门，系统研究、统筹规划、统一协调，具体实施、监督落实，确保民生工程的统一性和系统性，摒弃部门分割性和零乱性，形成统一领导、分工协作、具体实施的工作机制。

进一步加强部门协作。要理顺管理体制，解决好职能交叉、权力重叠、权责不清等问题。科学界定部门职能，合理归并或明确交叉、跨部门的主管职能，谁主办、谁牵头；谁牵头、谁负责；谁负责、谁落实。建立责任承担机制，提高各部门工作透明度，将相关政策、项目、资金和部门应承担的责任向社会公开，加强监督。加强部门之间交流与沟通，有效提高资源共享率。加强资金整合，最大限度地发挥资金的使用效益。

**（三）完善制度设计，消除制度缺陷，建立科学规范的管理机制**

制度设计要系统规范。民生问题的解决是一项长期的艰巨的历史任务，在各个不同的发展阶段，民生问题有不同的具体目标；在各个不同的历史时期，民生问题有不同的需求重点。因此，解决民生问题的制度设计要整体规划，要立足当前、着眼长远，要量力而行、尽力而为，要统筹兼顾、突出重点；既要把握目标与过程的统一，又要把握长远性目标与阶段性目标的统一；既不可操之过急、一哄而上、急于求成，也不能不思进取、无动于衷、无所作为；既要照顾群众的需求，又要考虑政府的可能；既要坚持制度规划的统一性，确保规划期内目标的实现，又要允许制度实施的差别性，允许具体项目有先有后、进度有快有慢。要全面总结、评估现行制度，及时弥补缺陷、矫正失范，搞好彼此衔接。只有这样，才能保证民生工程的统一性和计划性，才能实现民生工程的制度化和规范化，才能确保民生工程的有序推进和平衡实施，才能做到持续不断地改善民生。同时，在条件成熟的情况下，应将一些事关百姓长远福祉的永久性民生工程提升到法制规范的层面，纳入法制化，增强约束力和实施力。

制度设计的方法要科学。要广泛深入地进行调查研究，深入基层、深入群众，倾听民声、体察民情、了解民意、顺应民心。只有贴近群众，充分了解人民群众的需求，把握当地经济社会发展与财力状况，才能研究产生解决问题的科学途径和有效办法，才能有效提高政策制度设计的现实针对性和未来前瞻性，才能科学合理的确定政策制度的定位走向。要完善决策机制。规范决策程序，建立健全专家论证制度，积极推行公众听证制度，实行部门联席会议评议制度，探索决策公开制度，对方案进行反复论证与权衡，实现决策的科学化、民主化和法制化，最大限度地减少制度设计带来的隐患和缺陷，尽量避免制度制订与执行集中于同一个部门的情况，中断部门利益倾向化实现的链条。努力使制度设计避免随意性和盲目性，更趋合理和科学，努力使有限资金用在恰当处，发挥更好效益。

### （四）缓解三农问题，减小城乡差异，建立均衡协调的发展机制

实施民生工程、构建和谐安徽，关键在于缩小城乡差距、统筹城乡发展。

加大财政投入力度。继续坚持多予少取放活的方针，落实好各项强农、扶农、富农政策，进一步倾斜财力，让公共财政的阳光更多地照耀农村。支持农村社会保障制度建设，逐步提高农村社会保障水平，逐步消除城乡保障体系差别；加大农村基础设施和公益性事业投入，逐步缩小城乡基本条件差异；促进农业增产农民增收，努力缩小城乡居民收入差距。

推进城乡居民一体化进程。积极推进户籍制度改革，减少农民进城的身份障碍，逐步使全体公民在户口身份上完全平等；深化土地制度改革，消除农民进城的产权障碍；提高城市劳动力市场的发育程度，实现用人单位与劳动者双向选择，这是破除城乡劳动力市场分割的必然要求；探索建立失地和进城务工农民社会保障办法，尽快有效解决农民进城务工的当务之急和后顾之忧。

提高农民向城市转移的能力。大力开展职业技能培训，在鼓励社会力量开展创业培训的同时，整合依托财政资金举办的各种培训机构，逐步建立和完善有效的农民职业培训体系；优化农村教育结构，大力发展农村职业教育。完善和落实高等学校贫困大学生资助制度，切实保障每个大学生享受公平的受教育权利，不让一个大学生因为家庭贫困而失学。

### （五）强化责任，抓好落实，建立科学、规范、刚性的执行机制

要保证政策贯彻好资金落实好，关键要靠人，要靠一线的操作人员，要靠科学规范的工作机制。

要夯实政策和资金落实最前沿的工作基础。县（区）和乡镇、街道、村（社区）是政策和资金落实的"第一关口"。要严格执行政务公开制度。增强民生工程操作的透明度与公开性，将民生工程政策向社会公开，实行阳光化运作。让群众掌握政策，让群众参与决策，让群众监督政策的执行，防止暗箱操作。县级主管部门作为监督管理的主体，要进一步加强对基层工作的指导和监督管理，加强部门之间的沟通，搞好政策间的衔接，切实消除制度执行中的"盲点"，最大限度地发挥惠民政策的整体效应。要建立民生工程目标管理责任制。实行条块结合，将责任分解落实到各级政府和责任部门，一级抓一级，层层抓落实，确保民生工程的顺利实施。要实行公共服务问责制，实现公共财政行为的权责统一。加大责任追究的执行力度，使责任不是仅停留在制度上，而是真正落实到个人。特别是，要建立以公共服务为导向的干部政绩考核制度，增加基本公共服务在干部政绩考核中的权重，列为政绩考评体系中的约束性指标，把群众的满意度作为干部政绩考核的重要因素，有效防止民生工程实施过程中的各种行政不作为和乱作为。

要进一步提高监督检查的力度。采取事前预警、事中监管、事后评价、跟踪反馈等多种监督方法，实行日常监督与专项监督并举、内部监督和外部监督结合，形成集教育、制度与监督为一体的惩治和预防体系，把监督贯穿到政策落实、受益对象申报和财政资金运行的各个环节。要创新监督检查的办法。采取"部门监管、群众监督、社会化核查"的方式，增强监督检查实效性。在部门监管上，要全面推行主管部门和财政、审计、监察部门联合检查制度，避免交叉检查、重复检查。在群众监督上，县、乡镇、村（社区）要分别建立义务监督员制度和群众举报制度，形成三级监督网络。在社会化核查上，按照"政府监管、市场运作"的办法，委托社会化服务主体进行核查，花小钱办大事，解决好核查面广、对象人多的难题。

要提高行政运转效率和执行力。逐步改变现行行政体制"倒金字塔"

结构，统筹基层执行结构职能，充实一线工作人员。要按照学习型社会要求，建立健全继续教育制度，定期组织基层人员进行培训，及时更新知识，增强适应新形势、履行新职能的能力和水平。要适当增加对基层运转经费的投入，加强基层的基础和信息化系统建设，不断提高对政策资金落实的保障水平。

# 推进安徽省国民收入分配结构调整的财政选择

国民收入分配格局是经济体系运行的结果，也是推动经济发展最基本的动力结构。实现国民收入合理分配，对促进安徽省经济发展与社会稳定意义重大。当前，安徽省正处于全面转型、跨越发展、加速崛起的关键时期，如何发挥好财政职能，进一步优化安徽省国民收入分配结构，是摆在各级财政部门面前的一个重大课题。

## 一、国民收入分配的作用机制

按照马克思主义基本观点，生产方式决定分配方式，生产关系决定分配关系。国民收入分配是一个大系统，涉及初次、二次、三次分配三个环节，涵盖政府、企业、居民三大主体，且与经济社会体制等多方面相互联系相互制约。

### （一）国民收入初次分配的市场机制

初次分配是在生产过程中，劳动、资本等生产要素之间的收入分配，是基础性的分配关系，数额大，涉及面广。国民收入在初次分配中形成四种收入，即工资收入、税费收入、经营性收入、财产性收入。工资收入是企业支付的劳动者报酬，税费收入是企业以利润和税金形式上缴形成的财政收入，企业税后利润再按要素、股份分配，形成经营性收入和财产性收入。最终来看，初次分配主要包括资本所得、政府所得和劳动者所得三个部分，这三大所得是经济社会的三大基本的原始收入。初次分配属于微观分配行为，其作用机制是市场配置资源，核心是以产权为基础的分配关系，但也需政府做好反垄断、管制外部性、消除信息不对称等工作，从而维护市场机制运行环境。

### （二）国民收入二次分配的预算机制

国民收入二次分配主要来源于初次分配中的政府收入，通过政府预算渠道予以支出，将集中起来的国民收入用于提供公共产品和公共服务等。从分配程序上看，预算分配有严格的法定程序，需通过同级人民代表大会审查批准，并由政府实施。从分配层次上看，政府预算分配有四大体系，即公共财政预算、国有资本经营预算、政府性基金预算和社会保障预算。从分配形式上看，既有直接通过税式支出、转移支付、补贴等补助给企业、个人或政府，也有间接通过提供公共产品和服务来实行分配。二次分配属于宏观分配行为，其作用在于弥补市场收入分配失灵，着重解决社会公平和均衡发展问题，但其在公共产品和服务供给方面又需发挥市场机制高效率的特性。

### （三）国民收入三次分配的社会机制

除了初次分配和二次分配之外，慈善、捐赠、基金会等事业在我国也迅速发展，通过捐助、设立基金会等活动，将一部分人的财产直接或间接地转移给另一部分人，客观上起到国民收入再分配的作用。因而，被称为三次分配。三次分配是社会自觉自愿的一种捐赠，它发挥了市场调节和政府调控无法替代的作用。

总的来看，一次分配是原始分配，讲究效率；二次分配是对一次分配的调整，讲究公平；三次分配是对二次分配的补充，讲究社会责任。

## 二、当前安徽省国民收入分配中存在的问题

与全国相比，安徽省国民收入分配中既有共性问题，也还存在一些个性问题和区域特点，需逐一求证和解剖。

## （一）国民收入分配格局不合理

1. 居民收入比重下降。从资金流量表可看出，无论是初次分配还是二次分配，安徽省居民收入比重均呈下降趋势。初次分配中，2007 年，安徽省居民收入占国民收入比重为 65.6%，高出全国 7.7 个百分点，但较 1996 年下降了 5 个百分点，政府和企业比重分别上升 2.5 个百分点（如图 1）；二次分配中，2007 年，安徽省居民收入占国民收入比重为 60.9%，高于全国 3.4 个百分点，但较 1996 年下降了 8.9 个百分点，政府和企业占比相应提高 3.6 个和 5.3 个百分点（如图 2）。不难看出，现行体制机制未能较好校正一次分配中居民收入占比下降的局面，甚至还有加剧趋势。

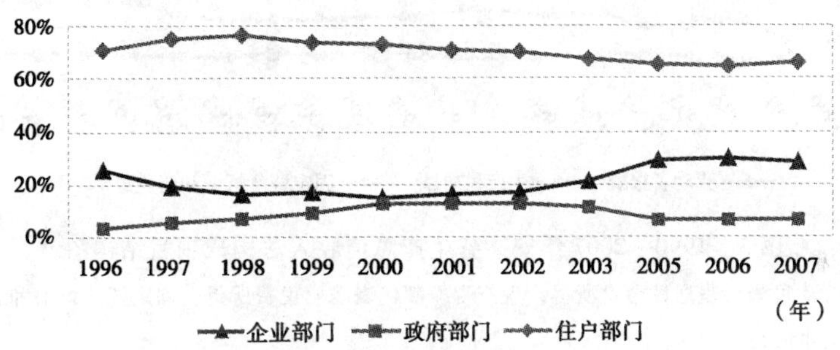


图 1　1996—2007 年安徽省国民收入初次分配中三大主体占比

注：2004 年相关数据暂缺，但不影响整体趋势的反映，下同。

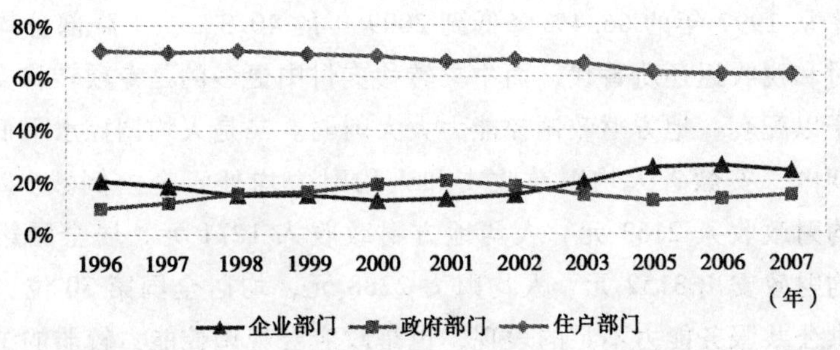


图 2　1996—2007 年安徽省国民收入再分配中三大主体占比

2. 劳动报酬比重下降。劳动报酬占国民收入比重直接反映劳动要素参与收入分配的程度。从地区生产总值收入法构成项目来看，2007 年，安徽省劳动报酬占比44.0%，较1990年下降了21.4个百分点，劳动报酬占比大幅下降。从阶段特征来看，1990—1994年劳动报酬比重由65%降至50%后，至2003年比重始终保持在50%上下，2004年降幅达10个百分点，目前趋势较稳（如图3）。从发达国家发展规律来看，劳动报酬比重与农业比重呈反方向变化，安徽省却表现出农业人口减少，劳动报酬占比也下降的局面。究其原因，主要是安徽省刚进入工业化中期，一批重大项目上马，资本要素投入增速大幅快于劳动要素投入，即便边际报酬同等，也会使劳动报酬所占份额下降。

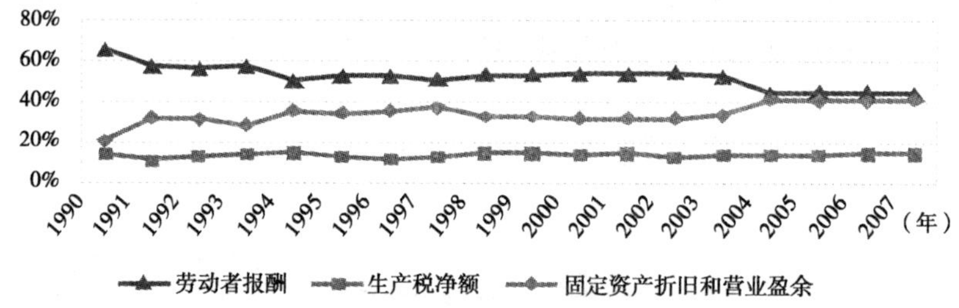


图3　1990—2007年安徽省生产总值收入法构成项目结构图

注：劳动报酬代表居民劳动所得，生产税净额代表政府税费所得，固定资产折旧和营业盈余代表企业资本所得。

3. 政府调控能力较弱。财政收支是政府宏观调控的物质基础，是政府调控能力的核心指标。安徽省政府调控能力较弱的主要体现在：一是调控能力受制于中央。从历年财政支出贡献来看，安徽省地方财政收入对财政支出的贡献率从1997年的66.4%降低到2009年的40.3%，下降部分均为中央转移支付和税收返还所替代，而中央转移支付中更多的是专项转移支付，且需地方予以配套，地方财政调控能力大大削弱。二是人均调控水平低。较长一段时期内，安徽省人均财政收支和人均财力均处于全国倒数。2009年，全省人均财政收入2163元、人均地方财政收入1271元，居全国第26位。全省人均财政支出3152元、人均财力2288元，均居全国第30位。这既是政府提供公共服务能力不足的表现，也是政府宏观调控能力较弱的结果。三是省级调控能力弱。按照现行财政体制，每年新增可用财力90%以上在市县，土地出让收入全部在市县，省本级新增可用财力非常有限，加之近两年中央对中西部地区均衡性转移支付资金大幅度减少，省级财政调控余地越来越小。

## （二）国民收入分配结构失衡

1. 城乡间失衡。从1981年开始安徽省城乡居民收入差距比不断攀升，1991年达到峰值3.33倍后趋于平稳，但1998年后，新一轮差距持续扩大。2009年，安徽省城镇居民人均可支配收入、农村居民家庭人均纯收入分别为14086和4504元，城乡居民收入比为3.13∶1，差距位列中部第2。不难看出，农村居民家庭人均纯收入受经济周期的影响更大，往往在经济上升阶段，其增速赶不上城镇居民，而在经济调整阶段，其下降幅度却更为敏感（如图4）。另外，农村内部收入差距更为明显，2008年，全省农村基尼系数达0.31，较2000年扩大了0.08，农村居民收入两极分化现象有所加重。

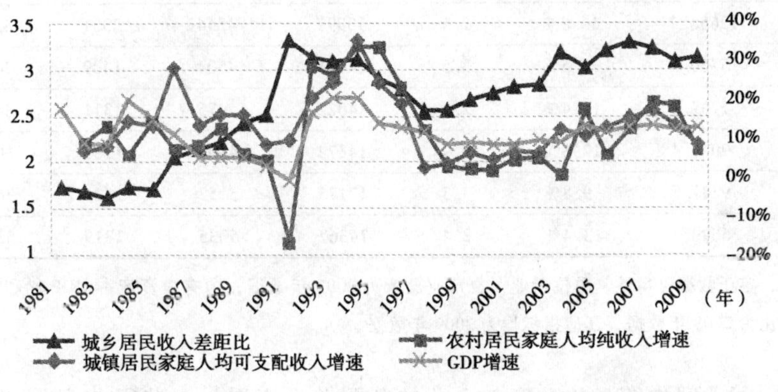


图4　1981—2009年安徽省城乡居民收入差距情况

2. 地区间失衡。与全国比，安徽省国民收入在全国乃至中部排名相对靠后。居民收入方面，2009年，安徽省城镇人均可支配收入和农村家庭人均纯收入仅有全国水平的82%和87%，中部垫底；政府收入方面，2009年，安徽省人均地方财政收入为1409.1元，人均财政支出3492.6元，只有全国平均水平的27.5%和61.4%；企业收入方面，2007年，安徽省单位就业人员营业盈余为5766.4元，位列全国第25位，中部最低（如表1）。究其原因，既有人口、经济欠发达等历史因素影响，更是当前国家政策使然，特别是政府间分配制度的不健全、不完善，直接导致了国民收入的省际失衡，主要表现在：中央和地方财力与事权不相匹配，均衡性转移支付规模小、平衡力度弱，专项转移支付规模大、分配标准不合理。省内比，沿江与皖北及皖南部分地区之间差距较大。2009年，安徽省城镇居民人均可支配收入最高的马鞍山20390元，最低的阜阳12693元，相对差1.6:1；农民人均纯收入最高的马鞍山7947元，最低的阜阳3520元，相对差为2.2:1。但相比中部和其他东部省份，安徽省地区整体收入差距较小，且保持相对稳定。这主要得益于安徽省在支持沿江地区发展的同时，非常重视皖北等落后地区的加快发展，特别是在财政资金上加大对落后地区的转移支付力度。

**表1　　全国及中部省份国民收入分配结构相关数据**　　单位：元

| | 单位就业人员营业盈余 | 国有净资产占GDP比 | 行业高低工资比 | 城镇人均可支配收入 | 农村家庭人均纯收入 | 人均地方财政收入 | 人均财政支出 |
|---|---|---|---|---|---|---|---|
| 全国 | 12087.6 | 56.8% | 4.8 | 17175 | 5153 | 5130 | 5685 |
| 山西 | 13656.9 | 36.8% | 2.1 | 13997 | 4244 | 2351 | 4542 |
| 安徽 | 5766.4 | 32.5% | 3.5 | 14086 | 4504 | 1409 | 3493 |
| 江西 | 7737.3 | 16.4% | 2.6 | 14022 | 5075 | 1311 | 3489 |
| 河南 | 9075.4 | 12.3% | 2.9 | 14372 | 4807 | 1187 | 3060 |
| 湖北 | 9287.5 | 9.8% | 3.3 | 17175 | 5153 | 1424 | 3684 |
| 湖南 | 6690.2 | 13.4% | 2.4 | 14367 | 5035 | 1319 | 3357 |

注：鉴于数据可得性，单位就业人员营业盈余为2007年数据，国有净资产占GDP比和行业高低工资比为2008年数据，其他指标均为2009年数据。

3. 行业间失衡。从政府与企业的分配关系来看，一些行业享受“超国民待遇”，使得与其他行业收入差距不断拉大。2008年，安徽省工资最高的证券、航空运输和烟草制品三个行业平均工资分别为75095元、53051元和52690元，超过全省平均水平的两倍，高低行业工资比为3.5:1，中部最高，较2000年的2.1倍上升了66.7%（如表1）。2008年，工资最低的畜牧业、住宿餐饮业和批发零售业三个行业都是劳动密集型行业，平均工资分别为12670元、14249元和17223元，仅为全省平均工资的37.9%、42.6%和51.5%。

4. 群体间失衡。从全国来看，高收入阶层财富增长较快，我国已成为世界第二大奢侈品消费国，与此同时，我国还有低收入人口2.7亿，绝对贫困人口4000万。从省内来看，群体间收入差距具体表现在三个方面：一是企业高管和普通员工差距过大，少数企业高管薪酬水平与全省社会平均工资相差上百倍。二是收入阶层流动性明显降低。20 世纪 90 年代初期，安徽省收入流动性较高，不同阶层的变动性较大，但此后，劳动报酬远低于资本报酬，以劳动报酬为主要收入来源的社会底层人群，改变命运的渠道和机会越来越少，向“上”流动较为困难，出现“富者越富，贫者越贫”的马太效应，社会底层人群逐渐刚性化。三是贫富的代际传递特征更加明显。影响群体收入差距的外部因素逐步放大，特别是父辈的背景、收入水平等对子女收入的影响加大，“富二代”和“蚁族”现象同时增多，个人财富增长过多地受制于家庭环境和经济基础，阶层开放度呈下降趋势，不合理分配格局渐呈固化。

**（三）国民收入分配拉大趋势加剧**

1. 向国有经济集中趋势。2008 年，安徽省国有企业资产总额达到 7994.3 亿元，净资产 2885.8 亿元，较上年分别增长 23.5%、34.1%，净资产与全省 GDP 比值达到 32.5%，位居中部第二（如表 1），远快于全省同期 GDP、民营经济和城镇居民收入增长速度。同时，应对金融危机的大多数投资计划由国有经济实施，央企也加大对地方企业兼并重组的力度，国有经济在做大社会财富的同时，其所占比重也不断提升。

2. 向非劳动要素集中趋势。从安徽省 1995—2007 年收入分配资金流量表可看出，2003 年之前，劳动报酬收入比重基本稳定，维持在 50% 以上，到 2005 年仅为 38.1%，非劳动要素分配达到 59.4%，此后，劳动报酬收入有所上升（如图 5）。

3. 向垄断行业集中趋势。从总量来看，安徽省垄断行业工资增长速度快，占行业工资总额比重不断攀升。2008 年，初步核算的安徽省垄断行业工资总额达到 218.8 亿元，为全省行业工资总额的 25.9%，与 2000 年相比，垄断行业工资总额增长了 3.5 倍，年均增速达到 21%，比全行业工资总额增速高出 5.8 个百分点，所占比重提高了 8.4 个百分点；从安徽省历年职工工资前三行业统计来看，出现的频率最多的采矿业、金融业、电煤水生产供应全部属于垄断行业，收入向垄断行业集中的趋势非常明显（如表 2）。必要的行业垄断是保障经济命脉、实现经济安全的需要，但由垄断行为所产生的收入差距扩大问题却对经济社会是有害的。

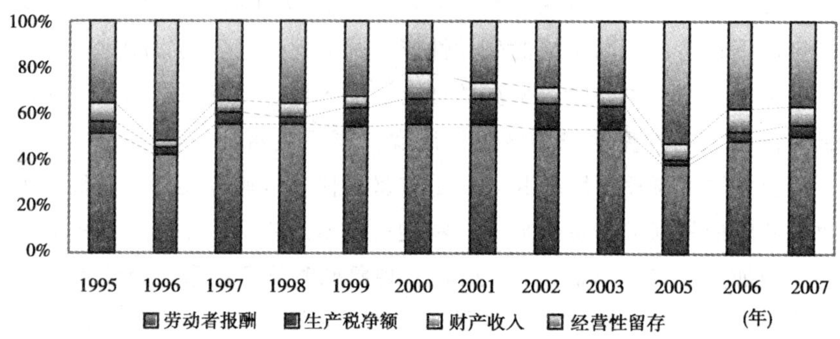


图 5　1995—2007 年安徽省收入分配资金流量表结构图

注：生产税净额形成财政收入，经营性留存是除劳动、权力、财产收入之外的其他要素收入的总集，财产收入和经营性留存共同反映非劳动要素分配。权力是非市场因素，故非劳动要素分配不包括生产税净额。2004 年数据暂缺。

**表 2　　2000—2008 年安徽省垄断行业工资总额及占比情况**

| | 垄断行业工资总额 | 增速 | 全行业工资总额 | 增速 | 垄断行业工资占比 | 职工工资前三行业 |
|---|---|---|---|---|---|---|
| 2000 年 | 481106 | | 2755252 | | 17.5% | 电燃水供应、科技服务、金融保险 |
| 2001 年 | 584502 | 21.5% | 2957016 | 7.3% | 19.8% | 科技服务、电燃水供应、金融保险 |
| 2002 年 | 697856 | 19.4% | 3371312 | 14.0% | 20.7% | 科技服务、金融保险、电燃水供应 |
| 2003 年 | 761854 | 9.2% | 3610004 | 7.1% | 21.1% | 信计软、金融保险、采矿 |
| 2004 年 | 996381 | 30.8% | 4214523 | 16.7% | 23.6% | 信计软、采矿、金融保险 |
| 2005 年 | 1185568 | 19.0% | 4841315 | 14.9% | 24.5% | 采矿、信计软、金融保险 |
| 2006 年 | 1477794 | 24.6% | 5710401 | 18.0% | 25.9% | 金融保险、采矿、信计软 |
| 2007 年 | 1763930 | 19.4% | 7089072 | 24.1% | 24.9% | 采矿、金融保险、电燃水供应 |
| 2008 年 | 2187987 | 24.0% | 8444708 | 19.1% | 25.9% | 采矿、金融保险、电燃水供应 |

**（四）国民收入分配调控作用不理想**

1. 市场调节有待改善。一是市场竞争不足所导致的收入过高。一方面，政府过多地参与资源配置，部分企业将大量成本外部化和社会化，扰乱了市场秩序，导致政府或企业以市场主体身份获得超额的收益。另一方面，垄断行业缺乏竞争，政策红利下超额利润的获得，滋长了行业收入的非常规增长，进而拉大国民收入差距。二是市场竞争过度所导致的收入过低。主要是市场中的一些具有先天弱质性行业，如农业和传统劳动密集型产业等，由于缺乏必要的政策扶持和引导出现的竞争过度现象，本身的行业报酬率低下加上外部激烈竞争，使得整体行业效益不高、收入过低。三是要素市场扭曲导致的收入不公。一方面，部分要素受到歧视性的准入限制而不能进入市场，不能依照其贡献而得到应有的收入，如农民的林权、土地、房屋；另一方面，要素贡献评价机制由于受到非市场因素（权力）干扰产生扭曲和变形，使得要素的贡献和收入不成比例，进而导致收入不公。究其原因，是因为我们在推进生产、流通和分配等各个环节逐步向社会开放同时，许多管理制度和管理方式却长期实行市场与计划并行的“双轨制”，从而造成制度上的诸多漏洞，形成不公平分配。

2. 政策调控亟须转型。改革开放以来，政策调控一直偏重于解决“发展”矛盾，更多地着眼于“效率”，随着发展和改革的深入，经济社会发展中的公平公正问题逐步凸显，亟须政府政策调控方式和手段转型。一是税收调节需加强。税收无法对扩大的收入差距进行有效调控，甚至出现“逆调节”现象。据近 4 年来国家税务总局统计，我国个人所得税中，年所得低于 12 万元贡献了 2/3 税收，而工薪收入占总收入的比重只有 1/3。这意味着大量收入脱离了所得税调节范围，同时也意味着工薪阶层承担了过重的税负，在一定程度上影响了中等收入群体的扩大。同时，在税收调节体系建设方面，在国外对收入进行存量调节且普遍征收的财产税、物业税等的税种尚未开征，税收调节功能空间还有很大。二是投资调控引导作用不足。投资结构在一定程度上反映将来的收入分配结构。反过来，当前收入分配结构问题的源头，在于以前投资政策中存在过度依赖、占 GDP 比重过大、结构不优等问题，以致大量公共设施闲置或低效运行、消费需求不足、三次产业发展滞后，最终使居民收入占国民收入比重低，收入分配差距扩大。三是产业政策调控不到位。产业政策具有调节导向作用，但在收入分配领域存在一定的“逆调节”、“逆导向”。如在金融产业方面，目前我国存贷利差远高于世界平均水平，其对收入分配的影响就是中低收入者对金融部门、贷款使用者提供补贴；在房地产业方面，政策调控效果与调控预期差别很大，其对收入分配的影响就是高房价使中低收入阶层快速消失；在价格政策方面，长期实施工农产品价格“剪刀差”，使城乡收入差距加大。

3. 社会自助有限。与发达地区，安徽省慈善事业发展存在很大的差距，如慈善组织少，目前慈善机构也仅仅建立到县市；机制陈旧，管理跟不上；慈善意识不强，捐赠数额不大，如从省慈善协会成立以来，接受和发放的善款、善物只有近2亿元，且大多数是接受中华慈善总会和海外、省外的定向捐赠，省内占的比例极少；即使大灾之年，省内企业通过省慈善协会捐赠也寥寥无几。故尚不能在三次分配发挥其应有功效。

归结起来，安徽省现有收入分配格局的形成，确有要素禀赋、发展阶段、分工格局等方面的原因，但是政府间分配关系对区域收入差距的影响，国家与企业分配关系对行业收入差距的影响，以及现行财政、投资、产业三者政策对调控收入的影响，是其根本的体制机制原因。持续的收入分配不公，已经沉淀了许多社会矛盾，构成了巨大的社会张力，对经济的发展和和谐社会的构建产生了相当大的负面影响，需要积极地予以调整。

## 三、调整国民收入分配的既定目标和路径

党的十七大报告明确指出，要深化收入分配制度改革，增加城乡居民收入。胡锦涛总书记在2010年省部级主要领导干部专题研讨班讲话中，明确提出“按照优化需求结构、供给结构、要素投入结构的方向和基本要求，加快调整国民收入分配结构”，折射出党和国家对推进收入分配改革方面新的信息和信号。

### （一）收入分配调整的目标

1. 建设橄榄型社会。温家宝总理近日撰文指出，要逐步形成中等收入

者占多数的“橄榄型”分配格局。所谓“橄榄型”社会是社会收入结构如同橄榄——“两头小，中间大”的似球状体，社会阶层结构中极富极穷的“两极”很小而中间阶层相当庞大。相对于“金字塔型”和“哑铃型”，“橄榄型”社会更加稳固，更加安全。从操作上来讲，就是“提低、扩中、限高”，即：提高低收入者收入水平，扩大中等收入者比重，调节过高收入。

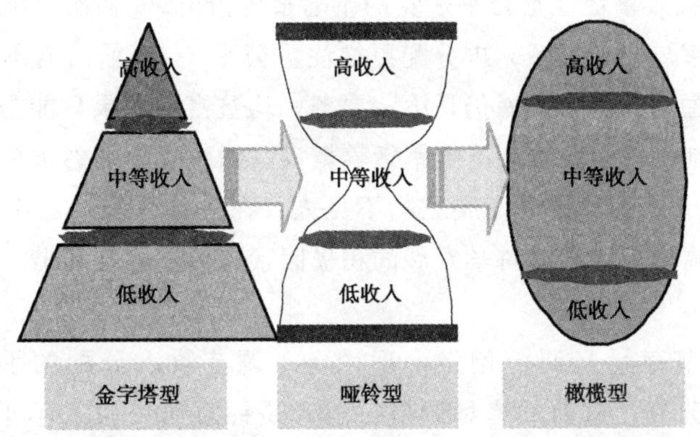


2. 提高两个比重。党的十七大报告和2010年国务院政府工作报告中提出，逐步提高居民收入在国民收入分配中的比重，提高劳动报酬在初次分配中的比重。提高这“两个比重”，关系国民经济发展全局，是解决当前经济社会生活中的突出矛盾和问题、促进科学发展和社会和谐的重大举措。

3. 缩小收入差距。胡锦涛总书记近日就改革收入分配征求党外人士意见时指出，加大调节收入分配的力度，努力缓解地区之间和部分社会成员收入分配差距扩大的趋势；温家宝总理在2010年省部级主要领导干部专题研讨班上的讲话指出，坚持走共同富裕的道路，尽快扭转城乡、地区和不同社会成员之间收入差距扩大趋势；党的十七大报告也指出，要创造机会公平，整顿分配秩序，逐步扭转收入分配差距扩大趋势。

4. 基本消除绝对贫困。党的十七大把“基本消除绝对贫困现象”作为全面建设小康社会奋斗目标的新要求。十七届三中全会继续予以明确，要实现绝对贫困现象基本消除的目标。就安徽省而言，当前和今后一个时期，要全面实施“441扶贫行动计划”，力争实现5年减少贫困人口

100 万的任务。

### （二）收入分配调整的思路

解决收入分配问题是个复杂的系统工程，不能一蹴而就，急于求成。特别在当前体制转轨、经济转型和社会变革的当口，既要有短期目标和具体举措，也要有整体部署和战略思维（见表 3）。

1. 既重视效率更注重公平。党的十七报告指出，“初次分配和再分配都要处理好效率与公平关系，再分配更加注重公平”。当前，既不能放弃效率原则搞平均主义，因为发展仍是第一要务，均贫富的后果只能是破坏市场经济的竞争机制，重蹈旧体制下大锅饭养懒汉覆辙；也不能忽视公平片面追求效率，唯 GDP 是论，推动发展见物不见人，在一次分配、二次分配都要更注重公平，调动一切推动科学发展的积极因素，促进社会和谐，提高居民幸福指数。

2. 既调节存量又调节增量。理论上，调节收入分配的手段有两种：事后的存量调节，事前的增量调节。前者是针对居民收入不平等的结果，后者则强调起点公平和机会公平的重要性。以增量为特征的中国经济改革曾被外界称为“没有输者的改革”，但随着时间推移，弊端不少。目前，我国在持续以前通过发展经济，在增量领域对国民收入进行结构调整外，另一方面也积极利用财税和政府转移支付手段推进财富转移，如正在通过完善个人所得税、探索出台房产税、遗产税等试图对收入存量进行调节。

3. 既积极探索又稳妥推进。形成合理有序的国民收入分配结构，是一项长期而艰巨的任务。库兹涅茨效应表明，随着经济阶段由低级向高级发展，收入分配不平等程度有先扩大后缩小的趋势。因此，要因地制宜制定政策，不可照搬西方改革模式；要兼顾财力可能，改革成本需要政府承担；要考虑社会承受力，避免改革力度太大，步伐过快，给社会发展带来不稳定因素；还要注意各种相关制度配套改革，不能单兵突进，造成改革的失败。

表 3　改革开放以来的收入分配制度变化

| 阶段 | 时间 | 标志性会议 | 制度特点 | 制度主要内容 |
| --- | --- | --- | --- | --- |
| 1 | 1978 年 12 月至 1984 年 9 月 | 十一届三中全会 | 克服平均主义 | 缴够国家，留足集体，剩下都是自己的 |
| 2 | 1984 年 10 月至 1987 年 9 月 | 十二届三中全会 | 由一部分人和地区先富起来，走向共同富裕 | 多劳多得，少劳少得，工资同效益挂钩 |
| 3 | 1987 年 10 月至 1992 年 9 月 | 十三大 | 促进效率前提下体现社会公平 | 按劳分配为主体，其他分配方式为补充 |
| 4 | 1992 年 10 月至 1997 年 8 月 | 十四大 | 效率优先、兼顾公平 | 按劳分配为主体，多种分配方式长期共存 |
| 5 | 1997 年 10 月至 2002 年 10 月 | 十五大 | 效率优先、兼顾公平；防止两极分化 | 按劳分配和按生产要素分配 |
| 6 | 2002 年 10 月至 2007 年 10 月 | 十六大 | 保护合法收入，实现共同富裕 | 按劳分配和生产要素按贡献大小参与分配 |
| 7 | 2007 年 10 月至今 | 十七大 | 初次分配和再分配都要处理好效率和公平的关系，再分配更加注重公平；中等收入者占多数，绝对贫困现象基本消除 | 按劳分配为主体、多种分配方式并存的分配制度，健全劳动、资本、技术、管理等生产要素按贡献参与分配的制度 |

4. 既立足当前又着眼长远。调整收入分配结构是一项牵动全局的工作，既要立足当前，抓住重点，突击解决一些老百姓最关心、群众反映最强烈、社会意见最大的收入分配问题，取信于民；也要着眼长远，更加重视影响收入分配的基础性工作，将初次分配领域中的资源配置制度、薪酬分配制度、农村分配制度以及收入分配调控制度使之逐步精细化、科学化、系统化、法制化，逐步健全收入分配法律体系。

## 四、促进安徽省国民收入分配结构的财政选择

在市场经济框架内，财政天然地具有调节收入分配的各种有利条件和政策手段，但也面临很多惯性和体制性制度障碍，需要结合安徽省实际创造性

地开展工作，实现在转变经济发展方式中促进社会财富“蛋糕”做大，在调整经济结构中调整国民收入分配结构，在深化经济社会体制改革中深化收入分配制度改革，在规范劳动、资本等要素市场交易行为中规范分配行为和秩序，使之更好地为加速安徽崛起提供动力支撑。

### （一）做大并切好财政“蛋糕”

一是大力推动经济又好又快发展。积极发挥财政职能作用，灵活运用财政政策和财政工具，创新支持方式和载体，支持经济科学发展，形成财政经济良性互动机制，做大财政收入“蛋糕”。二是财政分配上更加注重公平。进一步完善公共财政体制，强化财政分配职能，调整和优化支出结构，坚持财力向基层、向民生、向困难群体倾斜，向社会提供更多的公共产品和服务。三是贯彻落实区域经济发展政策。集中必要财力资源，强力支持皖江示范区、合芜蚌试验区以及皖北地区等战略平台建设；完善财政政策体系，继续加大对县域经济支持力度，推动全省经济协调发展。

### （二）发挥税费调节作用

一是加快推进正税清费步伐。规范行政事业性收费管理，对现有收费进行清理、整合和规范，建立以税收为主、收费为辅的政府收入体系。二是发挥税收调节功能。充分发挥税收在二次分配中的调节作用，加大对高收入人群调节力度，减轻中小企业税费负担，运用税收政策支持慈善、捐赠事业快速发展，发挥个人所得税、消费税、资源税等调节收入分配杠杆作用，适时开征房产税、遗产税等税种。三是培育地方财源。积极建议中央赋予地方省级政府适当的税政管理权，增强税制灵活性和效率，培育地方支柱财源，提高地方政府在二次分配中的调控能力。

### （三）加大强农惠农力度

一是加大对农业支持保护力度。进一步增加对农业投入，提高政府土地出让收益、耕地占用税新增收入用于农业比例，支持建立政策性农业投资公司和农业产业发展基金，加强农业基础设施建设，支持农业产业化“532”提升行动，加大农业综合开发力度，发展现代农业。二是加大涉农补贴力度。加大对农民的综合直补力度，较大幅度提高农业补贴，支持农产品最低收购价政策，发挥“惠民直达工程”对涉农补贴资金监管作用，不断拓展农民直接增收的渠道。三是加大扶贫开发力度。坚持开发式、开放式、开拓式扶贫的方针，增加扶贫投入，加快整村推进步伐，减少贫困人口。四是加快推进城镇化建设。支持农民向城镇集中、工业向园区集中、居民向住宅小区集中，大力开展阳光培训工程，积极推进土地整治整村推进试点，支持户籍制度改革，鼓励农民“进城入镇”，从源头上减少农业人口。五是增加农民财产性收入。推进农村金融业发展，对县域金融机构涉农贷款增量予以奖励，鼓励龙头企业在财政支持下参与担保体系建设，加大对失地农民的保障力度，支持推进土地合理流转，深化土地、林权、房屋等产权制度改革，让农民分享产权升值收益。

### （四）完善社会保障体系

一是扩大社会就业。加大就业投入，实施积极就业政策，建设公共就业服务体系，千方百计增加就业岗位和机会，夯实群众增收基础。二是强化社会保障。持续增加对社会保障的投入力度，不断健全社会保险基金预算。规范养老保险省级统筹和工伤保险市级统筹管理，建立与物价变动相适应的城乡低保标准动态调整机制，扩大医疗、失业保险市级统筹范围，推动养老保险和医疗保险的跨地区转移接续。构建以社会保险、社会救助、社会福利为基础，以企业年金、慈善事业、商业保险为补充的各层次的社会保障体系，发挥社会保障对社会稳定的“安全网”作用。三是拓展民生工程。以“五有”为目标，以民生工程为抓手，不断完善民生工程项目遴选机制、资金筹集保障机制、工作协调推进机制以及监督考核和绩效评价机制，着力提高民生工程实施效果。

### （五）促进政府基本公共服务均等化

一是健全省以下财政体制。按照财力与事权相匹配的原则，完善省以下财政体制，规范省市县收入划分，理顺省市县支出责任，增强省级调控能力，调节市县财力差距。健全县级基本财力保障机制，提高基层政府“保运转、保民生、保稳定”的基本公共服务能力。二是完善省对下财政转移支付制度。围绕政府基本公共服务均等化和主体功能区建设，加快建立统一、规范、透明的转移支付制度。逐步提高一般性转移支付规模和比例，完善生态功能区和资源枯竭城市转移支付。调整优化专项转移支付，清理压缩专项转移支付，按照客观因素规范转移支付资金分配。

### （六）支持收入分配制度改革

一是支持企业分配制度改革。积极支持提高安徽省最低工资标准。探索对建立职工工资正常增长机制的劳动密集型中小企业应实施税收优惠政策，引导和鼓励其增加员工工资。积极支持企业建立“年金”、“工资保证金”和“工资储备金”制度，减少工资波动和拖欠。二是完善行政事业单位工资制度。积极推进公务员阳光工资改革，支持事业单位工资绩效改革，合理有序提高各类人群收入。

### （七）构建国有资本收益向居民转移机制

一是完善国有资本经营预算制度。提高利润上缴比例，将企业利润、资产转让收入、清算收入等，全额纳入国有资本经营预算收入，强化国有资本收入分配制度。二是加大减持力度。按照稳妥、分步的原则，通过协议转让、挂牌交易、二级市场减持、质押融资等方式，对国有股权控股比例大的省属企业国有股进行减持或战略性转让，盘活国有资源，提高资源配置效率。三是加快向居民转移。加强国有资本经营预算与一般公共预算、社会保障基金预算、政府性基金预算的有机衔接，国有资本收益可用来调剂到一般公共预算用于促进发展、改善民生、维护稳定等支出，也可补充社会保障资金等。

### （八）规范收入分配秩序

一是抓好“小金库”专项治理和强农惠农资金专项清理检查。积极推进行政事业、社会团体、国有及国有控股企业“小金库”治理，着力研究建立完善防治“小金库”的长效机制。通过专项清理，不断提高强农惠农资金使用效益。二是规范市场交易。进一步规范市场秩序、企业行为和行政权力，治理商业贿赂，打击偷税逃税行为，坚决取缔各种非法收入。三是规范国有企业分配秩序。完善金融类国有和国有控制企业负责人薪酬管理制度，规范国有企业分红。四是积极推进政府会计制度改革，加强对政府行政成本的监控和约束，建立政府年度财务报告制度，提高政府支出绩效。

# 财政支持企业发展的政策取向研究

亚当·斯密在《国富论》中称财政为“庶政之母”。苏轼说：“财者，为国之命而万事之本。”可见，财政工作对一个国家和地方的发展繁荣意义十分重大。近年来，安徽省财政部门积极发挥职能作用，通过政策支持和资金注入等形式，培育壮大了一大批企业，做大了财政“蛋糕”，促进了地方经济发展。随着财政支持企业发展活动增多和公共财政体制建设步伐加快，对财政支持企业发展提出了新的更高的要求。如何处理公共财政与企业改革发展的关系，是当前安徽省财政工作中面临的一个重大实践问题，也是现阶段安徽省跨越式发展中一个重要政策理论课题。

## 一、公共财政与企业的关系研究、功用分析和经验借鉴

公共财政是目前各国积极倡导和普遍实践的财政模式。研究公共财政与企业的关系，须以历史的、宏观的、动态的视角，辩证地分析公共财政支持企业发展活动。

### （一）财政支持企业发展活动由来和政策取向

1. 财政支持企业发展的历史渊源。财政支持企业发展可追溯远古：“迄至春秋时期，管仲相齐桓公，兴盐铁之利，国家对食盐的生产、销售和买卖加以管理。”说明在春秋时期财政支持企业活动就已存在了。

2. 当今财政支持企业发展活动普遍存在。亚当·斯密认为，政府是“看得见的手”，是保障市场自由、个人和国家财富以及集体安全的“守

夜人”，认为对企业少干预为好；马克思认为，政府是国家经济的主导，对企业生产实行计划经济；凯恩斯认为，政府要弥补市场失灵，要制订一系列的法规、政策来规范市场主体的经济活动，此理论已广泛地被西方国家所采纳。以上三种理论尽管差别很大，但不难看出政府对企业的支持都是必要的，只是程度不同。联合国经济和社会事务部统计处编写的《国民经济核算体系》中对财政支持企业资金的定义是“政府对生产者的现期转移”，说明财政支持企业在全世界范围内是被允许并普遍存在的。

3. 我国财政支持企业政策取向。新中国成立以来我国财政支持企业发展大致可分为三个阶段：（1）统收统支阶段（1950—1979 年期间）。国家实行高度统一的计划经济体制，对企业从生产、销售到再生产投资全部包揽。（2）放权让利阶段（1980—1992 年期间）。国家实行有计划的商品经济体制，对企业实行放权让利，逐渐扩大企业自主权。（3）自主经营阶段（1993 年开始）。财政逐步退出一般竞争性领域，财政职能主要是弥补市场失灵，实现宏观调控目标。从宏观政策看，今后国家的财政企业政策，将更加突出公共性和普遍性。财政政策的适用范围，由单纯的国有企业向包括国有企业在内的各种所有制企业的方向转变。财政政策的惠及领域，由区域性、个体性政策优惠，向普遍惠及的方向转变。从实现方式看，财政支持企业的资金安排，由对单一、特定企业或项目的支持，向加强企业公共服务平台建设方向转变。使财政企业政策，更具有公平和公共性，更有利于各类企业和各种所有制经济的全面发展。从具体措施来看，财政将改进和创新对中小企业的支持方式：一是加大对中小企业服务体系建设的支持；二是为中小企业融资创造更加有利的条件；三是支持中小企业开拓市场。不难看出，随着国家财力的增长，公共财政政策导向进一步突显。从支持方式看，主要通过资本金投入、财政补助、贴息、减免税、债转股等实现对企业的支持。

4. 安徽省经济发展所处的历史阶段。分析处理财政与企业的关系，离不开分析经济发展所处具体历史阶段。美国经济史学家罗斯托在所著《经济成长的阶段》一书中，把社会发展分为必须依次经过的 6 个阶段：传统社会阶段、起飞准备阶段、起飞阶段、成熟阶段、高额群众消费阶段和追求生活质量阶段，且不同的发展阶段政府职能和经济主导部门也不一样。罗斯托认为经济起飞阶段特征是阻碍经济增长的问题得到解决，增长成为各部门的正常现象，农业劳动力逐渐从农业中解脱出来，进入城市劳动，人均收入大大提高。依其定义，当前安徽省经济发展可初步判断为起飞阶段的早期，政府部门要为经济发展提供社会基础设施，政府投资在总投资中占有较高的比重。王金山省长也曾指出，我们通过研究国际、国内的经验发现，要在经济起飞阶段实现工业化，实现经济和社会全面发展，必须实施一批产业链条长、附加值高、社会效益显著的骨干工程，保持固定资产投资有一个较快的增速。因此，当前经济发展形势下，安徽省财政支持企业工作，即不能削弱，也不能简单扩大，应考虑所处经济起飞阶段的实际，认真比较和借鉴国外的成功经验，综合运用各种财政政策和手段，促进企业的改革和发展，实现企业、财政和社会效益“三赢”。

**（二）财政支持企业发展的功用分析**

财政支持企业发展是一项复杂的社会经济活动，对其进行功用分析，有助于全面认识和把握财政支持企业发展活动的作用。

1. 积极作用。一是有效地缓解资金瓶颈制约。当前国家正在实施宏观调控，企业获得商业银行资金难度正在加大，政策性资金向企业投放，能有效缓解其资金矛盾。二是向社会提供投资导向。根据财政资金的投向，企业可修正自己的产业发展方向和投资方向。三是赢得更多要素支持。财政资金投入后，就可能吸引来其他资金、技术等更多要素支持，发挥财政资金“四两拨千斤”的作用。

2. 负面影响。财政资金并不是万能的，它的过度采用尤其被滥用常常也会产生许多消极影响。一是可能削弱财政的宏观调控能力。财政支持企业发展资金不是减少财政收入，就是增加财政支出，且具有刚性增长特征，加重财政负担，削弱其宏观调控能力。二是可能削弱企业的竞争实力。实践证明，财政支持并不能有效地改善企业的经营效率和竞争实力，相反，在市场竞争中，首先倒下的恰恰是长期“吃偏食”的企业。三是不利于企业间的公平竞争。由于所在地财力的不同，其享受的支持资金可能相差很大，不利于正确评价企业的经营管理水平，还有悖于 WTO 规则。四是挤出效应。财政资金的介入会产生负的外部效应，影响民间资本的投入。

### （三）西方发达国家财政支持企业发展的经验借鉴

在经济全球化的新形势下，学习和借鉴西方发达国家有益经验，对于制定和完善安徽省财政企业政策和制度有着重要意义。我们分别从宏观（财政投资体制）和微观（中小企业发展）两个层面考察。

1. 国外财政投资体制经验借鉴。（1）美国。美国是自由市场经济国家的典型代表，财政投资在社会总投资中的比重不到20%。在财政投资范围上，为高速公路、医院等基础设施和公用事业建设提供了大量投资。对于投资量大、风险较高的研究开发类投资极为重视，财政投资占40%以上。对有外溢效应的教育投资十分重视，教育支出占州和地方政府财政支出的30%以上。注意运用财政投资手段促进地区经济均衡发展和产业结构优化。（2）日本。日本财政投资是政府推动经济发展的主要手段之一，战后其在财政投资方面积累了许多成功经验。一是健全投资立法。战后颁布的与财政投资有关的法律达20多部。二是加强对财政投资的计划指导。日本中长期经济计划规定了财政投资的总意图。三是利用财政投资干预经济。对政府企业的投资，其资金来源于财政投资贷款；对公共事业的投资，其资金来源于财政拨款。（3）澳大利亚。充分发挥地方财政信用作用，以信托投资方式加强公共基础设施建设。

2. 国外支持中小企业经验借鉴。中小企业在各国经济中占有十分重要的位置，普遍都获得财政支持。其主要手段是税收优惠和财政补贴。其主要经验有：（1）税收优惠。美国制定了纳税人税收减免法。英国和日本其中小企业法人税税率低于大企业。德国规定在落后地区新建的中小企业免交5年营业税等。（2）对人力资源支持。法国政府承担中小企业使用专业人才第一年聘用费用的50%。德国政府在全国各地建立众多的技术管理培训中心。（3）对研究开发项目的支持。美国的“小企业创新研究计划”要求年小企业研究开发经费在1亿美元以上的，财政按一定比例拨出专款用于资助等；日本规定中小企业进行设备现代化改造，可实行特别折旧。（4）对中小企业出口的支持。韩国政府制定了支援中小企业出口的中长期方案。日本政府资助建立了小企业的情报网络和数据库。

## 二、安徽省财政支持企业发展的基本情况和主要成效

近年来，各级财政部门紧紧围绕省委、省政府“抢抓机遇、乘势而上、奋力崛起”的战略部署，按照做大财政“蛋糕”的工作思路，把支持企业发展作为一篇大文章布局谋篇，加大财政支持力度，积极探索财政支持企业发展的新路子。

### （一）基本情况

1. 资金规模逐年增加。随着安徽省跨越式发展进程逐步推进，财政支持企业发展资金规模增长较快。2006 年，全省财政支持企业发展资金为 92.4 亿元，比上年增加 38.4 亿元，增长 71.1%，占全省财政支出比重由 8.2% 增至 10.1%。从 17 市看，2006 年，财政支持企业发展资金为 32 亿元，较上年增加 8.6 亿元，增长 36.8%，规模超 5 亿元的有三个市，分别是合肥 8.4 亿元、安庆和芜湖均为 5.2 亿元。预计 2007 年在经济和财政收入持续保持较高速度增长的前提下，无论中央还是地方财政支持企业发展资金都将有较大幅度的增长。财政部在今年超收收入安排中仅对科技型中小企业技术创新基金一项就增加了 2 亿元（见图 1）。

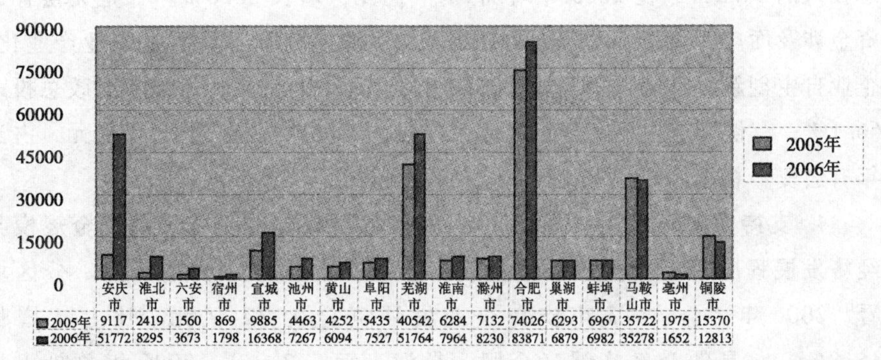


| | 安庆市 | 淮北市 | 六安市 | 宿州市 | 宣城市 | 池州市 | 黄山市 | 阜阳市 | 芜湖市 | 淮南市 | 滁州市 | 合肥市 | 巢湖市 | 蚌埠市 | 马鞍山市 | 亳州市 | 铜陵市 |
|---|---|---|---|---|---|---|---|---|---|---|---|---|---|---|---|---|---|
| 2005年 | 9117 | 2419 | 1560 | 869 | 9885 | 4463 | 4252 | 5435 | 40542 | 6284 | 7132 | 74026 | 6293 | 6967 | 35722 | 1975 | 15370 |
| 2006年 | 51772 | 8295 | 3673 | 1798 | 16368 | 7267 | 6094 | 7527 | 51764 | 7964 | 8230 | 83871 | 6879 | 6982 | 35278 | 1652 | 12813 |

图 1　2005—2006 年全省分地市财政收入支持企业发展资金情况图

2. 支持方式灵活多样（见图 2）。一是从方式的种类看，具体包括财政补助、资本金投入、贴息、亏损补贴、减免税、先征后退等形式。二是从方式的性质看，既包括有偿的投入又包含无偿的补助，既有对特定企业的，又

有对所有项目的。三是从方式的比重及增幅看，随着财税政策和制度的逐步规范，贴息、减免税及先征后退呈现逐年下降趋势，财政补助和资本金投入增幅较大。2006 年，全省用于支持企业发展的财政补助达 48.3 亿元，增长 93.2%，占全部支持企业资金的 52.3%；资本金投入 18.7 亿元，增长 289.6%，占 20.2%；亏损补贴、贴息、减免税及先征后退所占比重分别为 9.2%、4.7%、5.2%、1.4%。

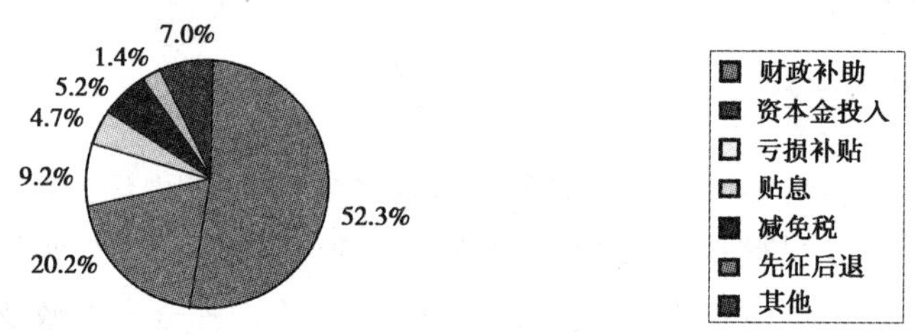


图 2　2006 年财政资金支持企业发展各种方式占总投入比重情况图

3. 惠及范围继续增大。安徽省财政支持企业资金涉及国民经济发展方方面面，既涉及企业改革发展、园区建设、农业产业化，又涉及公共事业、环境保护等方面，受惠范围逐年加大。一是涉及工业的各领域。2006 年安徽省财政支持企业发展资金中支持工业企业资金为 77.9 亿元，占全省财政总投入的 84.3%，比 2005 年增加 31.7 亿元，增长 68.6%。二是无偿补助资金涉及面广。无偿补助资金主要用于公共事业、园区建设、农业产业化、企业自主创新、环境保护等。2006 年全省为 61.1 亿元，占当年财政总投入 66.1%；有偿资金主要用于担保体系建设，2006 年全省为 17.7 亿元，占当年有偿资金总投入 94.7%。

4. 支持力度不平衡（见图 3）。安徽省财政支持企业发展资金规模与经济发展程度密切相关，总体呈现南多北少、依赖中央的特点。分区域看，2006 年，全省 17 市支持企业发展资金为 32 亿元，比上年增长 36.8%。一是省会经济圈（合肥、巢湖、六安 3 市），2006 年总投入为 9.5 亿元，占 17 市财政总投入比重 29.7%；二是沿江经济带（马鞍山、芜湖、铜陵、安庆、滁州 5 市），2006 年总投入为 16.1 亿元，占 17 市财政总投入比重 50.1%；三是沿淮城市群（淮南、淮北、蚌埠、阜阳、宿州、亳州 6 市），2006 年总投入为 3.4 亿元，占 17 市财政总投入比重

10.8%，其中，亳州市为0.2亿元，仅为合肥市2.3%；四是皖南旅游经济区（黄山市、宣城和池州3市），2006年总投入为3亿元，占17市总投入比重9.4%。

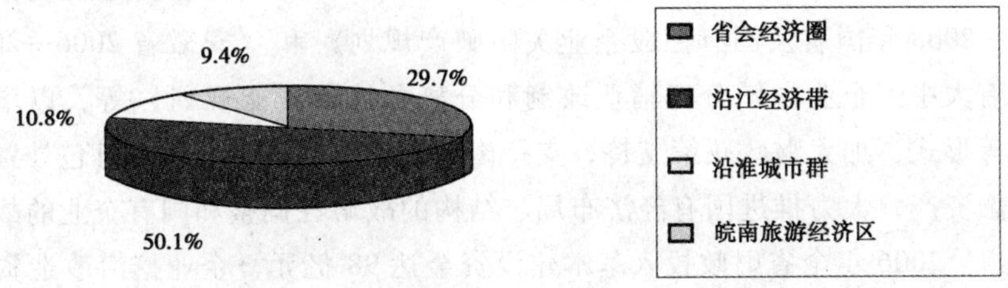


图3 2006年全省各经济圈财政支持企业发展资金投入比重情况图

分级次看，2006年，中央财政补助安徽省企业发展资金43.8亿元，比上年增加27亿元，增长160.7%，占总投入的47.4%；省本级财政支持企业发展资金16.6亿元，比上年增加2.8亿元，增长20.3%，占总投入的17.9%；市本级财政支持企业发展资金15.8亿元，比上年增加1.6亿元，增长11.3%，占总投入的17.1%；县（市、区）级在安徽省实施"振兴县域经济"等一系列政策的引导下，2006年，财政支持企业发展资金实现了迅猛增长，由2005年的9.1亿元增加到16.2亿元，增长78.0%，占全省财政总投入的比重也比上年提高了0.8个百分点，达到17.6%。

**（二）主要成效**

近年来，省委、省政府加大财政支持企业发展力度，积极推进企业改革、改制和改组，企业总体效益得到持续提升，对财政贡献不断增大，全省企业改革和发展取得了较好的成效。

1. 促进全省经济保持快速健康发展。2006年，全省财政支持企业发展资金为92.4亿元，占全省财政支出比重10%，有力地促进了全省经济快速健康发展。2006年全省GDP为6141亿元，增长12.9%；实现工业增加值2200亿元，比上年增长19%，全省37个工业行业生产均保持增长。其中：交通运输设备制造业增加值比上年增长35%，食品制造业、饮料制造业分别增长44%和48%。全省规模以上工业企业实现产品销售收入5814亿元，比上年增长 27%；实现利税 552 亿元，增长 25%，其中利润 231 亿元，增长 35%。工业经济效益综合指数达到 171，比上年提高 13 个百分点，创历年最高水平。

2. 促进国有及国有控股企业效益稳步增长。省财政积极实施《安徽省 2006—2008 年国有及国有控股企业关闭破产规划》和《安徽省 2006—2008 年国有大中型企业主辅分离辅业改制和分离办社会职能规划》等，以增资扩股等形式，加大财政政策支持，支持国有企业改制改组，支持打包处置不良金融资产，大力推进国有经济布局、结构的战略性调整和国有企业的战略性改组。2006 年全省财政投入基本建设资金达 98 亿元，企业挖潜改造资金 32 亿元，科技三项费用 5 亿元。2006 年底全省汇编的独立核算、具有法人资格的国有及国有控股企业 2455 户，资产总额 4952 亿元，比上年增长 22%；负债 3317 亿元，增长 25%；所有者权益总额 1241 亿元，增长 16%；全年实现主营业务收入 2593 亿元，增长 11%；实现利润总额 146 亿元，增长 46%。2006 年全省国有及国有控股企业中，盈利企业 1546 户，盈利面为 63%，比上年提高 9 个百分点；亏损企业户数为 909 户，亏损面 37%，亏损企业的亏损额为 19 亿元，较上年减少 11 亿元，减亏 37%。总的来说，2006 年安徽省国有企业总体实力进一步加强，企业资产质量、财务状况继续向好。

3. 促进重点行业和大型企业发展势头继续保持。财政以实施《安徽省"十一五"国有骨干企业改革重组规划》为指导，以培植一批拥有自主知识产权、具有核心竞争力的大企业为切入点，加大政策支持和资金支持，重点扶持 50 户骨干企业的发展，打造安徽省经济的企业脊梁。2006 年度，全省国有企业实现利润 146 亿元，经济效益是近年来最好的一年，按行业划分，盈利前三位的行业为：工业企业盈利 97 亿元，占全省企业盈利总额的 66%；交通运输仓储业盈利 16 亿元，占 11%；社会服务业盈利 14 亿元，占 10%；前三个行业的盈利额占全省盈利总额的 86%，重点行业的盈利能力非常明显。2006 年度，占国有企业总数 7% 的大型企业盈利 127 亿元，占全省国有企业盈利总额的 87%。马钢集团盈利 28 亿元，铜陵有色盈利 16 亿元，这两户企业盈利额就占全省盈利总额的 30%。

4. 促进中小企业竞争实力持续提升。财政通过设立省中小企业发展专项资金，省科技型中小企业创新资金，促进内外贸及外经企业发展专项资金等，支持企业技术改造、技术创新及促进中小企业担保体系建设，免征或减征营业税、城市维护建设税等，全省中小企业取得了较快发展，中小企业运行良好，竞争实力进一步增强。2006 年全省中小企业实现增加值 2192 亿元，同比增长 16%，高于全省增幅 4 个百分点，占全省生产总值的 36%。其中：工业实现增加值 1446 亿元，同比增长 19%；第三产业实现增加值 468.98 亿元，同比增长 10.8%。全省规模以上中小工业企业户数 5970 户，比 2005 年增加 1101 户，规模以上中小工业企业实现增加值 1025 亿元，同比增长 30%，占全省规模以上工业企业实现增加值的 58%，实现利润总额 144 亿元，比去年同期增长 58%，占全省规模以上工业企业利润总额的 62%。全省中小企业上缴税金约 273 亿元，同比增加 53 亿元，增长 24%，约占全省财政收入总量的 34%。全省中小企业从业人员约 1500 万人，提供了安徽省 70% 左右的城镇就业岗位。中小企业已成为安徽省未来经济增长的重点、财政增长的支柱、吸纳就业的主渠道、社会稳定的减压器。

## 三、目前安徽省财政支持企业发展存在的主要问题

从近年来安徽省财政资金支持企业发展情况看，财政资金对企业的发展起到了积极作用，但同时也存在一些不容忽视的问题，需要我们引起高度重视。

### （一）财政支持企业发展政策不统一，政策指导存在缺失

财政支持企业发展资金既体现财政政策导向，也是一种财政性资源。因此，必须制定统一规范的制度和政策，整合各种资源，形成政策合力，发挥应有的作用和效益。就目前来看，安徽省尚缺乏统一的政策和制度，一定程度上制约了财政政策作用的发挥。一是缺乏统一性。为支持企业发展，各地自行出台了名目繁多的支持企业的扶持政策，财政支持企业发展政策紊乱，有损公平竞争市场环境建立。二是缺乏指导性。虽然有的市县明确了财政投资政策和产业发展规划，但是受全省政策的影响和制约，实施中仍然具有不确定性，缺乏统一的指导。三是缺乏系统性。即财政政策系统还不是一个完整的政策体系，如重视生产领域，不重视流通领域。财政政策没有很好地结

合市场经济规律和国家政策特点，将财政政策贯穿于投资、研发、产业化到市场开拓的全过程，与国家财政政策资金形成配套和衔接。

**（二）资金投向偏离政策导向，政府引导作用难以体现。一是弥补市场失灵作用发挥不够**

当前，安徽省经济形势发展迅速，各项改革稳步推进，财政资金仍然十分紧张，但也存在着财政支持企业发展资金使用范围过大，包揽过多，特别是向竞争性生产建设领域延伸过多的格局，超出了社会公共需要的范围。如企业挖潜改造支出，支出对象除了部分是涉及事关国计民生的基础产业和增强经济发展活力的新兴产业外，有相当部分属于竞争性领域的国有企业。财政过多地介入处于市场竞争领域中的国有企业，对民营资本产生了“挤出效应”，既不利于形成公平有序的市场秩序，也不利于政府职能的转变。二是为企业提供中介服务不够。财政应坚持立足于更好的满足企业发展的基础性需要，提供公共信息、公共创业平台、公共创新体系等服务。但财政对这些中介服务提供不足，政府平台作用发挥不明显，还没有完全实现从传统的以支持具体企业和项目为主向搭建公共服务平台、提供公共服务转变。由于尚未建立一个经济适用、资源共享的信息化服务平台，使企业特别是中小型企业信息化水平难以得到提升，市场开拓能力受到影响。

**（三）财政资金投入分散，规模效益难以发挥**

2006 年安徽省财政支持企业发展资金 92.4 亿元，这些投入资金几乎涉及经济发展各行各业。从支持金额看，在各地支持企业发展资金中，小额分散的投资较多，有的县区最小一笔资金仅 1 万元；从支持行业看，覆盖行业涉及面广，重点不突出。既包括一产、二产、三产，又包括金融、电子、建筑、纺织、电力等企业。如：某市 2006 年财政支持企业发展资金投向为金融业 824 万元、电子企业 1645 万元、冶金工业 652 万元、建筑材料工业 4489 万元、纺织业 320 万元、电力企业 200 万元、装备制造业 1122 万元、交通企业 55 万元和其他行业 3306 万元。资金的宽覆盖，使得本来就杯水车薪的支持企业发展资金很难发挥规模效益。究其原因：一是目前体制下支持企业发展资金分散在多个部门管理，从各自部门角度考虑的多，容易出现项目交叉、多头申报现象，使资金投入撒“胡椒面”，不利于集中财力办大事。二是职能部门内部之间协调性差，整合资金的意识不强。

**（四）财政资金结构不合理，公共性体现不够**

随着安徽省财政支持企业发展资金规模的不断扩大，企业经济效益的好转，一些投入结构方面问题逐步显现（见表1）。

一是投入资金公共化取向不够明显。目前安徽省财政投入公共化方面资金绝对量虽呈逐年上升，但相对量却变化不大，资金投入的公共化取向体现不够。2006年，财政投入公共化方面资金20.2亿元，占当年总投入的22%，比重比2005年下降1个百分点。分类别看，2006年公共事业、企业自主创新、园区建设投入比重与上年持平，分别为6%、11%和2%，环境保护投入比重比上年下降1%。二是直接投入非公共化企业用于非技术创新的资金比重偏大。2005年财政用于支持具体的、特定的企业改革和发展资金达29.6亿元，占当年财政总投入的55%。2006年为56.7亿元，比2005年增加27.1亿元，占当年财政总投入的61%。三是担保体系建设滞后。目前安徽省担保体系建设滞后于当前中小企业快速发展，就资金投入而言，2006年，担保体系建设投入5亿元，占当年财政支持企业资金总额仅为5%，2007年预算安排看，比上年减少1.2亿元。担保体系是企业的公共融资平台，担保资金的不足间接制约了安徽省企业，特别是一些中小企业的进一步发展。

**表1　安徽省财政支持企业发展分类资金表**　单位：亿元

| 年份 | 财政支持企业发展资金分类 | | | | | | | | | | | | | | | | | |
|---|---|---|---|---|---|---|---|---|---|---|---|---|---|---|---|---|---|---|
| | 总计 | 企业自主创新 | | 企业改革与发展 | | 园区建设 | | 公共事业 | | 农业产业化 | | 环境保护 | | 担保体系建设资金 | | 其他 | |
| | | 合计 | 比例 | 合计 | 比例 | 合计 | 比例 | 合计 | 比例 | 合计 | 比例 | 合计 | 比例 | 合计 | 比例 | 合计 | 比例 |
| 2005年 | 54 | 5.7 | 11% | 29.6 | 55% | 1.2 | 2% | 3.4 | 6% | 3.0 | 5% | 2.0 | 4% | 1.7 | 3% | 7.4 | 14% |
| 2006年 | 92.4 | 9.5 | 11% | 56.7 | 61% | 2 | 2% | 6 | 6% | 3.6 | 4% | 2.7 | 3% | 5 | 5% | 6.9 | 8% |

**（五）财政支持企业资金使用不规范，管理监督不力**

一是从资金投入方看，安徽省财政支持企业发展资金普遍存在“重投入，轻管理”的现象，财政部门只注重在资金投入前对企业申报材料进行审核，而资金投入到企业之后，对资金的规范使用和监督没有引起足够的重视，也没有一套完整和操作性强的绩效考评办法。加之，资金管理责任主体不清，责任不明，致使这部分资金的管理、监控形成了盲区。二是从资金使用方看，对财政资金缺乏有效的管理。财政向企业注入的资金，是为了改善企业财务结构，增加企业经济活力，但由于对财政资金缺乏有效的管理和约束，有不少企业在财政资金运作过程中存在较大的随意性，部分企业并未按照财务通则和准则要求管理，没有作为资本入账，而是被作为企业收入或成为企业非生产性支出的资金来源，致使财政资金流失。

## 四、加强和改进安徽省财政支持企业发展工作的政策建议

企业是物质财富的主要创造载体，必须通过支持和促进企业的改革和发展，为实现安徽省经济跨越式发展创造雄厚的物质基础。在当前形势下，财政支持企业发展工作，必须结合省“十一五”规划，以加强管理监督和提高服务水平为抓手，按照财政政策更加体现公共性和普遍性，资金管理更加遵循法制化和市场化，资金投入更加追求决策最优化和效益最大化的原则，整合政策、资金、信息等各种财政资源，以支持企业自主创新、高新技术产业、农业产业化和基础设施建设等为重点，不断提升企业竞争力，做大财政“蛋糕”，走出一条具有安徽特色的财政支持企业发展的新路子。

### （一）制定全省财政支持企业发展的指导意见，形成政策合力

目前，安徽省已初步确定了省会经济圈、沿江经济带、“两淮一蚌”沿淮城市群等功能区划的社会经济发展思路，但立足于各区域功能和产业聚群规划的财政政策还没有形成，全省财政支持企业工作缺乏明确的、长远的战略指导意见。各自为政、切块分割的地方政策存在一定的随意性、重复性、盲目性，容易导致政策分化，投资分散。在认真研究国家的各项财税政策的基础上，根据市场经济规律和产业发展的新趋势，适时出台体现科学发展观要求的全省财政支持企业发展政策的指导意见显得尤为必要。通过界定财政支持范围和形式，明确支持方向和重点，为各市县政策制定提供政策依据；也通过制定各城市群之间的财政政策协调机制，形成各种政策的合力，产生政策规模效益，更好地全面地促进全省企业改革和发展。

**（二）整合财政支持企业发展资金，增强财政调控能力**

目前，安徽省财政支持企业发展资金分属于许多职能部门，呈现出管理部门多、投入主体多、支持渠道多的“三多”特点，一定程度上减弱财政对支持企业发展资金的调控能力，必须加大整合力度。

一是资金管理部门要相对集中。政府支持企业发展资金要归口财政部门统一管理，纳入财政支持企业的统一政策范畴内，各部门不得自行其是，另搞一套。财政部门要整合支持企业发展职能，确定内部牵头单位，负责制定支持企业发展政策和规划，指导全省支持企业发展工作。二是向重点行业和企业集中。财政支持企业发展资金集中管理的目的，是把有限的资金用在刀刃上，根据国家宏观调控和产业政策，对影响产业发展和经济结构调整的重点行业和项目建设，加大财政支持力度，确保在这些重点行业和重点项目建设上取得新突破，大力提升企业核心竞争力，促进行业健康持续发展。三是盘活存量资本。对业已完成的各类财政资本投入，进行评估。按有关政策，通过引进战略投资者，对夕阳产业、濒危企业中财政资本金，进行减持或转让全部股份，不断盘活安徽省现有国有资本。

**（三）改善财政支持企业发展资金结构，体现公共财政体制职能**

实践证明，市场存在着失灵。安徽省财政支持企业的政策重点，要围绕弥补市场失灵统筹谋划，重点要支持以下几个方面：

一是支持企业自主创新。企业自主创新是企业核心竞争力的重要组成部分。要为经济持续发展注入活力，必须加强财政支持，提高企业自主创新能力，形成一批具有技术领先优势的产业区和企业群。要逐步建立稳定增长的财政投入机制，推动科研资金向具有自主知识产权领域倾斜，支持企业进行重要的技术改进和改造，支持企业自主创新人才队伍建设。

二是支持高新技术产业。按照“工业强省”指导方针，不断调整研发投资的结构，合理规划财政支持高新技术产业发展的重点和优先次序。建立以财政投入为引导，吸引大型企业、银行及社会资金，“官、产、学、研”相结合的研发投入格局。对基础研究和为经济长远发展战略目标服务，具有公益性质的研究开发项目以及对产业技术进步有重要影响的关键、共性技术的研究开发，应当加大投资力度。对应用性研究开发则要增强投资导向性，积极引导非政府部门增加研发成果转化阶段的投入。大力支持风险投资公司的发展和建立风险投资基金。

三是支持农业产业化。农业是弱质产业，投资收益率低，吸引资金能力差。但安徽省又是农业大省，经济要发展，要紧紧抓住这只“牛鼻子”，做大做强农业，实现农业产业化是必由之路。通过不断创新农业产业化发展的投融资机制，充分动员和引导各类资金注入，为农业产业化奠定雄厚的基础。重点支持基地和大户，通过示范效应带动整个农业结构调整；鼓励发展农村新型合作组织，鼓励规模经营，通过规模经营产生聚合效应，有效抵御市场风险，巩固农业结构调整的成果。

四是支持基础设施建设企业。经济发展的规律和经验表明，基础设施的适度超前发展是经济快速增长的一个重要前提。安徽省经济正处于起飞阶段，需要通过加强基础设施建设来为经济起飞提供强大支撑。财政建设资金主要投向覆盖全省的重大公益性项目和对全省经济发展具有全局性、战略性和牵动性的非经营性基础设施项目。对有收费机制但难以做到投资收益平衡的基础设施项目，通过政府的部分投资、贴息及政策引导，鼓励社会资金规范有序进入；对有收费机制、收益稳定的项目，交给社会投资者投资。

五是支持企业节能减排。根据国家和省政府对节能减排部署，加大专项资金投入，支持企业清洁生产和再生资源回收利用项目，推进污染减排设施建设。同时，积极落实财税政策，鼓励企业积极加大对“三废”的利用，引导企业进行技术创新，大力支持和推进安徽省企业节能减排工作。

六是支持公用民生事业企业。按照公共财政要求，进一步加大支出结构调整力度，支持公用民生事业企业发展，减少企业办社会职能。逐步理顺城市公用事业补贴标准，优化补贴结构，完善补贴办法，加强监督管理，建立一个补贴规模适当、补贴结构相对合理、补贴方法科学、管理比较规范的城市公用事业补贴机制，促进全省公用事业企业的健康发展。

### （四）优化财政支持企业发展资金投入方式，提高财政资金使用效益

按照效益优先、兼顾公开的原则，以扩大资金乘数效益为导向，大胆探索创新财政支持企业的投入方式，积极发挥财政资金引导和杠杆作用，放大财政性资金的调控和导向功能，不断提高财政资金的使用效益。

一是注入资本金。向企业注入资本金是财政资金的刚性投入，直接削弱

财政调控能力，对财政管理有很大的风险。但资本金的注入直接增加企业建设资金，有助于快速推动重大建设项目的启动。因此，这种财政投入方式主要投入到前期投资规模大、回报周期长、关系国计民生的一些基础设施建设项目中。如对基础性科研、大型农业开发项目、收费的基础建设项目进行资本金注入。

二是贷款贴息。财政贴息主要是一种政策导向，不直接增加企业资金。贷款贴息主要投入到规模小、有一定技术含量和市场发展前景、能够吸纳社会资金的产业或企业中。如对科技型中小企业的贷款贴息等。

三是财政补助。财政补助也是财政直接投入的形式之一，与税收优惠运用于所有行业或企业不同，财政补助只针对符合要求的具体项目。主要投向一些需政策引导、产业集中度较低、资金投向比较分散的企业中。如国家对生猪养殖、农业保险的补贴。

四是亏损补贴。亏损补贴是对企业承担了一部分社会职能的一种政策补助。主要投入一些大型基础设施运营企业、涉及国计民生的公益强的企业。如对机场、铁路、桥梁建设运营企业的亏损补助，对公共交通、供水、供电等企业亏损补助。

五是税收返还或减免。税收返还或减免是国家重要财政政策之一。对省本级来说主要是税收返还，主要是运用到一些需政府扶持、符合政策导向、产业竞争激烈、规模化程度高的企业中。通过税收返还或减免，不断支持企业做大做强。目前，主要存在于对一些大型企业、综合性开发的项目运营上。如为支持汽车业发展，对汽车企业的某些税收的返还或减免。

六是债转股。债转股是指通过法定的程序将银行对国有企业的债权转化为股权的行为，即将负债资金转化为权益资金的过程。实行债转股有助于减轻企业负担，降低金融风险，推进现代企业制度建立。这种方式主要限于对国有（控股）企业的债务化解和资本运作。

### （五）规范财政支持企业发展资金管理，推进财政资金管理创新

加大对企业支持力度，一方面要加大投入，另一方面要加强监督管理，形成一个从“支持政策投入决策—运行监管—资本分红—政策评估或退出”完整的财政支持企业发展资金的管理网络。

一是加强资金投入管理。在资金投入企业之前，按照公共财政体制和产

业政策的要求，经过充分调研和认证，结合年度预算安排，对资金投入规模、形式、时机作出最优决策。对决定投入的资本金，按照法律程序，由资金投入方的专门部门进行登记，并由企业进行工商变更，确保每笔投入的资本金登记建账。

二是加强资金运行管理。资金投入后，要进行严格的监管，保证资金运用到规定的项目上，确保财政政策得到较好落实。加强资金使用监督检查，逐步实行各类财政资金的预决算制度和追踪问效制度，努力实现对财政资金管理的全过程监控，保证财政资金的安全有效。加强母子公司资本金变动管理，完善母子公司产权交易。加大法律执行力度，对国有独资公司的涉及资本金变化的行为，严格审批程序，凡违反国家、省有关资本金管理规定的，应追究其法律责任。

三是实行国有资本分红。实行国有资本分红是体现所有者权益的最主要的形式之一。通过财政资金的投入获得收益，也是做大财政“蛋糕”重要举措。目前，安徽省国有资本金尚未实行资本金分红制度，这与企业产权改革进程不相适应，也失去了资本金管理的应有之义。

四是推进政策评估和资本金退出机制。通过对现有财政支持企业发展政策进行阶段性评估，建立健全财政资金绩效评价体系，逐步建立以结果为导向的财政资金使用新模式，切实提高财政资金的使用效益。加大政策评估结果的运用。在目前情况下，根据政策评估结果，应有步骤、有计划地对一般性竞争领域企业和一些市场化程度高、运作成熟的项目，引进战略投资者，转让部分和全部国有资本金，实行真正意义上“民进国退”，不断扩大安徽省经济开放度，增强企业活力。

### （六）立足新实践，打造财政支持企业发展的服务平台

按照财政职能转变的要求，财政要从直接管理企业转变为企业提供服务平台，为企业发展创造公平竞争的良好环境。

一是提供财政政策咨询。财政政策宣传对实现宏观调控目标有着重要作用。主要内容包括：向企业提供财政政策信息和有关宏观经济、产业政策及行业发展的调研报告。帮助企业制定或评价 ERP（企业资源计划系统）规划方案，推进企业建立信息体系。为企业寻找战略性合作伙伴，向企业提供有价值的投资咨询建议等。

二是提供融资服务。为企业提供优质的融资服务，既可减轻财政直接投资企业的财政压力，也为企业的发展提供更多的资金支持。首先，从加大融资服务来看，积极组织企业申报中小企业创新基金、科技创业投资资金等各类国家、省政府的专项扶持资金；帮助与银行、科技担保公司建立起战略联盟关系，协助企业进行银行贷款。支持具备条件的企业依法开展股权融资、项目融资等方式的直接融资，支持有条件的中小企业上市融资。其次，从支持融资方式创新来看：（1）加强担保业务。吸引民间资本、企业资本，不断壮大担保资金规模。积极开展担保委托运作和再担保业务，创新担保资金管理方式。（2）加大租赁业支持。安徽省目前正在开展全民创业行动，对于资金严重匮缺，购买能力不足的民营企业来说，支持企业融资租赁具有独特的优势。（3）支持典当行发展。支持企业进行典当融资，这对流动资金本捉襟见肘的大多数中小企业是一大难题。（4）出口信用保险补贴。这目前各国普遍采用，且 WTO 规则允许的贸易促进措施。安徽省进出口发展十分迅速，规模名列中西部前列。通过支持这种保险业务，继续保持和扩大安徽省外贸领先优势。

三是提供法律服务。财政调控方式要从行政手段直接调控向以经济手段和法律手段等间接调控方式为主转变。财政部门要结合当前安徽省经济社会发展的现状，依法加快财政法律配套建设，协调好各种投资组织间的关系，保护各投资方的利益。对一部分国家法律中已有原则规定的，结合安徽省特点，进一步具体化、细化、增强可操作性，增强适应性。支持企业加强知识产权保护，对重要商标和品牌建设给予奖励。同时，加快全省项目管理活动的法制建设，对财政投资项目实行全过程的制度化、市场化、规范化管理。

推进安徽省经济跨越式发展，关键是支持企业的跨越式发展。企业的规模和效益是安徽省与其他发达省份的差距所在，也是潜力和希望所在。因此，财政工作紧紧抓住中部崛起、“工业强省”战略和新农村建设的重大历史机遇，优化财政支持企业发展政策，壮大企业规模，提升产业层次，优化经济结构，为安徽奋力崛起打下决定性的基础。

# 安徽财政优化科技投入支持自主创新政策研究

经济是财政之源，振兴财政必先振兴经济，科学技术是第一生产力，振兴经济必先振兴科技。振兴科技首先要增加财政投入，同时引导社会资金投向科技领域。近年来，安徽省各级财政部门以科学发展观为统领，以建设创新型安徽为目标，不断加大财政科技投入力度，优化投入结构，提升财政科技投入绩效，极大地促进了安徽科技事业发展，推动了安徽科技与经济的有效结合，为加速安徽奋力崛起、实现跨越式发展提供了有力地科技支撑。

## 一、安徽财政科技投入现状

近年来，安徽省各级财政部门把科技投入作为预算保障的重点，年初预算编制和预算执行中的超收分配都体现了法定增长的要求，初步建立了财政科技投入稳定增长机制。

### （一）财政科技投入总量大幅增长

按照国际经验，一个国家或地区只有科技投入增长高于同期 GDP 增长，科技发展后劲和实力才能得到长期保持和不断加强，经济结构才能不断优化，经济增长才能更加健康稳定。2000—2006 年，安徽 GDP 从 3038 亿元增加到 6141.9 亿元，年均增长 10.53%；财政支出从 324 亿元增加到 915.8 亿元，年均增长16.02%；财政科技投入从41747万元增加到134380万元，年均增长18.17%，高于财政支出增长速度2.15个百分点，其中，2006年安徽省财政科技投入比2005年增长50.68%，增幅居全国前列。安徽财政科技投入年均增速超过全省GDP和财政支出的年均增速，科技在促进安徽经济发展中的作用进一步增强。

从财政科技投入占GDP和财政支出的比重看，2000—2006年间，安徽省财政科技投入占全省GDP比重呈逐年上升趋势；财政科技投入占全省财政支出比重由2000年的1.29%上升到2006年的1.47%（见表1）。

**表1　　安徽省2000年、2005年、2006年财政科技投入情况**　单位：万元、%

| 年份 | 财政科技投入总量 | 占全省GDP比重 | 占全省财政支出比重 |
| --- | --- | --- | --- |
| 2000年 | 41747 | 0.14 | 1.29 |
| 2005年 | 89180 | 0.17 | 1.25 |
| 2006年 | 134380 | 0.22 | 1.47 |

数据来源：安徽省财政厅教科文处、《安徽统计年鉴》、安徽省财政决算报表。

### （二）财政科技投入结构日趋合理

合理的财政科技投入结构可以提高财政科技投入效率，有利于充分发挥科技对经济发展的支撑作用。2000—2006年，安徽省财政科技投入累计374573万元（不包括其他科技投入），其中科学事业费146849万元，占39.2%；科技三项费用213187万元，占56.9%；科研基建费14537万元，占3.9%。用于项目建设的科技三项费用占财政科技投入的比重逐年提升，由2000年的57.1%上升到2006年的58.7%；而主要用于人员和运转的科学事业费占财政科技投入的比重基本持平（见表2）。

与此同时，随着政府对科技活动重视程度的提高，其他财政各项科技投入专项经费（主要包括未纳入“科学事业费”、“科技三项费”及“科研基建费”科目的财政科技投入）也逐年增多，由2000年的4867万元增加到2006年的46330万元，净增加41463万元。重点支持了高新技术产业化项目、科技型中小企业技术创新、合肥市科技创新专项、农业科技推广、世行加灌三期项目、世行贷款农业科技项目等等。财政科技投入的结构进一步趋于合理。

**表 2　安徽省 2000 年、2005 年、2006 年财政科技投入结构变化**　单位：万元、%

| 预算科目 | 2000 年 | | 2005 年 | | 2006 年 | |
|---|---|---|---|---|---|---|
| | 数额 | 比重 | 数额 | 比重 | 数额 | 比重 |
| 合计 | 36880 | 100 | 65288 | 100 | 88050 | 100 |
| 科学事业费 | 13907 | 37.7 | 25687 | 39.3 | 33438 | 38 |
| 科技三项费用 | 21049 | 57.1 | 37659 | 57.7 | 51699 | 58.7 |
| 科研基建费 | 1924 | 5.2 | 1942 | 3.0 | 2913 | 3.3 |

数据来源：安徽省财政决算报表。

### （三）财政科技投入方式不断得到改进和创新拓展

近几年，安徽省财政注重改进和创新拓展科技投入方式，重点加强了对基础研究、重大社会公益问题和高新技术研究等领域的投入，财政科技投入方式逐步从单一的无偿拨款向无偿拨款、有偿使用、财政补贴、财政担保、财政贴息及财税政策等多种方式转变。一是省财政为全省中小企业贷款提供担保、再担保 34 亿元；二是根据国家有关财政税收优惠政策对全省高新技术企业减免企业所得税 12374 万元，对促进企业技术进步减免企业所得税 3554 万元、营业税及其他地方税 1445 万元，对技术改造国产设备投资抵免减税 21629 万元；三是省财政根据国家实施促进自主创新政府采购政策若干意见，会同相关部门制定了安徽省自主创新产品目录，并将此目录优先列入政府采购目录；四是各地市积极探索财政科技投入的新方式、新办法。合肥市设立科技创新专项基金，尝试使用资本金投入、有偿使用、贷款贴息、以奖代补等多种投入方式，首批 7000 万元高新技术产业化有偿资金，通过统一招投标、委托贷款对 6 个领域 20 余家企业进行了投放。芜湖市高新技术创业中心与上海中博投资公司合资成立芜湖科技创业风险投资公司，已为科技型中小企业委托贷款和担保贷款 1160 万元，参股投入 3 个科技型中小企业。蚌埠市自动化研究所在省市财政、科技部门的支持下，由原开发类科研院所成功地转制为科技孵化器，目前，入驻 12 家科技型中小企业，涉及电子、机械、新能源等领域。

### （四）财政科技投入重点和特色更加明晰

“十五”以来，省财政根据国家和省科技发展远景规划、国家宏观政策和安徽省科技资源及产业优势，逐渐明晰了科技投入的重点。一是重点支持科技基础条件平台的建设，尤其是加大了对省级重点实验室、工程（技术）研究中心、大型科学仪器设备、科技文献平台的支持。二是重点支持高新技术及其产业化发展。根据“861行动计划”和《安徽省高新技术产业发展实施方案（2003—2007年）》，优先安排高新技术产业化及产业技术成果转化扶持等项目资金，支持重大高新技术产业化项目，协调落实高新技术产业优惠政策，同时，加大了对高新技术园区、科技孵化器的扶持力度。三是重点支持企业自主创新。加大对骨干大企业做大做强的支持，设立中小企业科技创新基金，培育广大科技型中小企业技术创新。四是加强了对“三农”的科技支持。在逐年加大对农业科技投入的基础上，重点安排了小麦高产攻关、稻米提升行动、粮食丰产科技工程、科技富民强县、农产品安全性研究、世行贷款科技项目等专项资金。五是重点支持合肥国家科技创新型试点市建设。从2004年起，省级财政连续4年累计安排2亿元资金支持合肥创新型试点市的建设。六是对中国科学院合肥分院和中国科学技术大学、合肥工业大学省部共建及省级重点实验室建设，累计投入近7000万元。

### （五）财政科技投入政策和管理日趋完善

制定科学合理的财政科技投入政策，通过财政、税收、金融等手段，引导社会形成合力，推动自主创新，为安徽省各级财政加大科技投入力度、加强财政科技投入管理提供了良好的政策环境。

财政科技投入的稳定增长机制初步形成。1994年，省人大常委会颁布《安徽省科学进步条例》，要求县级以上各级财政每年用于科学技术经费的增长幅度，高于本级财政经常性收入的增长幅度；1999年，省政府颁发《关于进一步扶持高新技术产业发展的若干规定》，要求各级财政部门加大对科技的投入力度，财政科技投入的年增长幅度应高于财政收入的年增长幅度；2006年，省委、省政府颁发《关于实施科技规划纲要，增强自主创新能力的意见》，决定从2007年开始，省级财政应用技术研发经费的增幅要明显高于财政收入的实际增幅，预计到2010年，全省地方财政科技投入占地方财政经常性支出的比例达到全国平均水平。

财政科技投入的使用管理逐步规范。2004年，省财政厅与省科技厅共同制定了《安徽省应用技术研究与开发资金管理暂行办法》；2005年，省科技厅会同省发改委、教育厅、财政厅制定了《安徽省“十一五”科技基础条件平台建设意见》；2006年，省财政厅与省科技厅共同研究制定了《安徽省科技富民强县专项行动计划实施方案》和《安徽省创新资金管理实施意见》；2007年，省财政厅与省科技厅共同制定了《关于改进和加强省级财政科技经费管理的若干意见》等。相关政策的出台，逐步规范了财政科技投入的使用管理。

## 二、安徽财政科技投入的成效分析

“十五”以来，安徽省各级财政努力克服财政总量相对不足，财力较为紧张的困难，积极筹措资金，保障财政科技投入持续增长，加强管理和监督，使财政科技投入较好地发挥了对科技的推动作用，科技对经济社会发展的支撑作用逐步显现。

### （一）科技事业发展健康迅速，科技发展基础逐步夯实

科研机构实力不断提升。截至2006年，全省共有各类科技机构917个；建有3个国家大科学工程（同步加速器、托卡马克和强磁场试验装置），1个国家实验室，2个国家重点实验室，26个省级重点实验室，12个部属实验室；已建和在建国家工程（技术）研究中心7个，省级工程（技术）研究中心55个，国家及省认定企业技术中心204家（其中国家认定11家）。合肥已成为除北京外全国大科学工程最密集的地区。

科技人力资源日益丰富。2006年底，全省拥有各类专业技术人员119万人，比上年增长3.3%，研究与开发人员2.6万人；从事科技活动人员9万人，其中科学家和工程师6万多人，包括两院院士20名。2004年以来，科学家、工程师占科技人员比重不断提高（见表3）。

表 3　**2001—2006 年安徽省科技人力资源情况**　单位：万人

| 年份 | 科技活动人员总数 | 科学家、工程师人员总数 | 科学家、工程师占科技人员比重 |
|---|---|---|---|
| 2001 | 8.95 | 5.54 | 61.90% |
| 2002 | 8.83 | 5.80 | 65.59% |
| 2003 | 8.60 | 5.67 | 65.93% |
| 2004 | 8.46 | 5.17 | 61.11% |
| 2005 | 8.95 | 5.82 | 65.03% |
| 2006 | 9 | 6 | 66.67% |

数据来源：《安徽统计年鉴》、2006 年安徽省国民经济发展统计公报。

科技基础条件平台建设取得较大进展。省级重点实验室建设在科学研究、人才培养、合作交流、资源整合、提高自主创新能力等方面取得了较大进展。截至 2006 年，共批准建设省级重点实验室 26 个，其中 18 个实验室通过验收，正式对外开放运行。省级工程（技术）科技研究中心建设自 1998 年启动以来进展顺利，加快了新技术开发、高新技术产业化和产业结构调整的进程，依托奇瑞汽车集团公司组建的节能环保汽车工程技术研究中心，成为省部会商共创奇瑞名牌的重要内容之一，于 2005 年 6 月正式挂牌升格为国家级。大型科学仪器设备共享服务平台已开通运行，并融入“长三角”共享共用。科技文献信息共享服务平台建设分步启动实施，覆盖基础学科、工程、农业、医药、标准、专利等领域，为企业技术创新提供科技文献信息和专利等查询服务的中外文科技图书文献资源平台即将建成。

科技综合实力进一步增强。2006 年，安徽省科技进步指数在全国排名从第 22 位上升到第 20 位，并被科技部列为全国 5 个技术创新引导工程重点联系省份之一。全年共取得省部级以上科技成果 583 项，其中，有 8 项重大科技成果获得国家科技奖，是近年来获奖最多的一年；获科技部科技计划项目立项 209 项，合同拨款金额 3.75 亿元，创历年来新高；全省专利申请量 4679 件，授权量 2235 件，比上年分别增长 33% 和 15%，在全国的排名从第 19 位前移至第 18 位。技术市场成交额 18.5 亿元，在全国的排名从第 19 位上升到第 15 位（见表 4）。

表 4　　2001—2006 年安徽省科技活动成果一览表

| 年份 | 专利申请受理数（件） | 获批准专利数（件） | 技术合同数（件） | 技术合同金额（万元） | 技术交易额（万元） |
|---|---|---|---|---|---|
| 2001 | 2050 | 1278 | 4034 | 64144 | 48148 |
| 2002 | 2311 | 1419 | 3599 | 75423 | 64419 |
| 2003 | 2676 | 1610 | 4082 | 87960 | 80319 |
| 2004 | 2943 | 1607 | 4092 | 90675 | 79861 |
| 2005 | 3516 | 1939 | 5113 | 142553 | 129059 |
| 2006 | 4679 | 2235 | 4792 | 184921 | 163871 |

数据来源：《安徽统计年鉴》。

### （二）企业创新主体地位逐渐显现，科研成果产业化速度明显加快

企业研发机构建设步伐加快。家电、汽车、电子信息、工程机械、橡胶轮胎等安徽省优势产业的一批骨干企业致力于研发具有自主知识产权的核心技术，并集成科研院所等相关力量，形成技术领先优势。目前，全省企业共建国家工程（技术）研究中心和技术中心 15 个，省级工程（技术）研究中心和技术中心 233 个；全省规模以上企业共建研发机构 560 家，占全省科技机构的 58%；企业科技活动人员 5.5 万人，占全省的 59%。据初步测算，2006 年全省企业 R&D（研究开发经费投入）达 35 亿元，占全省 R&D 投入的 61%，比 2000 年提高 21 个百分点。

企业创新成果显著增加。“十五”期间，2364 项省级科技成果中，企业完成 1189 项，占 50.30%，企业已成为安徽省研究开发的主体。2006 年，企业申请专利 1522 件，比上年增长 81.4%，授权专利 575 件，比上年增长 7%。企业和以企业为主体完成的成果所占比例由 2001 年的 39.34% 上升到 2005 年的 56.59%。2006 年登记的省级科技成果中，由企业为主完成的有 328 项，占 56%。全省企业承担“973”、“863”和国家科技攻关等课题近 200 项，承担省科技攻关和产业化项目 300 余项，取得了一批国家级、省级科技成果。2003 年以来，全省工业企业实施技术开发项目年均增长 30% 以上。

一批自主创新代表企业领军安徽产业。通过集成创新和引进消化吸收再创新，安徽省涌现出一批自主创新代表企业，领军相关产业，创新型的产业

集群正在形成。汽车工业领域有奇瑞汽车公司、江淮汽车集团、华菱公司；材料工业领域有马钢集团、铜陵有色公司、海螺集团；能源工业领域有淮南矿业集团、淮北矿业集团；农产品加工领域有丰原集团；新兴产业领域有美亚光电、安科生物、科大讯飞等。

产学研结合更加紧密。企业与高校、科研院所的联系日益密切，统计显示，88%以上的企业有产学研的合作，80%以上的科研项目是由企业提出的需求，80%以上项目的承担主体是以企业为主，80%以上科研成果进入市场是由企业完成的。江汽集团与合肥工业大学共建汽车工程技术研究院；美菱、合力叉车与中科院科研机构共建中科美菱、应科自控等产学研一体化的股份有限公司。江淮汽车、合力叉车、美菱、荣事达、华菱、国风塑业等企业与韩国、美国、日本、法国、荷兰、泰国等国家共建12个海外研发合作机构。仅2006年，全省骨干企业与高校及科研院所联合开展的产学研合作项目就达300余项。

**（三）科技孵化器作用显现，高新技术产业化速度加快**

科技孵化器促进科技企业发展的效应初步显现。科技型孵化器依靠财政投入，为入驻科技型企业提供各种服务，极大地促进了科技企业的成长。2000年以来，安徽省科技企业孵化器发展迅猛，2006年底，科技企业孵化器达27家（其中国家级8家），在孵企业800多家，毕业企业360余家。合肥民营科技创业服务中心从2002年11月正式运行到2006年底，共接受入驻企业116家，在孵企业85家，实现技、工、贸总收入3.2亿元，利税0.43亿元，累计孵化毕业企业31家，在孵和孵化毕业企业总共为社会提供就业岗位3250个，已呈现出孵化周期短、孵化成功率高、毕业企业成长速度快等特点，并培育出美亚光电、阳光电源、金星机电、工大高科、科力信息和科大立安等一批优秀企业。

高新技术产业及其载体发展迅速。电子信息、新材料、生物技术、现代中药等优势领域发展步伐明显加快，逐步形成高新技术产业群体优势。目前，全省拥有高新技术企业824家，其中营业收入亿元以上的企业195家，10亿元以上的企业35家，国家重点高新技术企业49家，上市高新技术企业31家。2006年，高新技术产业实现产值1810亿元，增加值506.8亿元，占全省GDP比重达8.25%。合肥、芜湖、蚌埠等3个高新技术产业开发区健康发展，2006 年实现总收入 1180 亿元，成为全省高新技术产业发展的龙头。合肥软件和生物医药、淮南生物医药、芜湖新材料、铜陵电子材料、亳州现代中药、高沟特种电缆和蚌埠精细化工等高新技术产业基地发展迅速，已形成了各具特色的产业集群。

制造业信息化示范效果良好。全省 148 家制造业信息化示范企业中，信息技术得到了有效推广，企业效益大幅度增加。合力叉车集团、江淮汽车集团、奇瑞汽车有限公司成为国家级示范企业。8 个制造业信息化重点城市中，合肥、芜湖两市成为国家级制造业信息化重点城市。

### （四）农业领域科技进步加快，农业综合能力显著提高

农业领域科技取得重大突破，省农科院破解杂交油菜世界难题，被认定为我国在“十五”农作物新品种培育方面的 5 项重大进展之一。“小麦高产攻关”科技计划使安徽小麦亩均增产 30 公斤以上，带动安徽农民人均直接增收 36 元。国家农业综合开发科技示范项目，有力地带动了农业领域的科技推广。2006 年全省农业新品种和先进适用技术推广面积达 2 亿多亩次，农作物良种覆盖率为 94%；“粮食丰产科技工程”在全省建立水稻、小麦高产攻关核心区 8.5 万亩，示范区 246 万亩，辐射区 2288 万亩。其中：2246 万亩水稻平均亩产达 519.4 公斤，较项目实施前 3 年平均亩增幅 17.1%；小麦总产量超过 95 亿公斤，平均单产 304.5 公斤，较上年增长 18.9%，双双创下了安徽水稻、小麦高产纪录。2006 年，全省粮食产量 2860.7 万吨，比上年增加 255.4 万吨，增产 9.8%，创历史最高水平。农业领域的科技创新与推广，促进了粮食增产、农业增效、农民增收。

### （五）财政科技投入的引导和辐射作用得到较好发挥，科技对经济社会发展的促进作用有所增强

有效带动了企业和社会各方面的科技投入。据对 2004—2005 年“科技攻关计划”立项并已通过验收的 49 个项目统计，财政投入经费 1255 万元，带动企业及其他方面投入 8.99 亿元。2006 年以来，安徽“科技攻关计划”立项 280 项，财政投入经费约 1.8 亿元，带动社会投资 34.8 亿元。在新材料领域，财政投入经费 4800 万元，带动社会总投资约 7.72 亿元。

促进了经济增长方式的转变和产业结构的优化升级。2006 年，全省

GDP 实现 6141.9 亿元，比上年增长 12.9%，按常住人口计算，人均 GDP 首次突破万元大关，达 10044 元，比上年增加 1374 元。全社会劳动生产率 16576 元/人，比上年增加 1799 元。三次产业结构由 2000 年的 25.6∶36.4∶38.0 转变为 2006 年的 16.7∶43.3∶40，第一产业比重明显降低，第二产业比重明显提高，第三产业比重也有所提高，符合安徽省目前所处的发展阶段和产业结构的调整方向。科技在促进经济稳定健康增长和产业结构优化方面发挥了重要作用。合肥国家科技创新型试点市建设的快速推进，是推动合肥提前 4 年完成 GDP 千亿规划的重要因素。

提升了社会管理和公共服务的能力。各级财政注重支持科技在提升人口健康、公共安全和城镇化与城市发展、环境治理、节能减排等社会公益领域的服务能力，取得了一定的成果。2006 年底，全省共有省、市、县级环境监测站 79 个；监测的 17 个城市中，有 16 个城市空气质量达到二级以上标准；建成烟尘控制区 195 个，面积 958.6 平方公里；建成环境噪声达标区 184 个，面积 641.8 平方公里；国家级生态示范区建设试点总数累计 30 个；铜陵被批准为国家级可持续发展实验区；全省科技强警进一步推进，芜湖市已成为全国科技强警示范城市；高校科技创新在基地建设、科技人才队伍、科研成果及其产业化方面取得很大的进步；煤矿瓦斯防治关键科研技术等一批重大科技项目启动实施。人口素质进一步提高，人民生活质量明显改善。恩格尔系数连续下降，2006 年城镇居民家庭恩格尔系数为 42.4%，比 2000 年下降 3.3 个百分点；农村居民家庭恩格尔系数为 43.2%，比 2000 年下降 10.8 个百分点。

## 三、安徽财政科技投入中存在的问题

尽管安徽省财政科技投入取得了很大成效，但从安徽省经济社会发展所处的阶段看，从与发达省市科技发展的比较中看，安徽省财政科技投入总量、管理体制、资源整合和绩效评价等方面仍然存在一些值得探索、需要改进的问题。

### （一）安徽省财政科技投入水平需要进一步提高

近年来，安徽省财政科技投入虽然逐年增加，但与经济发展的要求相比，与其他省份相比，差距仍然存在。2005 年，安徽财政科技投入总量在中部六省中仅稍高于江西（见表 5）；财政科技投入占财政支出的比重在全国处于第 28 位。当然，这种情况与安徽财政人均支出水平在全国排第 31 位基本是一致的。为此，随着安徽省经济的持续快速增长，财政支出总量的增加，应进一步加大财政科技投入力度，提高全省财政科技投入的总水平。

**表 5　2001—2005 年中部地区各省财政科技拨款占当年财政支出比重情况**

单位：亿元、%

| 地区 | 2001 年 | | 2002 年 | | 2003 年 | | 2004 年 | | 2005 年 | |
|---|---|---|---|---|---|---|---|---|---|---|
| | 数额 | 比重 | 数额 | 比重 | 数额 | 比重 | 数额 | 比重 | 数额 | 比重 |
| 湖北 | 6.46 | 1.33 | 6.74 | 1.32 | 8.37 | 1.55 | 9.50 | 1.47 | 11.39 | 1.46 |
| 湖南 | 9.33 | 2.19 | 11.35 | 2.13 | 9.14 | 1.59 | 9.37 | 1.30 | 12.26 | 1.40 |
| 山西 | 3.84 | 1.33 | 4.04 | 1.21 | 4.72 | 1.14 | 6.26 | 1.21 | 6.52 | 0.97 |
| 江西 | 3.25 | 1.15 | 3.28 | 0.96 | 3.63 | 0.95 | 4.33 | 0.95 | 4.93 | 0.87 |
| 安徽 | 3.90 | 0.97 | 4.41 | 0.96 | 4.58 | 0.73 | 5.55 | 0.92 | 5.96 | 0.84 |
| 河南 | 7.18 | 1.41 | 8.35 | 1.41 | 9.04 | 1.26 | 10.82 | 1.23 | 13.84 | 1.24 |

数据来源：中国科技统计网。

### （二）省市县三级财政科技投入职责需进一步明确，特别是市县财政科技投入力度有待加强

按照公共产品受益范围和效用外溢范围的大小，应用研究及对本地区有重大影响的共性技术开发应由省一级承担，而引进现有科技成果和示范应由市县政府来承担。按照这一要求，目前，安徽省级财政科技投入职能基本到位，但还要进一步改善和加强。市县政府财政科技投入职能有待强化。表现在科技投入数量方面，市县政府财政科技投入总量以及在全省财政科技投入中所占的比重有待提高。据统计，2006 年省级财政科技拨款 5 亿元，占省级财政支出的比重达 2.4%；市县财政科技拨款 8 亿元，占市县财政支出的比重仅为 1.1%。2006 年省市县三级政府的财政科技投入比重为 40∶39∶21，市县政府投入所占比重偏低。这既有财力不足的客观原因，也有科技投入认识上的主观问题。

### （三）财政科技投入资金预算分配管理职能交叉，科技资源有待进一步整合

目前各级财政实行的是按部门、单位和按经费性质交叉并行的预算分配方法，仅涉及科技预算管理权限的部门就有10多个。在政府科技经费的分配过程中，往往要照顾各条块的利益，使原本可能集中使用的财力变得分散，在一些地区和单位仍然存在“撒胡椒面”的现象；由于科技经费管理各自为政，部门分割，导致在政府科技投入资金使用中，项目重复和支持不足并存，成果研究和成果应用脱节，资金短缺与资金浪费同在；由于承担科技研发任务的各个部门、各个研究单位自成体系，相互之间缺乏必要的信息沟通和资源共享，导致设备、人力等重复投入，科技资源存在一定的分割、封闭和浪费现象。据统计，我国大型仪器设备和资源量接近于欧盟，但利用率还不到25%，安徽省利用率则只有19%，而发达国家的设备利用率能达到170%—200%。低水平的重复购置和建设现象影响了科技投入的效益。

### （四）财政科技投入资金使用的监督机制需要完善，科技投入的绩效评价体系有待健全

由于与科技发展规律相适应的科技投入管理机制不够健全，导致财政科技投入资金的使用过程缺乏有效的监督，科技经费管理中存在重分配轻监督、重投入轻成效的现象，财政科技投入的效果在一些领域和方面还需得到进一步体现。同时，预算编制和项目评估的前期工作还要进一步加强，客观、量化的指标评价体系还需要进一步完善；对财政科技投入绩效评价也有待健全。

## 四、完善安徽财政科技投入政策的若干建议

有关问题的存在既有历史原因，也有体制因素，是改革中的问题，更是发展中的问题。因此，必须进一步解放思想，推进改革创新，落实科学发展，促进问题在改革发展中逐步得到解决。要落实国家和省里已经出台的财政科技投入方面的政策，在实践中继续探索完善相关政策，创新财政科技投

入管理模式，推进建立多层次多元化的科技投入体系，促进安徽省科技创新、工业跨越和奋力崛起。

**（一）统一思想，提高认识，以科学发展观统领当前财政科技投入工作**

当前，安徽省正处于加速发展的关键时期，面临着国家实施促进中部崛起战略的重大历史机遇，大力实施科技兴皖战略，走内涵式发展道路，建设创新型安徽，是实现安徽奋力崛起的必然选择。财政科技投入工作事关科技发展大计，事关经济社会发展全局，是落实科学发展观、增强自主创新能力、推动节能减排的重要抓手，是促进安徽经济社会跨越式和又好又快发展的重要因素。省委、省政府高度重视，省级财政将继续努力增加科技投入，为财政科技投入工作创造了良好的环境。但安徽省仍是发展中省份，财政收入总量有限，因此，各级党委、政府应提高认识，牢固树立科技投入的战略性、发展性观念，依法建立健全财政科技投入的稳定增长机制，在财政预算中优先保障，在财政执行中狠抓落实。同时，要发挥财政资金的引导作用，做大投入“蛋糕”，切好和用好投入“蛋糕”。要把财政科技投入、科技创新工作列为落实科学发展观、促进经济社会发展的重要方面加以考核，增强财政科技投入的刚性。

**（二）明确重点，突出特色，进一步优化财政科技投入结构**

省级财政科技投入要结合国家宏观政策、产业政策和科技发展方向，重点支持提升技术创新能力的应用基础研究、社会公益研究、产业共性技术研发、科技条件建设等公共科技活动。加大对节能减排、环境治理等国家重点关注领域的支持力度，继续支持重大科技攻关项目、省部共建项目和“861”重点项目，积极支持国家对合肥创新型试点市建设，加大对省级科技园区的支持力度，继续加大对带动性强的重点企业和市场潜力大的新兴企业的支持力度，形成一批创新型企业。同时，继续发挥财政政策杠杆作用，推动科技创新。

市县要根据自身经济发展优势，找准定位，因地制宜地发展具有特色的科技园区，培育一批具有特色的科技项目，区别对待、分类指导并培育本地科技型企业发展。实施“科技富民强县专项行动计划”，培育特色产业，形成块状经济，发展产业集群，发展壮大县域经济。

**（三）整合资源，搭建平台，建立统一协调的政府科技投入经费管理模式和科技发展支撑服务体系**

积极研究探索统一、协调、规范的政府科技投入经费管理模式。加强全省重点科技项目计划经费安排的统筹协调，做到相互衔接、及时沟通、资源共享。加强科技创新基础平台和人才队伍建设，着力构建科技发展支撑服务体系，以增量带动存量，整合现有公共服务平台，实现科技信息和资源共享，为科技活动服务，为科研人员服务。以省内科技资源相对集中的中心城市和高等院校、科研院所、高新技术产业园区为依托，针对安徽省科技资源基础研究较强、应用开发能力较弱的特点，科学规划，合理布局，加强工程技术创新平台建设，提高科技成果的工程化、系列化和配套化水平。进一步发挥科技中介服务机构的纽带作用，大力发展科技企业孵化器等中介服务机构，逐步形成组织网络化、管理企业化、服务专业化的科技中介服务体系，促进科技资源有效流动和合理配置。加强科技人才队伍建设，建立健全有利于调动人才积极性和创造性的激励机制。

**（四）强化责任，公开透明，积极完善科学合理的财政科技投入监督机制和绩效评价体系**

财政科技投入是政府预算的重要组成部分，必须做到科学、严格的管理。加强项目的前期论证，建立和完善项目库管理制度。重大项目实行财政监督下的招投标制度，提高资金使用效益，鼓励社会各界参与竞标。制定项目资金跟踪问效制度，分初期、中期、后期三个阶段进行检查评估，保证资金安全。坚持客观、公开、公正原则，健全验收评审制度。

改革依据单一经济指标和近期目标评价科技支出效益的做法，构建科学合理的绩效评价指标体系，要从总体上对财政科技支出效益进行综合评价，包括经济指标和社会指标、直接效益和间接效益以及乃至长远目标的评价。建立财政部门统一领导，科技评价执行机构、科技主管部门和科研机构各负其责的科技投入评价工作机制，分类实施，客观分析、科学评价财政科技投入的总体效益。

### （五）落实政策，加强引导，逐步健全社会化、多元化的科技投入体系

认真落实现有优惠政策，进一步完善优惠政策体系，充分发挥财政资金“四两拨千斤”的作用，积极引导社会资金投入科技创新活动。从安徽省目前情况来看，要认真落实激励自主创新的各项优惠政策：一是加大对企业自主创新投入的所得税前抵扣力度；二是允许企业加速研究开发仪器设备折旧；三是完善促进高新技术企业发展的税收政策，认真落实中部六省老工业基地城市高新技术企业扩大增值税抵扣范围政策；四是落实转制科研机构相关减免税政策；五是购置环保、节能和安全生产专用设备，其设备投资额的10%，可从企业应纳税所得额中抵免。

强化金融对科技的支持力度。引导商业金融支持自主创新，加大对中小企业科技创新的金融支持力度，加快发展创业风险投资事业，促进科技保险工作，建立支持自主创新的多层次资本市场，扶持发展区域性产权交易市场，拓宽创业风险投资退出渠道。

进一步鼓励和支持民营科技企业的发展，做到与国有科技企业同待遇、同政策，对一些具有特色和关键技术的民营科技企业要列入重点，优先发展和支持。

### （六）转换体制，创新机制，促进安徽经济又好又快发展

转换科技管理体制，鼓励科技走向市场。紧紧抓住自主创新能力建设这一核心，加快建立以企业为主体、市场为导向、产学研结合的技术创新体系。打破现有科技资源条块分割、各自为政的局面，克服平均主义、“大锅饭”思想，建立有效的激励机制，建立更加有利于科技资源高效利用的新机制。加快完善和落实鼓励支持创新的各项政策，引导支持企业、高校和科研院所增强创新意识、增加创新投入、集聚创新要素、转化创新成果，引导科研院所和高校科技人员参与产业界合作研究，或以各种形式进驻大型企业或企业集团，共建技术研发中心。

提高科技成果在安徽省的转化率，提高科技成果的产业化水平。优化环境，努力营造“留住人才、留住成果”的良好氛围；用足用活有利于科技成果转化的各项优惠政策；切实加大对科技成果转化及产业化的支持力度；大力开展技术引进、消化、吸收、创新、提高，高度重视技

术引进和自主创新的紧密结合，在消化吸收中自主创新，努力培育核心技术，提升科技综合实力。通过改革创新，培养大量有竞争力的科技型企业，形成一批在安徽经济社会发展中带动和辐射能力强的科技成果转化项目，形成一批具有自主知识产权的重大装备和产品，形成一批在国内外有影响力的名牌。

作为一个发展中省份，安徽只有具备自身的核心竞争力，才能实现与发达地区共赢发展；只有推进经济增长方式由要素驱动型向创新驱动型的根本转变，走创新型崛起之路，才能突破资源、环境等瓶颈制约；只有把科技进步和创新作为推动工业跨越发展的动力，才能走出一条具有安徽特色的新型工业化道路。全面落实科学发展观，切实优化财政科技投入，是安徽奋力崛起、实现又好又快发展的必由之路。

# 财政要在促进泛长三角融合发展上谋求更大作为

2008 年 1 月，胡锦涛总书记在安徽视察时提出“泛长三角”概念，这是基于全国区域发展现状和长三角发展趋势背景下提出来的。这既是长三角地区自身发展的必然要求，也是安徽加快崛起的重大机遇。财政作为主要宏观经济管理手段，是安徽参与泛长三角分工合作重要的体制保障和财力支撑，在主动融入长三角过程中应大有作为。

## 一、泛长三角经济区的合作内容

长三角地区是我国最具活力的三大经济圈之一，正在努力形成世界第六大城市群，其对周边区域的辐射带动功能日益增强。在国际经济一体化日益深化和国内经济转型升级压力加大的宏观背景下，长三角发展需要空间，需要拓展。安徽居中靠东，与长三角最为相邻，是长三角泛化的首要之地。

### （一）长三角经济区的功能定位

一是我国综合实力最强的经济中心。一方面，长三角要成为我国规模最大、国际竞争力最强的经济中心和利用全球化资源辐射长江流域、带动全国经济增长的动力引擎；另一方面，长三角地区将形成以上海国际经济、金融、贸易和航运中心为核心，与其他城市相配套衔接、以大都市圈为组织架构的综合经济区。

二是亚太地区重要国际门户。长三角地区是东亚地理中心，处于西太平洋东亚航线要冲。随着上海国际航运中心的建设，长三角将成为西太平洋重要的世界城市群和产业密集区，在亚太地缘经济格局和区域一体化进程中发挥重要作用，是我国参与全球合作和对外交流的重要窗口，是亚太地区重要的国际门户。

三是全球重要的先进制造业基地。经过“十一五”乃至更长一段时期的努力，使长三角具有较强推动产业升级和集约发展的创新能力，拥有一批自主知识产权的国际知名品牌，成为国家重要的产业创新基地。同时形成较为完备的重化工业、加工制造和高新技术的产业组织和分工体系，形成石化、钢铁、电子信息等具有国际竞争力的战略产业集群，成为集开发、设计、生产、加工、国际营销和强大商务功能于一体的全球重要的先进制造业生产基地之一。

四是我国率先跻身世界级城市群的地区。以上海国际经济、金融、贸易、航运中心和国家创新中心建设为龙头，进一步完善城市等级和规模结构，努力构建分工合理、功能完备的城镇体系，加快城市国际化进程，成为我国最具活力和国际竞争力的世界级城市群。

### （二）长三角经济区的泛化内容

经济增长理论认为，经济增长的动力主要是资本、劳动、技术、资源、制度创新等因素。随着长三角地区20年来的高速发展，土地、人力、资源和环境等方面受到制约，已处于一个转型期，迫切需要开辟新的腹地，实行“泛化”发展。近年来，珠三角城市群、环渤海城市群都在扩大腹地范围和发展腹地经济方面做了积极的探索和实践。我们认为，长三角地区泛化重点是要实现地理区域上的延展性、产业结构上的差异性和互补性、发展水平上的梯度性。

一是产业升级与转移。长三角要打造我国经济实力最强的经济中心，首先需要加快发展现代服务业，不断提高服务业比重，形成以服务业为主的产业结构；其次全面推进工业结构优化升级，努力建设国际先进制造业基地。这就需要加快速度、加大力度向周边地区实施产业梯度转移，通过合理分工，使价值链均匀分布。同时，增强与周边地区在人才、技术方面的合作，扩大其辐射带动能力。

二是探寻资源腹地。长三角要建设国际先进的制造业基地，就必须增加二、三产业占有生产要素和产出的能力。由于目前长三角地区的土地、淡水、能源等生产要素供给紧张，要求其在更广泛的范围内配置资源，探寻满足其要素需求的“经济腹地区”，提供各类生产要素和资源，实现产业结构的高度化。

三是扩大经济区域空间。从目前来，长三角经济区规模、范围与世界其他经济区相比，还有一定差距，这就要求长三角在区域空间上进一步扩展。目前，学术界对泛长三角的空间划分有几种观点：一是包括上海、江苏、浙江、安徽的“3+1”模式；二是再加上江西的“3+2”模式；三是上海、江苏、浙江、安徽、江西之外再加上福建的“3+3”模式。但无论泛长三角采用哪种方式或范围，安徽都是不可缺少的重要成员。

### （三）长三角经济区的泛化方式

长三角经济区作为泛长三角的核心区，实现泛化过程主要有几下几种方式。

一是从城市分工来看，长三角经济核心区要带动泛化区域城市发展，主要通过两者间城市功能错位，规划相通，产品异构等实现泛化。二是从产业布局来看，核心区与泛化区的产业布局主要有几种方式：研发和市场在核心区，生产基地在泛化区；研发在核心区，市场和生产基地在泛化区；市场在核心区，研发和生产基地在泛化区等多种方式。三是从推动泛化主体来看，有政府主导式，市场自发式，民间推动式和混合式。四是从辐射方式来看，有沿重要水路、铁路、公路的线性辐射型，有一区域对另一区域的扇形辐射型，有以时空距离为半径的圆形的全面辐射型（如一小时经济圈、三小时经济圈）。目前来看，长三角经济区泛化过程还处在初级阶段，已经具有一定的市场基础，需政府发挥主体作用，运用市场机制加以推动。

## 二、安徽融入长三角经济区的着力点

非均衡区域经济增长理论（缪尔达尔、赫希曼学派）认为，在市场力量的作用下，一个经济体在发展过程中存在着扩散和极化两种效应。扩散效应是指发达区域强大经济势能向周边区域的扩散和辐射，主要表现为资本、信息、技术向落后区域的转移和传递，这种效应有利于带动落后区域的经济增长；极化效应是指生产要素从落后区域流入发达区域的现象，它容易引起落后区域经济活动的衰退。在这个循环累积过程中，极化总是大于扩散。因此，如果没有主动的经济政策，市场力量的作用通常是倾向增加而不是减少区域间的差异。安徽在区域经济发展中要减少这种差异的扩大，实现经济跨越式增长，最现实、最直接的方式就是主动作为，以主人翁的姿态承接长三角地区产业转移，抓住沿海产业升级和结构调整的宝贵机遇，借力发展、借梯登高，在充分发挥自身优势的基础上，打造优势基地，实现与长三角的无缝对接，最终融入区域经济一体化发展中去。

### （一）结合安徽实际充分发挥自身“三大优势”

一是区位优势。安徽居中靠东，沿江通海，是华东纵深腹地，与江苏和浙江有1400多公里的接壤。经过持续多年的努力，安徽与长三角之间的综合交通体系初步形成，长江、淮河、芜申运河等黄金水道，合宁、宣杭、徽杭、沿江等多条纵横交错的高速公路，以及高速铁路的建设，把安徽与长三角又进一步拉近，城市间人流、物流、文化联系更加紧密。二是资源优势。安徽是国家重要的能源原材料基地，煤、电、炭、钢、铁、铜、水泥、塑料建材，粮、棉、油、肉、淡水产品等资源及产品在全国具有较大优势；土地和水等资源丰富，有13.94万平方公里的土地面积，常年水资源总量712.5亿立方；有国家级旅游风景区5个，省级旅游旅游风景区15个，国家森林公园25个，省级森林公园13处，国家级自然保护区5处，省级自然保护区25处，历史文化名城3个，国家级文物保护单位9个，还有大量的历史遗迹和文化遗存，旅游开发潜力巨大。三是人才优势。安徽劳动力资源丰富，2007年，安徽外出务工人员的75%以上流向长三角地区，达到760万人。安徽科研力量雄厚，有国家和省级科研院所158个，有中科大、合工大等高等院校97所，在校学生75万人，科研人员114万人。有国家大科学工程4个，是除北京以外国家大科学工程最密集的地区。省会合肥是国家唯一的国家科技创新试点城市。而且，安徽劳动力价格相对便宜，用工成本不到长三角地区的七成，人才资源优势更加明显。

### （二）面向长三角着力构建“五大基地”

基于以上分析，安徽在参与泛长三角区域发展分工中要积极发挥自身优势，着力构建面向长三角的“五大基地”。一是构建面向长三角的优质农产品基地。由于交通便利，安徽的鲜活农产品可在6小时内到达长三角各个市场，有条件形成全方位、多领域的泛长三角优质农产品基地。因此，可以发展优质、高产、高效、安全、生态农业，提升安徽农业产业化规模，使安徽成为长三角的“米粮仓”、“菜园子”。二是构建面向长三角的能源原材料基地。安徽一直以来是华东地区的能源供应基地，同时也是国家级材料工业基地。所以我们可以在已有的基础上，再建设一批“皖电东送”、“皖煤东输”项目，巩固提升能源原材料产业竞争力，提高产业集中度，使安徽成为长三角的能源、原材料供应和加工基地。三是构建面向长三角的产业集聚基地。安徽紧邻长三角，综合商务成本只有长三角的2/3，汽车、家电、工程机械等制造业具有很大优势。因此，我们可以发展先进制造业和高新技术产业，重视煤炭、冶金、化工、建材等传统产业企业重组和技术改造，选择性、跨越式地承接长三角产业转移，建立面向长三角的先进制造业和高新技术产业集聚基地。四是构建面向长三角的劳务输出基地。我们可以在结合自身劳动力资源丰富，有一大批高素质人才，且劳动力用工成本较低的基础优势上，积极建立面向长三角的劳务输出基地。五是构建面向长三角的旅游休闲基地。随着长三角居民消费结构不断升级和安徽省交通条件的进一步改善，来安徽旅游度假的人数会不断增加。因此，我们可以针对这种趋势，结合安徽省的旅游资源丰富的优势，将安徽打造成为长三角地区重要的旅游目的地和休闲度假后花园。

### （三）以主人翁的姿态加速实现“五个对接”

安徽应从被动接受辐射到主动参与分工合作，减少极化效应带来的区域差异扩大化，实现与长三角的无缝对接，并融入泛长三角的一体化发展。一是基础设施对接。基础设施是安徽参与泛长三角发展的硬件保障。应规划好泛长三角地区高速公路和城际轨道交通建设，重视建设长江黄金水道和民航基础设施的作用，同时，加快安徽产业信息网与长三角产业信息服务网的对接，实现信息资源沟通与共享，也能为政府、企业及社会的交流与合作服务。二是产业结构对接。区域一体化的实质就是产业结构的整合与产业一体化。安徽的产业与长三角对比，梯度明显、互补性强。实现与长三角的产业结构对接，应着眼于长三角的产业现状和趋势，立足现有的产业基础和资源优势，形成与长三角多层面的产业关联，积极融入长三角地区的产业分工体系。三是体制机制对接。长三角在体制改革方面有很多成功的做法和经验，应该借鉴和学习这些做法和经验，从体制机制上保障和鼓励一切市场主体想干事、干成事、做大事，与长三角地区保持协调一致。四是市场环境对接。加快与长三角地区市场体系的对接，应强化区域整体发展观念，在产品准入标准、人才市场、金融服务方面和长三角地区保持一致，使要素流动自由化、便利化。同时，应营造公正、透明、开放的投资环境，使安徽的市场环境和长三角一样具有开放性和吸引力。五是思想观念对接。只有思想先人一步，发展才能高人一筹。长三角地区发展的思想观念与时俱进、敢为人先，具有勇于开拓的创新意识和永不停滞的精神状态，安徽应在思想观念、创新意识、精神状态上与长三角实现对接，才能实现以思想的解放带动创造力的释放，以观念的更新带动工作的创新，真正从思想上融入泛长三角的发展。

## 三、加快融入长三角经济区的财政选择

### （一）着眼于区域功能互补，支持五大基地建设

支持优质农产品基地建设。认真贯彻十七届三中全会精神，增加财政支农支出预算安排，大力整合财政支农资金，优化投向，提高效益，着力支持基地建设。提高土地出让金收入、耕地占用税收入用于农业的份额。重点支持产粮大县和种粮大户，支持农业产业化龙头企业发展。积极推进五个万亩示范区建设，发挥示范效应，发展现代农业、集约农业。支持推进粮食增产计划。支持农业服务体系建设，构建公益性和经营性服务相结合的为农服务体系。支持推进农产品进超市、上品牌、创外汇，不断提高安徽农产品的诚信度、知名度和美誉度，全力打造面向长三角的“菜园子”、“米粮仓”。支持产业集聚基地建设。综合运用财税政策，围绕“861”行动计划，大力支持重点产业建设。积极建设产业承接载体，大力支持承接产业示范区和合芜蚌自主创新综合配套改革试验区建设，支持县域经济、园区经济，大力发展非公经济、新型经济，协调发展区域经济。支持劳务输出基地建设。拓展人才培训内容，加大人才培训力度，将新型农民培训工程纳入民生工程予以保障。支持建立多层次人力资源交流信息平台，提高劳务输出组织化程度。加

强政策宣传和创业扶持，鼓励皖籍劳务回乡创业。支持能源原材料基地建设。支持煤电基地，做足“煤资源”，用活“电能源”。延长煤化产业链条，推进煤盐化项目发展。今年继续对淮北矿业集团债转股新增企业所得税给予返还，用足国家政策。加快基地企业发展壮大。积极争取和实施对资源枯竭型城市的转移支付，支持有关城市持续发展。支持旅游休闲基地建设。加大财政对旅游发展专项资金的投入，提升安徽省旅游发展水平。支持开发新型观光、休闲、生态、健身和文化等系列旅游产品。支持徽文化的保护、宣传和建设。支持博物馆的免费开放。支持一村一品建设，将特色农业生产与农村旅游结合起来。

**（二）着眼于区域合作互需，推进产业对接**

安排专项资金，支持沿江承接长三角产业转移试验区和示范园区建设，打造产业承接平台，提高区域承接水平。加大招商引资力度，对新落户试验园区和示范园区的企业，对企业纳税在一定时期内给予优惠。对重点引进的大企业、大项目，未收回成本前免除交纳有关税收。完善产业承接的梯度政策，积极发展县域工业园区、合芜蚌自主创新综合改革配套试验区建设，促进企业向产业带集中，向园区集聚，引导关联企业集聚发展。加大对皖北经济支持，提高皖北产业承接水平。支持面向生产的服务业、面向民生的服务业的发展步伐，创造产业对接的软环境。支持安徽省重点支柱企业“走出去”步伐，在长三角设立生产加工基地、营销网络和研发中心。

**（三）着眼于区域物流无缝连接，支持基础设施建设**

加大对铁路建设投入，省财政每年安排3亿元铁路建设资金，同时，加大政府统筹力度，通过从两权价款转让和国有资本经营收入中安排部分资金，集中铁路施工建安营业税等方式，加快合武、京沪和沿江高速铁路等建设步伐，构建完善的铁路交通基础设施。积极协调有关部门，运用价格手段，完善收费政策，创新BOT融资方式，积极利用世行贷款资金，积极推进安徽省公路交通体系建设。合理安排航道运输管理费等，积极推进安徽省长江、淮河、芜申运河等黄金水路建设。支持合肥机场扩建和迁建工程，提升安徽省航运能力。加快口岸、港口等基础设施建设步伐，提高物流通关能力。

### （四）着眼于金融服务环境同构，满足企业融资需求

建立中小企业信用担保基金，中小企业贷款风险补偿资金和贴息资金，支持各地解决中小企业融资难的问题。增加中小企业发展专项资金，支持非公经济发展，降低中小企业融资成本。增加担保机构的国有资本金和担保贴费，扩大担保规模，支持做大省、市担保和再担保机构。各级财政安排和筹集资金，支持小额贷款公司建设，缓解企业融资困难，支持全民创业和小企业发展。支持建立区域社会信用平台和体系，推动安徽省经济、金融信息平台。

### （五）着眼于政策环境优化，完善财税扶持政策

确保增值税转型改革全面实施，做好落实政策衔接。积极贯彻实施中央取消、停征 100 项收费项目，对省级立项的涉企收费项目进行全面清理，进一步减轻企业负担。积极发挥政府采购政策作用，加大本省产品政府采购力度。优化、整合财政有关专项资金，建立项目预评审制度，完善绩效考评指标体系，推进绩效考评的制度化建设，提高财政资金使用效益。按照政务公开要求，推进与企业发展相关的财政信息公开，扩大财政政策的透明度和影响力。抓紧清理和修订阻碍要素合理流动的财政法规和政策。树立“大监督”理念，加强各项财政资金监督管理，确保财政资金安全、规范、有效。

# 更加贴近推动安徽区域经济发展研究

区域经济是在社会劳动地域分工基础上，随着经济发展而逐步形成的各具特色和以密切联系为基础的地域经济综合体。协调区域经济发展，对于安徽跨越发展、加速崛起具有重大而深远的意义。

## 一、安徽省区域经济发展战略变迁进程

从空间上来看，目前安徽区域经济格局大致呈现一个“丰”字形结构。北边一横：沿淮经济带，包括蚌埠、阜阳、淮南等；中间一横：省会经济圈，包括合肥、六安、巢湖；南边一横：沿江经济带，包括马鞍山、芜湖、铜陵、池州、安庆等；中间一竖：合芜蚌自主创新综合配套改革实验区，把沿淮经济带、省会经济圈和沿江经济带串起来。将原来互不相连的板块状连接一体联动发展，使原先局部的要素优势演变为全省的整体要素优势，各项优势资源得以互补，进一步夯实了参与泛长三角分工与合作基础。从时间上来看，安徽省区域经济发展战略变迁大致经历了四个阶段。

第一阶段：“三区一中心”。20 世纪 80 年代中期，根据当时的行政区划，安徽省提出“三区一中心”的战略布局。“三区”主要是：一是两淮经济区。位于本省的北部，是以淮南、淮北煤矿为中心的布局区，还包括原阜阳、宿县等地的 30 个县市。二是沿江经济带。位于本省的长江两岸，包括芜湖市、马鞍山市、铜陵市、原安庆市、巢湖地区、安庆地区。三是皖南旅游区。位于本省的南部山区，以黄山、九华山、齐云山、太平湖等著名旅游区为中心，包括原徽州地区、原黄山市和青阳县。“一中心”是合肥科教中心，即利

用合肥地区的高等院校、科研机构，把合肥市建设成为我国的科教基地之一。

第二阶段："两点一线"。20 世纪 90 年代，利用合肥市、黄山市为两点，以长江流域为一线。主要依托合肥市的高新技术产业、科技优势和黄山市的旅游资源，利用长江的交通优势，发展安徽区域经济。

第三阶段："省会经济圈、沿江城市群、沿淮城市群"。新世纪以来，随着全国范围的"经济圈"、"经济带"不断涌现，安徽省区域经济发展战略相应调整。2006 年 2 月，省十届人大四次会议审议通过了《安徽省国民经济和社会发展第十一个五年规划纲要》，提出"加快建设合肥现代化大城市、加快皖江大发展、促进皖北大开发和皖西快发展、促进皖南大开放"的区域发展战略，特别是突出了中心城市的带动作用，提出了省会经济圈、"马芜铜宜"沿江城市群、"两淮一蚌"沿淮城市群等概念。

第四阶段："合芜蚌自主创新综合配套改革试验区"。2008 年初，胡锦涛总书记在安徽视察期间，首次提出泛长三角的战略思路。同年 10 月 17 日，合芜蚌自主创新综合配套改革实验区（以下简称"合芜蚌试验区"）正式建设，把培育创新型企业和产业作为主要内容。标志着安徽省进入了"省市共进、自主创新、区域联动、改革整合"的发展阶段。

## 二、安徽省区域经济发展财税扶持政策及成效

### （一）现行财税主要扶持政策。支持合芜蚌实验区方面

从 2008 年起，省级财政预算每年安排自主创新资金 5 亿元，专项支持实验区创新体系建设；从 2008 年到 2012 年，省级财政预算每年安排 1 亿元，专项支持实验区建立创业风险投资引导资金。支持皖北及沿淮地区方面。主要包括亳州、宿州、阜阳三市及沿淮六县（共 3 个省辖市、23 个县）。从 2008 年起连续 5 年，省财政每年补助 3 市及 23 个县（市、区）各 1000 万元，主要用于园区基础设施建设；从 2009 年到 2012 年，省农业综合开发资金 30% 以上用于上述三市六县。支持毗邻苏浙地区方面。2005 年起，设立"东向发展"专项资金，加大转移支付力度，专项资金投入予以倾斜。主要支持县级工业园区建设，支持中小企业信用担保体系建设。支持沿江城市群和省会经济圈方面。主要是加大基础设施建设，基本构建了现代

化的高速交通网，使沿江各市和省会合肥与长三角地区实现了“无缝对接”，显著改善了硬件投资环境。

## （二）发展成效

总体来说，目前，安徽省区域经济发展呈现速度较快、结构优化、亮点纷呈的新局面，除皖南旅游区不具有可比性外，其他区域财政经济规模相当、差异不大，正逐步迈入厚积薄发，加速崛起新阶段（见表1）。

**表1　　2007年安徽省区域经济发展情况表**　　单位：亿元、%

| 项目<br>地区 | 生产总值 | | | 出口额 | | | 财政总收入 | | | 财政支出 | | |
|---|---|---|---|---|---|---|---|---|---|---|---|---|
| | GDP | 占17市比重 | 比上年增长 | 出口额 | 占17市比重 | 比上年增长 | 收入额 | 占17市比重 | 比上年增长 | 支出额 | 占17市比重 | 比上年增长 |
| 合芜蚌实验区 | 2328.4 | 30.7 | 21.7 | 38.7 | 56.3 | 54.8 | 377.5 | 40.5 | 27.6 | 250.9 | 27.2 | 27.6 |
| 省会经济圈 | 2178.7 | 28.7 | 22.8 | 28.3 | 41.2 | 45.1 | 282.1 | 30.2 | 29.5 | 256.9 | 27.8 | 32.3 |
| 沿江城市经济带 | 2931.8 | 38.7 | 20.3 | 33.4 | 48.5 | 33.1 | 407.9 | 43.8 | 30.6 | 348.7 | 37.8 | 25.6 |
| “两淮一蚌”城市群 | 2260.6 | 29.8 | 17.6 | 6 | 8.7 | 25.0 | 222.0 | 23.8 | 20.8 | 286.2 | 31.0 | 27.4 |
| 皖南旅游区 | 215.2 | 2.8 | 14.7 | 1.1 | 1.6 | 37.5 | 20.3 | 2.2 | 29.9 | 31.8 | 3.4 | 17.8 |

资料来源：根据《安徽统计年鉴》整理。

但与发达地区的区域经济发展相比，安徽省区域经济发展存在“东强西弱，南强北弱，缺少中心城市辐射带动”等问题。具体体现在三个方面：

1. 中心城市经济总量不大，辐射带动不强。目前，安徽省区域内中心城市经济总量不大，城市首位度低，使得中心城市难有明显的区域带动作用。从各区域看，2007年，作为省会经济圈和合芜蚌实验区“龙头”的合肥市，实现生产总值1334.2亿元，仅相当于长三角中心城市上海和苏州的11.1%和23.4%，相当于珠三角中心城市广州的18.9%。人均GDP为27859.7元，仅相当于上海、苏州和广州的43%、30.5%和39.7%；沿江城市群，马芜铜宜经济规模相差不大，都在500亿元左右；“两淮一蚌”城市群经济发展水平都在300亿—400亿元左右。因此中心城市也正处于成长上升阶段，辐射带动能力有限。

2. 区域内部缺乏统一规划，产业结构单一。区域经济发展整体呈现“各自为政、缺乏联合、互补不强”格局，各区域存在包括产业项目之争、基础设施之争等在内的无序竞争和产业结构雷同现象，在产业发展层面上的合作愿望有限，产业发展的区域间竞争依然是地区关系的主导趋势。区域内产业结构的趋同，使得产业链不能充分延伸，整个区域内难以形成明显交叉互补、凸显优势与特色的区域分工格局。产业结构趋同也导致企业间横向联系减少，更缺乏企业层面的合作，整个区域的合作会大受影响，整个区域也就难有活力。

3. 基础设施建设投入不足，硬件环境不优。一是高等级公路密度较低。2007 年安徽高速公路密度只有上海的 15.6%、江苏的 45.5% 和广东的 79.8%；一级公路里程密度更低，只有上海的 5.6%、江苏的 4.8% 和广东的 6%；二级公路密度是上海的 16.4%、江苏的 37% 和广东的 68%。安徽道路档次不高，缺乏纵贯型的道路，直接制约了安徽经济发展和承接外部转移。二是信息化水平不高。2007 年，安徽固定电话和移动电话 2906.2 万户，与人口只有安徽 30% 的上海相差不大，为江苏的 44.5%，为广东的 25.1%；安徽互联网宽带接入端口为 194.7 万个，分别是上海、江苏和广东的 36.5%、25% 和 18.9%（见表 2）。

**表 2　　安徽基础设施与长三角、珠三角部分城市对比**

| 项目<br>地区 | 面积 | 高速公路密度 | 一级公路密度 | 二级公路密度 | 互联网宽带接入端口 | 上网人数 | 固定和移动电话数 |
|---|---|---|---|---|---|---|---|
| | 万平方公里 | 公里/百平方公里 | | | 万个 | 万人 | 万户 |
| 安徽 | 13.94 | 1.6 | 0.3 | 7.0 | 194.7 | 587 | 2906.2 |
| 上海 | 0.63 | 10.1 | 5.4 | 42.7 | 533.8 | 830 | 2798.5 |
| 江苏 | 10.26 | 3.5 | 6.3 | 18.9 | 777.5 | 1757 | 6537.3 |
| 广东 | 17.8 | 2.0 | 5.0 | 10.3 | 1029.8 | 3344 | 11592.3 |

资料来源：据《中国统计年鉴》整理。

## 三、促进区域经济又好又快发展政策建议

结合安徽省情，协调安徽区域经济发展，就是要贯彻“抓钱庄、造粮

仓、建天堂”[①] 的整体战略，优化区域软硬件环境，深化结构调整，促进产业转移，发挥集聚效应，加强区域互动，在非均衡发展中实现跨越发展、科学发展，最终实现全面协调可持续发展。

### （一）科学定位核心增长极

根据党的十七大确定的区域发展总体战略[②]，借鉴发达国家和地区经验，安徽省现阶段应坚定不移地实施“非均衡发展战略”。综合分析区位优势、产业基础和现实条件，由“合芜蚌试验区”、“皖江城市带”联合组成“第一方阵”，通过政府引导和推动，最终成长为全省区域经济“核心增长极”[③] 的可能性与可行性最大。通过优先发展两大区域，强化自主创新优势，着力构筑新型工业化脊梁，发挥“龙头”带动作用，使该地区成为安徽的最大“钱庄”。届时，全省区域经济将以“皖江城市带”为“弓”，使之成为全省跨越发展的“桥头堡”，以“合芜蚌试验区”为“箭”，使安徽省皖江一带、江淮之间、淮河以北等三大板块连成一体，带动全省区域经济呈现“挽弓待发”之势。

### （二）整合区域财税优惠政策

全面梳理支持区域经济发展的相关政策，统筹考虑全省发展布局和区域产业特点，集中力量扶持区域特色产业、优势产业，突出财税政策的针对性，形成鲜明的政策导向，促进产业集聚和转移，优化区域经济结构。一是谋划一批区域性“861”项目。围绕协调区域经济发展全局，着眼明后年和“十二五”，积极研究一批关系长远发展的重大项目，充实项目储备，增加投资规模，提高项目建设水平，逐步消除区域之间交通瓶颈和空间障碍，最大限度地减少空间成本，促进产业转移和集聚。二是重点发展皖北地区现代农业。根据国家主体功能区“粮食主产区”规划，围绕提高粮食生产能力，

---

① 详见 2008 年 9 月，时任安徽省委书记王金山在“省党政代表团赴苏浙沪学习考察总结会议”上的讲话。

② 党的十七大报告指出：以增强综合承载能力为重点，以特大城市为依托，形成辐射带动作用大的城市群，培育新的经济增长极，以此推动区域协调发展。

③ 著名发展经济学家阿尔伯特·赫希曼认为，区域“增长极”必须具备三个条件：一是必须有足够创新能力的产业群；二是必须有一定的规模经济效益；三是必须有适当的经济发展环境。

加快土地依法流转，推进玉米核心区、小麦核心区发展，着力提升农业产业化水平；加强皖北及江淮部分市县农业基础设施建设，推进城乡一体化进程；同时充分利用该地区煤炭等矿产资源优势，着力促进资源深加工及循环利用。总体上，今后支持皖北地区发展要实现“三个主要”：“农业综合开发资金主要在皖北投入；农业产业化龙头企业主要在皖北培育；省内热电源项目主要在皖北布局”。三是大力发展皖南地区旅游业。坚持“旅游强省”与“工业强省”、“农业强省”并重，逐步提高全省旅游发展专项资金规模，支持做大旅游“蛋糕”，做强旅游品牌，做多旅游精品，对旅游核心区实行最严格的环境保护政策，同时大力发展第三产业，加大旅游衍生品的开发利用，真正把皖南地区建成泛长三角区域乃至全国的旅游休闲“天堂”。

**（三）加大金融政策支持力度**

一是加快推进投融资体制改革。充分利用当前政策宽松的时机，发挥财政资金的引导作用，鼓励各地创新投融资体系，借鉴外省及合肥市经验，加快构建“政府投资为引导、企业投资为主体、社会投资为补充”的投融资体系，保障重大项目顺利实施。二是加大金融政策支持力度。推进信用担保资源整合，选择部分经济强市，探索“省信用担保集团”对“市级担保机构”实施参股或控股，加速形成若干注册资本金超过 1 亿元的市级担保中心①，增强该区域大项目“融资”能力。同时，落实十七届三中全会“健全现代农村金融体系”的要求，鼓励创立股份制银行、民营银行、农村互助基金、小额担保公司，为中小企业发展和新农村建设提供充裕的资金支持。

**（四）探索区域合作新机制**

一是建立税收共享机制。探索同类企业实现税收“原坐落地”与“现坐落地”按比例分成机制，推进区域特色产业整合置换，提高各地政府推进产业集聚的积极性，实现招商引资从“恶性竞争”向“互利双赢”转变。二是开展区域内城际互通试点。抓住成品油价格形成机制改革②契机，坚决

① 根据中国银监会规定，担保机构注册资本金在 1 亿元以上，银行业金融机构方可开展担保合作。

② 开征“燃油税”箭在弦上，撤销政府还贷公路“二级收费站点”是该项改革的配套措施之一。

撤销全省范围内政府还贷二级公路收费站点，并尽可能地取消其他等级、类型的公路、航道收费关卡，彻底畅通区域空间互通渠道，最大限度地减低区域内资源、要素流通成本。三是推进行政区划调整。着眼区域经济协调发展的高度，适时适度微调行政区划，加快区域性中心城市发展。鉴于马鞍山、芜湖两市发展现已基本连为一体，可以考虑建设成为“双子市”；铜陵市面积过小，可以考虑与其“母体”池州市整合；安庆、巢湖两市面积较大，所辖无为、和县、潜山、宿松等县发展较快，可以考虑撤县设市；“桐城派”享誉全球，可以考虑将本来就同属一县的桐城、枞阳合并设市，充分挖掘桐城文化这一“黄金资源”。通过区划微调，一来可以改变长江北岸缺少中心城市支撑的困窘，二来可以实现与省会合肥的协调互动，强化安徽区域经济的核心增长极。

### （五）建立区域发展协调服务机制

一是建立区域经济发展协调机制。建议成立“全省区域经济发展协调小组”，对重大建设投资项目、招商引资项目等重大问题统一调度，防止重复建设，优化区域产业布局。同时，鼓励和引导区域之间、城际之间广泛协商，加快区域一体化步伐。二是探索领导干部跨区域交流机制。实行市县党政主要领导跨区域提拔任职①，加大不同经济区域之间干部交流力度，增强党政主要领导区域协调发展意识，更新施政理念，提升领导科学发展的能力。三是改进综合考核评价体系。改革现行的“经济十强县”、“动态十强县”评价体系，根据区域经济产业布局，研究制定“工业十强县”、“农业十强县”、“非公经济十强县”等针对性考评制度，增强区域经济发展考核的激励效果和引导功能。

---

① 江苏省实施“苏北振兴”战略，把领导干部“南北交流”、“异地提拔”，作为统筹区域发展的一项改革举措。

# 皖江城市带承接产业转移示范区财政政策研究

皖江城市带，是安徽经济社会发展的核心增长极，也是泛长三角的有机组成部分。2008年1月，胡锦涛总书记在视察安徽时指出，要充分发挥区位优势、自然资源优势、劳动力资源优势，积极参与泛长三角区域发展分工，主动承接沿海地区产业转移。2008年9月，国务院印发的《关于进一步推进长江三角洲地区改革开放和经济社会发展的指导意见》（国发［2008］30号）明确提出，要积极推进泛长三角区域合作，进一步加强与中西部地区经济协作和技术、人才合作，带动和帮助中西部地区发展。为贯彻落实总书记指示和国务院精神，经省委、省政府积极争取，2009年1月，国务院于批复同意设立皖江城市带承接产业转移示范区，要求国家发改委会同安徽省政府等部门编制示范区规划，报国务院审批后组织实施。这是安徽迄今为止第一个进入国家层面的规划，意义十分重大。

## 一、我国区域发展财政政策分析

### （一）我国区域发展财政政策的演进特征

改革开放以来，我国区域发展经历了从低水平的平衡发展到区域非均衡发展，再到统筹区域协调发展的战略演进。与此相适应，国家区域发展财政政策在不同时期呈现出一些差异性特征。

第一阶段（1980 年至 20 世纪 90 年代中期），直接通过减税让利放权等财政政策支持东部沿海地区率先发展。从 20 世纪 80 年代初开始，我国先从设立深圳、珠海、汕头和厦门 4 个经济特区起步，随后陆续开放 14 个港口城市、开辟沿海经济开放区，90 年代初又加快了浦东新区的开发与开放。这一系列战略举措的主要目的是支持东部沿海地区积极参与国际分工，承接先进国家的产业转移，利用外部资金，引进先进技术，扩大出口，增加外汇，率先发展。这一时期我国处在计划经济向市场经济转轨初期，国家税制尚不完善，财政收入规模较小，区域发展财税支持政策的主要特点有：一是给予较大份额的直接投资。1981—1985 年，东部 11 个省区市工业基本建设投资占全国的比重由“五五”期间的 44% 提高到 46%；1986—1989 年，几乎所有的沿海省份投资比重都有所提高。1995 年，我国全社会固定资产投资 19445 亿元，其中东部地带为 12188 亿元，占到 62%。二是实施区域性税收优惠政策。在企业所得税方面，对符合规定的外商投资企业实行优惠税率和税收减免，外资金融机构企业所得税实行优惠税率；在关税方面，出口企业免征出口关税，对一些产品免征进口环节增值税和关税；在东部沿海城市建立保税区；在增值税、营业税方面也给予一定的减免或低税率优惠。三是扩大特定区域的财政自主权。如经济特区的财政收入全部留下自用，自主分配，自求平衡；有权举债投资，重点用于基础设施建设和城市公共设施建设。

第二阶段（20 世纪 90 年代中期至 2003 年），运用转移支付、产业税收优惠等财政调控措施支持中西部地区加快发展。20 世纪 90 年代中后期开始，我国确立了统筹区域协调发展的战略思想，在支持东部地区加快发展的同时，先后实施了推进西部大开发、振兴东北等老工业基地、促进中部地区崛起等战略。这一时期，按照构建市场经济体制下的公共财政体系要求，促进区域协调发展的财税政策侧重于间接调控：一是运用转移支付政策加大支持力度。中央财政逐步加大对西部地区一般性转移支付的规模，在财力允许的情况下，不断增加对中部地区的一般性转移支付。同时，进一步提高专项转移支付力度，加大对西部地区水利、交通、能源等基础设施建设，扩大对西部地区教育、文化事业的支持；设立专项资金用于黑龙江、吉林两省完善城镇社会保障体系试点和资源型城市转型；提供专项资金支持东北地区启动减免表外欠息和核销呆坏账工作并解决厂办大集体问题，豁免了东北老工业基地企业历史欠税。二是税收优惠政策的形式发生了变化。这一阶段的税收优惠强调税负公平，主要以行业、产业优惠为主，区域优惠政策逐步减少。如支持高新技术产业发展、基础设施建设、环境保护、节能减排、资源综合利用等税收政策。同时，也出台少量的区域税收优惠政策，如在所得税方面，给予西部地区符合条件的企业低税率和减免税政策，对东北地区实施提高固定资产折旧率和缩短无形资产摊销期限、扩大企业研发经费加计扣除优惠政策适用范围、提高计税工资税前扣除标准等减轻企业负担的政策，中部部分县市享受西部大开发税收优惠政策；给予西部地区铁路、道路、机场等建设免征耕地占用税；增值税方面，东北地区和中部部分老工业基地部分行业扩大增值税抵扣范围，但这一政策只对增值税改革先行试点。

第三阶段（2004 年至今），运用财政制度创新支持综合改革实验区发展。近几年来，我国在统筹区域协调发展战略思想下，先后设立了浦东、天津滨海新区、武汉经济圈和长株潭“两型社会”、成渝统筹城乡、广西北部湾等综合配套改革试验区，综合探索解决经济社会发展中的体制矛盾，涵盖未来我国全局性改革的难点。在财政支持政策上，也做了很大调整：一是重点推进财政体制改革。如武汉经济圈综合改革实验的重点内容是财税体制改革，研究落实完善有关税收优惠政策，试行新的排污费征收使用管理模式；成渝统筹城乡要求在公共改革方面形成突破；广西北部湾要求进行财政和投资体制改革。二是不再享有传统、丰厚的“优惠政策”，而是强调贯彻落实现有的财税政策，包括高新技术产业政策、促进基础设施建设、环境保护、节能减排、促进农业发展等政策。如中央对浦东综合配套改革一分钱不给、一个项目没有、一条财税优惠政策没有，武汉经济圈也没有优惠政策。当然，对部分新试验区还继续给予少量的财税政策支持，如成渝地区上缴中央财政的增量部分，实行先征后返；天津滨海新区在企业所得税方面予以加速折旧政策，中央财政在一定时期内对新区开发建设予以专项补助。

**（二）相关启示**

我国区域发展财税政策的变化，对安徽制定和运用皖江城市带承接产业转移示范区财税政策有以下几点启示：

一要准确把握国家区域发展财税政策脉络。目前，国家给予各实验区的税收优惠政策很少，这既是公平税负原则的体现，也是 WTO 的要求，目前实行的税收优惠政策主要是行业、产业优惠。因此，在示范区建设中，要研究如何全面落实好国家的行业与产业税收优惠政策，在积极承接国家税收优惠范围内的行业与产业的同时，积极创造条件，让示范区企业能更好地享受国家税收优惠政策，如加大保税区建设力度。

二要积极借鉴其他地区政策经验。示范区建设，要面对当前产业转移的新情况、新问题、新机遇，在体制、机制上不断创新，探索出一条适应促进产业转移与区域发展的新路子。要按照科学发展观的要求，在财税体制、机制、政策及其运用等方面大胆突破，不受现有的框框束缚，在国家法律和政策允许的范围内，遵循市场经济法则，不断深化改革，最大限度地发挥财政职能，使改革成为示范区最大的优惠政策。

三要深化财税体制改革。从近年来国家级的试验区、示范区建设看，财政体制改革是示范区建设的重要内容。近年来，安徽适应市场经济需要，进行了一系列的财政体制改革，实行了省直管县和乡财县管，规范了各级政府财权与事权，完善了省对下转移支付制度等。今后，要根据示范区建设的特点，进一步深化财税体制改革，规范示范区的财权与事权关系，完善税收管理权限，积极争取国家给予省级政府或示范区政府更多的财政与税收管理自主权。

四要积极争取中央政策支持。尽管当前国家批准的各项实验区国家给予较少的财税优惠政策，但是，与其他综合改革实验区不同，承接产业转移示范区的重点在于参与国内产业分工，促进产业协调发展，这与我国改革开放初期建立经济特区、经济开放区等性质相似。经济特区等能够有效地承接国际产业转移、促进区域经济快速发展，与国家财税政策支持分不开。因此，产业示范区在建设初期也应与经济特区一样，得到国家更多支持，在财税政策上享受更多优惠，以加速产业梯度转移、促进区域经济协调发展。

## 二、安徽财政支持区域发展相关政策实践

### （一）主要政策实践

20 世纪 80 年代以来，按照国家区域发展战略走向，结合不同时期安徽发展特点，省委、省政府先后提出了一系列区域发展战略举措。在此期间，财政政策发挥了重要作用。从战略重点和实施进程来看，安徽财政支持不同

区域发展的政策主要体现在“三个支持”上。

一是大力推动皖江地区率先发展。省委、省政府一直把支持皖江发展作为牛鼻子来抓，从1988年提出的加快马鞍山、芜湖、铜陵、安庆四市对外开放，到1990年“开发皖江、呼应浦东”，再到2002年加快皖江开发开放和2005年实施“东向发展”战略，目的在于加快皖江融入长三角进程，率先在安徽实现崛起。在此大的战略导向下，财政政策及时跟进。一是体制倾斜。1988年起对沿江四市实行“定额上交递增、定额补助递减”的办法，一定三年，超基数收入上解部分外，全部留用作为地方财力。1994年分税制改革后，又在税收返还和转移支付等方面给予较大支持。二是投资倾斜。加大财政直接和间接投入力度，将农业产业化、基本建设、企业挖改和小城镇建设等资金向毗邻苏浙地区倾斜。三是贴息补助。2005年起，设立2000万元东向发展贴息资金，并在3年内，将省级担保机构对毗邻苏浙地区中小企业提供担保再担保收取的费用改为省财政担保贴费，将毗邻苏浙地区县市出口退税超基数地方负担部分改由省财政补助。

二是财力倾斜支持皖北、皖中和皖南协调跟进。为推动区域经济协调发展，省财政认真贯彻落实省委、省政府的战略部署，在支持皖江和县域经济发展的同时，积极支持皖北、皖中和皖南协调发展。一是支持皖北和沿淮地区加快发展。从2003年起，省级财政每年安排专项资金，用于皖北和沿淮地区经济发展重点项目的银行贷款贴息，资金规模已从当初的3000万元增加到6000万元。从2008年起连续5年，省财政对亳州、宿州、阜阳三市及沿淮五河、固镇、怀远、凤阳、寿县、霍邱六县每年各补助1000万元。同时，从2009年起到2012年，省农业综合开发资金30%以上资金用于三市六县，重点支持中低产田改造和优势农产品基地建设。二是支持皖中经济加快发展。以支持合肥现代化大建设为核心，推动合肥建设国家科技创新型试点城市，支持淮南、六安、巢湖等地发展。从2008年起，省级财政每年安排专项资金6亿元，支持合芜蚌自主创新综合配套改革试验区建设，并辅之以必要的税费减免、财政补助、财政奖励等政策，支持示范区建设。三是支持皖南加快发展。顺应加快“两山一湖”发展的需要，省财政设立3000万元旅游发展资金，鼓励皖南做大做强旅游等第三产业。

三是多措并举支持县域经济加快发展。近年来，省委、省政府把加快县域经济发展放在更加突出的位置，相继印发了加快县域经济发展、开展县

（市）扩大经济社会管理权限试点等一系列文件。省财政按照困难上移、财力下移、支持发展的原则，及时出台配套政策，支持县域经济加快发展。一是减轻县乡负担。2002 年，及时出台取消县级财政体制 5% 递增上解、调整粮食风险基金筹集任务等 6 条政策，缓解县乡财政困难。2005 年以后，积极开展化解县乡政府债务试点，努力构建防范县乡政府过度负债的长效机制。二是筹措发展资金。2003 年开始，安排县域工业园区建设贴息和奖励资金，并在此基础上，于 2006 年筹集 40 多亿元资金，支持县域工业园区基础设施建设和企业流动资金贷款。2008 年，省财政又安排 25 亿元专项资金，支持各地设立中小企业担保贴息和风险补偿资金。三是改革财政体制。于 2004 年实施省直管县财政体制和乡财县管改革，并进一步健全县乡财政激励约束机制，鼓励县乡将更多的财力用于支持发展。四是出台奖励政策。2003 年以来，先后建立县域工业园区和开发区发展奖励资金、实行县乡财政振兴工程和县级税收增长奖励、财政强县奖励、县级企业所得税增长返还和精减机构、分流人员等政策。五是加大转移支付。建立统一规范透明的转移支付制度，健全县乡最低财政支出保障机制，加大对山区县生态保护、革命老区等专项转移支付力度，提高县级财政保障能力。六是鼓励外向发展。实行出口退税机制改革，进一步完善出口退税财政补助政策，对县级出口退税超基数地方负担部分，省财政给予适当补助，支持县域提高经济外向度。

### （二）政策特点

综观安徽财政支持区域发展的政策实践，可以看出，安徽财政支持区域发展的政策呈现出由零散、被动、单一到积极、主动、多元的特征，发挥的效应也越来越强。其特点主要表现在以下方面：

一是支持力度不断加大。财政政策是地方政府支持区域经济发展最重要的手段，但安徽财政真正有力度地支持区域发展，还是在 2002 年基本消灭欠发国家规定工资之后，尤其是进入 2006 年以后。如在支持县域经济发展上，2006 年筹集 40 多亿元设立县域经济发展专项资金，2008 年又安排 25 亿元支持市县建立中小企业担保基金、贷款风险补偿和贴息资金，并兑现县级财政发展奖励、财政强县奖励及县级所得税增长返还政策资金 11.2 亿元，从今后发展趋势看，随着安徽财政的快速发展，财政支持区域发展的能力将明显提高，支持力度也将越来越大。

二是政策目标取向明确。作为政府调控区域发展的财政政策手段，既要服从公共服务均等化的要求，更要服从政府的宏观调控决策需要。2005 年以前，安徽财政支持区域发展体现出扶弱济困，为县域经济发展松绑，为皖北地区发展加力。2005 年以后，财政支持区域发展在兼顾公共服务均等化的同时，扶优扶强，支持东向发展，鼓励财政强县率先崛起。进入 2008 年以后，财政政策目标重点又扩大到提高自主创新能力上来，打造合芜蚌经济发展增长极。下一步，根据泛长三角发展态势和安徽跨越发展的战略需要，财政政策目标要更加趋向于推动沿江地区发展再提速，以此带动安徽经济发展整体大跨越。

三是支持方向相对集中。近年来，省财政按照集中财力办大事的原则，统筹兼顾，突出重点，将支持政策集中到推进区域承接产业转移和产业升级上来。如支持沿江城市汽车、冶金、机械制造、建材等产业集群发展，支持合芜蚌自主创新综合改革配套实验区高新技术产业和创新型产业发展，支持县域工业园区和开发区打造特色产业集群等，进一步提高区域发展产业核心竞争力。为了进一步提高安徽区域发展的制高点，今后还需要财政政策更加发挥组合作用，集中财力支持以产业的振兴带动区域经济的崛起。

四是政策体系逐步建立。顺应社会主义市场经济体制的需要，安徽财政支持区域发展初步建立了较为完备的政策体系。在资金支持上，更多的是运用财政资金作为“引子”，提供借款和贴息担保，发挥财政资金“四两拨千斤”的作用。在财政体制上，有选择地减少市县上解基数、增加税收返还和转移支付等措施，增加市县财力。在税费政策上，运用税收优惠政策，清理取消行政事业性收费，进一步减轻企业和社会负担，增强地方发展活力。此外，在财政支出政策、财政补贴政策、财政奖励政策等方面，也都进行了有益的实践，进一步丰富了财政支持区域经济发展的内涵，推动了区域经济发展。

## 三、加快示范区建设与发展财政政策建议

国家批准设立皖江城市带承接产业转移示范区，对安徽未来发展将产生历史性的影响，对加速中部崛起和实现全国各区域均衡发展具有重要意义。我们既要立足安徽，又要站在全国发展的战略高度上，从中央和地方两个层面研究相关财政支持政策；既要借鉴其他区域现有财政支持政策，也要结合

当前区域发展形势和皖江城市带实际，制定出台一些新政，上下合力推动皖江城市带承接产业转移示范区建设。

### （一）科学界定示范区建设的战略定位

要从国家战略的高度和示范区功能需要上把握皖江城市带承接产业转移示范区的战略定位，既要有时代高度和世界眼光，又要能体现出示范区的内涵和特质，真正体现“承接”和“示范”特色。

——沿海地区产业转移的核心承接地。充分利用好国家级示范区这一平台，发挥资源丰富、生产成本相对较低和交通便利等综合优势，将皖江城市带打造成为国内外产业转移的重要承接地，重点参与泛长三角区域经济合作，主动承接苏浙沪产业、资金、技术转移和辐射。同时，依托长江黄金水道和中部交通枢纽，进一步扩大与中西部地区、其他沿海地区及国际的经济协作。

——先进制造业和装备制造业基地。充分利用沿江地区的区位优势、岸线资源和产业基础，加快汽车、石化及精细化工、冶金产业、船舶制造、物流产业、电子信息等产业向沿江布局。推进科技创新、成果转化和高新技术产业化，使皖江城市带逐步成为具有自主创新能力的现代制造业集聚区和研发转化基地，成为长三角临江产业的重要绵延带，培育一批具有国际竞争力的企业和品牌。

——承接产业转移的体制机制试验区。积极探索承接国内外特别是沿海地区产业有序转移的新机制、新模式。在产业结构升级、发展方式转变以及节约集约用地、循环经济、园区规划、金融创新、劳动力培训与转移等方面大胆试验，为广大中西部地区承接沿海和国际产业资本转移积累经验。

——中部崛起和对外开放的关键战略支点。通过推进区域合作和一体化建设，形成以皖江城市带为中心的资源互补、产业关联、梯度发展的多层次产业圈，将示范区建设成为带动中部地区发展的龙头，成为推动全国经济社会发展的重要引擎。同时，创新国内国际区域合作机制，全面提升经济国际化水平，完善内外联动、互利共赢、安全高效的开放型经济体系。

### （二）支持示范区建设的财政政策建议

1. 宏观政策建议。中央政府采取特殊政策支持，是启动示范区建设的必要条件，也是保持示范区健康发展、真正实现示范目标的重要支撑。根据示范区上述战略定位，建议中央政府给予以下特定政策：

（1）允许大胆试验，开拓创新，积极支持示范区有序推进财政及行政管理体制、经济管理体制、社会管理体制及土地管理、人才引进等综合配套改革，为示范区建设提供强大动力和体制机制保障。

（2）支持示范区在符合条件的地区设立保税港区、综合保税区和保税物流中心，拓展出口加工区保税物流功能。同时，将在皖的国家级高新区、经济开发区优惠政策的实施范围拓展到示范区内所有的园区和企业。

（3）支持在示范区组建地方开发银行，设立产业投资基金和创业投资企业，扩大企业债券发行规模。

（4）在相关产业规划、重大项目布局及项目审批、税收优惠等方面给予实质性支持，引导和鼓励产业转移。

（5）在现有财政体制下，中央通过转移支付、以奖代补等政策手段，对示范区建设予以专项支持，并对上缴中央财政的增量部分实行先征后返。

2. 具体政策措施。

（1）加强基础设施建设。设立示范区基础建设奖励专项资金，大力支持示范区构建区域一体化的综合交通体系，支持建设现代化沿江港口群和通江达海的内河运输体系；支持建设重大供水工程、完善安全防洪体系、加强水资源保护；加大信息基础设施建设力度、构筑与长三角一体化的信息平台；鼓励示范区内公共基础设施资源共享和无缝对接，推动示范区一体化的公共服务设施建设。

（2）支持园区升级和承接产业集聚区建设。整合省已出台支持园区发展的各项政策，加大专项资金投入，集中财力向园区倾斜，明确现有园区定位、推动园区整合、促进开发区转型升级、打造特色优势开发园区，提升园区的承接产业的保障力、承载力和吸引力。积极支持建立承接产业转移的集聚地，推进优势产业、优势企业、优势资源和要素保障向集聚地转移。

（3）加快区域性物流中心建设。加大财政专项资金投入引导的力度，支持现代物流发展，加快物流标准化建设，培育现代物流企业集团，推进示范区保税物流体系建设，逐步构建中西部地区国际现代物流服务体系。

（4）支持组建金融中心。积极支持在示范区建立产业银行等区域性商业银行，引导国内外金融集团到合肥设立法人机构、区域总部，吸引金融机构设立各类后台服务中心或者总部职能中心，全面提升示范区金融要素市场的能级。

（5）支持搭建融资平台。积极鼓励设立政府性建设投融资机构，支持建立中小企业信用担保基金和区域性再担保机构，支持发展小额贷款公司和中小企业投资公司，稳步推进金融业综合经营试点。

（6）支持拓宽融资渠道。认真贯彻落实积极的财政政策和适度宽松的货币政策，加大银企对接支持力度，支持示范区企业争取银行贷款和国外优惠贷款，推进示范区及相关企业发行债券，培育和鼓励园区企业上市融资，引导建立创业投资基金。

（7）加大产业转移支持力度。设立示范区产业转移引导资金，进一步加大财政补助、奖励、贴息、贴费等投入，建立健全财政扶持、税收优惠、费用减免等财政促进政策，积极支持示范区开展招商引资、招商选资，鼓励促进产业转移，支持探索产业转移新途径，加快区域与产业合作。

（8）支持重点产业发展。加大对重点产业支持力度，积极支持改造提升家电、纺织、建材、农产品加工等传统产业，不断壮大汽车、冶金、装备制造、新型化工等先进制造业，积极培育电子信息、生物医药、公共安全等高技术产业，支持发展现代农业、物流等现代服务业。

（9）推动自主创新和产业升级。积极贯彻落实国家税收优惠政策和地方税费优惠政策，通过技术改造、产业发展、自主创新等专项资金引导，支持示范区实现承接产业转移与产业升级同步；引导创新要素向企业集聚，鼓励创新型企业发展，支持转移产业转型升级；促进创新资源开放共享，支持公共创新平台建设，增强产业转移的科技支撑；提高政府服务企业的创新能力，建立产学研与产业转移的联动机制，完善自主创新机制体制。

（10）继续深化财税体制改革。按照基本公共服务均等化和主体功能区建设的要求，完善公共财政体系；健全财力与事权相匹配的体制，理顺各级财政收入分配关系；调整财政支出结构，健全转移支付办法，优化税费政策措施，逐步构建层级优化、激励引导、保障有力的示范区财政体制。

（11）支持开展综合配套改革。积极支持示范区有序推进行政管理体制、社会管理体制、经济体制及土地管理、人才引进等综合配套改革，为示范区建设提供强大动力和体制机制保障；引导鼓励示范区大胆试验，开拓创新，有效发挥试验、示范、带动作用。

（12）推动建立资源共享机制。积极推动示范区打破行政保护，消除市场壁垒，促进各类资源的合理流动，积极引导资金、技术、人才、信息、管理等生产要素向示范区集中，实现生产要素的优化配置，增强示范区建设的内在动力。

（13）建立健全激励考核机制。加大对示范区基础设施完善、重大产业项目引进、重要产业链和产业集群形成的财政奖励力度，强化财政支持示范区建设的措施制定、政策落实、实施效果的绩效评估与综合考核。

# 认清公共财政促进新农村建设的历史责任

建设社会主义新农村是中央从落实科学发展观、构建社会主义和谐社会全局出发作出的一项重大部署，是统领新时期“三农”工作的一项战略举措。公共财政对落实科学发展观，加大“工业反哺农业”的力度，实现农业、农村全面协调发展，起着重要的物质基础与体制保障作用，在扎实推进安徽社会主义新农村建设的实践中，公共财政肩负着重大的历史责任。

## 一、深入贯彻落实科学发展观，准确把握新时期财政支持新农村建设的丰富内涵和全面要求

正确理解、准确把握新农村建设的丰富内涵和全面要求，是加大财政支持力度，规范财政支持政策，扎实推进社会主义新农村建设的重要思想基础。

### （一）新农村建设十分强调全面建设，要求“四位一体”全面推进，要避免单一建设观念

胡锦涛总书记早在2005年就指出：“随着我国经济社会的不断发展，中国特色社会主义事业的总体布局，更加明确地由社会主义经济建设、政治建设、文化建设三位一体发展为社会主义经济建设、政治建设、文化建设、社会建设四位一体。”中央提出这个“四位一体”的新理念，为建设新农村指明了前进方向和建设路径。新农村建设二十字总要求，字里行间充分体现了推行经济体制、

政治体制、文化体制和社会体制改革多位一体综合改革的新理念，同时反映了构建经济秩序、政治秩序、文化秩序和社会秩序多位一体新秩序的新理念。

尤其值得指出的是，中央首次提出构建和谐社会、加强社会建设和管理的要求，同样是新农村建设的一项艰巨任务。安徽作为劳动力输出大省，大量青壮年进城打工，留下来的多数是老人、孩子与妇女，这给构建农村和谐社会、加强农村社会建设和管理提出了严峻挑战。据调查，现在许多留下来种田的农民看不懂科学种田明白纸，科技兴农难以有新进展；许多农民工子女托付给爷爷奶奶，教育得不到保障；同时，留守在农村的老年人，既要照顾孩子，又要种田，身心十分劳累；由于部分乡村居住的年轻人太少，社会治安存在空隙，偷盗现象时有发生。这些问题都是新农村建设需要正视和认真解决的重要课题。

**（二）新农村建设突出强调以科学发展观为统领，要求推进科学发展、科学建设，不能走以 GDP 论英雄的老路**

中央提出推进新农村建设，其实质是落实科学发展观，把增进广大农民群众的福祉当作大事来抓，把农村跟上城市建设步伐、促进农村经济社会协调发展当作大事来抓，把实现农业可持续发展当作大事来抓。落实科学发展观必须推进新农村建设，推进新农村建设也就是落实科学发展观。

过去各地发展以 GDP 论英雄，把 GDP 增长作为首要目标，这在当时虽然符合形势要求，但在今天看来有很大的历史局限性，这就出现了“有增长无发展”的问题。一些地方上马了很多“看得见的工程”，但群众受益并不多。也有些地方创办企业以浪费资源、牺牲环境为代价，出现了严重的不可持续的问题。在新的时代背景下推进建设，必须更新建设观念、创新建设模式、提高建设质量，落实“五个统筹”，把追求 GDP 转为追求综合发展、全面发展，把社会主义新农村建设切实转到科学发展、科学建设的轨道上来。

**（三）新农村建设着力推进城乡统筹发展，要求大力构建新型工农关系、城乡关系，不能走就农村发展农村的老路**

胡锦涛总书记在今年中央党校“6·25”讲话中指出：“科学发展观，第一要义是发展，核心是以人为本，基本要求是全面协调可持续，根本方法是统筹兼顾。”长期以来我国实行的是一条城乡分治、“一国两制”的道路，城市与农村分开治理，两套体制。大量事实证明，农村主要靠自身力量建设小康社会，不可能发展很快。现在，中央提出“工业反哺农业、城市带动农村”的新方针，标志着终结城乡分治体制的“号角”已经吹响，标志着党和国家已下决心要建立一种新型的工农关系、城乡关系，这为彻底解决“三农”问题提供了极好的机遇。实行工业反哺农业，体现了科学发展观的基本精神，反映了广大农民群众的迫切要求，对从根本上解决“三农”问题，确保城乡统筹发展和全面推进小康社会建设，具有重大而深远的战略意义。

如今，相对其他产业而言，农业仍然是弱势产业，相对于城镇居民而言，农民仍然是弱势群体，相对于城镇发展而言，农村仍然是弱势社区。可以说，“三农”是整个经济社会发展的“弱中之弱”，解决好“三农”问题，治本之策是让农村居民享受到与城镇居民一样的公共服务和公共产品，即享受同等的国民待遇。这就要通过“工业反哺”、增加公共产品供给、构筑公共财政新体制，推进城乡一体化，促进城市基础设施向农村延伸、城市公共服务向农村覆盖、城市现代文明向农村辐射，实现城市和农村的有机结合，真正建立起地位平等、开放互通、互补互促、共同进步、平等和谐的城乡经济社会发展新格局，实现城乡共同繁荣。推进新农村建设的过程，实际上是不断消除城乡二元结构、不断破除城乡分治体制的过程。今后建设新农村的举措，也应当同时是消除二元结构的举措，就农村抓农村的那套办法必须停止，取而代之的是统筹城乡发展，加大工业反哺力度，利用城市资源和力量建设农村，让公共财政的阳光普照“三农”。

**（四）新农村建设坚持以发展农村生产力为中心任务，要求千方百计促进农民增收，不能重演过去超越群众承受能力、加重农民负担搞建设的历史**

中央一再强调：“在新农村建设工作中，要坚持以发展农村经济为中心任务，促进农村生产力的解放和发展，促进农民持续增收。”如果说新农村建设与过去农村发展有什么连续性的话，那就是以发展农村生产力为中心任务，以促进农民增收为核心的指导思想。推进新农村建设，要继续深入推进农业和农村经济结构战略性调整，深度改造传统农业，大力建设现代农业，积极发展非农产业，壮大县域经济。现在中西部地区正面临发达地区产业转移的契机，这个发展机遇是“前所未有”的，这正是我们所要“抢抓”的最好机遇。安徽省应当通过调整发展战略，大力实施农业东向战略，积极开辟农村经济振兴新路子，千方百计促进农民收入较快增长。

**（五）新农村建设把人的全面自由发展放在重要位置，要求大力培养新型农民，高度关注农村民生问题，不能走“见物不见人”的老路**

新农村建设不能“见物不见人”，仅抓园区、道路、民居、厂房那类看得见的“硬件建设”，必须坚持以人为本，注重抓好“软件建设”，让农民素质能够在发展实践中得到培养和提高，使农民的精神面貌焕然一新，成为有文化、懂技术、会经营、善合作的新型农民；同时，要让农民在经济增长中不断改善思维方式和行为方式，逐步做到与城市公民一样享受现代、崇尚文明。从这个意义上讲，人的全面自由发展，才是新农村建设真正的终极目标。

## 二、充分发挥财政职能，建立健全适应新农村建设要求的公共财政体制

新农村建设是在我国总体上已经进入“以工促农、以城带乡”的发展新阶段后提出的新课题。深入贯彻落实科学发展观，在财政工作和财政政策上的一个重要体现，就是全面落实工业反哺农业方针，充分发挥财政职能，让公共财政阳光照耀农村，促进工农、城乡全面协调发展。工业反哺农业，是对工业化发展到一定阶段后工农关系、城乡关系变化特征的一种概括。这里的工业泛指非农业部门和城市，而农业则涵盖“三农”。工业反哺农业是指从农业积累支持工业，转向加强对农业（三农）的扶持和保护。进入“十一五”，安徽财政总体上已经甩掉了“吃饭型财政”的帽子，正在向发展型财政，向“工业反哺农业，城市支持农村”转变，公共财政已经肩负起支持新农村建设的重要职责。

**（一）财政支持经济社会发展的力度在不断加大，所占份额逐年提高**

“十五”期间，安徽省财政发展形势喜人，财政收入增长幅度加快，由2001年的6.6%，2002年的12%，2003年的18.9%，上升到了2004年的26.3%，2005年的26.1%，2006年的24.3%；全省财政收入以每年增加

100多亿元的增量连续跨越300亿元、400亿元、500亿元、600亿元、700亿元、800亿元台阶，2006年全省财政收入实现816.2亿元，2007年全省财政收入有望突破1000亿元的目标。预计到“十一五”末，安徽省财政收入将达到1300亿元以上，再次实现翻番目标。同时，这几年中央财政对安徽省的转移支付和专项补助资金，都大大超过了全国平均额度，安徽省已经成为中央财政净补贴省，补贴数额逐年增长，安徽省财政支出中有一半以上来自中央财政补助。中央作出新农村建设和中部崛起的战略决策，相信今后会进一步加大对安徽的转移支付力度，大大增强安徽的财政经济实力。在这种发展态势下，安徽省财政虽然用于吃饭的支出在不断增加，但比重在逐年下降。相反，支持经济社会发展的能力不断增强，所占份额越来越大。2006年全省财政支出实现915.8亿元，比上年增长28.4%，经济建设性支出已占到财政总支出的30%。

**（二）财政支持经济社会发展的结构在不断优化，财政支出开始更多地向“三农”倾斜**

在农村税费改革试点阶段，安徽省采取了一系列“少取”举措，为顺利启动新农村建设奠定了基础。全省先后取消了农业特产税、农业税附加和农业税，暂停追缴农业税尾欠。全省农民54.5亿元政策性负担全部取消，农民人均减负109.4元，亩均减负93.8元。税费改革政策性减收，省财政对县级财政予以了全额转移支付。

进入新农村建设以来，财政对“三农”的工作重心基本实现了从“少取”向“多予”的转变。按照建立和完善公共财政体制的要求，安徽省大力推进公共财政支出改革，加大财政支出结构调整力度，财政逐步从一般竞争性、经营性领域退出，转向提供公共产品和公共服务，逐渐向农业、农村和农民倾斜，扩大了对“三农”的覆盖程度。从中央、省到县财政不断加大对“三农”的投入。据统计，2006年全省新农村建设财政投入达到138.7亿元，比上年77.1亿元净增61.6亿元，增长79.7%。重点支持了农村基本农田治理和农业产业化、农业品牌、农产品流通工程，以及退耕还林、扶贫开发、农村饮水和水库除险加固等工程，促进了畜牧、优质粮油、水产、水果、茶叶等十大主导产业发展，带动了农民增收，对全省新农村建设开局给予了有力支持（见表1）。

表 1　　2006 年度全省新农村建设财政资金投入　　单位：万元

| 项目 | 合计数 | 比重（%） | 其中 | | |
|---|---|---|---|---|---|
| | | | 中央财政 | 省级财政 | 市县级财政 |
| 合计 | 1386948.83 | 100 | 489711.13 | 680449.96 | 216787.74 |
| 基础设施建设 | 364403.65 | 26.27 | 191625.2 | 79898 | 92880.45 |
| 科教文事业 | 107928.65 | 7.78 | 53260 | 42225.8 | 12742.85 |
| 农业生产发展 | 75414.75 | 5.44 | 35859 | 15606 | 23949.75 |
| 社会救济保障 | 73717.3 | 5.32 | 12400 | 33057 | 28260.6 |
| 农村卫生事业 | 83715.9 | 6.04 | 47313 | 15350 | 21052.6 |
| 市场体系建设 | 7282.5 | 0.52 | 4599 | 2000 | 683.5 |
| 旅游设施建设 | 9960 | 0.72 | 660 | 1670 | 7630 |
| 公安司法机构建设 | 28104.41 | 2.03 | 12594.61 | 5756.96 | 21353.38 |
| 农业综合开发 | 70224.49 | 5.06 | 42806.6 | 23880 | 3537.89 |
| 村组织活动场所 | 10128.34 | 0.73 | 1518 | 4030 | 4579.74 |
| 基层消防队建设 | 1216.2 | 0.08 | 26 | 9 | 1181.2 |
| 扶贫开发 | 61395.22 | 4.43 | 55959.5 | 4720 | 715.72 |
| 退耕还林 | 491000.82 | 35.4 | 32294.22 | 455705.6 | 3001 |
| 其他 | 2456.60 | 0.18 | | | |

建设方式迅速向科学发展的新轨道转变。以科学发展观为统领、体现“20 字要求”的全面建设，明显提高了安徽城乡之间和农村内部的协调性。适应新形势新任务的要求，各级财政投入结构做出了重大调整，公共财政覆盖农村的范围迅速扩大，过去政府公共资源较少涉及的领域，现在也开始接受到财政阳光。从 2001 年起，安徽省统一将农村中小学教师工资上收到县管理，保证了农村中小学教师工资按时足额发放。同时启动农村中小学危房改造工程，到 2006 年，中央和省财政投入 21.7 亿元农村中小学危房改造专项资金，累计改造危房 940 万平方米。2005 年，开始启动“两免一补”工作，2005—2006 年，中央和省财政安排 4.8 亿元专项资金，向全省 134.5 万农村贫困家庭学生免费提供教科书，免除国贫县家庭贫困学生的杂费。据统计，去年全省财政支持农村科技教育文化支出 10.8 亿元，比上年 7.5 亿元净增 3.3 亿元。

农村和谐社会建设摆上重要议事日程。财政支出以人为本、关注民生、构建和谐的各项举措，赢得了全省上下数千万农民群众的热烈拥护。从2005年起，省财政逐步建立了农村特困群体救助体系，2005—2006年，省财政安排1.6亿元，对全省92.5万农村特困人口，按人均130元的标准予以补助。据统计，2006年全省财政农村公共卫生支出8.37亿元，农村五保供养支出3.33亿元，农村最低生活保障支出3965.4万元，农村养老保险支出832.2万元，特困群体救助支出1.18亿元，维护农村社会稳定支出2.81亿元。2007年十二项民生工程的实施，将惠及全省4000多万人（其中多数是农村居民），全省财政将投入资金69亿元，省财政需投入29亿元，其中新增投入19.8亿元。

**（三）财政支持县乡财政振兴工程，提高基层财政保障能力**

这几年安徽省积极帮助基层政府缓解县乡财政困难，提高公共服务能力，为全面开展新农村建设打下了良好基础。为支持县域经济发展，省财政出台了包括取消县级体制递增上解、调减县级体制上解基数、取消市对县财政集中财力等8项财政政策，县级财政因此每年增加财力8亿多元。省财政建立了村级组织补助制度，去年省财政补助村级资金8.7亿元，平均每个行政村补助3.6万元左右。为帮助基层妥善解决农业税垫税问题，2005—2006年，省财政对乡村干部个人垫缴的农业税，安排8亿多元专项资金予以彻底解决，保护和调动了乡村干部的工作积极性。三年前安徽省调整了省对县一般性转移支付办法，合理确定县级财政基本支出最低保障线，对财力水平低于最低保障线的困难县，省财政给予转移支付。2004年、2005年、2006年省财政对县级财政转移支付资金分别为107亿元、136亿元和185亿元，县乡财政保障能力显著提高。

**（四）财政支农方式在不断完善，多元化支持新农村建设手段初步形成**

财政除了继续对公益性、基础性项目直接投资外，近些年来更重要的是侧重于化解债务、税费减免、财政补贴、财政贴息、参股经营、以奖代补、资金整合等多种手段，充分发挥财政支农资金和政策的示范引导作用，促进了农业增产、农民增收和农村发展。省财政在取消县级粮食风险基金筹集任务2亿元、减免农业综合开发土地治理项目债务6.6亿元、世行项目债务13.5亿元、豁免县级财政借省财政周转金和专项资金3.5亿元、免除县以下农村中小学危房改造借款1.9亿元的基础上，对乡镇事业单位分流人员、撤并乡镇、城镇退役士兵有偿安置、超标准财政供养人员、困难县离休干部医药费、偿还财政直接债务等予以补助，2005—2006年共补助县级财政19.6亿元。前年省财政出台了产粮大县奖励政策，建立了山区县生态保护专项转移支付制度，2005—2006年，这两项政策共补助县级财政10.8亿元。

**（五）财政支农管理在不断创新，初步构建了公共财政支持新农村建设新体制**

这些年全省各级财政不断深化财政支农改革，健全财政支农管理制度，规范支农运行机制，先后实施了省直管县的财政体制、财政支农资金整合、财政支农资金县级报账制、涉农补贴资金“一卡通”发放等一系列行之有效的管理办法，为财政支持新农村建设提供了体制机制和制度保障。从2004年起，安徽省全面实行省直管县财政体制，财政结算、收入考核、转移支付、资金调度、资金补助、项目安排、工作部署等直接到县，理顺了省对县财政分配关系。由安徽省首创的“一卡通”，创新了财政补贴资金管理方式，仅2006年全省通过“一卡通”发放农民各类补贴资金就接近40亿元，其中：直接发放粮食直补资金8.65亿元、水稻良种补贴4.67亿元、小麦良种补贴1.1亿元、农机补贴0.25亿元，农民人均直接受益77元。

## 三、正确认识全省新农村建设过程中的问题，把握好公共财政支持新农村建设的着力点

新农村建设开展以来，安徽省委、省政府高度重视，从加快安徽跨越式发展，实现奋力崛起的战略高度，2006年提出以培育和发展农村先进生产力为中心，以促进农民增收为核心，以农村综合改革为动力，以“千村百镇示范工程”为总抓手，协调推进农村经济建设、政治建设、文化建设、社会建设和党的建设的新农村建设总体思路。在这一思路指导下，一年来各地各部门抓紧部署、积极探索、精心操作、稳步推进，从整体上讲，全省新农村建设进展情况良好，起步较为平稳。

### （一）多措并举力促全省新农村建设实现良好开局

1. 组织领导和工作机制基本健全。全省从省到县都建立了新农村建设工作领导机构。省财政厅成立了财政部门内部新农村建设工作协调领导组。各地积极完善工作运行机制，建立上下协调的工作运行网络，确保了新农村建设各项政策措施的贯彻落实。通过层层宣传发动，现在全省基本达到了认识高度统一，政策家喻户晓，新农村建设的浓厚氛围初步形成。

2. 新农村建设规划受到重视。去年以来，各地把制定规划作为新农村建设的龙头，在广泛听取农民意见，尊重农民选择的基础上编制村庄建设规划、产业发展规划和农村基础设施建设规划。2006 年各级财政安排新农村建设规划经费 6360 万元，实行规划奖补政策，鼓励地方编制规划的积极性。组织建筑专家设计推荐 109 套户型图纸，汇编成集免费供农民参考。省级已经完成了农业、畜牧业、渔业发展规划。各地涌现了旧村整理型、保护型、新建型和城郊型等不同类型的新农村建设规划。

3. 农村产业结构有所提升。各地把统筹城乡产业对接作为新农村建设的新举措，各级财政筹集农业生产发展资金 75415 万元，在稳定粮食生产、加快养殖业和块状农业等传统产业发展的基础上，重点推进农业产业化经营，促进农产品加工、农村旅游和劳务经济发展，千方百计招商引资，鼓励农村全民创业。2006 年，全省粮食产量创历史新高，总产达到 2860.7 万吨，增产 255.4 万吨，今年小麦单产 311 公斤，首次超过全国平均水平；全省农业产业化经营扎实推进，龙头企业主营业务收入超亿元的龙头企业已达到 120 家，新建国家级农业标准化示范区 36 个，建立省级标准化农产品批发市场 25 个、农家店 7000 个。产业结构升级提高了安徽省农民增收能力，去年全省农民人均纯收入达到 2969 元，增长 12.4%，增幅居全国前列。

4. 城乡联动机制逐步形成。各地积极促进城市资源向农村转移，促进政府职能向农村覆盖，加强农村公共服务和社会事业发展。建立省直对口联系帮扶制度，选派 3000 名省市县机关干部到示范村镇任职，组织实施市带县、市帮县责任制度和高校毕业生到农村基层支农、支教、支医、扶贫制度。农村公共事业建设得到加强，农村新型农村合作医疗范围已扩大到全省 80% 的县（市、区），覆盖全省 84 个县；省财政统筹投资 4 亿元用于改建农村中小学校舍；仅去年一年就完成农村公路建设 5221 公里。

### （二）起步阶段新农村建设过程中的问题不容忽视

1. 示范村镇建设经验不足。千村百镇示范工程实施一年多来的情况表明，各地对中央和省委部署的深刻内涵还处于提高认识、加深理解的阶段，具体工作经验还处在积累总结之中，政府支持措施时常陷入“突破口选择”之争。

2. 大多数非示范村镇没有动起来。调查发现，很多地方在前一阶段只是建立了组织、制定了规划、理清了思路，可以说是刚开始“谋篇”，还没有真正进入“动笔”阶段。特别是安徽省许多地方由于青壮劳动力普遍外出打工，形成了大量的人口“空心村”、产业“空心村”，在这些地方如何建设新农村，还没有找到很好的办法。如果说过去一年多新农村建设有什么进展的话，主要发生于示范村镇，大多数非示范村镇还没有完全进入角色。限于财力，目前各地新农村建设投入基本上都投放到了示范村镇，非示范村镇群众对政府投入的期望值正在迅速提高。

3. 各地财政支持规模明显受到地方经济状况的制约。经济实力较雄厚的县，新农村建设县级财政资金投入可以达到数千万元，如当涂县 2007 年县财政投入新农村建设资金 8800 万元，宁国市 5000 多万元；经济实力较弱的县，县级投入只有数万元，这种状况明显加剧了各地新农村建设发展的不平衡性。

4. 农民群众主体作用不明显，社会力量参与度不高。调查发现，各地新农村建设对上级财政投入的依赖性过强，“等靠要”的思想倾向十分普遍，特别是许多地方还没有把广大群众发动起来，农民群众作为新农村建设主体力量的作用没有显示出来。同时许多地方对各类工商企业、民营经济、群团组织、各类非政府组织等社会力量也动员得不够。

### （三）把握好公共财政支持新农村建设的着力点

长期以来，我国农村公共产品供给遵循着“自力更生为主，国家支持为辅”的原则，公共产品供给长期偏向城市，公共财政在农村投入明显不足。这种向城市倾斜的政策延续时间过长，使城乡居民在享受公共服务方面存在过大的差距。虽然，安徽省在农村已经实施了一系列新措施，各级政府逐步加大了对农村教育、卫生等社会事业的支持力度，农民生产生活设施有所改善，农村公共服务明显加强，但由于历史欠账多，农村基础设施落后和农村公共服务供给匮乏的状况没有根本改观，农村行路难、饮水难、上学难、看病难、环境污染难治理等问题仍然突出。因此，必须着力健全和完善公共财政体系，切实遵循存量适度调整、增量重点倾斜的原则，进一步扩大公共财政对农村的覆盖范围，把握好公共财政支持新农村建设的着力点，重点是支持发展现代农业，促进教育、文化、卫生和社会保障朝着城乡统筹安排和统一制度建设方向发展。

1. 大力促进现代农业建设，提高农业综合生产能力。发展现代农业是新农村建设的产业基础，没有现代农业的农村不是新农村，是新城镇。推进现代农业建设，把农业这个弱势产业打造成有生机、有活力的高效产业，是农村内生发展的根本动力，是农民走出“温饱陷阱”的必由之路，是农村全面发展的重要支撑，也是传统农业社会向现代工业社会迈进的关键举措。必须进一步强化和完善提高农业综合生产能力的财政政策，大力推进农业产业化经营，加快农业科技推广和应用，增强新农村建设的产业支撑，促进现代农业建设。

支持现代农业建设，财政政策的重点，一是支持提高农业综合生产能力。农业综合生产能力是指一定地区、一定时期和一定社会经济技术条件下，由全部农业要素投入所形成，可以相对稳定地达到一定水平的农业综合产出的能力。现阶段，安徽省农业正处在由农业大省向农业强省跨越的关键时期。要提高农业综合生产能力，就必须不断改善农业生产条件，而农业生产条件的公共产品属性和科技投入的外部性，都决定了财政支持农业的必要性。二是支持农村富余劳动力向非农产业和城镇转移，构建农民收入稳定增长体系。农民收入问题是“三农”问题的核心。在市场经济条件下，由于农业比较利益低下，无法完全通过市场配置资源来实现农民增收目标，所以，政府在为农业发展创造良好外部条件的基础上，还要进一步加大对农业的技术投入，支持农业和农村进行经济结构调整，提高农业生产率。同时，还要深入贯彻支农惠农政策，通过对农民的直接补贴等财政支持措施，切实保障农民收入水平的提高，更好地发挥农业对非农产业的市场贡献，实现城乡产业的协调发展。三是支持建立农产品质量安全体系，大力提升安徽农产品竞争力。农产品在价格和质量方面是否具有竞争力，直接影响到农产品在市场中的地位和农民收入增长的幅度。通过增加财政支持来降低农产品的生产成本，提高农产品质量，对提高农产品竞争力至关重要。此外，提高农产品竞争力还要求政府支持建立农产品质量安全体系。发展农业标准化，健全农产品质量监督检测检验体系，加强农产品安全方面的法规建设，都属于财政支持的重要内容。四是支持农产品市场体系和信息体系建设。农产品市场与信息体系建设，具有社会公共基础事业性质，需要由政府财政予以必要扶持。

2. 着力加强农村基础设施建设，改善农村公共服务。农村基础设施和公共服务是改善农民生产生活条件的重要物质基础。加强农村基础设施建设，改善农村公共服务，推进村庄整治，是推进新农村建设的重要内容和关键环节。当前，要下决心偿还农村基础设施建设的历史欠账。如安徽省小型农田水利设施，大都是30年前农村人民公社时期修建的，已年久失修，或毁坏或不能使用，要把安徽省小型农田水利设施恢复到30年前的状况，至少要投入60亿元。国家应在财政支农方面迈出更具实质性的步伐，把农田水利建设尤其是小型农田水利建设，以及农村道路及公益性公共设施建设作为农村基础设施建设的重点，加大各级财政投入。开展农村基础设施建设要特别注意点面结合。在实施千村百镇示范工程的同时，可以组织实施“万村整治行动”，引导各地正确处理好点与面的关系，促进各地新农村建设全面发展。整治的对象应当是经过规划的自然村，是各地最需要整治的地方，不需要像示范村那样选择较好的村。整治的数量，可以每年选择1万个左右的自然村。整治的内容，应当是开展符合各地实际、群众要求急迫、符合“二十字要求”的各种类似“三清四改”的建设。

3. 为农民提供高质量的教育卫生服务，努力促进农村社会事业协调发展。义务教育是面向全体公民的教育，不考虑受教育者的政治、经济、文化背景，为人们参与社会竞争提供了公平的起点。实行免费义务教育是一个国家经济发展和社会文明进步的标志。从国际经验看，义务教育是各国公共财政最优先支持的项目，实行免费义务教育是各国的普遍做法，已经成为全球的共同趋势。通过向农民提供高质量的教育服务，提高农民的人力资本，能够为农民增收、缩小城乡差距建立起长期受益的良性循环机制。随着农村税费改革的深入推进，安徽全省已建立了“以县为主”的农村义务教育管理体制，农村义务教育经费保障也实现了历史性变革，由农民集资办学为主逐步转变为政府负担，初步形成各级政府责任明确、教育投入稳定增长的农村义务教育经费保障的新机制。下一步促进农村义务教育持续、健康发展的根本途径，在于继续加强和完善“以县为主”的农村义务教育管理体制，突出县级管理职能，提高上级政府的投入责任，逐步将农村义务教育全面纳入公共财政保障范围。

根据世界银行2000年的有关研究，我国已经沦为公共卫生支出最缺乏公平性的国家之一。在医疗卫生领域，农村人口拥有的床位数和卫生医务人员数均比城市低得多。自20世纪80年代以来，农村经济社会结构的快速变动，对农村医疗投入长期不足，农村卫生员、赤脚医生转成了私人医师，村卫生室变成了私人诊所；乡卫生院设备简陋，业务骨干流失，逐渐失去农民信任，经营维持十分艰难；县级医院走上了以“检查养医”、“以药养医”的道路，检查越来越多，药方越开越大，看病越来越贵。在农村，因病致贫、因病返贫普遍存在，农民预期寿命提高的速度明显放缓。新农村建设要合理地分配有限的政府资源，为农村居民建立一套切实可行而又可持续发展的健康保障体系。要进一步加大农村卫生公共服务的财政支持，以农村预防保障、妇幼保健、健康教育和卫生监督、监测为支持重点，明确政府在乡镇卫生机构建设中的财政支出范围，加强村级卫生机构建设，从而逐步缩小卫生服务的城乡差距。对已经在全省多数地方推行的新型农村合作医疗制度，应当认真总结评估其试点效果，推广好的经验并使其制度化。

4. 积极推进农村民生工程，建立农村社会保障和救助体系。长期以来，农村实行的是以家庭保障为主，政府、社区适当扶助的制度。近年来，各地加大了对农村社会保障制度建设的探索，农村最低生活保障制度试点和参保范围不断扩大，失地农民和农民工参与社会保障的工作有了一定进展。但从总体上看，农村社会保障覆盖的人口范围有限，保障水平低，保障项目少，保障具有应急性、缺乏制度化，与构建和谐社会、建设小康社会的要求，与农民群众的需要有较大的差距。

2007年中央一号文件要求，逐步建立农村社会保障制度，逐步加大公共财政对农村社会保障制度建设的投入。这不仅是对近年来各地探索的肯定，也是对今后加强农村社会保障制度建设提出了新的要求。首先，应当在全省范围内初步建立农村最低生活保障制度。对五保户、残疾人员、需要搬迁的移民、患有长期慢性疾病等缺乏正常劳动能力或基本生活条件的人口，继续沿用原来的开发性扶贫方式，不仅成本高，而且也很难根本解决问题。

应探索建立覆盖全省的农村低保管理和执行制度。以县级政府管理为主，对低保所需资金实行专项转移支付，以保证资金来源的稳定性。其次，应当积极探索建立符合农村特点的养老保障制度。安徽省与全国一样，70%以上的老龄人口分布在农村，农村老龄化问题尤为突出。“十一五”时期，可以按照“低水平、广覆盖、适度保障”的原则，努力探索现阶段的农民社会化养老保险制度。

5. 深入开展农业体制改革，不断推进农村制度创新。建设社会主义新农村，不仅要做好“多予”的文章，还要做好“放活”的文章，这也是建立公共财政体制的一项重要制度性建设。“放活”要又破又立，所谓“破”就是要勇于克服体制制约因素，敢于冲破二元结构的束缚，坚决消除各种束缚生产力发展的体制性梗阻；所谓“立”就是要正确处理政府（财政）与市场和农民的关系，在发挥政府主导作用的同时，更好地发挥市场配置资源的基础性作用，在新农村建设领域大胆引入市场机制，在各机构之间形成竞争局面，从而切实建立起政府投入与市场投入以及农民投入的互补关系。

“破”的方面，要通过建立乡村治理新机制，重塑农村基层政权组织，切实增强基层政府公共产品和公共服务的供给能力；要深入推进农村土地制度改革，完善耕地征用占用制度，推动建立农村土地流转制度，从而盘活农村土地资源，健全保障农民土地权益的长效机制，进一步调动农民的生产经营积极性；要推进农业技术推广体系改革，支持农业科技入户工程，结合农村综合改革要求，支持开展“以钱养事”改革，加快建立财政对公益性技术服务的保障机制，推动建立农村社会化服务体系的市场化进程；要深化农村产权制度改革，推动建立农村公共产品投入与运营的管理新机制，加快制度创新步伐。

“立”的方面，要积极引导工商企业、民营资本，利用他们的经济实力和智力优势，进入新农村建设领域。利用外部资源和力量帮助乡村搞建设，具体方式可以由浅入深，刚开始可以让企业到农村建基地、搞服务、改村容、当顾问等等，条件成熟的可以鼓励企业直接通过“村企共建”、“村企合一”等更加紧密的方式，帮助乡村推进新农村建设，以此壮大新农村建设的力量。对企业参与新农村建设，应当认真落实中央一号文件规定的扶持政策，如减免企业所得税和个人所得税，注意给予热心帮助乡村的企业家一定的社会荣誉和表彰。农村基础设施和公共设施的建设，不能完全依赖政府投资兴办，可以借鉴城市基础设施建设的经验，把政府投入与市场经济组织投入有机地结合起来。各地要引导各类市场经济组织在不加重农民负担的前提下，积极地参与农村建设，以弥补政府投入的不足。

6. 健全支农资金规范管理机制，确保财政支持资金安全运行和有效使用。明确各级政府的职责，建立投入保障机制。对于不同层级的政府，应当承担什么样的农村公共服务职责，应予以合理界定。在明确各级政府职权与相应责任的基础上，再合理界定地方各级收支范围，理顺各级政府间的财政分配关系，使每一级政府所拥有的财权与事权相对称、支出与责任相统一。省级政府可以在普遍性事务方面（如义务教育、职业教育、公共卫生、农技普及、合作医疗、养老补助等）多承担些责任，市、县政府可以主要在地方性公共事务和基础设施建设方面（如村庄规划、改厨、改厕、改气、健身、娱乐、文化设施等）多承担些责任。

以新农村建设为平台，以构建效率财政为目标，全面扩大支农资金整合试点，不断提高财政支持资金使用效益。目前，安徽省整合支农资金的试点已经在十余个县取得了初步成效，各方面的呼声不断强化，各方面的认识也在不断统一。要在认真总结推广各试点县好经验好做法的基础上，全方位推进财政支农资金整合，进一步扩大以县为主的支农资金整合试点规模和范围，积极推进省级财政支农资金整合和部门预算项目支出整合工作。第一，要逐步建立财政部门内部的支农资金统筹安排协调机制。第二，要逐步建立部门之间支农资金分配使用的配合协调机制。第三，在县级政府普遍成立协调机制，统筹各涉农部门工作重点，根据“项目跟着规划走”的原则，合理安排项目和资金，统一申报和统筹使用上级财政支农资金。第四，要增加支持试点的引导性资金，进一步丰富试点形式。第五，要推进部门预算项目支出整合工作，加强财政部门与农口部门之间的沟通和协商，进一步规范部门预算管理。

努力改善财政支持方式，积极探索财政贴息、税收优惠、以物代资、以奖代补、以钱养事、先建后补等财政支持新方式，鼓励各地大胆创新，努力形成一套有活力、高效益的财政资金投入方式，不断提高政府资金投入的利用效率。

合理确定公共财政覆盖农村的优先顺序，将有限的政府财力运用到农村急需所用之处。原则上应该先保障农村社会稳定和农民基本生活需要，后创造条件促进农村发展；先保证纯公共产品，后提供准公共产品和混合产品。建设资金的分配与建设项目的安排，要注意点面结合、统筹兼顾，既能充分发挥示范村镇的示范效应，又能调动广大非示范村镇群众建设新农村的积极性，不宜把建设资金和项目过多集中到示范村镇。对示范村镇的投入也要优先安排农民最急需、受益面广、公共性强的农村公共产品和服务。切实加强与农民生产和生活直接相关的农村道路、水利、能源等中小型基础设施建设。

要高度警惕财政阳光被“吞噬”，把严格管理与增加投入放在同等重要位置，建立严格的财政支持资金监督管理制度。加快财政资金的拨付进度，逐步下放项目审批权限，减少跨层级项目审批。强化支农资金监管机制，实行严厉的支农资金责任追究制度。要积极探索新的奖惩机制，创新和积极推进支农资金管理运行机制改革。

# 提高县乡财政保障能力研究

县乡财政是基层政府执政的重要基础和财力保障，也是国家财政体系的重要组成部分。但县乡两级财力不足，财政保障能力偏弱的问题一直未能得到很好的解决，现已成为我国财政制度设计上的“短板”以及财政运行的薄弱环节。党的十七大明确提出了“完善省以下财政体制，增强基层政府提供公共服务能力”。本文立足安徽实际，在总结安徽省提高县乡财政保障能力的改革实践及已有成效基础上，考察当前安徽省县乡财政保障能力的基本状况，分析县乡财政保障能力不足的成因，探求解决问题的思路和办法。

## 一、定义及范围

目前，财政理论界和管理部门对于县乡财政的研究大多集中于县乡财政困难这个层面，包括困难的表现、原因、对策等，对县乡财政保障能力的研究还处于探索起步阶段，而对县乡财政保障范围、县乡财政保障能力衡量标准、提高县乡财政保障能力的办法等问题的研究则有待进一步深入。与县乡财政困难相比，县乡财政保障能力所研究的内容更具体，目标更明确，前者侧重于财政困难这一既成事实，后者回答的是困难与否、能否保障以及如何保障的问题。就定义而言，我们认为，在公共财政框架下，县乡财政保障能力是指在一个财政年度内，县乡政府所有可用财力保障其基本财政支出以及支持本地区经济、社会事业发展支出所需的能力。相对于经济社会领域的种种需求，财政资金是一种稀缺资源，所以，在研究县乡财政保障能力之前，必须合理界定县乡财政保障的范围。就当前经济发展状况而言，县乡财政保障能力只能是一种基本的保障能力，就是“保工资、保运转、保民生”。具体来说，县级财政保障的范围包括人员经费、公用经费、民生支出以及其他必要支出。其中，人员经费包括国家统一出台的基本工资、奖金和津贴补贴，离退休人员离退休费，工资性附加支出，规范津补贴支出等项目；公用经费包括办公费等商品和服务支出，办公设备购置等其他资本性支出；民生支出主要包括国家和省有关政策规定涉及的农业、教育、社会保障、医疗卫生、科学技术、文化、计划生育和村级经费等项目的支出；其他必要支出包括城市维护建设、乡村道路建设等基本建设支出以及其他社会事业发展支出。县乡财政保障能力研究不仅涉及保障的范围，还涉及保障资金的来源。一般来说，县乡财政保障资金的来源即是县乡政府可用财力，它是一种“综合财力”，既包括县乡本级财政收入，也包括上级的转移支付和税收返还。在本级财政收入中，既包括税收收入和非税收入，也包括预算外收入。同时，还包括政府性基金和社会保险基金收入。这些均应作为县乡财政提高保障能力的财力来源。需要说明的是，目前乡镇财政的支出范围小，且具体支出责任和财力分配多由县财政决定，因此，本课题将乡镇财政的保障能力并入县级一并研究。本课题研究的县级范围包括 61 个县市和 15 个县改区。

## 二、举措及成效

近年来，安徽省不断深化财政改革，先后推行了多项措施和办法，有效地提高了县乡财政保障能力。特别是 2007 年以来，省财政坚持围绕中心、服务大局，认真贯彻落实省委、省政府的决策部署，积极发挥财政职能，从政策、资金、体制等方面采取一系列措施，力求从源头上解决县乡财政保障问题。

### （一）大力支持县域经济发展

为支持县域经济发展，省财政出台了一系列政策措施，尤其是 2008 年《关于省财政支持县域经济发展的若干意见》（财预［2008］254 号），对促进县域经济又好又快发展起到极大的推动作用。一是大力支持园区经济发展。省财政充分发挥财政职能，安排县域工业园区贴息和奖励资金，筹集安排县域工业园区发展资金，支持县域工业园区基础设施建设和园区企业发展。从2008年至2012年，省财政每年专项补助皖北三市及沿淮六县2.6亿元，其中2.3亿元补助到23个县市区，主要用于工业园区基础设施建设或重大项目贷款贴息。二是大力支持县域企业发展。省财政积极筹措资金，支持县域企业发展。2008年，在全球性金融危机对安徽省财政经济产生较大影响，财政收支矛盾加剧的情况下，为积极应对宏观经济形势变化，努力保持安徽省经济持续平稳较快发展，省财政下达各市、县支持中小企业发展专项转移支付资金25亿元，其中76个县市区15亿元。三是实施财政激励政策。实施县级税收增长奖励政策、财政强县奖励政策和县级企业所得税省级分成超基数奖励政策，鼓励财政强县率先崛起。四是切实减轻县级财政负担。全面开展化解县乡政府债务试点工作，建立化解县乡政府债务激励约束机制，2005年以来，省财政安排化解县乡政府债务奖补资金6.6亿元。2008年，安排下达化解农村义务教育债务奖补资金28亿元，比国家要求时间提前一年完成农村义务教育债务化解工作。对县级出口退税超基数地方负担部分予以全额补助，对县级撤并乡镇、乡镇事业单位分流人员、城镇退役士兵有偿安置等予以专项补助。

### （二）不断加大省对下转移支付力度

近年来，随着中央财政对安徽省转移支付资金的增加，省财政不断加大对下转移支付力度。2007年，省财政以科学发展观为指导，按照重心下移的原则，坚持财力向基层倾斜、向民生倾斜、向困难地区和困难群众倾斜，全年下达市县各项转移支付资金489亿元，占中央财政下达安徽省转移支付资金的82%，所占比重比2005年提高5个百分点；在转移支付资金的安排上，特别注重统筹省与市县的分配关系，特别注重拓宽县级自主安排财力的空间，特别注重转移支付资金分配的公平、公正和科学、规范；着力加大一般性转移支付力度，省对下一般性转移支付资金总量比上年增加20亿元，而且打破以往年终一次性下拨的惯例，于8月和11月分两次下达，下达时间大为提前，15个县改区和4个非直管县享受了县级同等转移支付政策，显著提高了县乡财政公共服务保障能力。2008年，省财政进一步加大转移支付力度，多方筹措资金，安排下达新增一般性转移支付50亿元，新增资金比上年增长150%，增量和增幅是历史上没有过的；制定下发了《2008年省对下一般性转移支付办法》，转移支付资金分配更加公平、规范、透明，转移支付制度建设大为推进；进一步将资金下达时间提前到7月份，促进资金及早发挥效益。

### （三）着力完善省以下财政管理体制

从财政层级看，2004年安徽省在全国率先启动“省直管县”和“乡财县管”财政体制改革，推进了财政体制的“扁平化”，极大提高了财政运行效率，增强了县乡财政实力，提高县乡财政管理水平，控制了县乡债务风险。从县对乡镇体制看，结合农村综合改革，以提高乡镇财政保障能力为目标，进一步明确了乡镇财政支出范围、顺序和标准，从体制上确保乡镇工资正常发放和机构正常运转。从收入划分看，目前，除所得税省级分享15%以外，省以下没有再层层划分和分享其他税种，财政收入分配关系较为简单。与全国其他省市相比，安徽省对县的财政体制是最清晰、最规范的，也是最直接、最有效的。实践证明，财政体制的不断完善，极大地调动了县级发展经济、培植财源和当家理财的积极性，县乡财政保障能力得到较大提升。

## 三、现状及成因

### （一）县乡财政保障能力现状

1. 县乡财政收入分析。县乡财政收入总量。2008年，全省财政总收入1326亿元，较上年增长28.2%，其中地方一般预算收入724.6亿元，增长33.3%。从地方一般预算收入分级次情况来看，县级222.2亿元，占全省地方一般预算收入的30.6%，省、市级分别为134.6亿元、367.8亿元，占比为18.6%、50.8%。安徽省财政收入分布呈现“两头小、中间大”的格局。

县乡财政收入结构。2008年，安徽省县级非税收入占地方一般预算收入的比重为25.7%，与2006年的29.1%相比有较大程度下降，财政收入质量稳步提高。县级非税收入比重达40%以上的有9个，30%—40%的有22个，从总体分布看，越是财政困难地区，非税收入所占比例越高，这反映了非税收入是县乡尤其是经济落后县乡财政保障能力的一个重要来源。

县乡可用财力。2008 年，全省县级可用财力为 537.2 亿元，其中地方一般预算收入为 222.2 亿元，占 41.4%；税收返还及各项财力性补助为 315 亿元（扣除上解支出，下同），占 58.6%。与 2006 年相比，县级可用财力增加 209.8 亿元，增长 64.1%，其中来自地方一般预算收入的增量为 95.8 亿元，占可用财力增量的 45.7%，来自省对县税收返还及财力性补助增量 114 亿元，占可用财力增量的 54.3%。也就是说，在可用财力增幅中，自有收入带动增长 29.3%，省补助收入带动增长 34.8%。可见在省里支持县域经济发展的各项政策作用下，县乡自有收入和省补助收入均保持了较为同步的高速增长。从人均财力看，2006 年，全省县级按财政供养人员计算的人均可用财力仅为 2.9 万元，而到 2008 年，由于省财政大力增加对下均衡性转移支付等原因，县级人均财力迅速提高到 4.7 万元。

2. 县乡财政支出分析。，

县乡财政支出总量。2008 年，全省一般预算支出 1647.1 亿元，比 2006 年增加 940.2 亿元，增长 75.2%。从财政支出级次分布情况来看，县级财政支出 758.8 亿元，占全省财政支出的 46.1%，省、市级财政支出分别为 331.1 亿元、557.2 亿元，占比为 20.1%、33.8%。与财政收入级次分布相比较，县级财政支出占比高出近 16 个百分点，这表明县乡事权范围较大，支出责任重。

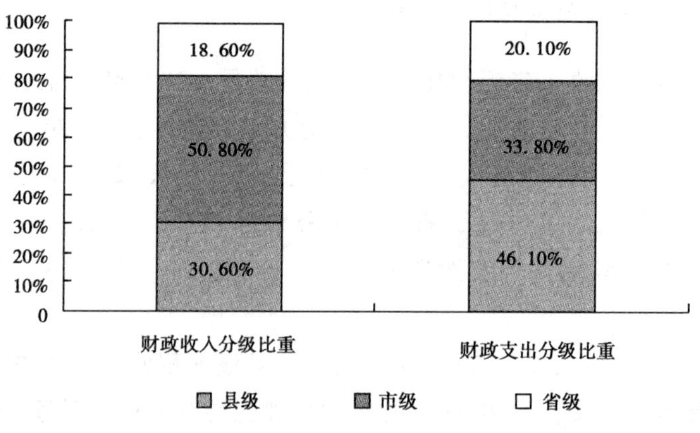


图 1　2008 年财政收支分级比重比较

县乡财政支出结构。2008 年，安徽省县级一般预算支出中，一般公共服务、农业、教育、医疗卫生、社会保障等各项重点支出在一般预算支出中占有较高比重，分别为 14.05%、10.96%、26.61%、9.37%、12.69%。而从县级财政支出占全省支出比重看，全省 70% 以上的教育，60% 以上的医疗卫生、农业，近一半的一般公共服务、社会保障集中在县级，这些支出项目都是基本公共服务的重要内容，都是刚性支出、必保支出，因此，对县乡财政保障能力的约束大多也是刚性的（见图 1、表 1）。

**表 1　　2008 年安徽省县乡一般预算支出构成表**

| 支出项目 | 总量（亿元） | 比重% | 占全省支出比重% |
|---|---|---|---|
| 一般公共服务 | 106.6 | 14.05 | 45.5 |
| 国防 | 0.4 | 0.05 | 20 |
| 公共安全 | 29.6 | 3.9 | 34.1 |
| 教育 | 201.9 | 26.61 | 70.5 |
| 科学技术 | 5.9 | 0.78 | 24.8 |
| 文化体育与传媒 | 8.8 | 1.16 | 26.9 |
| 社会保障和就业 | 96.3 | 12.69 | 42.2 |
| 医疗卫生 | 71.1 | 9.37 | 68.5 |
| 环境保护 | 14.4 | 1.9 | 26.3 |
| 城乡社区事务 | 41.2 | 5.43 | 27.9 |
| 农林水事务 | 83.2 | 10.96 | 60.8 |
| 交通运输 | 21.3 | 2.81 | 41.1 |
| 工业商业金融等事务 | 53.9 | 7.1 | 28.9 |
| 其他支出 | 24.2 | 3.19 | 34.7 |

3. 县乡财政自给能力分析。从分税制以来县乡财政收入波动情况看，总体上可分为三个阶段：一是分税制改革之初；二是农村税费改革之后；三是全面取消农业税至今（表 2、图 2）。

**表 2　　分税制以来安徽省县级财政收支情况表**　　单位：亿元

| 年份 | 收入 | 增幅（%） | 支出 | 增幅（%） | 自给能力（%） |
|---|---|---|---|---|---|
| 1994 | 30.7 | | 44.6 | | 68.8 |
| 1995 | 51.9 | 69.1 | 68.1 | 52.7 | 76.2 |
| 1996 | 72 | 38.7 | 89.5 | 31.4 | 80.4 |
| 1997 | 86 | 19.4 | 105.4 | 17.8 | 81.6 |
| 1998 | 92.4 | 7.4 | 109.6 | 4 | 84.3 |
| 1999 | 98.1 | 6.2 | 124.9 | 14 | 78.5 |
| 2000 | 89.4 | -8.9 | 131.8 | 5.5 | 67.8 |
| 2001 | 84.6 | -5.4 | 155.2 | 17.8 | 54.5 |
| 2002 | 81.2 | -4 | 173.7 | 11.9 | 46.7 |
| 2003 | 85.6 | 5.4 | 203 | 16.9 | 42.2 |
| 2004 | 91.9 | 7.4 | 251.8 | 24 | 36.5 |
| 2005 | 97 | 5.5 | 302.7 | 20.2 | 32 |
| 2006 | 126.4 | 30.3 | 406.7 | 34.4 | 31.1 |
| 2007 | 170.1 | 34.6 | 555 | 36.5 | 30.6 |
| 2008 | 222.2 | 30.6 | 758.8 | 36.7 | 29.3 |

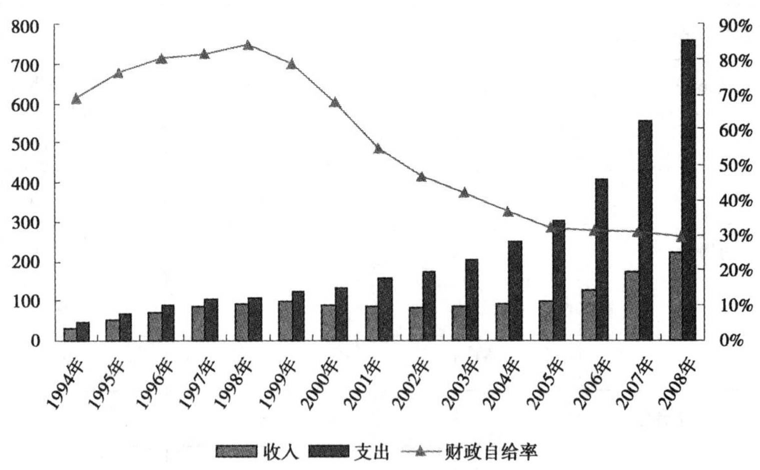


图 2　安徽省县级财政一般预算收支及财政自给率趋势图

表 2 反映了分税制以来安徽省县级财政收支状况。可以看出，分税制以后的几年间，财政收入保持了高速增长，财政自给率也较高。农村税费改革前后，安徽省县乡财政一般预算收入多年徘徊在 90 亿元左右，全面取消农

业税之后又步入快速增长阶段。2008 年，县级一般预算收入为分税制改革初的 7 倍多。但随着保工资、保运转、保重点等支出规模的不断上升，支出总量也在迅速增长，且远远超过了收入增长。一般预算支出总量由 1994 年的 44.6 亿元上升到 2008 年的 758.8 亿元，15 年增加 16 倍。县乡财政自给能力则由 1999 年（农村税费改革前）的 78.5% 下降到 2008 年的 29.3%，10 年下降 49 个百分点，约 70% 的财政支出需要上级通过转移支付的方式进行解决。图 2 直观地反映了这种变化。另外，从图 3 也可以看出，县级支出来源中，财力性转移支付和专项转移支付的比重呈上升趋势，而其本级收入和上级税收返还的比重则呈下降趋势。

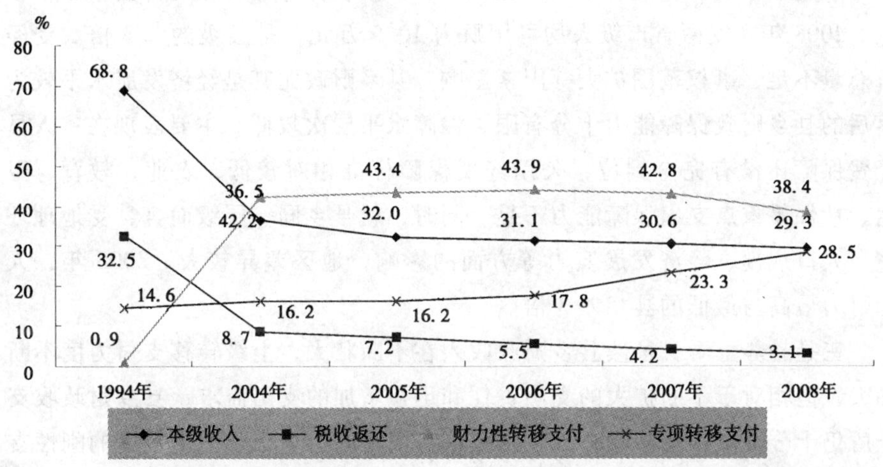


图 3　安徽省县级财政资金来源占支出的比重变化情况

4. 县乡政府性债务分析。县乡政府性债务有些是为了推进经济发展、加速经济结构调整和产业的升级换代而举借，也有些源于财力与事权不匹配而产生的财政支出缺口。如化解地方金融风险贷款、粮食企业亏损等政策风险转嫁负债，支持企业破产、改组、改造和安置下岗职工等国有企业改制债务，义务教育“两基”达标等教育投入负债，城镇基础设施建设、农村道路建设等工程项目负债等。2008 年，全省县级政府性债务余额 444.7 亿元，比上年增长 9.5%，是同期地方一般预算收入的 2 倍，债务率（债务余额占可用财力的比重）达到了 83%，县均政府性债务余额 5.9 亿元；其中乡镇级政府性债务余额 123 亿元，乡均政府性债务余额约 1000 万元，县乡政府偿债压力沉重，县乡财政风险较大。

5. 安徽省县乡财政保障能力的总体评价。通过上述分析，可以得出安徽省县乡财政保障能力的总体现状。

一是纵向上看，自分税制改革以来，省财政积极推行省以下财政体制改革，尤其是2007年以来，积极完善省对下转移支付制度，大力支持县域经济发展，县乡财力保障能力得到了显著提高，县乡财力统筹范围逐步拓宽，本级财政收入稳步增长，上级转移支付逐年加大，人均可用财力从2006年的2.9万元提高到2008年的4.7万元，县乡政府性债务逐步化解，总体上看，许多县已从“保工资、保运转”发展到“保民生、促发展”上来。

二是层级上看，与省市两级相比，县乡财政保障能力相对薄弱，水平较低。2008年，安徽省市级人均可用财力10.5万元，是县级的2.3倍。受经济总量不足、事权范围扩大等因素影响，县乡财政尤其是经济发展水平较为落后的县乡财政保障能力十分有限，保障水平层次较低。主要表现在：人员经费保障还没有完全到位，公用经费保障标准相对较低，农业、教育、卫生、社保等重点支出保障能力不足。同时，就县乡同一层级而言，受地理环境、人口规模、经济发展实力等方面的影响，地区差异较大。2008年，人均财力最高与最低的县相差3倍。

三是趋势上看，虽然县乡财政收入在不断壮大，上级转移支付力度不断加大，但相对于不断扩大的支出责任和迅猛增加的支出需求，县乡财政收支矛盾仍十分突出，总体看，县乡财政自身新增的财力难以消化新增的刚性支出。当前，国家陆续出台了一系列减收增支政策，特别是义务教育教职工绩效工资、医药卫生体制、基层政法经费保障体制等改革以及民生工程保障范围的不断拓宽和提标，都对县乡财政保障能力提出新的挑战，县乡财政保障面临新的更大压力。

### （二）县乡财政保障能力薄弱的成因

1. 经济因素。一是经济基础薄弱。2007年，安徽省县域GDP 3491.3亿元，占全省47.5%，比河南省、湖北省、山东省和江苏省分别低23.1、3.3、11.1和4.6个百分点；人均创造GDP为7346.1元，分别相当于上述四省的55.8%、73.6%、38.5%和27.1%。安徽省县域经济总量小，经济规模水平低，经济基础较为薄弱。二是经济结构不合理。大多数县至今没有摆脱“一产重、二产弱、三产轻”的结构困局。2008 年，安徽省县乡三产比例为 33.1∶37.7∶29.2，而全国平均水平为 11.3∶48.6∶40.1。产业结构不合理，县域间产业雷同、资源配置不合理和低水平重复建设等问题比较突出，由此造成县乡财源结构不合理，财政收支矛盾加剧。三是经济发展后劲不足。占主导地位的农业经济对自然灾害的抵御能力弱，园区经济发展起步迟，许多县乡自然条件较差，又缺乏资金、技术、人才、资源、区位等优势，导致招商引资难度大，经济发展乏力。

2. 政策因素。政出多门，各方面支出需求超出了县乡财政承受能力。近年来，除国家出台的减收政策影响县乡财力外，来自于上级的增支政策或增支要求给县乡造成很大压力，屡屡出现“上级请客，下级买单”的现象。有的上级部门只提配套要求，不顾基层财力状况，县乡财政捉襟见肘。

3. 体制因素。财政体制不健全、不完善，是造成县乡财政保障能力差的重要原因。主要体现在以下几个方面：一是县乡缺乏主体税源。分税制后，中央集中了 75% 的增值税和 100% 的消费税，而留给地方的只是一些征收成本高的小税种，随着农业税的取消，县乡政府失去了主体税源，发展经济带来的新增税收大多上交了中央。二是县乡财力与事权不相匹配。分税制改革以来，财政收入呈现层层集中的状况，中央财政收入占全国财政收入比重 1993 年为 22%，到 2006 年已过半，为 52%，县乡两级仅占 18.6%；而县乡政府事权却呈不断扩大之势，其结果是，越往基层财政越困难。“中央财政吃肉，省级财政喝汤，市级财政温饱，县乡财政饥荒”是一些县乡财政干部对这一现象的形象描述。三是转移支付制度有待于进一步完善。用于实现基本公共服务均等化的财力性转移支付所占比重有待进一步提高，专项转移支付需进一步整合，各类专项转移支付资金分配透明度不高、资金的使用亟待加强监管。

4. 管理因素。财政管理不规范，财政资金运行效率不高，也制约了县乡财政保障能力的提高。一是财政支出存在越位现象。有些县乡政府职能转变滞后，政府与市场边界不清，财政花了不该花的钱，直接把财政资金投入到竞争性领域，增加了财政支出压力。二是财政供养人员多。许多县乡历史形成的财政供养人员较多，一时难以有效消化，在工资标准不断提高的情况下，供养人员的经费支出增长超过财政收入的增长。三是财政支出缺乏绩效评价和有效监督。县乡财政一些项目安排不够科学，重大项目缺乏评审论证和绩效评价，财政监督体系尚未健全。

## 四、设想及建议

今后一个时期，是安徽省科学发展、加速崛起的关键时期，县级财政是基层财政，更是基础财政，事关财政平稳健康运行大局。必须认真践行科学发展观，主动理财、科学理财、依法理财、民主理财，立足安徽省县乡财政经济发展实际，坚持激励与约束并重、改革与管理并行、“输血”与“造血”结合，大力推进县乡财政建设，着力增强县乡财政保障能力，实现县乡财政经济良性循环，为全面提升财政科学发展水平，实现富民强省新跨越奠定坚实基础。

### （一）支持经济发展，不断提高县乡财政自身实力

经济决定财政，只有加快县域经济发展，做大做强县域经济，县乡财政保障能力才具有坚实的基础。

一是贯彻落实支持区域经济、县域经济发展的一系列政策措施。为加快县域经济发展步伐，省委省政府专门下发了《关于贯彻落实科学发展观促进县域经济又好又快发展的若干意见》（皖发［2008］9号），明确了促进县域经济发展的相关政策措施，同时大力推进扩权强县强镇和皖江城市带承接产业转移示范区建设。省财政先后出台了一系列支持区域经济发展的政策措施，支持皖北及沿淮地区发展的园区基础设施建设，支持毗邻苏浙地区的“东向发展”战略，以及支持合芜蚌自主创新试验区自主创新等。这些政策措施现已成为加快区域经济、县域经济发展的有力支撑，要继续贯彻落实，用足用实这些政策，不断提高县乡财政实力。二是支持县域工业园区发展，促进产业集聚。工业园区作为县域经济的发展平台，为振兴经济、增加收入、扩大就业发挥了重要作用。要通过多种方式和渠道，逐步加大对县域工业园区的支持力度，引导县域产业集群发展，培育县域经济增长极。三是支持县域企业特别是中小企业发展。企业是经济发展的重要载体，也是主要的“财源”。要积极、充分发挥财政投融资作用，加快建立中小企业信用担保体系，促进多元化企业融资服务平台建设，帮助企业筹集发展资金，促进县域企业发展。

### （二）规范转移支付，建立县级基本财力保障机制

科学、规范的转移支付是现阶段提高县乡财政保障能力最直接、最有效的手段，同时也是公共财政体制下调节地区差异，促进经济社会协调发展的客观要求。

一是建立健全政策性、激励性、均衡性相统一的科学的财力性转移支付体系。要实现政策性、激励性、均衡性转移支付的高度协调配合，并根据实际情况有所侧重。政策性转移支付主要体现中央和省的特定政策要求，激励性转移支付主要体现中央和省鼓励县级加快发展等政策意图，均衡性转移支付（即原一般性转移支付）则主要体现缩小地区差异。二是继续加大均衡性转移支付力度。要切实提高均衡性转移支付的规模和比例，以进一步拓宽地方政府自主统筹安排财政支出的空间，促进地区间公共服务的均等化。坚持用标准收支统一衡量区域财力差异，优化选择标准收支的客观因素和计算方法，采用公式化方式进行规范化分配。围绕主体功能区建设，通过明显提高转移支付补助比例的方式，增强禁止开发与限制开发区域政府公共服务保障能力。三是规范专项转移支付。要整合和规范专项转移支付，充分发挥政策功能，确保实现专项转移支付的特定目标，并逐步降低其比重。四是探索建立县级基本财力保障机制。要进一步研究制定更为科学的动态的保障范围和保障标准，考虑各县支出成本差异等因素，确定县级基本财力需求，对基本财力存在缺口的县，省财政根据缺口情况、保障资金额度、财政困难程度等因素，分类分档给予补助，切实增强县乡政府提供基本公共服务的能力。

### （三）完善体制机制，努力实现财力与事权相匹配

党的十七大提出，健全财力与事权相匹配的财政体制，这是提高县乡财政保障能力的关键所在。

一是明确政府间支出责任。要按照受益范围、权责对等和效率优先的原则，明确划分各级政府间的事权，建立和完善财力与事权相匹配的财政体制。科学界定政府与市场边界，明确公共财政支出范围。将可以由市场解决的事务坚决从政府支出中剔除，同时，推进财政支出方式的创新，实行政府购买服务、以奖代补等支出方式，加强财政资金的引导作用。科学界定各级

政府本级事务，避免各级政府支出责任交叉。涉及国家安全、国防、外交等支出项目应由中央财政统一负担。省级政府主要负责跨市县、长周期和涉及全省整体利益的公共事务及公共设施建设。市、县政府主要负责辖区范围的行政管理和公共服务。科学界定各级政府共同事务，明晰各级政府支出分担比例。对义务教育、公共卫生、社会保障、资源保护和环境治理等共同事务，应根据财力情况，建立明确、规范的分级负担机制。二是继续完善省以下财政体制。进一步理顺省与市、市与非直管县和市辖区的财政分配关系，充分调动市级积极性，增强市级财政在市域范围内的财政职能，积极发挥市对县区的支持、带动和辐射能力，推进城乡统筹。

### （四）制定政策措施，化解县乡政府债务

地方各级政府性债务规模庞大，且呈不断增长态势，尤其是县乡两级政府性债务负担沉重，给地方经济发展和社会稳定带来隐患和风险，必须采取切实有效措施，积极化解。

一是理顺政府性债务管理体制，按照权责一致的原则，由财政部门对政府债务的借、用、还等实施统一管理。二是建立严密、规范的政府新债控制机制。三是建立严格、有效的地方政府性债务存量消化机制。四是建立稳定、可靠的政府到期债务偿还机制。五是建立化解政府性债务奖补机制。六是建立公开、透明的政府性债务监管机制。

### （五）加强财政管理，提高财政资金使用效率

提高县乡财政保障能力，还必须加强财政管理，逐步建立预算编制—预算执行—绩效考评一体化监督体系，切实提高财政资金使用效率。

一是积极推进预算管理制度改革。要完善县级部门预算改革，实行综合预算，将县乡一般预算收入、预算外资金收入、政府性基金预算收入、社会保险基金收入全部纳入财政管理范围，加大非税收入征管和统筹力度，切实提高县乡财力完整性，预算编制的可靠性。要优化支出结构，硬化预算约束。要进一步推进“收支两条线”管理、国库集中收付制度和政府采购制度改革，切实提高县乡财政资金使用的安全性、规范性及有效性。二是提高县乡财政资金使用效益。要对重大项目进行评审论证，注重“关口前移”，实现事前评审、事中监控、事后评价一体化，切实提高项目支出效益；推进

预算支出绩效考评工作，并将考评结果作为以后年度预算编制的重要依据。三是强化财政监督机制。不断创新财政监督工作模式，提高监督效能，建立健全事前、事中和事后监督相结合的财政监督机制，对发现的问题，追根溯源，从源头规范财政管理和财务管理；建立法律监督、上级政府监督、财政内部监督以及人大、审计、监察等部门监督、社会监督相互补充协调的全方位监督机制。四是建立县乡财政运行动态监控机制。加快“金财工程”建设步伐，探索建立省以下财政经济运行基础信息库，发挥财政广域网的优势，从财政供养人员、重点税源、行政事业单位资产管理、预算安排、支出执行等方面实行动态监控，实现财政信息资源的“上下对称”、“真实透明”。

# 安徽县域开发区发展及对策

近年来，安徽全省各级各部门认真贯彻省委、省政府关于加快县域经济发展的决策部署，县域经济呈现持续快速发展态势，县级财政收入增幅连续多年高于全省平均水平。省财政厅对此高度重视，充分发挥财政省直管县联络员作用，专门安排联络员深入各县（市）开展调研，明显感受到县域开发区已成为县域经济发展的增长极。

## 县域开发区发展特点

截至2007年底，全省61个县（市）每个县（市）至少有1个开发区（或工业园区，统称县域开发区），其中省政府批准正式成立的县域省级开发区49个。全省县域开发区规划面积855.2平方公里，建成面积314.3平方公里。2007年完成工业总产值1083.1亿元；规模以上工业企业数1903个；财政收入61.1亿元。县域开发区发展呈现以下三个特点：

一是建设发展形势喜人。从财政收入情况看，2007年，全省县域开发区完成财政收入61.1亿元，同比增长51%，高出全省平均增幅15.6个百分点。其中来安等13个县开发区财政收入增幅在1倍以上，29个县开发区财政收入增幅在50%以上，有46个县开发区财政收入增幅高于全省平均增长水平。

二是整体处于投入期。从“投入—产出”分析，全省县域开发区整体处于“筑巢引凤”的投入期。2007年，全省县域开发区固定资产投资517亿元，同比增长62.3%，而同期税收收入57.2亿元，增长50.7%。无论是绝对数还是增幅，开发区税收贡献率都有提高。另外，开发区建成面积仅占规划面积的36.7%。今后，随着开发区规模进一步壮大，开发区对县域经济的拉动效应将逐步显现。

三是开发区冷热不均。一些起步早的开发区，在县域经济发展中发挥龙头带动作用。如肥西、宁国等10个县开发区工业总产值占全省县域开发区的比重达56.4%。其中肥西桃花经济开发区、宁国经济开发区2007年完成工业增加值分别为31.7亿元、19.4亿元，占到该县（市）规模以上工业的57%和62.8%；实现财政收入8.75亿元、4.7亿元，占到全县（市）的70%和46.1%。但大部分县开发区发展滞后、实力薄弱。

四是“十强县”开发区实力强。“综合十强县”开发区建设发展相对成熟，实力较为雄厚，已进入投入“回报期”。2007年“综合十强县”开发区规模以上工业企业数452个，工业总产值508.4亿元，财政收入28.0亿元，分别占到全省县级开发区的24.0%、46.9%和45.8%。“动态十强县”开发区尽管建成进度不高，但处于高速发展阶段，入园项目规模和质量高于县域开发区平均水平，后续发展空间和潜力巨大。2007年“动态十强县”开发区固定资产投资增幅高于全省县域开发区4.5个百分点，工业总产值和规模以上工业企业数分别占到全省县域开发区的41.0%、24.3%。

## 县域开发区发展存在的共性问题

根据调研情况分析，由于受区位、资源和产业环境等多种因素影响，各县开发区发展路径差异明显，但大致存在三个方面的共性问题。

第一，综合实力不强。目前，尽管每个县（市）都有开发区，但是大部分县开发区加工制造类、劳动密集型企业居多，高科技、高附加值产品企业较少；分散型中小企业较多，关联能力强、带动性明显的大项目和外资项目较少，特别是缺乏牵动性强的终端项目。2007年，全省县域开发区中工业总产值在20亿元以上的只有13个，仅占21.3%；工业总产值在50亿元以上的只有5个，仅占8.1%，其中仅有无为经济开发区和肥西桃花工业园区工业总产值在100亿元以上。即使一些发展较早的开发区，有的也因定位不够明确，起点不高，门槛较低，没有形成特色和优势，缺乏辐射带动能力。

第二，要素供给紧张。突出表现在三个方面：一是用地不足与使用效率不高并存。一些建设早、基础设施较好的开发区因受国家严格控制土地征用等调控措施的影响，有项目无土地，放慢了投资步伐。部分开发区则因招商引资差，土地征而不用、圈而不建。二是专业技术人才少，中高级人才匮乏。据侧面了解，61 个县开发区全部从业人员中，具有高、中级职称人员所占比例不足 6%，专门从事研究与开发人员不足 2%。三是银行贷款紧缩，给开发区量大面广的中小企业贷款增加了难度，大大影响了项目工程建设的进度。此外，面向高科技企业特别是中小企业项目的风险资金平台搭建不理想，风险资金推出机制不合理，制约了高科技项目的孵化和投产。

第三，软硬环境不优。近几年县域开发区内基础设施建设资金主要来自财政投入，省财政厅先后筹集县域发展资金 40 多亿元，拨付县级工业园区贴息奖励资金 3.6 亿元。大部分县反映，省财政厅的支持，极大缓解了开发区硬件建设“燃眉之急”。但是，绝大多数县吸纳社会资金投入和争取金融部门贷款的资金较少。由于资金筹集渠道单一，各开发区建设资金缺口较大，致使区内公共基础配套设施和公共服务支持体系建设普遍滞后，加之一些优惠政策难以落实，造成有些开发区“有场无市”，不能发挥预期效应。此外，不少开发区机构不健全，“三定”方案没落实，一些开发区重招商、轻服务现象仍然存在，“一站式服务”还无法实现等，影响了开发区发展。

## 加快县域开发区发展的对策建议

当前，安徽省县域开发区发展进入了新的阶段。加快县域开发区发展，既需要落实好相关政策措施，也需要在落实中进一步完善政策措施，给予县域开发区发展更大的政策支持。

一要加大扶持力度。要在政策上加大扶持，进一步落实好、运用好现有加快开发区发展的各项政策措施，全力营造良好的发展环境。要在资金上加大扶持，将财政支持县域经济发展的各项专项资金向开发区适当集中，将各项财政优惠政策向开发区倾斜，并对通向区内的道路、供水、供电设施，列入城市规划，由各级政府投入资金建设，尽可能采取多种方式降低企业进园区成本。要在服务上加大扶持，进一步转变各级政府职能，全面提高政府办事效率，尤其要解放思想，真正把开发区作为县域经济社会发展的“特区”，开辟方便、高效、快捷的“绿色通道”，吸引更多的投资者进园区发展。

二要提高土地利用率。各开发区应把单位面积土地的投资强度和产出量作为供地的重要指标，向集约化要效益，优先保证重点建设项目、工业项目、高新技术项目和大项目用地。对不符合国家产业政策、用地效率又不高的项目，要坚决亮“红灯”；对科技含量高、产业关联度大、符合国家要求的龙头项目，要积极申报，争取列入专项用地计划。要眼睛向内，盘活存量，对无开发能力的项目依法收回所占土地，大力挖掘现有土地潜力。

三要扩大招商引资。要坚持内外资并重、内外资一起招，紧紧抓住世界产业转移的机遇，采取以商招商、项目招商、产业链招商、利用资源比较优势招商等多种有效形式，拓宽招商领域，扩大招商引资成果。要坚持区别对待招商引资，基础好、实力强的开发区要突出“挑商选资”、讲究质量，特别是要加大对跨国公司和国内上市大公司的引进力度，突出引进世界研发中心、高新技术产业、先进制造业项目，确实提高开发区内企业的科技含量。开发区要对民营经济实行全方位开发，放宽投资人资格、注册资本金和投资方式的限制等，支持和引导民资“上项目”，激发开发区发展的活力。

四要调整投融资结构。各县要抓住国家加强宏观调控的有利时机，对符合宏观调控要求的基础设施和重点产业项目，积极争取进入国家和省里的大盘子，并积极引导开发区进行银企合作，争取信贷支持，尤其要加快推进全省信用担保网络建设，切实缓解企业“贷款难”、“融资难”。针对目前“银根”收紧的新情况，各县开发区要在政策允许的情况下，总结借鉴相关经验，大胆探索融资渠道。如宿松县工业园区将行政事业单位的土地证、房产证注入县城投公司，作为贷款抵押物，向银行贷款；广德经济开发区本着自愿的原则，向开发区拆迁安置户有偿募集富余资金，群众与开发区发展实现“双赢”。

五要优化产业结构。要积极实施产业集聚战略、品牌带动战略、围绕骨干项目，重点发展一批配套大项目，增强大企业、大项目的集聚和带动效应。要注重搭建中小企业发展平台，大力培育和扶持服务型、科技型、外向型、专业特色型中小企业，鼓励中小企业走“专、精、特、新”发展路子，形成“抓大压小、以大带小、助小强大”的局面，增强县域经济发展后劲。要坚持走开发与环保并重的路子，积极建立环保型园区，推动县域开发区可持续发展。

# 进一步改善财政宏观调控政策研究

科学分析“后危机时代”财政宏观调控政策，正确判断对安徽省经济发展的影响，探寻下一步选择理财实证的路径与方式，进一步加强和改善财政宏观调控职能，对于促进经济社会平稳较快发展具有重要意义。

## 一、财政宏观调控政策主要内容（见表1）

1. 基本内涵。财政宏观调控是国家通过实施特定的财政政策，促进较高的就业水平、物价稳定和经济增长等目标的实现。根据宏观经济运行的不同状况，相机抉择采取相应的财政政策措施。当总需求小于总供给时，采用扩张性财政政策，增加财政支出和减少政府税收，扩大总需求，防止经济衰退；当总需求大于总供给时，采用紧缩性财政政策，减少财政支出和增加政府税收，抑制总需求，防止通货膨胀；在总供给和总需求基本平衡，但结构性矛盾比较突出时，实行趋于中性的财政政策。

2. 演进历程。根据经济形势变化，财政政策因时而动、相机抉择，已经历五个阶段：第一阶段：1978—1992 年财政宏观调控依附于计划或隐含在计划调控之中，形成了独具特色的转型时期财政政策作用机制；第二阶段：1993—1997 年实施“适度从紧”财政政策，国民经济成功实现“软着陆”，形成“高增长、低通胀”的良好局面；第三阶段：1998—2004 年实施积极财政政策，有效抵御亚洲金融危机冲击；第四阶段：2005—2008 年前三季度实施稳健财政政策，以解决投资过热和宏观经济偏热，国民经济连年保持两位数加速增长；第五阶段：2008 年四季度至今实施积极财政政策，有效应对美国次贷危机引发的金融危机，有力促进经济社会平稳较快发展。

3. 最新成效。2009年，全省各级财政部门认真贯彻落实积极财政政策，充分发挥财政职能作用，增加政府投资，扩大消费需求，推进结构调整，为全面实现“保增长、保民生、保稳定”目标任务作出了积极贡献。2009年，全省生产总值跨上了万亿元新台阶，达到10052.9亿元，比上年增长12.9%；财政收入1551.2亿元，增长17%；全社会固定资产投资9263.2亿元，增长36.2%；社会消费品零售总额3527.8亿元，增长19%；城镇居民人均可支配收入14086元，增长8.4%；农民人均纯收入4504元，增长7.2%。“最为困难”的一年，取得“极为不易”的成绩。

**表1　　2009年安徽省财政宏观调控主要措施一览表**

| 序号 | 类别 | 主要措施 |
|---|---|---|
| 1 | 预算手段 | 不断加强预算执行调度，全面实行政府预算体系改革，进一步规范省级预算编制内部规程，夯实深化县级部门预算改革，稳步推进政府性债务管理，顺利推行指标拨款一体化改革，选择省级16个重点支出项目、12个市、县（区）进行预算支出绩效考评试点 |
| 2 | 税收手段 | 取消、停征和调整129项收费 |
| 3 | | 全面落实“五缓、四降、三补贴”政策，全年减轻企业和居民负担140多亿元 |
| 4 | | 积极贯彻国家税收政策，认真开展税源调查，进一步规范税收秩序 |
| 5 | | 大力加强契税、耕地占用税征管，“两税”收入完成75.2亿元，增长40% |
| 6 | 公债手段 | 积极争取财政部发行地方政府债券77亿元，发行额度居全国第9位 |
| 7 | | 积极争取外国政府、国际金融组织贷款2.2亿美元，报批使用国家开发银行贷款140亿元 |
| 8 | 财政支出手段 | 全省民生支出860亿元，占财政支出的41%，其中实施28项民生工程，财政投入254亿元 |
| 9 | | “三农”支出676亿元，同比增长40.2% |
| 10 | | 教育支出314亿元，增长9.7% |
| 11 | | 医疗卫生支出179.5亿元，增长72.8% |
| 12 | | 社保和就业支出282.9亿元，增长24% |

续表

| 序号 | 类别 | 主要措施 |
|---|---|---|
| 13 | 财政支出手段 | 环境保护支出 62.5 亿元，增长 12% |
| 14 | | 保障性住房：全年争取财政部廉租住房专项补助资金 57259 万元，全省发放租赁补贴 12.6 万户 |
| 15 | | 节能环保：下达节能技改财政奖励资金 1.45 亿元，下达新型墙体材料专项基金扶持项目等专项资金 1767 万元 |
| 16 | | 自主创新：安排 6 亿元专项资金，支持合芜蚌自主创新试验区建设；拨付资金 1.7 亿元，支持奇瑞、江淮、星马三大汽车集团自主创新 |
| 17 | | 区域发展：提前拨付皖北三市六县发展扶持资金 2.6 亿元和均衡性转移支付资金 50 亿元 |
| 18 | | 进一步扩大采购范围和规模，全省完成政府采购规模突破 300 亿元 |
| 19 | | 进一步强化公务用车、因公出国（境）、公务接待等一般性消费支出管理，与前三年平均数相比，分别下降 37.5%、20.6%、15.8% |
| 20 | 投融资手段 | 完成担保再担保 165.1 亿元，增长 64.4%，有效缓解中小企业融资难 |
| 21 | | 落实 25 亿元专项转移支付资金，大力支持市县建立担保和风险补偿资金 |
| 22 | | 制定了改善小企业金融服务的 22 条政策措施，通过补贴、奖励等手段促进金融机构扩大信贷投放 |
| 23 | | 在合芜蚌自主创新试验区内建立 8 只风险投资基金 |
| 24 | | 支持成立安徽省股权交易所，积极探索知识产权质押贷款试点工作，促进投融资体制机制创新 |

4. 最新动向。为进一步巩固经济企稳回升势头，2010 年继续实施积极的财政政策和适度宽松的货币政策，但与 2009 年相比，财政经济政策的力度、节奏和重点进行了必要微调，主要表现在以下四个方面：一是今年中央财政拟安排中央政府公共投资 9927 亿元，比 2009 年的预算高出了 9.3%，政府公共投资力度加大；二是继续落实结构性减税政策，在去年基础上增加了新的内容，例如减半征收小型微利企业所得税，对 1.6 升及以下排量乘用车暂减按 7.5% 征收车辆购置税等；三是加大对消费需求的刺激力度，重点提高居民收入、提高消费能力，完善“四下乡、两换新”（家电、汽车、摩托车、农机下乡和家电以旧换新、汽车以旧换新）政策；四是优化支出结构，加大对“三农”、教育、科技、医疗卫生、文化、社会保障、保障性住房、节能减排以及欠发达地区的支持力度。

## 二、我国财政宏观调控政策存在的问题

1. 财政收入制度不够完善，政府参与国民收入分配的力度不够。主要表现在4个方面。(1) 财政收入占国内生产总值偏低。一般而言，伴随经济的发展，财政收入占GDP的比重呈逐步提高的趋势，发达国家在40%—50%之间，发展中国家在25%—30%之间（见图1)。2009年，我国财政一般预算收入占GDP的比重，在经过10余年的持续上升之后也仅为20.4%，而安徽省财政收入仅占GDP的15.4%。按照国际上大致可比口径，2008年我国政府一般预算收入加上政府性基金收入、社会保险基金等收入，占GDP的比重约为29.9%，仍比工业化国家和发展中国家的平均水平分别低15.4和5.6个百分点。更何况政府性基金和一部分预算收入定格专款专用，难以统筹使用，直接影响和弱化了财政优化资源配置、调节收入分配等职能发挥。(2) 财政收入结构有待优化。税收收入占一般预算收入比重偏低，大体在80%—85%左右。而基金收入、非税收入占政府收入的比重又偏高，一些地方特别是基层专款专用的非税收入占财政收入比重更大。不利于财政收入增长的可持续性，不利于提高财政收入质量，而且容易引发乱收费，扰乱收入分配秩序。(3) 税制结构不尽合理。直接税比重偏低，不利于税收调节收入分配作用的发挥。资源税制度不够完善，税负偏低，或者说，由于费改税滞后，硬化不够，不利于节能环保和可持续开发。(4) 地方税体系建设滞后。发达市场经济国家，政府层级一般不超过三级，我国政府层级偏多，地方政府缺少主体税种，没有税政自主权，县乡财政仍比较困难。

2. 财政体制有待健全，财力与事权不够匹配。主要体现在4个方面。(1) 事权与支出责任界定不清晰。宪法和法律对各级政府的事权界定比较原则，执行中存在较多交叉事项和模糊之处，特别是专项支出方面：如国防、外交等中央事权，地方政府也承担了部分支出；属于下级政府承担的事权，中央又通过转移支付安排了专款。(2) 基本公共服务均等化进展缓慢。我国地区间财力差异较大。一些专家学者认为：重要原因在于中央财政集中度仍然偏低，从而影响了中央调控地区间财力差异的能力。2008年，中央财政收入占全国的比重为53.3%，扣除税收返还，占比47.8%。而大部分

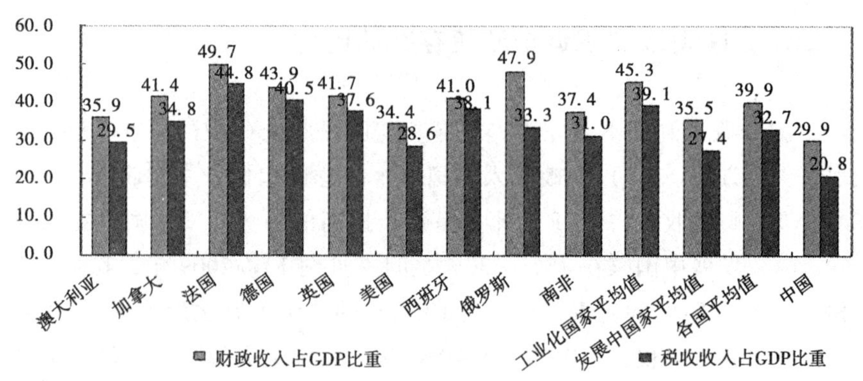


图 1　世界主要国家财政收入、税收收入占 GDP 比重

国家这一比例在 60% 以上。部分专家建议进一步研究提高中央财政集中度，并加大对中西部的转移支付力度，促进地区协调发展。（3）转移支付结构不尽合理。2009 年，中央对地方的转移支付当中，一般性转移支付只占 47.7%，专项转移支付占到 52.3%，这种状况不利于发挥规模效益，中央部门容易陷入微观事务。同时，地方配套要求缺乏规范办法，一些地方出现虚假配套、负债配套问题，影响政策目标实现，也加重地方负担。（4）省以下财政体制有待完善。省以下 4 个政府层级间尚未完全实行分税制，县乡之间讨价还价的分成制和包干制仍然存在，县乡财政支出水平偏低，保障能力较弱。

3. 财政预算制度完整性欠缺。主要是：包括公共收支、国有资本、政府性基金、社会保障等在内的完整预算制度体系尚未建立，仍有部分收入游离于财政预算之外。

4. 财政管理绩效有待提高。重收入、轻支出，重分配、轻管理的现象依然严重。法治建设有待加强，预算法滞后于新形势。财政管理仍比较粗放，全过程、全方位监管机制有待健全。铺张浪费现象仍然存在，资金使用效益尚需提高。

## 三、2010 年财政宏观调控政策对安徽省的影响

1. 对结构调整的影响。国家加强对中西部地区和“三农”支持力度、

鼓励自主创新和结构调整等政策导向，重点更加明确，措施更加具体，有利于安徽省巩固发展优势、加强薄弱环节，推进新兴产业发展，促进经济转型升级。但对于安徽省经济总量中占相当重要地位的钢铁、水泥、化工等传统产业来说，由于产业链短，附加值低，对资源依赖性大，结构调整难度大。特别是淮北、淮南、马鞍山和铜陵等产业结构单一的资源型城市经济结构调整中受到影响较大，转型发展步伐亟待加快。

2. 对区域经济的影响。国家注重对不同类型区域的分类管理，加大对中西部地区的支持力度，有利于安徽省皖江城市带承接产业转移示范区、合芜蚌自主创新综合试验区、合肥经济圈、皖北地区等各个区域发挥比较优势，明确发展方向，发展重心更加凸显；有利于增强安徽省区域发展的协调性，缩小皖南和皖北地区差异；有利于进一步增强合肥、芜湖等重点地区带动作用。但是，省内区域间发展不平衡短时间内仍将存在，公共服务均等化差距较大，行政区域划分的不同影响生产要素跨区域合理流动，对国家各项扶持政策的把握和领会各不相同，各个区域发展任务艰巨，任重道远。

3. 对城乡统筹的影响。中央加大地区协调和城乡统筹发展的工作力度，有利于安徽省发挥中心城市和中心地区带动作用，完善收入分配机制，缩小城乡差距和收入差距。国家把城镇化作为今后一个时期的重要战略，对于农业在三大产业仅占14.9%和拥有近6800万人口的安徽省来说，有利于加快推进工业化、城镇化水平。但从短期来看，如何有效解决农村教育、文化和农民医疗卫生、就业、住房等一些社会性、体制性、政策性因素对城乡统筹发展的影响，将是一个亟待解决的重大难题。

4. 对消费市场的影响。国家继续丰富完善包括家电、汽车下乡在内的刺激政策，有利于安徽省稳定消费，促进美菱、三洋等家电企业，奇瑞、江淮等汽车企业成长、壮大。但伴随着居民消费观念的逐步转变，消费模式将从“过度消费”向“量入为出”转变，家电下乡等政策边际效应可能减弱，居民消费一时难有大幅增长。

5. 对财政收支的影响。从收入看。安徽省经济总量过万亿，迈入经济增长提速、结构调整加快的新阶段，随着一大批重大项目陆续建成，新的经济增长点加速形成，为经济社会发展奠定了坚实基础，特别是皖江城市带承接产业转移示范区建设全面启动，将成为扩大对外开放的新高地，成为又好又快发展的新引擎，都将有效拉动财政增收。但也要看到，中央财政收入增长不会太快，将直接导致对下转移支付增幅的降低，对安徽省预算平衡影响较大；推进经济结构调整，节能减排，淘汰落后产能，将暂时降低企业生产与销售，一定程度上减少即期财政收入；落实结构性减税和各项税费减免政策，在减轻企业负担、增强企业活力和发展能力的同时，短期内将减少财政收入。从支出看。实施积极财政政策，减税增支是重要内容，中央出台改革政策，地方刚性支出配套压力仍然很大；省里出台保增长的一系列税收返还政策措施，加剧了财政支出压力；民生工程、科技创新、推进医药卫生体制改革、开展新型农村养老保险试点等，都需要加大投入，财政支出基数大，刚性强。2010 年财政运行整体趋紧、收支矛盾会更加突出。

## 四、促进安徽省经济社会又好又快发展的财政选择

1. 始终坚持主动理财，提供坚实财力保障。认真践行科学的理财观，强化主动生财意识，千方百计做大“蛋糕”。(1) 拓展融资平台。充分发挥财政资金“四两拨千斤”的作用，创新财政融资方式，拓宽财政融资渠道，力争紧中求活，努力化解发展和建设融资难问题。(2) 培育壮大财源。一是运用财税手段加大对重点行业、骨干企业和高新技术产业的扶持力度，着力培植税源大户，突出抓好重点行业和企业的税收征管；二是主动加强与其他经济部门的沟通联系，积极为各类市场主体提供公平的财税环境，认真落实结构性减税、“五缓四降三补贴”等财税优惠政策，大力培育中小企业，促进非公有制企业发展壮大。三是进一步规范土地出让、矿产资源等收入征管，增加政府非税收入。(3) 依法理财治税。既依法强化征管，组织收入；又反对“竭泽而渔”，防止不顾本地税源情况、层层加码压指标、收“过头税”，做到有予有取，予取挂钩，予取有度，形成良性循环。(4) 当好参谋助手。密切关注宏观经济形势，加强财政经济运行分析，根据外部经济变化和财政政策执行效果，及时调整或出台针对性的应对措施，为省委、省政府提供决策依据。

2. 持续扩大有效需求，保持经济回升势头。坚持增投入、扩内需、稳外需相协调，全力促进全省经济平稳较快发展。(1) 保持公共投资力度。主动争取中央投资资金和代理发行地方债份额，积极筹措资金保障全省重大项目建设，统筹安排在建项目投资，合理控制新开工项目，防止低水平重复

建设和“半拉子”工程。注重把增加政府投入的着力点放在促进民间投资上，出台鼓励和引导民间投资的政策措施，着力消除民间投资进入的不合理障碍，对民间投资投向经济社会发展薄弱环节和公益性事业的给予支持。（2）着力提升消费需求。继续实施更加积极的就业政策，支持开展农民工、高校毕业生、城镇困难群众和退伍转业军人等重点人群就业创业技能培训，支持落实最低工资制度，促进提高低收入者劳动报酬。加快推进城镇化建设步伐，缩小地区和城乡收入差距，着力培育消费热点。支持义务教育学校、基层医疗卫生事业单位等实施绩效工资，调整市级公务员津补贴标准。深入推进“四下乡、两换新”工程，完善配套措施，扩大政策覆盖面；积极争取家电以旧换新在安徽省试点，引导消费结构升级。（3）促进外贸稳中有升。认真落实出口退税政策，加大财税支持力度，统筹运用政府采购等多种手段，促进外贸工作保份额、调结构、促平衡，提高经济运行的稳定性和可持续性。

3. 大力推进结构调整，推动经济转型升级。紧紧把握经济发展阶段性特征、产业发展大趋势和国家政策支持重点，打造新兴产业、壮大优势产业、提升传统产业，推动经济发展方式转变。（1）积极承接产业转移。认真落实省委省政府《关于加快推进皖江城市带承接产业转移示范区建设的若干政策意见》，从2010年起连续6年每年安排不少于10亿元专项资金投入示范区建设。积极配合有关部门，抓紧编制示范区建设《产业承接集中区规划》等专项规划。（2）支持新兴产业发展。完善促进企业自主创新的财政激励机制，扎实推进国家技术创新工程试点省工作，继续认真落实支持合芜蚌自主创新试验区建设的政策措施，在电子信息、生物医药、新能源、新材料、节能环保、公共安全、文化创意等领域培育一批成长性强的新兴产业，同时集中财力，重点加快技术要素交易平台建设、技术中介服务平台建设、科技资源共享平台三大平台建设。（3）加大节能减排力度。大力支持循环经济和低碳经济发展，支持实施重点节能减排项目，推进城镇污水处理设施配套管网建设，同时积极争取财政部支持，尽快启动新安江跨省水流域环境补偿试点。（4）支持传统产业升级。结合产业调整和振兴规划，促进钢铁、有色、建材、煤电、化工等优势行业发展，延伸产业链，提高产业附加值，最大限度发挥资源优势。支持汽车、工程机械等装备制造业加快发展。研究政策措施，支持企业加大技术改造力度。（5）促进区域协调发展。

加快推进合肥经济圈建设，推进基础设施、产业布局、区域市场、环境保护一体化，促进省会与周边城市联动发展。积极落实加快皖北地区发展的各项政策措施，大力推进皖江与皖北结对合作，不断增强皖北三市六县造血功能。进一步落实支持县域经济发展的政策措施，推动县域经济迈上新台阶。

4. 加大财政投入力度，优化财政支出结构。（1）集中财力办大事。坚决杜绝乱开口子、“撒胡椒面”的做法，推进财政资金分配使用的科学化、精细化、绩效化管理。积极研究政府各类专项资金使用方式改革，促进有效整合，切实改变专项资金过多、过散的状况。重点保证一些急需急办的重点工程和项目，对一些需要办理但预算一时难以解决的项目，通过财政超收、拓宽筹集资金渠道等方式，尽可能保障；对形象工程和面子工程，把好预算关口，坚决予以控制。（2）公共财政倾斜民生。将财政支出更多地向保障和改善民生倾斜，向新农村建设倾斜，向困难地区和困难群体倾斜，不断提高城乡居民基本公共服务水平。优先安排民生工程资金，建立健全多元化资金投入机制，完善民生工程后续管理；继续推进廉租住房保障、农村危房改造试点、棚户区改造等工作。（3）严格控制行政支出。认真贯彻国务院第三次廉政工作会议精神，压缩行政经费支出，严格控制因公出国（境）经费、公车配置及运行费、公务接待费支出，使更多的资金用到保持经济平稳较快增长上来，用到保障社会和谐稳定上来，用到改善人民生活上来。

5. 深化财税制度改革，推进科学精细管理。（1）促进重点领域改革。及时足额安排和拨付资金，推进基层医药卫生体制综合改革，在中央安排改革以奖代补资金时争取更多份额。密切关注国家资源税改革动向，主动做好应对和推进工作，保障资源税改革在安徽省顺利推进。进一步规范省以下政府间分配关系，完善财政转移支付制度，构建财力与事权相匹配的财政体制，建立完善县级财力保障机制。科学划分公共财政预算、国有资本经营预算、政府性基金预算和社会保障预算收支范围，建立“四大预算体系”有机衔接机制。（2）规范预算管理。规范部门预算管理，细化预算编制内容，强化资产管理与预算管理结合，提高预算编制的精准性。狠抓预算执行管理，强化部门预算责任，加快预算支出进度。扎实推进财政支出绩效评价工作，不断完善预算支出评价体系，提高财政资金支出绩效。（3）规范政府债务管理。进一步夯实政府性债务管理基础，探索建立债务管理信息系统、规模控制和风险预警等基本制度，加强政府投融资平台管理，着力防范财政风险，促进财政可持续发展。（4）强化财政监督。把人大监督、审计监督、社会监督与财政监督有机结合起来，将财政监督管理的关口前移，建立内外并举、收支并重、贯穿财政资金运行全过程的财政监督工作格局。

# 进一步支持扩大安徽省居民消费需求研究

作为社会再生产过程中的重要环节，消费是拉动经济增长的主要力量和持久动力。长期以来，我国经济的快速增长主要建立在依靠投资和出口拉动的发展方式上，消费需求特别是居民消费需求对经济增长的拉动作用未能充分有效发挥。近年来，中央审时度势，明确提出要形成消费、投资、出口协调拉动的增长格局。如何扭转长期形成的重积累、轻消费的倾向，迅速扩大居民消费需求，成为当前亟须研究的一大重要课题。

## 一、当前安徽省城乡居民的消费现状

近几年来，安徽省经济保持了较快发展势头，GDP 由 2005 年的 5375 亿元增加到 2009 年的 10053 亿元，年均增长 12.8%，城乡居民收入和生活质量稳步提升，居民消费呈现出多样化、多元化的趋势。

### （一）消费水平不断提高

随着城乡居民生活的逐步改善，安徽省居民消费水平也不断提高。2005—2009年，全省城镇居民人均消费性支出从 6367.7 元提高到 10234 元，年均增长 12.6%；农村居民人均生活消费支出从 2196 元增加到 3655 元，年均增长 13.6%。消费支出的增加也带来了社会消费品零售市场的繁荣。2005—2009 年，安徽省社会消费品零售总额一直保持着两位数的增长率，从2005年的1765亿元提高到2009年的3528亿元，年均增长18.9%（见表1）。

**表1　　安徽省城乡居民人均消费性支出及社会消费品零售总额**

| 项　目 | | 2005年 | 2006年 | 2007年 | 2008年 | 2009年 |
|---|---|---|---|---|---|---|
| 城镇居民人均消费性支出（元）及增长率 | | 6368 | 7295 | 8532 | 9524 | 10234 |
| | | 11.5% | 14.6% | 17% | 11.6% | 7.5% |
| 农村居民人均生活消费支出（元）及增长率 | | 2196 | 2421 | 2754 | 3284 | 3655 |
| | | 5.7% | 10.2% | 13.8% | 19.2% | 11.3% |
| 社会消费品零售总额（亿元）及增长率 | | 1765 | 2029 | 2404 | 2966 | 3528 |
| | | 13.3% | 15% | 18.4% | 23.4% | 19% |

数据来源：《安徽省国民经济与社会发展统计公报》。

## （二）消费能力稳步提升

从居民收入来看，2005—2009年，全省城镇居民人均可支配收入从8471元提高到14086元，年均增长13.6%，农村居民人均纯收入从2641元提高到4504元，年均增长14.3%。从金融机构存款余额情况来看，2005年末，全省金融机构城乡居民储蓄存款余额为3509亿元，到了2009年，已达6620亿元，接近翻番。另外，居民的消费贷款能力也大大增强。2005—2009年，全省金融机构个人消费贷款已从349亿元上升到1339亿元，个人消费贷款占金融机构贷款余额的比例也由8.1%上升至14.4%（见表2）。

## （三）消费结构渐趋优化

2005年，安徽省人均GDP达到1000美元后，城乡居民消费结构进入了加速升级阶段，文娱、居住等享受发展型消费明显增多，汽车、珠宝、化妆品等高档商品开始趋热。2009年，安徽省城镇居民交通与通讯支出增长10.1%，娱乐教育文化支出增长5.6%，分别高于食品支出增长6.4和1.9个百分点；农村交通与通讯支出增长7.7%，居住支出增长25%，分别高于食品支出增长4.9和17.3个百分点。消费结构的不断优化使安徽省城镇居民家庭恩格尔系数从2005年的43.7%下降至2009年的39.6%，农村居民家庭恩格尔系数从2005年的45.5%下降至2009年的40.9%。

表2 安徽省城乡居民人均收入与存贷款情况

| 年份 | 城镇居民人均可支配收入 | | 农村居民人均纯收入 | | 金融机构居民储蓄存款 | | 金融机构个人消费贷款 | |
|---|---|---|---|---|---|---|---|---|
| | 收入（元） | 增长率 | 收入（元） | 增长率 | 余额（亿元） | 增长率 | 余额（亿元） | 占贷款余额比例 |
| 2005 | 8471 | 12.80% | 2641 | 5.70% | 3509 | 18% | 349 | 8.1% |
| 2006 | 9771 | 15.40% | 2969 | 12.40% | 4078 | 16.2% | 414 | 8.1% |
| 2007 | 11474 | 17.40% | 3556 | 19.80% | 4547 | 11.5% | 614 | 10.2% |
| 2008 | 12990 | 13.20% | 4203 | 18.10% | 5648 | 24.2% | 816 | 11.7% |
| 2009 | 14086 | 8.40% | 4504 | 7.20% | 6620 | 17.2% | 1339 | 14.4% |

数据来源：《安徽省国民经济与社会发展统计公报》。

## 二、安徽省消费领域存在的主要问题

尽管安徽省居民消费上升势头良好，但作为一个欠发达省份，安徽省居民的消费能力和消费层次总体上还处于较低水平。就目前来看，安徽省在消费领域还存在以下问题：

### （一）投资需求增长较快，消费拉动能力偏弱

从2003年开始，安徽省固定资产投资进入了一个高增长阶段，年增速在30%以上，2009年已达9263亿元，居中部第二位。而同期安徽省社会消费品零售总额为3528亿元，占GDP的比重为35.1%，低于全国平均水平2.3个百分点，处于中部靠后。从投资率和消费率的变化情况看，2008年，安徽省投资率已达到47.8%，高于全国5.1个百分点，相当于世界平均水平的2倍。与节节攀高的投资率相比，安徽省消费率却呈持续下降趋势，从2003年的63.4%下降到2008年的52.7%（见图1）。

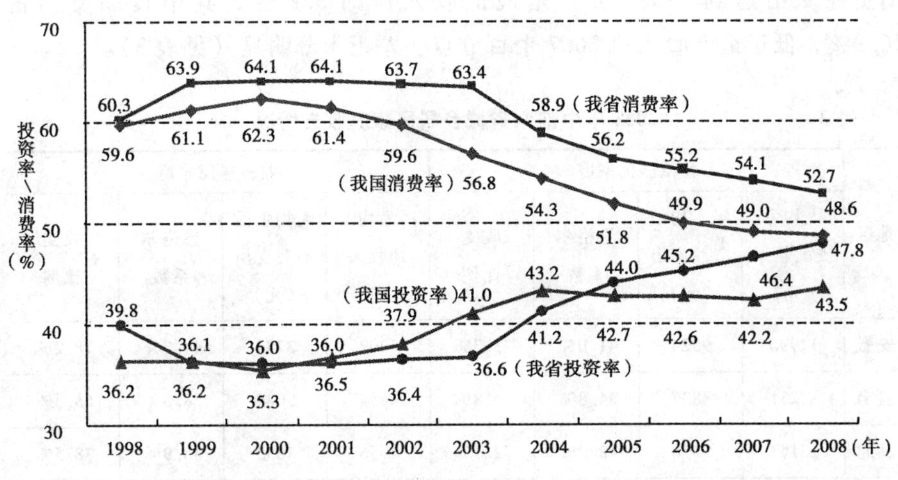


图1　近年来我国及我省投资率、消费率变化情况

数据来源：《安徽统计年鉴》，投资率（资本形成率）即资本形成总额占GDP的比重，消费率（最终消费率）即全部最终消费支出占GDP的比重。

## （二）整体消费能力不高，消费需求分布失衡

安徽省整体消费能力较低，2008年，安徽省城乡居民消费水平绝对数为6377元，排在全国19位，仅为全国的78%。从中部六省来看，安徽省城乡居民收入偏低，恩格尔系数较高，城乡人均收入均位列中部靠后。从收支比例来看，安徽省居民收支压力较大，人均收支比例高于全国，其中，城镇居民人均收支比为73.3%，居中部榜首；农村居民人均收支比达到78.2%，列中部第三。此外，安徽省消费需求的分布格局明显不均衡。一是城乡不均。2008年，安徽省城镇居民平均消费支出为10835元，而农村居民平均消费支出仅为3454元，城乡消费比为3.1∶1，城乡差距位列全国第15位，中部第2位。二是区域不均。以农村居民家庭每人生活消费现金支出为例，2008年，安徽省马鞍山、芜湖、铜陵沿江三市平均为3999元，而同期亳州、宿州、阜阳三市平均仅为2068元。其中，全省最高的马鞍山市达到4693元，是最低的阜阳市的2.5倍。三是阶层不均。抽样调查显示，2008年，安徽省最低收入户的城镇居民家庭年人均消费性支出为4222元，

其中食品支出占53.6%；而同期安徽省最高收入户的城镇居民家庭年人均消费性支出达到21953元，是最低收入户的5.2倍，其中食品支出占26.9%，低于最低收入户26.7个百分点，差距十分明显（见表3）。

表3　　2008年中部六省城乡居民家庭收支情况

| 地区 | 城镇居民家庭 | | | | 农村居民家庭 | | | |
|---|---|---|---|---|---|---|---|---|
| | 人均可支配收入（元） | 年人均消费性支出（元） | 恩格尔系数 | 收支比例 | 人均纯收入（元） | 人均生活消费支出（元） | 恩格尔系数 | 收支比例 |
| 安徽 | 12990 | 9524 | 41.0% | 73.3% | 4202 | 3284 | 44.3% | 78.2% |
| 河南 | 13231 | 8837 | 34.8% | 66.8% | 4454 | 3044 | 38.3% | 68.3% |
| 湖北 | 13153 | 9478 | 42.2% | 72.1% | 4656 | 3653 | 46.9% | 78.5% |
| 湖南 | 13821 | 9946 | 39.9% | 72.0% | 4512 | 3805 | 51.2% | 84.3% |
| 江西 | 12866 | 8717 | 41.7% | 67.8% | 4697 | 3309 | 49.4% | 70.4% |
| 山西 | 13119 | 8807 | 33.8% | 67.1% | 4097 | 3098 | 39.0% | 75.6% |
| 全国 | 15781 | 11243 | 37.9% | 71.2% | 4761 | 3661 | 43.7% | 76.9% |

资料来源：《中国统计年鉴》。

### （三）流通体系建设滞后，消费环境不尽完善

受地区经济发展水平的影响，安徽省商贸流通体系建设仍显滞缓，在基础设施、总量规模、业态结构等方面均需要进一步加强，特别是在广大农村地区，流通经营业态及经营方式陈旧，商品流通的信息化建设发展较慢。截至2008年底，安徽省亿元以上商品交易市场只有122家，占全国的2.7%，成交额为1203.5亿元，只占全国的2.3%；安徽省限额以上批发和零售业、住宿和餐饮业企业数为2596个，居全国第16位。流通体系的滞后直接影响到居民的消费成本，一定程度上弱化了居民的消费欲望。

### （四）居民消费预期不强，政策促进手段不足

由于现行社会保障体系尚不健全，安徽省居民在教育、医疗、养老等方面的预期支出增加较大，加之重储蓄、慎消费的传统思想影响，导致储蓄意

愿较强，即期消费需求不旺。2001—2009年，安徽省城镇居民平均消费倾向从0.8降至0.73；农村居民由于整体收入处于较低水平，平均消费倾向波动性较大，但从长期看也将逐步转向下行。在刺激消费的手段上，国家已出台了“家电下乡”、“汽车下乡”等政策措施，尽管政策效应已经显现，但由于覆盖面较窄，范围受到限制，对消费市场的拉动作用有限。截至2009年底，安徽省家电汽车下乡共拉动消费87.5亿元，仅占全社会消费品零售总额的2.4%（见图2）。

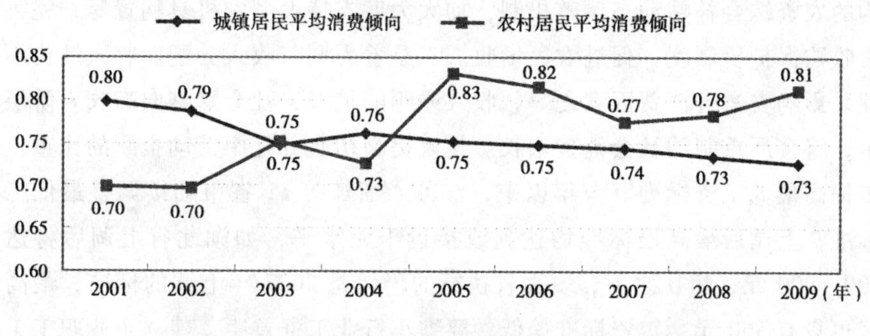


图2 近年来我省城乡居民平均消费倾向变化图

## 三、进一步发挥财政职能支持扩大安徽省消费的政策建议

世界多国工业化进程表明，在人均GDP从1000美元通向3000美元左右的工业化中期阶段，通常都伴随居民消费率一定程度的攀升。但安徽省人均GDP在2005年和2008年，陆续突破1000美元、2000美元大关后，消费率仍然呈下降趋势，投资消费比例关系不协调的状况进一步加剧。必须高度重视消费的重要作用，把消费作为实现安徽省经济跨越发展的重要抓手。要转变财政政策功能导向，将促进扩大消费作为今后宏观调控政策的重点目标，由以前较多地侧重促进投资功能转变为更多地侧重促进消费功能，增强安徽省经济发展的可持续性。

### （一）增加居民收入，提升居民消费能力

一是提高低收入人群收入。低收入人群的边际消费倾向远远高于高收入人群，对这部分人群实施财政支持会有效提高其消费支出水平。可通过提高

全省城乡低保对象财政补助水平和农村五保户供养标准，进一步加大对低收入群众的帮扶救助力度。截至今年一季度，全省城乡享受低保人数共 490 万人，农村五保供养对象 46 万人，若人均每月增加 50 元消费支出，则全年可新增消费 32.2 亿元。二是加大财政支农力度。农村消费不足是影响扩大内需的重要因素，也是拉动消费的重点和难点。据国家统计局测算，农村人口增长 1 元的消费支出，将对整个国民经济带来 2 元的消费需求。建议进一步整合支农资金，持续增加对种粮农民补贴，完善与农业生产资料价格上涨挂钩的农资综合补贴动态调整机制，加大力度支持大型农机具购置等，完善粮食收购保护价制度，促进农民增收。三是着力调节收入分配。收入结构不合理是影响安徽省消费因素之一，收入差距的扩大，社会财富向高收入阶层集中，将会严重制约社会消费增长。建议提高初次分配中劳动报酬的比重，逐步提高最低工资标准。今年以来，江苏、浙江等 11 省市陆续调整最低工资标准，上调后最高档标准均达到或接近千元水平，如湖北省上调后将达到 600—900 元，相比之下，安徽省执行的仍然是 2007 年上调的标准，最高地区也只有 560 元，工资标准偏低。要缩小行业工资差距，建立企业职工工资与经济增长的同步增长机制和支付保障机制，发挥税收调节作用，加大税收征管稽查力度，建立个人收入信息系统，足额征收高收入者个人所得税，对低收入人群暂免征收储蓄存款利息所得税。四是积极促进居民就业。就业直接影响着居民收入，关系着居民消费。要加大就业补助资金投入，进一步建立健全城乡就业政策体系，积极鼓励和支持劳动者自主创业和自谋职业；加强职业技能培训和公共就业服务，加强对就业困难人员和零就业家庭的就业援助；统筹做好高校毕业生、农民工等突出群体的就业工作。

### （二）完善社保体系建设，稳定居民消费预期

一是尽快完善社会保障体系。研究制定对城镇外来务工人员子女、被征地农民、高校学生的社会保障办法，增强社会保障的普惠性，提高企业退休人员养老金待遇，深入开展新型农村社会养老保险试点，大力扶持城镇养老服务机构。二是加快医疗卫生体制改革。进一步健全基本医疗保障体系、城乡卫生服务体系，深入推进基本公共卫生服务逐步均等化，积极推进公立医院改革试点，全面实施基本药物制度，提高新型农村合作医疗筹资标准，大力推进基层医药卫生体制综合改革，将未参加基本医疗保险的城镇居民，特

别是低收入群体纳入医疗救助范围。三是大力支持教育体制改革。深入推进义务教育保障机制改革，全面落实义务教育经费保障的相关政策；做好高校和中职学校家庭经济困难学生资助工作，保证资助经费及时发放到位；积极筹措资金，加快实施中等职业学校农村家庭经济困难学生和涉农专业学生减免学费工作。

**（三）积极培育消费热点，推进消费结构升级**

一是住房消费。住房消费是大宗消费领域的一把“双刃剑”，既能带动其他商品消费，发挥强大的“带动效应”，同时也会让居民为积攒资金而抑制其他消费，产生明显的“挤出效应”。为此，一方面，要将住房视为准公共产品，加大对保障性住房财政政策和资金支持力度，建立规范合理的廉租房、经济适用房、商品房三大供应体系，保障居民的合理住房需求得到有效释放；另一方面，建议尽快研究出台住房消费税和物业税，严厉打击各类投机行为，挤压房地产泡沫，谨防过高的房地产价格带来的“挤出效应”超出“带动效应”。二是家电、汽车消费（见图3）。在“家电下乡”、“汽车下乡”等政策的带动下，安徽省家电、汽车消费持续升温，从目前销售形势来看，产品销售呈波浪式上升态势，家电汽车下乡正处于政策效应的扩大期，可进一步加大政策实施力度来撬动安徽省消费市场。如将补贴标准从13%提高至15%—20%；逐步将“村改居”（原农村行政村转为城市居委会）和城市低保居民纳入政策覆盖范围；逐步扩大下乡品种，如电动车、抽油烟机、数码产品等；尽快开展“家电以旧换新”；适度延长汽车以旧换新政策实施时间等。家电汽车下乡政策力度进一步加大后，每年可拉动安徽省消费200亿元以上。三是旅游、教育、家政、信息等服务性消费。可发放旅游消费券，重点支持安徽省龙头旅游资源开发；鼓励、引导民间资本投入发展托幼、技能、职业教育等各类教育培训；实行税收优惠，搭建家庭服务信息平台，拓展家政服务消费市场；加快“信息下乡”、“宽带下乡”、“终端下乡”步伐，引导全社会增加信息消费。四是“绿色消费”。绿色消费是消费发展趋势之一，要进一步加大对节能环保产业领域科技创新的投入，利用财政奖补政策大力支持节能与新能源汽车示范推广试点，积极推广新能源与节能环保产品。

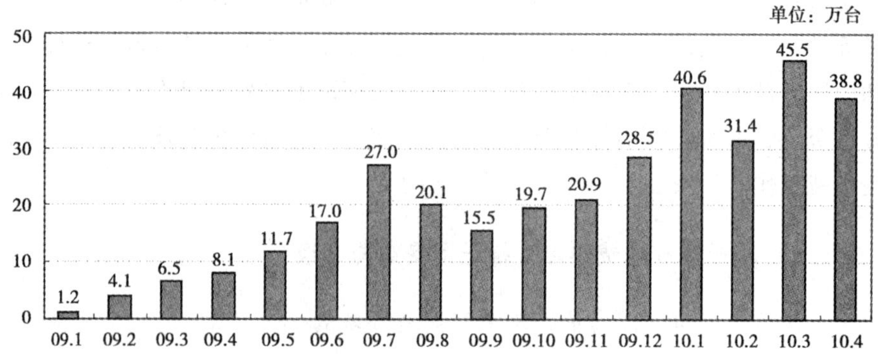


图 3 我省家电下乡产品分月销量图（2009 年 1 月至 2010 年 4 月）

数据来源：家电下乡信息管理系统。

### （四）完善消费促进政策，不断改善消费环境

一是加快市场流通体系建设。加大地方流通服务业发展专项资金投入，发挥财政资金的引导作用，加快城乡水、电、路等基础设施建设，进一步完善城市商业网点规划，加快建设一批仓储设施和商贸物流设施，提高商品流通效率；用现代流通方式改造传统经营网络，优化配置农村流通资源，推进农村物流网络服务体系、“万村千乡”和“双百”市场工程建设，发展农村连锁经营，促进城乡物资流通，为农民提供优质便捷的消费服务。二是鼓励金融机构扩大消费领域贷款。进一步完善个人信用制度，建立消费风险防范机制，完善信贷担保制度，鼓励金融机构开发消费信贷产品。三是鼓励外出务工人员回乡消费。安徽省是劳务输出大省，每年外出务工人员逾千万，务工现金收入数千亿元，如果能够吸引这部分群体回乡消费，将会形成巨大的购买力。可鼓励金融机构为农民工提供银行卡特色服务，针对农民工集中返乡的时机采取广泛的促销活动，使这部分人的收入能更多地在本省就地消费，减少“漏出效应”。另外，要全面实施“凤还巢”工程，积极鼓励农民工返乡创业投资。

### （五）推进城镇化建设，挖掘居民消费潜力

一是支持城镇公共环境建设。据测算，我国城镇化率每提高 1 个百分

点，就会新增1300万城镇人口，由于城市人口的消费是农村的2.7—3倍，约拉动消费增长1.6个百分点，可新增投资6.6万亿元。2009年，安徽省城镇化率为42.1%，低于全国4.5个百分点，每增加一个百分点，将会转移大约40万农业人口，可新增投资2000亿元以上。要按照公共财政的要求，采取政策引导与资金撬动相结合的方式，增加社保、科技、教育、文化、卫生及基础设施、环境保护等方面的投入。二是促进城镇中小企业发展。加大对小城镇中小企业支持力度，加大农业产业化资金投入，着力培育区域特色支柱产业和品牌产品，引导农民向二、三产业转移。重点扶持产业集群镇，搭建公共服务平台，使工业化、城镇化协调互动发展，为农民就业创业创造条件，实现小城镇消费力的持续增长。三是加大财政投融资支持。加快建设规范高效的投融资平台，实现持续的融资，支持城镇开发建设。可通过发行地方建设债券等方式，多渠道筹措资金，积极探索建立小城镇建设信贷担保基金，成立专业性的小城镇建设贷款担保公司，增强小城镇获得建设贷款的相应的融资能力。

# 改革发展篇

## 安徽财政发展辉煌30年回顾

改革开放30年来，安徽财政工作走过了积极进取，勇于探索并取得巨大成就的光辉历程。30年的成就和经验对于我们加快完善公共财政体系，全面建设小康社会，发展中国特色社会主义，具有重要的现实意义和深远的历史意义。现将30年来安徽省财政改革发展的历史进程、辉煌业绩和基本经验系统回顾和总结如下：

### 财政收支双跨千亿

2007年，安徽财政总收入达到1034.5亿元，是1978年的46倍，年均增长14.1%。人均财政收入由1978年的47.7元增加到2007年的1549.6元，增长31.5倍。财政支出规模达到1219.4亿元，是1978年的67倍，年均增长15.6%。人均财政支出1826.6元，是1978年的47.3倍。2007年，安徽财政收支双双突破千亿元大关，不仅谱写了安徽财政发展新篇章，而且财政实力的逐步增强，为安徽厚积薄发、加速崛起奠定了坚实的物质基础。

2008年，在宏观经济不确定因素增多，面临重大困难考验的情况下，全省财政工作取得了超过预期的好成绩。预计2008年财政收支仍然能够保持高位运行，财政收入有望完成1300亿元，增长25%左右；财政支出有望实现1500亿元，增长20%左右。

## 支持发展坚定不移

支持改革开放。30年来，安徽财政通过实施一系列财税政策，着力支持社会经济体制改革，促进企业改组改制，推动外向型经济加快发展，积极支持招商引资工作，逐步完善各项社会保障制度。在积极推进自身改革，勇当改革排头兵的同时，安徽财政还积极创造条件，全力支持安徽的改革开放事业。2007年，财政继续安排专项资金3.9亿元，推进国有企业改组改制，提高国有企业素质；安排科技投入资金15.6亿元，支持全省自主创新的发展；安排农林水事务支出108.6亿元，比上年增长了35.5%，大力推进农村基本公共服务体系建设；积极落实资金近100亿元，建立和完善农村新型合作医疗制度。

支持经济发展。安徽财政认真落实国家财政政策，不断加强和改善财政宏观调控，积极扶持财源建设，大力支持区域经济、县域经济和工业园区经济的发展，促进国有经济和非公有制经济的发展，为推进安徽实现快速发展作出了积极贡献。尤其是，通过支持县域经济和园区经济的发展，县域经济和园区经济呈现出快速发展的良好势头。2007年，全省61个县实现国内生产总值3491亿元，比上年增长22%；全省89个开发区共实现财政收入231亿元，增长30.3%，占全部财政收入22.3%。近年来，安徽财政抓住国家实施中部崛起的战略机遇，集中财力，重点推动“工业强省、东向发展、创新推动、中心城市带动、城乡统筹和可持续发展”六大战略的实施，加速推进安徽实现奋力崛起。

支持社会事业发展。1978—2007年，全省用于科教文卫支出年均增长15.8%，至2007年达到315亿元，占同期财政总支出的25.8%。30年来，安徽财政不断优化支出结构，着力加大对社会事业发展的支持力度，有力促进了全省社会事业的健康发展。近年来，安徽财政坚持以人为本的理财思路，积极促进和谐社会建设。2007 年，为缓解群众“生活难、看病难、上学难”等问题，积极落实资金支持全省实施 12 项民生工程，全年投入 78.4 亿元，惠及全省 4000 万群众。安徽财政通过公共财政和民生财政建设，积极推进和谐安徽建设和各项社会事业发展。

## 财政体制与时俱进

安徽财政体制改革大致分为三个阶段：

从“统收统支”到“分级包干”。1950 年至 1979 年，中央对地方实行统收统支的财政体制。1980 年，安徽省人民政府根据国务院要求，在亳县等 9 县 1 市实行“划分收支，分级包干”的财政体制试点。1982 年，在全省全面实行“划分收支、分级包干”的财政体制。地方财政收入由地方固定收入、固定比例分成收入和调剂收入三部分组成，地方财政预算由地方编制后报国务院审批。这一体制延续到 1994 年的分税制财政体制改革。

从“收支包干”到分级分税制。1994 年 1 月 1 日，安徽实行了以分税制为核心的财税体制改革。按照中央对地方分税制财政体制改革的统一部署，安徽省对省以下的财政体制进行了相应改革。其主要内容是：在管理层级方面，1994 年分税制改革后，安徽省实行省管市、市管县的财政管理体制。在收入划分方面，省级除省属企业所得税作为固定收入外，增值税 25% 以及地方税种全部按属地原则划归市县。2002 年按照《国务院关于印发所得税收入分享改革的通知》要求，按照企业隶属关系，实行中央、省、市县按比例分享，2002 年中央分享 50%，省或市县分享 50%；2003 年中央分享 60%，省或市县分享 40%；2004 年，安徽省将地方分享的 40% 部分，市县与省按 25% 和 15% 的比例分享。在支出划分方面，省级主要承担省级党政机关运转所需经费；省本级直接管理的事业发展支出；调整全省国民经济结构，协调地区发展，实施宏观调控所需支出。地市、县财政主要承担地市党政机关运转所需经费以及本地区经济、事业发展支出。在税收返还方面，省对市、县的财政税收返还以 1993 年为基期年，按市、县上划中央的消费税和 75% 的增值税减去中央和省上下划收入的净额作为税收返还基数，全额返还。从 1994 年起，对于上划“两税”，省对各市县按基数加增长返还，其中增长返还为上划“两税”增长率的 1:0.15。1994 年实行分税制财政体制后，初步理顺了政府与市场、政府之间的分配关系，充分调动了各级政府当家理财的积极性。

从“省直管市”到“省直管县”。为缓解基层财政困难，确保县乡工资正常发放和机构正常运转，有效控制县乡政府债务，促进县域经济和社会事业的发展，2004年在总结改革试点经验的基础上，对全省57个县（包括县级市，不包括市辖区和马鞍山、铜陵、淮南、淮北市辖县）实行省直管县财政体制。“省直管县”后，省财政在体制补助（上解）、税收返还、转移支付、财政结算、项目申请、专项补助、资金调度、工作部署等方面直接到县，建立了省以下高效的财政运行机制。

## 农村改革波澜壮阔

“大包干”改革。30年前从安徽凤阳县小岗村发轫的中国农村改革，把“大包干”模式推向了全国，并由此掀起了中国全方位改革的帷幕，让中国农民实现了梦寐以求的温饱甚至小康。小岗村也因此被誉为中国农村改革的发源地。

农村税费改革。2000年，安徽省在全省推进了农村税费改革。农村税费改革的主要内容，是做到“三个取消、一个逐步取消、两个调整、一项改革”，即取消乡统筹费等专门面向农民征收的行政事业性收费和政府性基金，取消农村教育集资，取消屠宰税；逐步取消统一规定的劳动积累工和义务工；调整农业税政策，调整农业特产税政策；改革村提留征收使用方法。农村税费改革涉及农村的政治、经济、文化、教育等各个方面，为彻底推进农村税费改革，确保农民负担不反弹，确保农村社会经济各项事业健康发展，在推进农村税费改革的同时，采取了一系列的改革配套措施：一是开展乡镇机构改革；二是进一步完善乡镇财政体制；三是开展农村义务教育管理体制改革；四是开展村级管理体制改革。总之，农村税费改革是农村一次深入的体制变革，它初步理顺了农村分配关系，有效遏制了农村“乱收费、乱集资、乱摊派”现象的蔓延，大幅度减轻了农民负担，极大地改善了农村党群干群关系。

农村综合改革。2005年初，安徽省全部免征了农业税，标志着以减轻农民负担为主要标志的农村税费改革工作顺利结束。为切实转变乡镇政府职能，加快建立农村工作新机制，省委、省政府决定在肥西等18个县（市、区）进行试点，及时将农村改革重点转向农村综合改革。在取得阶段性试点经验和成效的基础上，2007年，在全省全面推开农村综合改革试点工作。改革的主要内容是，“一个转变，三个建立，一个改进”，即转变乡镇政府职能，建立农村基层管理新体制，建立农村公共产品供给新机制，建立“三农”社会化服务新体系，改进农村工作考核评价办法。近年来，安徽农村综合改革，紧扣乡镇政府职能转变这个关键，认真解决乡镇政府职能中的缺位、错位和越位问题，通过调整乡镇区划和村级规模、深化乡镇机构改革、积极推进乡镇领导体制和事业单位改革等措施，切实转变了乡镇政府的职能，初步构建了农村管理和农村公共产品供给的新机制，有力推进了农村社会化服务体系的发展。

30年后的今天，迎着党的十七届三中全会的东风，新一轮农村改革，再次蓄势待发，安徽人民弘扬敢为人先的“大包干”精神，安徽农村必将翻开新的更加美好的一页。

## 改革创新贯穿始终

改革开放30年来，安徽财政工作始终坚持“改革促发展、发展求创新”的思路，实施了一系列改革，有力促进了安徽财政的持续稳定发展，为全国财政改革发展提供了宝贵借鉴。

公共财政支出改革。2001年，安徽省在全省推开了县级公共财政支出改革。改革的主要内容是，依据满足社会公共需要的原则，合理界定和调整财政支出范围，将现行财政供给单位按向社会提供公共产品和公共服务程度划分为财政全额供给、部分供给和停止供给三类，全面明晰财政支出范围。推行部门预算，逐步完善综合财政预算和“零基”预算，建立预算论证制度和追加听证制度，全面深化了预算管理改革。按照现代财政管理的要求，大力实行国库集中收付、非税收入收缴、罚缴分离、单位工资统一发放和政府采购制度等制度，使财政管理向现代财政管理的方向迈出了实质性的一步。通过公共财政支出改革，不仅界定了财政支出范围，细化了预算编制，规范了支出管理，而且初步建立了与市场经济体制相适应的公共财政支出体系，为全面建立公共财政制度进行了有益的探索，积累了宝贵经验。

部门预算改革。2002年开始，安徽财政积极推进部门预算改革。截至2006年预算年度，省本级125个一级预算单位已全部纳入部门预算编制范围，并延伸到1368个基层单位。到2008年，全省各级财政全面推进了部门预算改革工作。通过部门预算改革，不仅有利于分析财政支出结构的科学性和合理性，为政府深化改革、调整结构和促进发展提供了科学的依据，而且促进了预算编制的制度化、科学化和精细化，使预算编制更加公开和透明。目前，省本级所有部门预算和大部分二级单位预算，全部报送省人大审查，并建立了部门预算查询系统，强化了省人大对预算的审查监督力度。

非税收入征管改革。2005年，安徽省财政开展了界定收入管理范围、明确征收管理职责、改进收缴管理模式、实施统一票据管理、稳步实施预算管理改革和提高管理信息化水平为主要内容的政府非税收入改革试点。2006年省级全面实施，市县非税收入征管改革稳步推进，初步建立了以“单位开票、银行收款、财政统管、政府统筹”的非税收入征管新机制。通过非税收入征管改革，一是规范了非税收入征收范围；二是规范了非税收入征管行为；三是规范了非税收入征管方式。总之，通过非税收入征管改革，进一步理顺了分配关系，有效遏制了“三乱”现象，增加了政府的宏观调控能力。

乡财县管改革。农村税费改革之后，由于取消了“三提五统”和面向农民的各种收费，乡镇财政收入大幅度减少，乡镇债务问题全面暴露出来。2004年安徽在全省推开了“乡财县管”改革。改革坚持乡镇预算管理权、资金所有权和使用权、财务审批权“三权”不变的原则，实行“预算共编、账户统设、集中收付、采购统办、票据统管”的财政管理方式，由县财政直接管理并监督乡镇财政收支。调整乡镇财政所管理体制和职能，由县财政局对乡镇财政所实行垂直管理。为顺利推进乡财县管改革，改革同时进一步加强了村级资金管理。对取消农业税及附加后，原从农业税附加中开支的村组干部报酬和误工补贴、农村五保户供养经费、村办公经费，省财政通过转移支付予以补助。为加强村级财务管理，严格控制村级财务，实行“村账乡管村用”，取消所有村级账户，由乡镇代管村级资金，统一开设“村级集体资金专户”核算村级资金。

补贴农民资金“一卡通”、“一线实”改革。2005年安徽省在全省实行了财政补贴农民资金“一卡通”的发放模式，即在管理上所有资金由财政部门设立专户统一管理；在发放上由财政部门在金融代发机构统一为农民开设个人存折，资金由财政部门“一个口子”发放；在发放前，将补贴项目、数额、依据等在乡村进行张榜公布。2007 年安徽省财政厅开展了财政补贴农民资金“一线实”改革，即在村组、社区一线工作平台做到“六个实”，一是责任明确在一线要实；二是规范操作在一线要实；三是动态管理在一线要实；四是政策衔接在一线要实；五是监督检查在一线要实；六是考核奖惩在一线要实。2008 年开始，省财政厅在全面总结“一卡通”、“一线实”工作的基础上，在全省选 5 个市、县（区）开展“惠民直达工程”试点，着力构建“五个一”管理体系。即管理“一体化”、平台“一网联”、审核“一线实”，发放“一卡通”、服务“一站办”。从“一卡通”到“一线实”，再到正在试点的“惠民直达工程”均是逐步升华完善、实践创新的产物，得到了省委、省政府和财政部的充分肯定，为全国创造了经验。

改革未有穷期，发展永无止境。站在新的历史起点上，安徽财政必须坚持解放思想，坚持改革创新，推动科学发展，促进社会和谐，为安徽跨越发展、加速崛起作出新贡献！

# 安徽省民生工程实施四年回顾与展望

从2007年起，安徽省委、省政府将实施民生工程作为社会建设的主要抓手，立足当前、着眼长远，精心组织、稳步推进，取得了显著成效。四年来，民生工程覆盖范围越来越宽，组织实施越来越细，资金投入越来越大，受益群众越来越多，社会影响越来越广。胡锦涛总书记两次视察安徽均给予充分肯定，他指出：我觉得实施民生工程这个做法很好，因为你们向社会公布了，将来就要让全社会来监督我们是不是都落到实处了，我们还要一项一项狠抓落实，一定要抓出成效。

## 一、精心谋划，整体推进

在省委、省政府的坚强领导下，全省各级各部门上下联动、横向互动，创新举措、合力攻坚，积极探索出一条用工程化措施有效解决民生问题的新路。

一是创新决策思路。安徽民生工程萌发于2006年底。省委、省政府提出，结合2007年预算安排，由省财政厅牵头，根据建设和谐安徽的要求，集中一段时间，着力解决一些突出的民生问题，不断提高人民的生活质量和幸福指数。以人为本、改善民生。省委、省政府深入贯彻落实科学发展观，以民生工程为抓手，通过民生工程这一载体，运用工程化的措施、项目化的手段，优先解决群众最关心、最直接、最现实的利益问题，不断加大保障和改善民生的力度。循序渐进、滚动发展。从有基础、有条件的事情做起，先把安徽省解决民生问题的政策框架搭建起来，打好基础，建好平台；再结合财力状况和工作实际，有计划、分步骤地推进保障和改善民生。既制定阶段性的目标和任务，打好攻坚战；也规划出长远蓝图，打好持久战，一件一件地做，积小胜为大胜。尽力而为、量力而行。坚持把当前与长远、需要与可能有机结合起来，既从实际出发，区分轻重缓急，突出重点，分步实施；更积极进取，不断扩面提标，逐步提高民生保障水平，实现好、维护好人民群众的根本利益。通过不断创新思维、探索实践，基本形成一整套科学系统的民生工程决策思路。

二是创新政策体系。省委、省政府从全局的角度，坚持统筹考虑，科学研究确定民生工程项目，一年突出一些重点，一年抓住一些要点，一年解决一些难点。逐年扩面提标。2007 年，启动实施 12 项民生工程，主要解决“学有所教、病有所医、老有所养”问题。从 2008 年起，围绕党的十七大提出的“五有”目标，当年实施 18 项，2009 年实施 28 项，逐步将民生工程项目覆盖到“住有所居”和“劳有所得”范畴。同时，为促进文化大发展、大繁荣，提高农村劳动者素质，建立农业保护体系，分别实施了乡镇文化站、农民工培训、政策性农业保险等项目。到 2010 年，民生工程项目增加到 33 项，涵盖生活保障、教育培训、医疗卫生、农业和农村基础设施、农村文化建设等五大类。让群众直接受益。在实施民生工程中，努力把更多的政策性补助资金直接发放到群众手中，让人民群众得到实实在在的政策实惠。四年来，民生工程投入的资金中，直接发放或补助到人的资金已经达到 513.2 亿元，占资金总额的 61.1%。强化政策措施。省政府连续发出两个 1 号和 3 号文件部署民生工程，把解决民生问题寓于制度建设之中，逐项研究政策措施，明确各地目标任务，在资金筹措、实施方案、督查考核等方面，力求全面具体、系统配套、程序严密、措施得力，形成一个较为完整的政策措施体系。实现“四个全覆盖”。力求困难群众最低生活保障制度实现城乡全覆盖；义务教育制度实现城乡全覆盖；医疗保险和合作医疗制度实现城乡全覆盖；困难群众医疗救助制度实现城乡全覆盖，逐步推进公共服务均等化。

三是创新运行模式。实施民生工程，是一项开拓性极强的综合性工作，省委、省政府坚持用创新的理念、改革的办法，专门成立民生工程协调小组，着力建立健全工作机制和运行模式。财政牵头抓总。各级财政部门积极履行职责，牵头协调服务，加强沟通联系，协调完善政策，会商解决问题，推动民生工程工作顺利开展。协调合力推进。各级各部门围绕年度目标，细化分解任务，找准关键环节，积极组织实施，社会各界广泛参与，全省形成多方协同、上下联动、真抓实干、争先进位的良好局面。实行阳光操作。用民主的方法推进民生工程，确保公开、公正、公平，自觉接受群众监督。在项目选择上，广泛征求社会各界和基层干部群众的意见和建议。在政策宣传上，把政策完完整整、明明白白地交给群众。对于发放或补助到人的项目，严格做到政策公开、程序透明、支付到人、打卡发放；对于工程类项目，严格落实招投标、政府采购、工程监理和竣工验收等各项制度。同时，各地还探索建立便民利民的服务机制，总结出三榜公示、民主评议、“一线实”、“一卡通”、“一站办”等经验，确保各项政策有效落实。

四是创新监督考核。省委、省政府将民生工程作为中心工作，每年都纳入重点工作督查体系。时任省委书记王金山指出，立下军令状、军中无戏言，要兑现承诺，取信于民。省长王三运强调，解决好民生问题始终是政府的核心任务，也是公共财政的职责所在，要带着感情、带着责任、带着精神、带着智慧抓好民生工程。常务副省长孙志刚经常主持召开协调小组会，深入实地调研政策落实情况，要求始终保持良好精神状态，不动摇、不松劲、不懈怠，强化目标管理考核，严格兑现奖惩。建立目标管理责任制。每年年初，省政府专门召开全省民生工程实施会议，省政府主要领导亲自部署，并与各市政府主要负责同志签订民生工程实施目标责任书，层层分解任务，逐级负责落实。实行实地抽样验证。对照省政府与各市政府签订的目标责任书，组织对各市民生工程实施情况及效果进行目标责任考核，在全省性综合督查和考核中，实行随机抽样，实地验证扣分，保证了政策落实。许多市县也开展互查暗访、建立责任追究和跟踪问效制度，党政一把手亲自调研、亲自督查，推进民生工程实施。引入社情民意调查机制。坚持将人民群众赞成不赞成、满意不满意作为评价民生工程的根本标准，每年对全省40多万户城乡居民和受益对象进行电话调查，将群众知晓度、满意度计入各地考核成绩。同时，把民生工程政策和资金作为“高压线”，加大专项检查和执法监察、审计监督力度，切实把好事办实、把实事办好。

由于机制健全、运行顺畅，目前全省民生工程已经步入规范运作、良性循环的轨道。2010年1—7月，全省已拨付民生工程资金242.5亿元，拨付进度达到73.3%，其中省财政拨付资金213.4亿元，拨付进度达到82.4%，

33 项民生工程总体进展顺利。

## 二、主动作为，服务大局

牵头实施民生工程，这是省委、省政府交给财政部门的光荣任务，也是对财政部门组织协调能力的重要检验。省财政厅党组切实把实施民生工程作为健全公共财政职能、推进公共服务均等化的重要平台，将民生工程作为财政工作的重中之重，尽心尽力、尽职尽责，认真履行好牵头职责。

一是建立协调联动机制。2007 年 5 月，为了确保民生工程各项牵头协调工作落实，我们迅速组织抽调力量，组建民生工作办公室，负责民生工程协调小组日常工作，掌握了解情况、谋划政策建议、督促协调部门、形成工作合力。四年来，不断加大工作协调力度，实行省直和市县联络员制度，主动走访省直相关部门，及时协调项目进展，深入市县检查调研，督促项目实施，建立健全民生工程部门横向到边、系统纵向到底、财政厅内部协调联动机制，确保全省民生工程有条不紊推进。

二是切实保障资金需要。2007—2010 年，全省累计投入民生工程资金 840 亿元。其中，中央财政投入 388.4 亿元，占总投入的 46.2%；省级投入 262.1 亿元、占 31.2%；市县配套 189.5 亿元、占 22.6%。积极争取中央资金。配合省直相关部门积极向国家部委汇报情况，搞好工作衔接，争取增加安徽省份额，四年共争取中央补助 388.4 亿元。不断加大省级投入。在收支矛盾比较突出的情况下，省财政坚持将财力向民生倾斜、向基层倾斜、向困难群众倾斜，省级民生工程投入由 2007 年的 30 亿元增加到 2010 年的 111.9 亿元，四年增长了 2.7 倍。特别是，安徽省在没有中央补助的情况下，挤出财力，投入 51 亿元，实施了（农村五保户供养、城镇未参保集体企业退休人员生活保障、城市义务教育学校学生学杂费减免、贫困白内障患者复明、重度残疾人生活救助、五保供养服务机构建设、社会（儿童）福利中心建设、光荣院建设、农村留守儿童之家建设、农村清洁工程）9 个项目。

减轻市县配套压力。在确定民生工程筹资方案时，坚持“省级为主、分级负担、财力下移”的原则，省级和市、县按 8∶2 或 7∶3 比例分担。省财政 2007 年下达均衡性转移支付 20 亿元、2008 年下达 50 亿元、2009 年安排地方政府债券 16.1 亿元，保证各地配套资金足额落实。2008 年起将广播电视“村村通”、计生奖扶等原由市级承担的资金改由省级承担。积极探索多元筹资。发挥财政资金的引导作用，采取以奖代补、合资共建、贴息补助等形式，鼓励和吸引企业、社会组织、个人资金投入。对于新农合、城镇居民医保、农业保险等准公共产品，采用财政拿大头，个人筹资作为补充。对于社区卫生医疗等公共服务，通过政府购买服务方式来解决。

三是做好协调服务工作。财政部门将牵头协调与主动服务结合起来。在基础工作上，研发民生工程资金网络在线报表系统，全面、及时掌握全省工程进展和资金拨付情况，建立健全民生工程基础资料数据库，方便部门和基层进行日常项目管理。在任务落实上，每年年初，配合省直有关部门分解民生工程目标任务，制定责任书，保证各市县目标明确、任务细化、责任落实。在工程实施上，我们积极当好参谋助手，认真分析研究推进过程存在的突出问题，及时提请省政府召开协调小组会议，及时召开市县民生工程推进会议和省直联络员会议，协调联动、加强调度、合力推进。在跟踪反馈上，畅通社情民意渠道，通过网上征求意见、召开座谈会、上门走访等形式，及时了解反馈人大代表、政协委员、社会各界反映的问题、意见和建议。

四是深入开展政策宣传。四年来，不断改进民生工程宣传方式，紧跟热点、剖析难点、扫除盲点，面向基层、面向群众加强政策宣传，在全社会营造关心、支持和参与民生工程的良好氛围。每年在《安徽日报》、《安徽日报农村版》公开民生工程受益范围、补助标准和政策要点，在省电视台、省电台开辟《对话江淮》、《民生工程进行时》、《政风行风热线》等栏目，专题介绍民生、宣传政策。在省政府网站上开通民生工程专栏网页。2009年出版《民生为天——安徽民生工程纪实》报告文学集，摄制《以人为本惠民生》专题宣传片，编发《民生工程简报》195期。在《人民日报》、《光明日报》、《中国财经报》、《安徽日报》等媒体上刊载报道200多篇，全方位、不间断、多角度地宣传民生工程政策、进展和成效。

五是严格督查跟踪问效。为充分调动各地工作积极性，保障各项政策的贯彻落实，我们不断修改完善考核督查办法，坚持做到年初有目标任务、年中有督促检查、年底有抽样考核。2007—2009年，为体现“一项一项抓好落实”原则，每年牵头组织开展全省性综合督查和综合考核，设计考核指标，随机抽取样本，深入市县，走村入户，实地验证扣分。2010年，为强化各级政府和主管部门责任，推动工作重心下移，取消了年中督查，实行

33 项民生工程单项考核和资金保障情况考核，在表彰先进市的同时，增加表彰 20 个民生工程组织实施工作先进县（市、区）。为巩固民生工程成果，提高民生工程质量和水平，2010 年上半年，在全省范围内组织开展了民生工程“回头看”活动，对 2007—2009 年度民生工程项目进行全面摸排，发现问题，查找原因，切实进行整改。

## 三、以人为本，成效明显

四年来，全省民生工程累计投入 840 亿元，其中补助到人资金 513.2 亿元，项目建设资金 326.8 亿元，使困难弱势群体的生活质量有了明显改善，人民群众的幸福指数逐步提高，开创了群众得实惠、政府得民心的良好局面。

一是人民群众真正得到实惠。2007 年全省投入 12 项民生工程 78.4 亿元，惠及 4000 多万城乡群众，人均受益 200 多元；2008 年 18 项民生工程投入 176.4 亿元，惠及 5000 多万群众，人均受益 300 多元；2009 年 28 项民生工程投入 254 亿元，惠及 6000 多万群众，人均受益 400 多元；2010 年 33 项民生工程投入将达到 330 亿元，使 6000 多万群众得到更多的实惠。在农村调研走访时，许多农民感慨地说六个没想到：没想到低保五保都发生活费，没想到农民看病不太贵，没想到学生上学不交费，没想到能看上卫星电视，没想到村村通上水泥路，没想到能用上自来水。

二是促进了全省科学发展。民生工程用有限的财力、在有限的领域，突出解决了一些人民群众最关心、最直接、最现实的利益问题，体现了科学发展观以人为本的核心；把解决民生问题寓于制度建设之中，循序渐进、滚动发展，体现了全面协调可持续的基本要求；着眼当前兼顾长远来规划政策目标，逐步扩充内容，提高标准，体现了科学发展观统筹兼顾的根本方法。到 2009 年底，全省已经建成近 5000 个农村饮水安全工程、9.6 万口农村户用沼气、726 所乡镇卫生院、6011 个村卫生室、1208 个社区卫生服务中心、3000 个“农家书屋”、332 个乡镇综合文化站、4.75 万个农村五保集中供养床位、2.3 万公里农村公路。四年来 840 亿元的民生工程投入，也拉动了消费，扩大了内需，有力地促进了全省经济发展。

三是推进了和谐安徽建设。农村低保、五保供养、计生奖扶等政策进一步完善了社会保障体系，为困难群众、弱势群体构建了安全网。新农合实现全覆盖，城镇居民医保、提高妇女儿童健康水平、城乡卫生服务体系建设等项目大大促进了卫生事业发展，为医疗卫生体制改革奠定了坚实的基础。2007 年，安徽省在全国率先实行城乡义务教育经费保障机制改革，义务教育经费得到有力保障，城镇和农村孩子上学都不用再交学杂费。2008 年，完成 304 万平方米农村中小学 D 级危房改造，农村中小学教学条件明显改善。2009 年，开始实施乡镇综合文化站、农家书屋、农民体育健身工程，丰富基层文体生活。民生工程注重帮助最困难的弱势群体，注重促进公平正义，营造了良好的改革发展环境。

四是加快了城乡一体化进程。民生工程从当初主要解决“生活难、上学难、看病难”问题，提升到目前解决学有所教、劳有所得、病有所医、老有所养、住有所居等问题，并逐步覆盖农业基础设施、农村文化等领域。民生工程涉农项目逐年增加，由 2007 年的 10 项、2008 年的 14 项、2009 年的 24 项增加到 2010 年的 28 项，累计投入资金 654.7 亿元，占民生工程总投入的 77.9%。如今农民住院看病也能像城里人一样报销医药费，家里用上了自来水，出门坐上了公交车。民生工程贯彻少取多予、以城带乡、以工促农的方针，统筹城乡协调发展，改善了农村基础设施，增加了农民收入，缩小了城乡差距，推进了城乡二元结构向一体化转变。

五是提升了公共服务均等化水平。全省民生工程投入由 78.4 亿元，增加到 2010 年的 330 多亿元，四年增长了 3.25 倍。各级财政以公共化为取向，以均等化为主线，更加关注人民的生活质量和幸福指数，把推动发展与改善民生结合起来，把着力点放在增进人民群众的福祉上来，由保运转、保发展、保稳定进一步向保民生领域拓展，使公共财政的阳光真正普照到城乡居民，有力地推进了基本公共服务均等化，彰显了民生财政、和谐财政、发展财政的理念。

六是密切了党群干群关系。民生工程顺民心、合民意，符合中央精神，符合安徽实际。2007—2009 年社情民意调查结果显示，全省群众对民生工程知晓度、满意度均在 80% 以上，新农合、农村五保户供养、义务教育经费保障等项目达到 90% 以上，深得人民群众的欢迎。民生工程使老百姓真切感受到了生活变化，感受到党的温暖和社会主义制度的优越性。广大干部深入一线为群众办好事、办实事，兑现了承诺，提升了效能，巩固了党的执政基础，提高了政府的执行力和公信力，受到人民群众的普遍欢迎和好评。

四年来，在实施民生工程过程中，我们深深体会到：关键在于科学谋划。省委、省政府高度重视民生问题，主要领导亲自部署、亲自要求，各级党委政府不断创新理念、创新举措，使这项德政工程、民心工程誉满江淮大地。根本在于以人为本。从维护群众切身利益出发，用民主的方法实行阳光操作，从民所愿、为民谋利，赢得了人民群众的欢迎和支持。重点在于协同推进。民生工程涉及面广、政策性强，各级各部门通力配合、合力攻坚，有力地保证了政策落实，推进了政府职能从管理型向服务型转变。核心在于制度建设。实施民生工程不是应景之作，不是一年两年的阶段性工程，必须完善制度，着力建立健全长效机制，让广大群众共享经济发展成果。实践证明，民生工程不仅为群众舒心解忧，本身也包含着极为丰富的内涵，是集政治、经济、社会、文化发展等多元目标为一体的科学的、辩证的政策体系。民生工程体现立党为公、执政为民的宗旨，符合社会主义政治建设的本质要求。民生工程作为社会建设的重要抓手，既是保增长的出发点和落脚点，是保稳定的支撑点和关键点，也是社会主义文化建设的重要平台。

## 四、着眼长远，促进和谐

安徽在全国民生工程抓得比较早，已经取得明显成效，但对照党的十七大提出的“学有所教、劳有所得、病有所医、老有所养、住有所居”目标，与兄弟省份竞相发展的态势相比，我们的实施工作中还存在一些矛盾和问题。一是需要与可能的矛盾。由于民生工程领导重视、资金保障、考核严格，相关部门、人大代表、政协委员和基层群众期望值很高，多年积累的许多民生需求，使得有限的财力短期内难以全部满足，需要统筹规划，深入论证，量力而行，逐步实施。二是建设和管理的矛盾。随着大批工程类项目的建成和投入使用，出现重建轻管现象，少数项目管理不到位、产权不清，使用率有待提高，加强这些项目的后续运行、维护、管理，发挥工程效益，是今后工作的重点。三是整体与局部的矛盾。受重视程度、工作力度的影响，个别地区在建设、管理方面存在不足，甚至出现工程质量问题，影响了民生工程整体效果。由于投资计划批复、规划选址、招投标、政府采购、气候条件等因素，一些项目进度有快有慢，实施效果也参差不齐。四是协调与落实的矛盾。由于民生工程项目逐年增加、点多面广，财政组织协调的难度和压力不断加大，省直部门督促检查确保落实的任务更加繁重。针对这些问题，必须深入思考、积极探索，采取有力措施，建立健全民生工程长效机制。

一要建立科学系统的项目选择机制。民生工程关乎安徽改革发展大计。要在全省“十二五”规划和各项社会事业发展“十二五”规划基础上，围绕“五有”目标，储备和遴选民生工程项目，逐步提高政策保障标准，扩大政策覆盖面。在经济发展的基础上，适当增加事关长远、让群众直接受益的项目，为民生工程注入新的内容。并将工作步入常态化的项目退出民生工程，实现民生工程的滚动发展。

二要形成稳定多元的民生工程筹资机制。要建立民生资金预算的自然增长机制，切实解决资金整合困难、引导激励不够等问题。省级将逐步完善财政转移支付制度，增加均衡性转移支付规模，不断增强基层保障和改善民生工程的能力。要加大对市县指导督查力度，确保配套资金足额到位，项目资金及时拨付到位。要注重采取市场化运作方式，采取以奖代补、贴息、配套、担保等形式，吸引社会资金投入，加快形成政府主导、多方参与的多元筹资机制。

三要健全灵活务实的政策完善机制。坚持因时因地制宜，倾听基层意见和群众呼声，调整完善政策措施，强化工程建后管养，推进关联项目逐步融合，统一平台、统一操作。把实施民生工程与健全社会保障体系、发展社会事业以及新农村建设等统筹起来考虑，有效整合事关民生的各项资源，促进民生政策效益的最大化。本着节约土地、相对集中的原则，逐步将农村民生工程和其他基础设施集中规划、集中建设，形成集聚效应。

四要强化科学高效的协调推进机制。进一步强化民生工程品牌观念，努力打响品牌、维护品牌、提升品牌。切实加强组织领导，加强人员力量，提升工作效能。发挥好主管部门统筹推动、分类指导、督促检查的作用，充分调动县（市、区）级的积极性。简化工作程序，加快项目审批进度，加快资金拨付进度，使人民群众及时方便地享受到惠民政策。

五要完善严格透明的激励约束机制。探索建立民生工程绩效评价制度，完善目标管理、督促检查、考核奖惩机制，充分调动工作创新和争先进位的积极性。加大执法监察、审计监督、财政检查力度，开展工程类民生工程项目运行情况、资金使用管理情况专项检查，加强民生工程的跟踪问效，自觉接受人大、政协和社会舆论监督，继续改进社情民意调查方式，不断提高群众对民生工程的知晓度和满意度。

改善民生只有起点，没有终点。必须更加注重科学发展，更加注重主动理财，更加注重保障民生，努力推进公共服务均等化、公共财政民生化、民生工程长效化，让更广大的人民群众共享、多享改革发展成果。

# 以党的十七大精神为指针<br>开创安徽财政工作新局面

党的十七大是在我国改革发展关键阶段召开的一次十分重要的大会，是中国特色社会主义进程中具有里程碑意义的一次历史性盛会。党的十七大报告以其高度的政治智慧、巨大的理论勇气和坚定的实践决心，成为党团结带领全国各族人民坚定不移地走中国特色社会主义道路、在新的历史起点上继续发展中国特色社会主义的政治宣言和行动纲领。

## 一、深刻领会党的十七大精神，切实把思想行动统一到中央及省委的决策部署上来

为将建设和谐安徽落实到具体的财政工作中，安徽各级财政部门将结合实际，重点把握和理解以下几个方面的重要问题。

### （一）深刻理解科学发展观的实质和要求，增强改革创新的自觉性

党的十七大全面系统地阐述了科学发展观的内涵、意义和要求，明确指出科学发展观的第一要义是发展，核心是以人为本，基本要求是全面协调可持续，根本方法是统筹兼顾。这就要求我们，在财政工作实践中要切实增强贯彻落实科学发展观的自觉性和坚定性，着力转变不适应科学发展观的思想观念，将持续推进科学发展作为财政工作的重中之重。结合安徽省实际，就是要紧紧抓住中央促进中部崛起的战略决策，从全局、大局出发，充分发挥

财政资源配置和稳定经济职能，落实安徽省委“工业强省”战略，利用好各项财税政策，吸引和引导社会资金投入，全方位、多层次支持经济发展，促进全省经济发展方式的转变。同时，在改革和创新上做文章，改变传统的方式方法，以改革、创新的精神来振奋人心，努力在促进经济又好又快发展的基础上，做大做强财政“蛋糕”，为经济社会全面协调可持续发展提供更强有力的支持。

### （二）深刻理解以人为本的内涵和本质，增强亲民惠民的主动性

党的十七大报告强调，必须在经济发展的基础上，更加注重社会建设，着力保障和改善民生，努力使全体人民学有所教、劳有所得、病有所医、老有所养、住有所居，推动和谐社会建设。因此，在财政工作的指导方针上一定要坚持以人为本，高度关注民生，主动把推动经济发展与改善民生结合起来，认真解决群众最关心、最直接、最现实的利益问题。特别要重视解决困难群众的基本生活问题，扎实推进和谐安徽建设。要将资金投入更多地向民生倾斜、向基层倾斜、向弱势群体倾斜，保障教育优先发展，促进教育公平；促进全民创业计划实施，以创业带动就业；增加社会保障投入，建立覆盖城乡的社会保障体系；推动医疗卫生体制改革，解决好看病难、看病贵问题；推进廉租房建设，加快解决城市低收入家庭住房问题。只有这样，才能把百姓的问题解决好，社会才能稳定，才能建立起和谐财政、和谐社会、和谐安徽，尽到财政部门应尽的责任。

### （三）深刻理解深化改革的意义和作用，增强科学发展的坚定性

党的十七大报告对改革开放近 30 年的光辉历程进行了全面回顾总结，指出新时期最鲜明的特点是改革开放，最显著的成就是快速发展，最突出的标志是与时俱进，强调改革开放是决定当代中国命运的关键抉择。对照财政发展之路，就是在围绕中心、服务大局中，不断适应新形势、新情况而相应调整完善的改革历程，是不断扬弃、不断创新的历程。因此，财政工作不能满足于现状，要随着新形势的发展理清工作思路，建立健全符合时代要求和新形势变化的财税政策，调整完善有利于弥补财政管理漏洞和强化薄弱环节的措施和办法，并严格依法办事、依法理财，尽量减少随意性和盲目性，努力构建法治的财政、发展的财政、绩效的财政、和谐的财政。只有这样，才

能把纳税人的钱用好，充分发挥财政的职能作用、提高财政资金的使用效益。

## 二、以党的十七大精神为指引，着力处理好影响财政发展的几个重要关系

在新形势下，如何以党的十七大精神为指引，更好地做好财政工作成为摆在安徽财政人面前的重大课题和重要任务。结合当前财政发展的现状，省财政将着力处理好以下五个关系。

### （一）处理好发挥职能与支持发展的关系，努力做到大局为先

从邓小平同志提出“发展是硬道理”，到党的十七大提出“必须坚持把发展作为党执政兴国的第一要务”、“必须坚持全面协调可持续发展”，发展始终是摆在我们党和政府面前第一位的问题。因此，财政必须紧紧围绕发展这个大局，以支持、促进发展为己任。安徽省财政目前虽然还比较困难，2006 年人均财力在全国列于末位，但这几年在保吃饭、保运转的同时，仍挤出一部分资金支持发展，把促进发展作为财政的重要任务。省财政每年安排部分资金用于县域工业园区贴息、奖励，利用财政间隙资金支持园区基础设施建设；财政注资支持建立省、市、县三级中小企业信用担保体系，缓解中小企业融资难问题。在进一步完善这些帮扶政策的同时，省财政还着手起草了支持企业发展、园区经济以及县域经济发展的初步意见和建议。此外，还安排了重大项目建设资金，支持铁路、公路等基础设施建设，加快融入“长三角经济圈”的步伐。为调动县级加快发展的积极性，安徽省财政制定了财政激励政策。对地方财政收入中税收收入比上年增收的部分，按增收额的 20% 奖励发展资金；对 19 个财政强县“十一五”期间每年奖励 1000 万元。这些举措取得了显著成效。因此，即使是在财政比较困难的情况下，找准切入点，合理安排、统筹协调，财政在促进经济发展方面也是可以大有作为的。

### （二）处理好组织收入与支出责任的关系，努力做到良性循环

依法组织财政收入、用好纳税人的钱是财政部门的责任。以收入保支

出，以支出促收入，形成生财有道、聚财有方、用财有效的机制，实现收支相互促进的良性循环是可以做到的。目前，从安徽省情况看，收入已进入依法征管、健康有序、稳定增长阶段，矛盾主要集中在支出管理方面，向管理要效益的潜力和空间还很大。2006 年，安徽省本级支出数额结转较大，一方面资金大量结转，另一方面花钱的地方很多，有些支出还得不到保障或保障程度仍很低，该尽的责任还未尽到。为切实改变“重收入、轻支出”，“重分配、轻管理”的状况，安徽省财政厅积极研究提出改进和加强财政支出管理的意见，制定了关于加快支出进度的具体措施。通过这些措施，极大地促进了财政支出管理的科学化、精细化。截至 2007 年 10 月，安徽省财政支出管理各项政策措施效果进一步显现，当月完成财政支出 90.3 亿元，比上年同期增长 80.8%，创历史同期最高水平。只要高度重视，各个部门密切配合，主观上做出积极努力，支出进度就会大大地加快，结转的数额就会大大地减少，确定的目标任务就可以实现。通过强化支出管理，保障各项社会事业发展，为安徽省经济全面协调可持续发展注入活力，为培植财源打下基础。

### （三）处理好规范管理与推进改革的关系，努力做到协调共进

安徽这些年在全国率先实行了农村税费改革、省直管县财政体制改革、乡财县管改革、粮食直补改革、补贴农民资金“一卡通”发放等多项改革，为进一步规范管理、提高资金使用效益发挥了重要作用。实践证明，改革是加强管理的重要手段，规范管理是改革的重要目的，改革成败的关键是要协调推进，把握改革的力度、时机，要和管理有机结合，通盘考虑。另外，从促进规范管理方面看，要善于总结改革的做法，将改革的成果升华为制度，及时形成日常的规范化管理，并通过管理不断提高工作质量和工作水平。改革创新要与时俱进，不能盲从，两者要有机结合，相互补充，相互促进。

### （四）处理好上级政府与下级政府的关系，努力做到统筹兼顾

省级财政既承担着一定的宏观调控职能，又肩负着均衡省以下财力差距的重任，是中央与市县财政的桥梁；市县财政掌握信息，了解情况，承担着财政支出的主要管理责任。多年来，安徽省财政转移支付资金占地方财政支出的比重都很高，大部分县都达到 60% 左右，有的县甚至超过 70%。因此，

转移支付资金在安徽省经济社会事业发展中具有举足轻重的地位，必须科学合理安排，既要注重发挥省级宏观调控作用，又要注重调动市县政府主动理财的积极性。2007 年，安徽省财政在这方面做了一些探索，如在转移支付分配方法上，建立了与中央财政基本接轨的以标准财政收支为基础的转移支付制度，在分配规模上，按照进一步向基层倾斜、向困难地区倾斜的原则，加大了对市县转移支付力度，市县转移支付增量比上年增长好几倍。这些措施既减少了各地跑省、跑厅的机会，引导大家把精力、时间集中在研究工作上，又避免了省财政大包大揽的做法，增强了市县的支出管理责任。下一步，关键是要按照党的十七大报告提出的“围绕推进基本公共服务均等化和主体功能区建设，完善公共财政体系”的要求，合理界定省、市、县政府的事权和支出责任，调整和规范省以下各级政府财政收入划分方法，促进转移支付制度更加科学、合理、规范、透明。

**（五）处理好自身建设与外部协调的关系，努力做到提升形象**

财政是国民经济综合管理部门，财政工作要为社会所了解、理解，必须在加强自身建设的同时，主动与外部沟通协调，提升财政在党委、政府和各部门及社会公众心目中的形象。2007 年，安徽省财政厅开展了以提高机关效能、转变机关作风、增强岗位能力为主要内容的三项活动，进一步加强干部队伍建设，使机关作风明显改善，社会认同度明显提高。同时，财政工作要贴近中心，服务大局，进一步转变思路，紧紧围绕省委、政府提出的发展战略及作出的有关决策，主动埋单，不做单纯的“账房先生”和“摇头先生”，积极为部门和基层解决一些实际问题。特别是要加大转移支付的力度，加快资金拨付的进度，树立服务至上的理念，并使这些工作和观念深入人心。2007 年实施 12 项民生工程，不仅让广大人民群众共享改革发展的成果，而且在社会上树立了良好的形象，极大地带动了工作作风的转变。

# 深化部门预算改革　提高预算管理水平

近年来，我省按照财政部统一部署和要求，坚持主动理财、科学理财、依法理财、民主理财，始终把深化部门预算改革作为加强预算管理的重中之重，统筹规划，积极探索，创新机制，初步建立具有自身特色的部门预算管理模式，财政预算管理逐步迈入科学化、精细化良性运行轨道。

## 一、注重综合预算管理，不断提高收入预算的完整性

部门组织收入是当前预算管理的难点，也是容易引起分配不公的源头。我省从收入征管、综合预算、收支脱钩三方面入手，重点抓好部门组织收入预算编制工作。

一是健全收入征管体系。部门所有的财政性资金的收付，都按规定程序在国库单一账户体系内运作，收入征管实现“两个直达”，即预算内收入直达财政国库，预算外收入直达财政专户。深化非税收入征管改革，在全省全面推行“单位开票、银行代收、财政统管、政府所有”的非税收入征管模式，实行收缴分离、罚缴分离，强化以票管费，确保非税收入及时足额缴入国库或财政专户。

二是全面纳入预算管理。为确保部门预算能够全面、真实、清晰地反映部门所有收入，在收入预算管理上：第一，确保收入来源合法。建立省级非税收入项目库，每年根据国家收费目录的变化，及时更新省级非税收入项目库。要求各部门编制收入预算应符合法律法规的规定，特别对行政事业性收费收入和政府性基金收入，按照政策规定的项目和比例征收，不得擅自增加

收费项目，也不得随意提高征收比例。第二，确保收入项目齐全。2007 年以来，已将原预算外收入（不含教育收费）全部纳入预算管理，收入全部上缴同级国库，支出通过一般预算或政府性基金预算予以安排。对符合政策规定纳入专户管理的收费收入，以及利息等其他收入全部纳入财政专户管理。第三，确保收入预算准确。严把收入预算申报和审核关，对单位组织的专项收入、行政事业性收费收入、罚没收入和政府性基金收入等必须根据上年和当年收入数、下年的政策变化及其他增减因素认真测算。厅机关各支出业务处、非税收入征收管理局在各自的职责范围内，对部门上报的非税收入预算草案进行认真审核，做到收入预算既积极，又稳妥。

三是积极推行收支脱钩。对行政性收费收入和罚没收入全面实行收支脱钩管理，其中，对行政事业性收费收入分考试类、证照类、管理类三个类别分项目核定成本，成本性支出纳入预算统筹安排；罚没收入全部上缴国库，所需执罚支出纳入预算保障。另外，加强对部门非税收入安排支出的管理，基本支出严格按预算供给政策审核编制，项目支出实行评审论证，促进非税收入规范管理，公平各部门收入差异。

## 二、注重深化预算改革，不断提高支出预算的科学性

在省级部门预算改革过程中，植入科学化理念，加强支出标准体系建设，改革以往粗略估算、简单平均、硬性包干的编制方式，着力解决部门之间苦乐不均问题。

一是人员经费，做到“三个统一”。以各部门共享改革发展成果的理念，统一供给政策、统一资金安排渠道、统一供给标准。具体做法是：对所有省级部门执行统一的预算供给政策，特别是改变原中央下划单位和市县上划单位，在人员经费安排上采取基数加增长的做法，按照其他省直部门一样享受同等政策待遇；对省级所有单位的人员经费均通过财政拨款安排，足额予以保障；对行政和财政拨款事业单位职工的工资福利支出和对个人、家庭补助支出，严格按国家和省里的统一政策据实供给，对财政补助单位人员经费实行定额补助。

二是公用经费，实现“三个改变”。以促进基本公共服务均等化的理念，既充分考虑部门单位共性需求，也积极体现单位之间的个性差别，加大

统筹力度，在财力供给可能和事业发展需求上找到结合点和平衡点。首先，改变以前行政单位公用经费“一把尺子量到边”的做法，实行定员定额与实物定额结合，粗细适当，精细有度。对省级行政单位公用经费实行“4 类 13 档”的定额管理的基础上，对物业管理费、网络运行维护费、交通费、租赁费、水电费、会议费等 7 项经费实行单项实物定额管理。其次，改变一般预算拨款安排与自行组织事业收入“两张皮”的状况，统筹事业单位性质和资金来源关系，做到“高有标准封顶，低有补助拉齐”。对财政拨款事业单位公用经费根据经费自给能力，实行四类差别财政补助定额和综合预算定额双重管理。第三，改养人为办事，跳出部分事业单位多养人少干事或不干事的“怪圈”，将财政保障重点由养人，转向办事。对省属院校和医院公用经费，分别按照生均定额和床位定额管理。通过以上“三个改变”，大体实现了部门之间运转经费公平。

三是项目支出，体现“三个结合”。以提高财政资金使用绩效的理念，科学合理安排项目支出预算。第一，与预算执行相结合。对部门预算中的项目支出，预算级次上基本细化到具体市县，项目内容细化到基层预算单位，预算科目编制到“目级”，并达到政府采购和国库集中支付的要求，确保预算编了就能执行。同时，加强结余结转资金管理力度，以省政府办公厅名义印发《省级财政结转结余资金管理办法》，要求项目资金当年用完，确需结转的由部门提出申请，但下年仍未用完的全部收回省级预算。对当年结转结余资金较多的部门，在编制以后年度部门预算时，适当压缩其支出预算规模。第二，与资产管理相结合。从 2009 年起，在省级所有一级预算部门及其所属二级预算单位，全面推行资产管理与预算管理相结合，在准确掌握单位资产存量、建立科学的资产配置标准体系的基础上，对房屋建筑物、非行政参公单位的机动车辆、单件价值 20 万元以上大型设备和批量价值 20 万元以上资产（四项资产）进行专项审核，未通过审核，不得列入部门预算。在编制 2011 年预算时，对 230 个“四项资产”项目进行审核，核减项目 40 个。第三，与绩效评价相结合。2009 年，将项目绩效目标纳入部门预算编制环节中，制定《安徽省预算支出绩效考评实施办法》，将考评结果作为以后年度预算的重要依据。2010 年，省级重点选择了民生工程等 31 个涉及面广、影响大、社会关注度高的项目，开展绩效评价，根据绩效评价情况，对项目进行择优安排。下一步，还将考评结果向省政府汇报，为领导决策提供参考，并采取适当形式向社会公开。

## 三、注重推行阳光预算，不断提高财政预算的公开性

随着公民意识的增强，社会各界对财政预算的关注度越来越高，需要各级财政部门积极推行预算公开，努力打造阳光预算。

一是加强制度建设。为保障部门预算改革的顺利进行，我省从预算编制的政策制度和具体操作办法、外部环境和内部程序上入手，在加强制度建设方面进行了有益的探索和创新。以省政府名义制发《关于加强财政科学化精细化管理指导意见》、《安徽省省级部门预算编制管理办法》等一系列预算编制管理方面的规章制度，对部门预算编制的程序、方法、内容、支出标准以及部门预算文本格式等都做了详细的规定，建立了省级部门预算编审制度的基本框架，为部门预算实施提供好运行环境和制度保障。同时，加强预算编制内部程序制度化建设，制订了《安徽省财政厅内部省级预算编制工作规程》，对预算编制职责、程序进行调整和规范，实现了省级部门预算编制约束有力、程序统一、流程顺畅、运转高效。

二是推进预算公开。部门预算编制信息公开，让部门预算在“阳光”下运作，有助于加强对预算编制工作的监督，也是做好部门预算的必要条件。首先，做到预算编制政策公开。每年编印《省级部门预算编制手册》，将各项预算编制政策、管理制度进行汇编，发放到所有的预算单位，既宣传了工作，又公开了政策，受到部门的一致好评。其次，预算编制过程公开。部门预算编制的每一个环节、节点、程序全部向预算单位公开。同时，在预算审核安排过程中，反复同部门沟通协商，形成互动、达成共识。对一些数额大、群众关注、专业性和技术性强的项目，引入专家评审论证机制，实现项目立项、预算安排公开。第三，预算编制结果公开。已实现所有123个省直一级预算单位和垂直系统及教育厅所属高校等82个二级预算单位预算草案文本，全部报送省人大审查。建立省级部门预算查询系统，每年“两会”期间，供人大代表、政协委员查询。同时编印《财政预算参阅材料》，发放到每位人大代表和政协委员，提高预算透明度。

## 四、注重基础业务建设，不断提高预算的有效性

基础不牢，地动山摇。做好预算编制的基础工作，对提高部门预算的编制质量和水平起着基础性的决定作用。

一是夯实预算编制管理基础。第一，建立基础信息库系统。我省自行开发的预算基础信息库管理系统，覆盖省级 123 个一级预算单位、1700 多个末级预算单位，动态掌握包括单位性质、编制数、财政供养人员、主要资产和设备等涉及财政供给有关的各项信息。按照系统基础信息和预算供给政策，实现基本支出直接由财政部门据实编制。第二，完善定额标准体系。在建立以综合定额为主体、单项定额为补充的公用经费定额体系基础上，修订完善了差旅费、培训费、出国经费、办公用房装修和维修等通用支出定额标准；将专用支出标准覆盖范围逐步扩大到招商会展、重大项目前期费用、大型调查普查等项目；积极引导部门制订具有行业特色的内部支出标准。第三，不断完善项目库建设。建立部门项目库和财政项目库，实现项目支出预算通过项目库清理、申报和审核。积极推行项目支出滚动管理，按轻重缓急对项目进行排序，项目安排按照排序，结合财力可能择优筛选，切实保障政府施政目标的实现。

二是强化预算编制管理手段。以信息化为手段，以考核评比为激励，提高预算管理效果。第一，整合部门预算编制软件。将预算编制的基础信息库、项目库和预算编制三个核心软件，集成一个系统，实现“三位一体”，既方便了部门使用，又简化了手续，提高了效率。第二，加强模块融合。按照系统融合、资源共享的原则，拓展预算编制信息化建设，以“金财工程”建设为依托，以预算指标管理为核心，将预算编制、预算指标、预算执行进行全面融合和对接，实现预算编制—指标—支付一体化管理，提高整个预算管理水平。第三，考核激励。印发了《省级部门预算编制工作考核评比办法》，每年组织开展省级部门预算编制工作考核评比，通过对预算编制工作的先进单位进行表彰，激励省直各部门不断提高预算编制的质量和水平。

三是全面提高人员素质。结合开展岗位大练兵、能力提升年等主题活动，采取重点强调和统一集中培训相结合方式，有针对性地加大对省直部门财务人员的培训力度。在每年召开的省级部门预算编制工作布置会上，邀请

省人大财经委、省审计厅主要负责人到会讲话，结合各自在预算审查和审计中发现的问题，对省直部门提出整改要求，强化部门进一步增强在预算编制中的主体责任意识。每年举办一期省直部门预算编制培训班，对财务人员进行系统预算编制业务培训。同时，对省地税、质监、监狱、交警等大的系统举办的预算编制管理业务培训班，主动派出精兵强将上门授课，帮助部门提高财务人员的业务素质。

尽管我省在部门预算改革方面做了一些有益探索，但与财政部要求，与当前财政管理改革需要相比，还有很大差距，“十二五”期间，我们将进一步完善政府预算体系，健全预算管理制度，继续深化改革，推进我省部门预算改革再上新台阶。

# 不断提高省级部门预算编制工作水平

## 2002年以来省级部门预算编制工作回顾

近年来，在省委、省政府的领导下，在省直各部门的大力支持、积极配合下，财政厅按照贯彻落实科学发展观和建立和谐社会的总体要求，紧紧围绕建立与社会主义市场经济相适应的公共财政体制这个中心，部门预算编制工作在探索中规范，在规范中创新，在创新中追求科学，各项改革取得了显著成效。

### （一）构建制度体系，规范了预算编制行为

制度建设是实现决策科学化的重要基础和根本保证。为规范部门预算编制的程序、内容、方法，省财政厅制定了《省级基本支出预算编制管理办法》和《省级项目支出预算编制管理办法》；为提高预算编制效率，针对部门预算编制工作的各个环节可能出现的具体问题，制定了《省级基础信息库管理办法》、《关于建立部门预算项目库和开展部门项目支出清理工作通知》等部门预算编制的专项制度；为规范部门预算的审核流程和审核办法，强化考核与监督，制定了“三上三下”审核办法、《项目支出预算评审论证办法》、《省级部门预算考核评比办法》等内部审核制度监督及评比制度。另外还制定了《行政事业单位公用经费管理办法》和物业管理费等六个单项定额管理办法。经过几年的探索与实践，涵盖预算申报、审核和批复等全过程的预算编制管理制度体系基本建立，预算编制的考核评估、监督检查机制基本形成，省财政厅预编办自身的编制工作和省级部门单位的预算编制行

为不断规范，省级部门预算编制工作逐步纳入科学性、规范性管理的轨道。

**（二）优化资源配置，规范了财政供给政策**

充分发挥财政配置资源的职能作用，对老体制下的资源配置格局进行改革和优化，努力促进社会分配的公平、公正。针对行政事业单位的特点，实行分类分档管理办法。在具体操作中，根据部门、单位的职责范围、工作性质、工作量的大小以及占有财政资源多少等情况，分为行政和事业两大类，行政单位分四类九档，全额事业单位分五档。在划分行政事业单位类档的基础上，经过反复测算和分析，结合省级财力的可能，确定了据实供给和定额供给相结合的人员支出定额，以综合定额为主体，以六个单项定额为补充的公用经费定额，现行的定员定额标准已比较合理。同时，在预算编制过程中，省财政厅将所有省直单位的供给政策编印成册，发送至各预算单位，向预算单位公开，政策透明，操作阳光，接受部门和单位的监督。目前，省直各部门、单位对人员和公用经费的供给都比较满意，人员和公用经费的预算编制工作已逐步得到规范。

**（三）强化基础管理，规范了基本支出预算**

保障各部门和单位履行职能、维持正常运转的基本支出是公共财政保障的重要内容。在编制基本支出预算时，人员支出和公用经费支出与单位的人员和资产有关，因此人员和资产等基础信息的准确与否将直接影响基本支出预算的编制质量。2002 年我省在全国率先建立基础信息库，2004 年以来，先后在省直部门试行了部门预算基础信息库的动态管理。经过努力，为提高信息的准确性、完整性，省财政厅与省编办、省人事厅紧密配合，统一了政策、统一了基础数据的对接。为科学利用信息，根据基础信息库的数据和财政供给政策，开发了基本支出预算编制软件，并配发到省直各部门单位。通过以上措施，现部门和单位预算编制的工作量大大减轻，预算编制的准确性得到了提高。目前，省级部门基础信息库已覆盖到所有供给单位，已成为各部门加强预算管理、提高预算编制质量的重要基础。

**（四）严格项目审核，规范了项目支出管理**

为切实保障重点支出的需要，提高项目支出预算编制的科学性和有效性，体现服务大局，集中财力办大事、办实事、办难事、办急事的原则。省财政厅积极探索项目支出预算编制管理方式。一是严格项目申报。各部门上报的项目必须经过初步论证，编报项目论证报告，并按轻重缓急进行排序。同时，引入科学、民主的决策机制，对一些金额较大、专业性较强、对经济和社会事业发展有较大影响的项目，委托专业评审机构或组织专家进行评审论证。二是建立项目库。经过逐步试点和总结推广，2007 年省直各部门单位支出预算全面建立了项目库，对项目支出预算实行滚动管理，支出预算申报及编制的基础性资料得到了充实和完整。三是细化支出预算。项目支出预算编制分为部门本级、所属单位和补助市县三个层次，每个层次按支出的功能分类细化到具体项目和使用单位，逐步细化到经济分类的款级科目，真正使项目支出预算能明晰反映项目支出的具体用途。通过不断提高预算细化程度，强化了预算约束，提高了预算执行效率。

### （五）推行综合预算，规范了财政收支约束

编制综合预算是编制全口径预算的重要内容，也是部门预算改革的重点和难点。几年来，省财政始终坚持统筹安排、综合平衡的原则，将预算内外资金、其他资金和政府性基金全面、完整地纳入部门预算，努力实行统一编制、统一管理、统筹安排使用，初步实现了预算内外“两张皮”向综合预算的转变。截止到去年底，除个别部门的特殊收支项目外，省直部门的收支都已纳入了部门预算，“收支两条线”改革取得了实质性进展。对质监、药监系统的罚没收入实行了彻底的收支脱钩，除教育收费外的行政性收费全部纳入预算内管理，并分类核定收费成本，成本支出在预算中足额安排，成本外的收入由财政统筹安排。同时，在部门预算中统筹安排一般预算拨款和单位组织的收入，对部门用非税收入安排的支出项目，逐一进行审核，保证支出符合要求，资金安排合理。

### （六）依法接受监督，规范了政府理财行为

人大、审计及社会各方面的监督，是保证财政资金安全运行，真正实现效益优先的根本保证。部门预算改革后，预算草案的内容得到了不断细化，财政用于“三农”、教育、科技、医疗、就业和社会保障等涉及人民群众切身利益的重大支出项目得到了公开，人民代表及社会各界对财政收支预算的

审查和监督更直接，力度更大。几年来，我们逐年加大了向人大和社会的信息披露力度和预算编制的透明度。一是上报人大审查的部门预算数量逐年增加。按照省人大常委会对部门预算审查的要求，上报审查的部门数量已由2001年的8个到2005年的所有省直部门。二是不断完善报送文本，文本格式逐步规范，文本内容逐步细化，文本质量逐年提高。三是认真落实人大对部门预算编制工作的建议，按人大的要求，积极推进项目支出的细化，扩大全口径预算的范围，促进预算分配法制化、科学化。

总之，部门预算改革实施以来，我省坚持创新，预算编制工作取得了显著成绩，逐步建立了预算编制、执行、监督相互分离、相互制衡、相互协调的新机制，部门预算编制的责任主体更加明确，部门预算管理理念进一步增强，传统功能预算编制形式得到了彻底改变，部门预算得到了全面实施；部门所属二级单位全部归口部门管理，实现了一个部门一本预算、自下而上逐级编制预算的改革目标；预算编制的完整性、准确性和规范性得到了提高，人大对部门预算的审查监督力度正在加强。

## 进一步深化省级部门预算编制改革的思路和措施

随着经济又好又快发展，我省财政形势也越来越好。当前，财政部门不仅要解决好吃饭问题，还要解决好发展及和谐问题，这就要求在预算编制工作中，要最大限度地体现公共财政的公共性、公平性、公益性、法治性和效率性。要在精心安排好吃饭问题的同时，围绕省委、省政府确定的中心工作，把新增财力更多地投向民生、投向“三农”、投向科教等重点领域，确保国家大政方针的贯彻落实，确保省委、省政府确定的重点支出需要。同时，在省级财力逐步好转的前提下，提高项目支出占整个预算支出的比重，提高重点项目占项目支出的比重。着力围绕广大人民群众切身利益问题，着力围绕推进安徽奋力崛起和实现跨越式发展，进行改革和创新。

当前和今后一个时期，深化省级部门预算编制改革，要坚持以学发展观为统领，继续规范预算决策机制，推进预算编制制度创新，夯实预算编制基础工作，切实加强预算管理监督，探索建立预算绩效评价体系，促进部门预算编制的法制化、科学化、规范化，努力提高财政资金使用的规范性、安全性和有效性。

### （一）继续规范预算决策机制

决策是分配的关键。预算决策依据要同宏观决策一致，作为财政部门，应根据国家宏观经济改革和政府施政目标，合理确定财政功能结构和财政支出规模，建立预算分配与国家宏观政策、国民经济和社会发展规划及政府施政目标紧密结合的决策机制。要按照科学发展观的要求，立足公共财政职能，不断优化财政支出结构，继续将财政资金从非公共财政领域退出，努力增加对农业、教育、科技、卫生、文化、社会保障等重点领域的资金投入，发挥财政资金在提供保障、实施调控、促进公平、统筹发展等方面的职能作用。改进决策方法，对预算收支规模的安排，支出结构的调整，重大项目的确定，都要采用科学的方法进行严密的论证。完善决策程序，认真听取省人大审核反馈意见，落实省政府领导的指示精神，广泛征求征求部门、单位及职能处室意见，综合平衡，突出重点。

### （二）全面推进部门预算编制制度创新

不断完善公用经费定额标准体系。认真分析现行定额标准体系存在的问题和不足，积极把握省级部门履行职能情况、有关政策调整、物价水平和经济发展状况等因素，对定额标准体系进行适当调整和完善。同时，要在研究制定资产配置标准的同时，积极开展实物费用定额试点工作，逐步建立预算定额和实物资产相结合的定额标准体系。从而不断提高预算编制的合理性、规范性和准确性。探索编制滚动预算的途径。编制滚动预算，是国际上发达市场经济国家普遍采取的做法，也是我省今后深化部门预算编制管理的方向。要通过滚动预算编制，使部门更加合理地进行需求分析和项目决策，更加科学地把预算资金的需求与其工作计划和事业发展目标相结合，增强年度预算之间的连续性。认真研究事业单位经费保障方式。按照事业单位体制改革总体部署，积极探索研究适合不同事业单位类型特点的管理方式和经费供给方式。大力推进综合预算。研究制定综合预算管理办法，统筹安排预算内外收支，努力实现全面彻底的综合预算，提高财政统筹能力。

### （三）夯实预算编制基础工作

适应深化改革的新形势和新要求，不断完善部门预算编制管理制度，巩固改革成果，为进一步深化部门预算改革提供制度保障。加强行政事业单位资产管理，掌握部门资产底数，为实现资产管理与预算管理的有机结合打下基础。加快项目库建设，做好项目清理工作，为稳步推进项目预算滚动管理创造条件。按照财政部的统一部署，在“金财工程”整体框架内，加快部门预算编制信息化建设，不断提高部门预算基础库和项目库应用功能，为深化部门预算编制提供技术支持。

**（四）探索建立预算绩效评价体系**

绩效管理是市场经济条件下公共支出管理模式发展到一定阶段之后，进一步加强公共支出管理、提高财政资金使用有效性的客观选择。其核心是要把绩效管理理念与方法引入财政支出管理，逐步建立起与公共财政相适应、以提高政府管理效能和财政资金使用效益为核心的绩效评价体系。绩效考评项目和考评指标要合理设置，绩效考评标准要客观公正，绩效考评方法要科学有效。当前，要按照积极稳妥、先易后难的原则，稳步推进绩效评价工作，建立项目预算安排与项目执行效果评价有机联系的绩效考评机制。研究建立绩效考评激励机制，切实提高财政资金的使用效益和效率。

**（五）切实加强预算管理监督**

加强监督，是增强依法行政意识，严肃财经纪律，提高部门预算编制质量的有效措施。第一，强化财政内部监督。加强制度建设，完善预算编制、执行、监督相分离的预算管理机制，将预算编制、审核、批准、执行等全过程纳入规范程序，实现事前、事中、事后的全过程监督，规范预算行为，强化预算约束，减少预算随意性。第二，强化对部门的财政监督。加强对预算编制和财政资金监督管理，指导部门完善内部管理，加强预算编制，保证财政资金安全、有效使用。第三，自觉接受监督。按照依法行政、依法理财和政务公开的要求，完善预算编制信息披露制度，增强预算的透明度，自觉接受人大、审计部门和社会公众的监督。

# 加快“金财”工程建设步伐

现在是学习型社会，是信息时代，如果没有信息化意识，要想做好工作是不可能的。“金财”工程建设就是把握了时代脉搏，顺应了形势需要，也是结合财政工作的自身特点，所以国务院批准立项实施这项工作。财政部门的同志，必须充分认识“金财”工程的必要性、重要性。只有认识提高了，思想统一了，才能增强做好金财工程建设的责任感和紧迫感。如果我们在财政系统工作的，都认识不到信息化的重要性，想加快“金财”工程建设步伐就做不到。尽管我们财政系统的广大干部都很勤奋和努力，但大家之间的差异却很大，这其中就存在学习方面的差距。对我们来说，要加快“金财”工程建设首先要加强学习，要增强这方面的意识。尽管我们的领导同志可能因年龄偏大，计算机操作水平不够高，但通过学习，我们可以知道信息化建设对整个财政的覆盖面和切入点，以及怎样与业务工作结合。国家确定了12 项金字工程，具有其时代性和规律性。金字工程特别是“金税”和“金财”的建设投入都比较大，“金税”投入了 80 亿元，“金财”分两期建设，仅第一期就要投 36 亿元。作为财政管理者，尤其是财政部门的“一把手”，如果对这个问题没有充分的认识，或者只知道皮毛，要想加大开展这项工作的力度，你的思维方式和工作方式首先就可能是个障碍。

## 一、推进“金财”工程建设意义重大

目前，我省财政信息化工作还没有达到“金财”工程建设的目标，还不能完全满足财政改革与发展的现实需要，必须充分认识加快平台一体化系统推广应用的重要性和紧迫性。

1. 推动财政改革与发展的内在需求。随着国家财政实力不断壮大，财政宏观调控能力不断增强，以人为本的公共支出体系不断完善，财政管理体制改革不断向纵深拓展，我国财政改革与发展已进入到一个新的阶段。当前财政工作面临各种新挑战和新考验，贯彻落实科学发展观对财政工作提出了更高要求，复杂多变的财政经济形势对财政管理提出了全新课题，财政工作的繁重性、艰巨性大大增加。仅仅依靠传统的工作方法和初级水平的信息化手段，已经不能适应财政改革与发展的需要。信息化建设作为财政改革与发展的“助推器”，必须不断改进和完善。从西方发达国家的实践看，通过不断提高财政的信息化水平，不仅能为财政改革与发展提供更加有力的技术支撑，逐步实现技术与业务的良性互动，而且当信息化发展到一定阶段后，还能在一定程度上引领和带动财政改革与发展。作为信息化建设的基础性工作，加快建设平台一体化的信息系统尤显迫切。因此，必须通过加快平台一体化系统推广，更好地服务和推动财政改革与发展。

2. 推进财政科学精细管理的重要基础。财政各项业务数据是财政管理决策的基本依据。只有通过建立统一的信息平台、统一的业务规范，实现主体业务应用系统的有效融合和信息共享，实现各级财政内部、财政与本级预算单位、上下级财政信息资源的互联互通，财政管理的科学化、精细化才有坚实的技术和数据支撑，才能实现财政管理决策的科学性、规范性和及时性。经过多年的信息化建设和各个业务“条条”推动，各级财政部门基本实现了业务的信息化处理，但是系统建设一直比较分散、在“块块”上缺乏统一性。财政收支数据分散在不同系统中，数据编码不统一、数据口径不一致、信息存储不集中，数据共享度低，上下级财政部门信息不通畅的问题依然存在。由于没有统一信息平台，有时部领导或省市领导临时要一些数字，做一些分析研究，还要依靠传统手段加工估算，不仅及时性差，而且科学性和准确性也受到影响。通过推进平台一体化系统建设和应用，可以随时从统一的数据库中抽取数据、生成综合分析表，从而大大提高信息的及时性、准确性和完整性。随着平台一体化系统的深化应用，系统中积累的数据将会使数据综合分析、数据深度利用的基础更加坚实，财政决策和管理水平更加科学。

3. 促进财政反腐倡廉建设的技术手段。推广应用平台一体化系统后，通过各个业务环节的互联互通，详细记录每个用款单位每一笔财政资金收支的运行状态，可以对预算编制、预算执行等环节进行事前、事中、事后全过程实时监控，让财政资金运行置于有效监督之下，增加预算执行的透明度，促进财政资金管理和使用的公开、透明，规范财政权力运行。同时通过提供全面、准确、及时的信息，便于有重点、有针对性地对资金运行中出现的异常情况，进行风险控制。这是从机制上、源头上推进财政反腐倡廉建设的重要举措，既能保证监督质量，降低监督成本，提高监督效率，促进财政资金的规范和安全使用，又能规范财政行为，防止暗箱操作和人为干扰，维护财经纪律，保护财政干部。

## 二、统筹推进“金财”工程建设

关于建设经费问题，“大头”由省里拿。现在我们已经筹措落实了1.2亿多元，基本上来自于省本级的国库存款利息。因为财政部和人民银行两家联合发过文，允许国库存款利息用于财政自身的国库改革建设。各市县也都有国库存款利息，可以统筹考虑利用于“金财”工程建设。

一是搞好整合。资源配置是我们财政职能之一，信息化建设也有一个资源整合与资源共享问题，包括内部整合、外部整合。内部整合就是如何把资金、设备整合统一起来，外部整合是与相关部门做好衔接。特别是平台搭建以后，要进行数据分析、判断和汇总，对业务进行管理。现在是人操作机器来管事，下一步就要靠机器来管事。只有把整合的切入点找准了，“金财”工程建设的效果才会更好。信息资源要能共享。以前的问题是部里各司局和厅里的处室都在开发推广软件，不仅资源浪费，而且给将来整合造成障碍。所以“金财”工程提出，由财政部统一开发大平台软件来推广，在这个统一平台的规范下，通过接口来实现上下左右的衔接，那时，各地可以再结合实际，在大平台的基础上搞创新。

二是积极协调。由于“金财”工程涉及各个方面，既有内部的也有外部的。外部的矛盾很多，在资金和人力上，我们的条件可能比人家优越，协调相对容易些。而有的部门可能难度就大一些，你要与它同步就会很困难。在内部，上面的东西不断下来，各个科室、各个股室也对上负责，同时自己还想再搞一套。“金财”工程建设协调任务很重，需要一把手整体考虑问题，调动整个班子齐抓共建。在推进这项工作的过程中，遇到了矛盾和问题让分管领导去解决就要困难大一些，而一把手出面就会相对好办一些。这就是为什么我们有那么多处室，有很多重要的会议都只是分管领导到会，而今天的“金财”工程会议，在家的厅领导全部到会，还把市、县和15个县改区的一把手请来，进行专题研究布置。这就充分说明这项工作的协调任务重、难度大，所以才下决心开这样规格的会议。也希望大家积极协调各地在“金财”工程建设过程中遇到的矛盾和问题。

三是分类指导。这主要是针对省、市来说的。我们的“金财”工程建设虽然有了一定基础，也做了很多工作，但发展不平衡，认识也不同步。分类指导是一种重要而基本的工作方法，就是抓两头带中间。好的方面要积累经验，进行推广；差的要督促，迎头赶上。各市县“金财”工程建设现状不完全一样，包括财力状况不一样，领导认识不一样，基础工作不一样，机构人员设施不一样。省里、市里对落后地区心中有数，对不同的情况要区别对待。下一步，省厅要拿出规划和计划，对问题比较多的、困难比较大的地方要进行针对性的指导。面上的问题，省厅会拿出总体解决办法。而对于技术上的问题，厅里要进行统一指导，有的到现场去处理。毕竟厅里的人手和技术力量强一些。我们一级对一级指导、一级对一级负责，上下互动配合，使“金财”工程建设按照我们预期的目标来逐步完成。

四要增强责任意识。搞“金财”工程建设是财政在搞自我革命，是一个挑战。这项工作做好了，我们财政管理的公正、透明和规范就有了良好基础。全靠拍脑袋办事情，避免不了随意性和盲目性。只有机器管人、管事了，再想去弄虚作假就难了。所以要充分增强对这项工作的责任感，把我们确定的目标任务落到实处。这项工作不是靠少数部门、少数人去干，而要靠全国财政系统一盘棋、全省财政系统一盘棋地去干。

## 三、积极推进平台一体化系统建设

自2007年全省“金财”工程建设深入推进以来，安徽省财政信息化工作取得了显著进展。一是信息化硬件设施得到了进一步完善。省、市、县（区）三级财政部门全面实现了计算机网络系统的更新换代，72个市、县（区）财政部门完成了计算机机房达标建设。二是信息系统应用范围进一步扩大。各类财政管理信息系统的应用覆盖了省、市、县（区）三级财政的基本业务环节和预算单位。三是各市财政部门都落实了信息机构编制、配备了技术人员，各县（区）财政部门也都落实了信息化管理人员。从省本级的平台一体化系统上线运行情况看，系统的综合性、可操作性得到了验证，向市级财政部门推广的条件已经具备。按照财政部的统一部署，我省的平台一体化系统推广工作分三步走：第一步，2009 年完成平台一体化系统的开发、测试和在省本级模拟应用（第一步已经顺利实现）；第二步，2010 年在省本级全面应用的基础上，完成系统在市级财政部门的推广实施，同时在部分县级财政开展应用试点；第三步，2011 年启动平台系统在县级财政部门的推广实施。实现上述目标，需要各级财政部门围绕既定目标，拿出具体措施，切实加以推进。

1. 细化分解目标任务。目前，向市级推广的平台一体化系统，是省财政厅已经正式使用的版本，包含了预算指标管理、国库集中支付管理、工资统发管理、政府采购管理、账务管理、基础信息管理和项目信息管理，以及非税收入信息查询、财税库银联网信息查询、业务统计查询和领导查询等十多个基本功能模块。根据座谈交流、走访调研和调查表分析情况看，省市两级在财政管理模式、老系统应用和新系统实施方面的差别不大，因此，对市级推广工作的基本要求是，年内完成一体化系统基本功能在各市的实施应用，有条件的要尽可能把专户资金管理、一般性转移支付资金管理和债务管理纳入一体化系统。有省厅的开发成果和实施应用经验，有软件开发公司的帮助配合，各市通过任务分解、强化落实和上下共同努力，实施工作应该能够按期完成。

2. 研究制定工作方案。各市要组织局领导、中层干部和业务技术骨干，在学习理解一体化业务管理特点的基础上，结合加强和规范财政业务管理的需要，认真研究业务需求，尽快制定工作计划和实施方案。方案中要明确平台一体化系统推广实施的工作目标、进度安排、任务分工和责任落实等内容，特别是要做到：以预算和指标管理为龙头，梳理一体化业务管理流程；统一从预算到决算全流程的业务基础数据及其编码；明确平台一体化系统与现有各系统的衔接、替代关系。在整理业务基础数据时，要注意比对现有系统基础数据与部颁《财政业务基础数据规范》的异同，确保进入系统的数据符合财政部的新规范。各市的实施方案和时间进度，要报厅信息办审核同意后方可组织实施。

3. 切实加强协调配合。平台一体化系统建设既涉及上下级财政部门，也涉及财政部门内部各个单位，还涉及其他部门，必须加强协调配合，形成推进合力。首先，上下级财政部门之间要加强联动配合。在系统推广实施过程中，省财政厅将安排专人，赴各地开展技术培训、业务指导和工作督导，帮助各市做好实施工作；各市要认真抓好任务落实，确保各项工作按计划推进。其次，业务科室之间要加强协作配合。平台一体化系统的推广实施涉及预算编制、支出管理、资金监控、财务决算等财政业务全流程，对指标管控体系、单位代码统一、技术与业务融合等都有更高要求，各相关科室的负责同志与业务骨干要全程参与系统实施过程，及时做好沟通交流、业务协调和需求验证等工作，确保一体化系统顺利实施。此外，还要加强与其他部门以及代理银行的沟通协调。在系统实施过程中，原有的单位代码、系统接口模式和信息交换方法都要进行必要调整，需要积极争取部门与预算单位的大力支持和密切配合，同时还要做好部门与单位财务人员的应用培训和试点应用工作，确保平台一体化系统在2011年1月1日都能顺利上线。

4. 完善配套保障政策。为了支持和帮助各市做好平台一体化系统推广实施工作，省财政厅依据“金财”工程建设经费管理办法，制订了配套措施。一是财政部开发的“金财”工程应用支撑平台软件和省财政厅开发的平台一体化系统软件免费向各市提供。二是省厅集中采购系统运行所需的数据库软件、服务器和存储设备，将无偿调拨各市使用。三是各市系统实施的基本费用由省财政统一支付。四是省厅近期将分批组织各市的业务技术骨干开展系统推广培训与研讨。五是省厅将启动合肥四里河灾备中心建设，为市、县平台一体化系统提供异地备份服务，保证各地业务数据的安全。以上措施的目的，就是希望各市将主要精力集中到业务需求梳理和业务流程规范方面，扎实做好业务基础工作。此外，各市要重点考虑和解决的配套保障措施，就是如何加强信息技术人员配备、加强网络设施和达标机房的运维管理工作。各市虽然都解决了信息机构编制问题，但除了合肥、淮南、安庆等几个市外，都存在信息技术人员不足的问题，必须尽快通过充实人员、整合局属单位技术力量等措施加以解决；亳州、铜陵和滁州3市要尽快完成机房达标建设，宣城市要在新办公楼落成前，保证现有机房条件符合平台一体化硬件设备安装运转的技术要求。

# 全力推进基层医药卫生体制综合改革

基层医药卫生体制综合改革是加快建立基本药物制度、深化医药卫生体制改革的一项重大举措，也是安徽省根据国家要求、结合本省实际、顺应群众意愿的一次改革创新，意义重大。

## 认清形势　创新思路

在推进医改、探索建立基本药物制度过程中，要正视情况的复杂性和形势的严峻性，在困难中闯出新思路。

### （一）客观分析，正视基本药物制度之重

根据中央深化医药卫生体制改革工作部署，今后三年五项重点改革任务中，推进基本医疗保障制度建设、健全基本医疗服务体系、促进基本公共卫生服务逐步均等化三项改革的框架体系目前已基本形成，成效逐步显现；公立医院改革还有两三年试点的时间，可以逐步探索。因此，建立基本药物制度是目前医改任务的重中之重。这是一项全新的制度，既没有前三项改革的良好基础，又没有公立医院改革的试点缓冲；既是一项迫在眉睫的任务，又是一项重点与难点交错、热点与节点叠加的系统改革。说是重点，在于它是医改“五位一体”重点任务之一，是国家要求在2008年底前启动、2009年初要初见成效的重要任务；说是热点，在于它涉及利益调整，是社会高度关注、群众普遍关心的一项改革；说是节点，在于它是整个医改推进过程中遇到的第一道“坎”，迈过这道“坎”，可以积累经验，为其他方面的改革打

好基础；说是难点，不仅在于制度本身涵盖了药品目录确定、药品价格制定、零差率销售、采购配送等方面的系统工作，而且涉及环节多、覆盖范围广，改革需要全面谋划、通盘考虑。

**（二）抓住要害，审视取消药品加成之难**

建立基本药物制度，难点是取消药品加成、实行零差率销售，让广大群众在短期内直接感受到医改带来的实惠。在推进初期，就取消药品加成后的补偿主要有三种思路：一种是“简单加成补偿法”，即按国家规定的15%的药品加成率给予补偿。这看似简单易行，但与药品的实际加成情况差别很大，而且基层医疗卫生机构和医务人员都不满意，实施的阻力很大。第二种是“实际加成补偿法”，即对基层医疗卫生机构实际取消的加成给予等额补偿。但难以操作，主要是药品实际加成率，难以准确把握。第三种是“财政全额保障法”，即取消药品加成后，将基层医疗卫生机构作为全额供给事业单位，将其所有支出由财政结合其收入情况进行全额保障。这个办法虽然深受基层医疗卫生机构欢迎，但容易回归到计划经济体制“吃大锅饭”的老路子，不符合改革的总体取向。因此，取消药品加成不能单纯地盯住加成率这一点，更不能简单地看做是“减了多少、补上多少”，必须另辟蹊径、另寻他路。

**（三）瞄准焦点，寻求变革“以药补医”之路**

建立基本药物制度真正的核心和焦点是变革“以药补医”机制。长期以来，在药品加成基础上形成的“以药补医”机制被扭曲、滥用。一方面，直接导致药价虚高、药物滥用，成为群众“看病贵”问题的根结所在；另一方面，又直接影响和决定着基层医疗卫生机构的管理体制、补偿机制、收入分配等体制机制，不仅造成政府对基层医疗卫生机构职责不清、监管不严、补偿不足，导致政府补偿政策不合理、投入方向不明确，也严重扭曲收入分配关系，基层医疗卫生机构过度依赖药品收入，滥用药物、开单提成、“大处方”等现象普遍存在。另外，基层医疗卫生机构普遍存在人事自主权较大、人员编制失控、人事管理涣散、人才短缺与人浮于事并存等现象。因此，在建立基本药物制度过程中，取消药品加成，实行零差率销售，首当其冲的就是要改变现行的“以药补医”机制，必须要用全局的、系统的视野和思维去推进改革。

基于以上分析，并结合省情、医情、药情，可以看出，建立基本药物制度，仅仅由政府简单地为实行零差率而减少的收入“埋单”，并不是标本兼治之策，更不是惠民利民之举，必须坚持政府举办的基层医疗卫生机构的公益性，以改革“以药补医”机制、实行基本药物零差率销售为突破口，坚持以投入促改革、以改革求成效，系统推进基层医药卫生体制综合改革，实现体制机制的根本性转变。

## 明确任务　探索创新

深化医药卫生体制改革是着眼为民谋利的重大民生工程。安徽省基层医药卫生体制综合改革试点方案包括乡镇卫生院改革、社区卫生服务机构改革试点方案等九个文件。这九个文件将中央医改要求与本省实际紧密结合，将医改近期任务与长远目标紧密结合，既体现了中央精神，也结合了安徽实际。各级财政部门要深入学习、把握要求、明确任务，在开拓创新中加以贯彻落实。

### （一）坚持“政府主导性、回归公益性”，建立监管有序、协调统一的管理体制

政府举办的乡镇卫生院、社区卫生服务机构主要提供基本公共卫生服务和基本医疗服务。每个乡镇设置1所政府举办的卫生院，由所在地县级卫生行政部门统一管理。城市每个街道办事处所辖范围原则上设置1所社区卫生服务中心，根据需要可设若干个社区卫生服务站。每个行政村建设1所政府支持的标准化村卫生室，主要承担辖区内农村居民的基本公共卫生服务和一般疾病的初级诊治。同时积极推进乡村一体化管理，乡镇卫生院对村卫生室的设置、人员、业务、药械、财务进行统一管理，村卫生室的法律责任独立、财务核算独立。

### （二）坚持“定编定岗不定人、能进能出全员聘”，建立因事设岗、择优聘任的用人制度

合理核定基层医疗卫生机构人员编制，实行定编定岗。一是实行总额控

制。全省乡镇卫生院人员编制原则上按照农业户籍人口1‰实行总量控制，城市社区卫生服务机构人员编制原则上按照服务人口的0.75‰核定。二是实行分类核编。乡镇卫生院按平原地区0.8‰—1.1‰、丘陵地区0.9‰—1.3‰、山区1.0‰—1.5‰分类核定人员编制。三是明确人员比例。乡镇卫生院专业技术人员（医师、药剂、医技、护理等）编制不得低于编制总额的80%，其中从事公共卫生服务的人员占编制总额的20%—40%。四是实行全员聘用。乡镇卫生院配正、副院长各1名（中心卫生院可增配1名），所有编内人员实行竞争上岗、全员聘用、合同管理。五是妥善分流人员。2008年12月31日以前进入乡镇卫生院的所有人员，全部实行竞聘上岗。对未聘人员，采取允许提前退休、系统内调剂、实行三年过渡安置、鼓励自谋职业、支持学习深造等多种方式妥善安置。

**（三）坚持“任务双考核、结果两挂钩”，建立科学合理、激励约束的绩效工资等分配制度**

建立对基层医疗卫生机构及其工作人员两级考核体系，并将考核结果与基层医疗卫生机构的财政补助、工作人员收入挂钩。基层医疗卫生机构的考核，以服务数量、服务质量、服务效果和居民满意度为核心，县级主管部门负责对乡镇卫生院和社区卫生服务中心考核，乡镇卫生院和社区卫生服务中心分别对实施一体化管理的村卫生室和政府举办的社区卫生服务站考核，考核结果作为政府补助的重要依据。基层医疗卫生机构人员的考核，主要包括工作数量、工作质量、劳动纪律、医德医风，分别由乡镇卫生院和社区卫生服务中心对其工作人员（含一体化村卫生室和政府举办社区卫生服务站）进行考核，考核结果作为岗位绩效工资分配的主要依据和晋级、奖励以及聘用的重要参考依据。

**（四）坚持“国库管收支、绩效核补助”，建立补偿合理、管理规范的保障制度**

基层医疗卫生机构的所有收支全部纳入县级国库支付中心统一核算、统一管理，由财政部门根据核定的年度收支预算，按月预拨、年终结合绩效考核结果予以结算。基层医疗卫生机构的运行成本通过服务收费和政府补助予以弥补。基本医疗服务收费主要通过提供基本医疗服务由医疗保险基金付费和个人付费补偿；基本公共卫生服务收费主要通过城乡公共卫生服务经费补偿。政府补助按照“核定任务、核定收支、绩效考核补助”的办法核定，基层医疗卫生机构核定的经常性收支差额由政府在预算中足额安排。基层医疗卫生事业单位实施绩效工资所需补助经费，按照县级财政保障、省级财政统筹的原则予以落实。此外，按照购买服务方式，对一体化管理的行政村卫生室承担的基本公共卫生服务和实行药品零差率而减少的收入给予补助。

### （五）坚持“统一采配用、实行零差率”，建立安全有效、价格合理的药物制度

基层医疗卫生机构全面实施基本药物制度，执行国家和省确定的基本药物及补充药物有关规定。一是统一采购。基本药物及补充药物由省统一网上集中招标采购、县级国库支付中心与配送企业结算药款。试点期间，有关地区在省确定的最高采购限价内，确定区域内基层医疗卫生机构药品的实际采购价格。二是统一配送。省级配送企业负责将中标的基本药物及补充药物统一配送到基层医疗卫生机构。试点地区的配送企业暂由各试点地区招标确定。三是统一使用。实行一体化管理的村卫生室和政府举办的城市社区卫生服务站，全部配备和使用国家基本药物；乡镇卫生院和社区卫生服务中心在全部配备、优先使用国家基本药物的前提下，允许按规定配备一定的补充药物。四是实行零差率销售。基层医疗卫生机构配备和使用的包括基本药物和补充药物在内的所有药品（含库存药品），全部实行零差率销售，同时，基本药物全部纳入基本医疗保障药品目录，报销比例明显高于非基本药物。

## 主动作为　务求实效

推进基层医药卫生体制综合改革是一项艰巨的工作。目前，全省基层医药卫生体制综合改革刚刚开局，今后还有很长的路要走。各地要切实履行职责，进一步增强大局意识、责任意识和服务意识，确保基层医药卫生体制改革取得实效。

### （一）处理好“人往哪里去”，切实维护和谐稳定

基层医药卫生体制综合改革的重要内容之一就是推进人事制度改革，分流人员、全员聘用。目前，安徽省已经制定了一系列政策合理、保障有力的

人员分流安置措施。要坚持以人为本，最大限度地用好用足现有政策，积极稳妥地做好人员分流安置工作。在实际执行中，要严格操作程序，坚持公开透明，统筹运用经济补偿、提前退休、自谋职业、过渡安置、学习深造、养老保障、失业保障等各项安置政策，使分流出去的人员在心理上能接收、补偿上不吃亏、生活上有保障。同时，要将分流人员安置与推进人事分配制度改革紧密结合，着眼于优化基层医疗卫生人员队伍结构，逐步建立能上能下、能进能出、畅通灵活的用人制度和激励机制，让留下来的人安心、没进来的人想进，形成良好的社会导向。

**（二）落实“钱从哪儿来”，保证机构正常运转**

各地要坚持量力而行、尽力而为的原则，按照“花钱买机制、花钱建机制”的思路，建立财政保障新机制。一是明确责任，落实资金渠道。基层医药卫生体制综合改革投入责任主要在县级政府。要指导和督促各地各部门认真落实基层综合改革资金，切实将其纳入年度预算予以足额安排，不留硬缺口。同时，省财政要在明确分级责任的基础上，结合本级财力状况，按照省级财政统筹、县级财政保障的原则，全面落实基层综合改革资金。二是强化管理，保障资金安全。这次综合改革涉及财政管理的一个重大变化，就是将基层医疗卫生机构所有收支纳入县级国库支付中心，实行集中收付、统一管理。这是财政管理方式的创新和探索，既要监管到位，又要服务到位。当务之急是要完善国库集中收付各项制度，优化流程，保障资金高效、便捷、安全、有序运行。三是加强调度，保证机构运转。进一步加强资金调度，采取先预拨后结算的办法，妥善解决好基层医疗卫生机构收入的不均衡性、不稳定性与支出的平衡性、序时性之间的矛盾。

**（三）咬定目标，务求改革实效**

一是加强配合，落实工作责任。要发挥部门主动性、积极性，建立健全有序分工、协同作战的工作机制，认真落实各试点地区政府及相关部门责任，稳步推进改革。二是加强指导，有序推进改革。基层医药卫生体制综合改革的工作重心在基层。一方面要加强培训，把政策讲透，让基层了解中央要求，吃透省里政策，掌握改革精神；另一方面要建立科学合理的监督检查机制，加强对基层医疗卫生机构运行情况、基本药物制度执行情况、药物集中招标采购配送情况、政府补助到位情况、财政预算安排及执行情况等各个方面的监督检查，确保工作有序规范运行。三是及时总结，完善政策措施。要结合各试点地区政策设计和改革推进情况，进一步深入调研、密切关注，及时总结试点经验成效，逐步完善政策措施，提高政策的科学性和可操作性。

# 发挥好转移支付促进“均等化”的作用

2007年以来，安徽省各级财政部门坚持以科学发展观为统领，着眼于推进实现跨越式发展、构建和谐安徽，确立了以人为本的公共财政理念。按照逐步缩小地区间财力差距，努力实现基本公共服务均等化的总体目标，2007年安徽省财政在规范省对下专项转移支付的同时，加大了对市县特别是困难地区的支持力度。2006年除专项转移支付外，省对下一般性转移支付比2005年增加3.5亿元，2007年比2006年增加20亿元，加上实施12项民生工程省安排补助市县的资金，中央财政对安徽省的一般性转移支付增量全部用于了市县，促进了地区间经济的均衡发展。

## 统筹兼顾　全面推进省对下转移支付

安徽省财政在每年增加财力有限、调控能力有限的情况下，为把中央一般性转移支付的增量全部用于市县作出了最大的努力。为充分体现省委、省政府对市县的关心和支持，更好地促进区域经济协调发展，省财政一般性转移支付资金分配坚持了以下原则：

### （一）统筹兼顾省与市、县两级的财政分配关系

近年来，随着中央对中西部地区转移支付数额的大幅度增加，安徽省财政转移支付资金占地方财政支出的比重逐年上升，一部分县达到60%左右，有的县更高。因此，转移支付资金在安徽省经济社会事业发展中具有举足轻重的作用，必须科学合理安排，统筹兼顾省与市县利益。既要注重发挥省级

宏观调控作用，又要注重增强基层的保障能力，调动市县政府主动理财的积极性。2007 年，省财政在一般性转移支付分配方法上，建立了与财政部基本接轨的以标准财政收支为基础的转移支付制度，使安徽省一般性转移支付朝着规范化、科学化方向又迈进了一步。新制度的实施减轻了各地与上级部门沟通的负担，引导大家把精力、时间集中在研究工作上，避免了省级大包大揽的做法，增强了市县政府的支出管理责任。在一般性转移支付的覆盖范围上，在确保资金分配公平、公正和规范的基础上，使更多的市、县能够享受到一般性转移支付。

### （二）统筹兼顾 57 个直管县与 15 个县改区及 4 个非省直管县的关系

新的一般性转移支付制度既着力规范省与市县的财政分配关系，又注意统筹兼顾省直管县与县改区及非省直管县的关系。在继续加大对省直管县的支持力度的同时，保护和调动县改区和非省直管县的积极性。考虑到实行省直管县财政体制以来，有的县改区财政确实比较困难，2007 年省财政将 15 个县改区和 4 个非省直管县与 57 个省直管县平等对待，一视同仁，统一标准计算一般性转移支付资金，省市共同努力，确保财力分配向困难地区倾斜。

### （三）统筹兼顾财政运行中的突出矛盾

对增值税转型改革试点和接收省属企业分离办社会等政策性减收增支因素给予适当补助。一是对 5 个实行增值税转型改革试点的市财力减收给予适当补助。2007 年安徽省在合肥、芜湖、马鞍山、蚌埠、淮南 5 市实行增值税转型改革试点。按照“增量抵扣”政策，初步测算，5 个市财政减少收入 5.6 亿元，相应减少财力 1.4 亿元。根据中央财政一般性转移支付计算办法，结合安徽实际，对 5 个市本级因此而减少的财力按比例予以适当补助；对 5 个市所属各县因此而减少的财力作为减项纳入标准财政收入计算。二是对接收省属企业分离办社会人员的市适当增加专项补助。考虑到有关市因接收省属企业分离办社会职能带来的财政支出压力较大，2007 年从一般性转移支付资金中两次安排专项资金，对接收省属企业分离办社会人员的市适当补助。

## 切实管好用好转移支付资金

2007年省对市县一般性转移支付资金下达后，各地反响热烈。一般性转移支付资金在均衡地区间财力差距、提高基层财政公共服务能力、缓解财政支出压力、加快财政支出进度等方面发挥了重要作用，成效明显。但仍有部分市县存在资金拨付进度慢、配套资金不落实、资金使用不当等问题，应进一步管好用好一般性转移支付资金。

### （一）落实配套资金

2007年安徽省实施12项民生工程、建立非义务教育阶段家庭困难学生资助体系等项目，虽然省财政承担了绝大部分资金，但为强化市县政府支出责任，加强资金管理，也要求市县配套少量资金。为解决地方配套压力大的问题，2007年省财政在测算分配一般性转移支付时，将实施民生工程配套资金、规范津补贴资金、计划生育配套经费、廉租房建设补助等需要市县配套的资金全额计入专项标准支出，使困难地区通过享受一般性转移支付和自身努力，逐步提高公共服务能力。但从民生工程督查反馈的情况看，有的市县配套资金仍不落实。这就需要地方各级财政提高认识，虽然市县配套资金较少，但正是这些少量配套资金的落实，避免了省级大包大揽，强化了市县政府的责任，加强了项目资金的管理，从而实现民生工程的整体推进。因此，一般性转移支付资金首先要用于落实民生工程配套资金，并统筹安排好规范津补贴、灾后重建等支出，切实将惠民惠农政策不折不扣地执行到位。

### （二）加强资金管理

一般性转移支付主要是弥补财政困难地区的财力缺口，均衡地区间财力差距，实现地区间基本公共服务能力的均等化。虽然没有明确、固定的用途，但一般性转移支付体现了上级政府的政策意图，必须严格按照政策意图和使用要求，管好用好纳税人的钱。一般性转移支付要优先安排民生工程配套，重点保障科技、教育、“三农”、计划生育、社保及环保等方面的支出。省财政将加强对资金使用的监督检查，有关县的联络员要加强对联络县的督促检查，防止截留、挪用资金，不按规定用途违规使用资金，尤其要坚决杜绝将一般性转移支付资金用于建楼堂馆所、高标准修建办公楼、开发区建设贴息奖励等。上述现象一经发现，将相应扣减其下年度一般性转移支付资金。此外，各地要将一般性转移支付资金列入政府预算，主动接受同级人大监督，促进一般性转移支付资金管理的法制化。

### （三）加快资金拨付进度

2007 年省财政增加的 20 亿元一般性转移支付资金已分别于 8 月和 11 月初全部下达各地，在时间上比往年大为提前，并从 2007 年起，列入省对市、县体制补助基数，为加快支出进度创造条件，更好地发挥资金的使用效益。但从目前的情况看，一般性转移支付资金使用拨付偏慢，直接影响支出进度。个别地方省财政往年下达的调资转移支付资金仍未支付，2007 年下达的一般性转移支付资金也迟迟没有安排。对新增的一般性转移支付资金，财政部门要及时按照政策要求和使用方向，结合本地实际，分轻重缓急尽快安排相应支出项目，切实加快拨付进度，防止年底突击安排，严禁形成新的结转。

### （四）强化跟踪问效

一般性转移支付资金是人大、审计监督的重点，各级财政部门都要高度重视资金的使用管理。安徽省财政将组织对一般性转移支付资金使用的监督检查工作，了解资金使用效果，督查 12 项民生工程等配套资金落实情况，并将督查情况作为以后分配一般性转移支付资金的一项依据。市县财政部门要科学安排一般性转移支付资金，促进基本公共服务均等化，缩小区域间财力差异。同时，对一般性转移支付资金安排的项目加强跟踪问效，不能一拨了之。特别是用于民生工程配套的资金，属于工程类的，必须对项目资金使用的各个环节进行监督检查，切实避免截留、挪用资金现象的发生。发给个人的，必须兑现到当事人手中，发给农民的，要通过“一卡通”发放。

## 进一步完善一般性转移支付制度

党的十七大报告强调，要加快形成统一规范透明的财政转移支付制度。安徽省财政厅将进行“转移支付制度”专项课题研究，促进转移支付制度更加统一、规范、透明。

**（一）围绕主体功能区建设，进一步完善一般性转移支付制度**

党的十七大报告明确提出“围绕推进基本公共服务均等化和主体功能区建设，完善公共财政体系”。目前，安徽省财政厅已正式成立了“主体功能区划分对财政的影响”专项课题研究组，深入研究主体功能区的划分对财政政策包括转移支付制度的深远影响，根据主体功能区的设计进一步调整一般性转移支付的分配因素。

**（二）明确政策导向，以标准财政供养人员作为计算一般性转移支付的依据**

安徽省现行的一般性转移支付办法，是以 2005 年各地上报的信息库人员为基础计算的。今后，为进一步明确政策导向，鼓励各地节编减人，省对下一般性转移支付要以客观因素计算各市县的标准财政供养人员，改进标准财政供养人员计算模型，科学、合理地确定各市县标准财政供养人员，并以此作为一般性转移支付的计算依据。

**（三）着眼于规范管理，推进转移支付制度的公开、透明**

2007 年省对下一般性转移支付规模成倍增加，覆盖范围扩大，下达时间提前。因此，各市县要统一认识，将财政资金及时安排、及时拨付，提高资金的使用效益，并结合 2008 年的“规范管理年”活动，推进建立统一规范透明的转移支付制度。从 2008 年开始，安徽省财政将比照中央财政做法，每年下发一般性转移支付办法，大力推进一般性转移支付制度的公开、透明，使各地进一步了解一般性转移支付办法，明确一般性转移支付政策取向，从而更好地发挥一般性转移支付的作用。

# 切实发挥财政政策“打头殿后”的作用

当前，安徽省财政经济形势呈现企稳向好势头，但经济运行的不稳定因素仍然较多，各级财政相当困难，2010年财政收支矛盾会更加突出。为此，全省各级财政部门要进一步坚定信心、着眼大局、主动理财，为推进科学发展、加速安徽崛起作出积极贡献。

## 坚持发展要务，着力增强宏观调控能力

把保持经济平稳较快发展作为财政工作的首要任务，继续贯彻落实好积极的财政政策和刺激经济发展的一揽子措施。始终坚持主动理财，积极践行“四破四立”（破除账房先生意识，树立主动理财理念；破除摇头先生意识，树立服务大局理念；破除财力困难意识，树立支持发展理念；破除主观臆断意识，树立科学理财理念）理财观，当好参谋，研判形势，及时出台针对性的应对措施。不断做大财政“蛋糕”，确保完成全年收入目标任务，为经济发展提供坚实的财力支撑。协调区域经济发展，进一步完善财税政策措施，支持皖江城市带承接产业转移示范区建设，加大对合肥经济圈和皖北地区的扶持，壮大中心城市发展；大力支持县域经济发展，切实提升区域工业园区化和园区工业产业化、聚集化。推进发展方式转变，支持合芜蚌自主创新试验区建设，推动企业加快技术改造，支持非公经济、现代服务业、循环经济及新能源、节能环保等战略性新兴产业加快发展，加大节能减排和环境治理力度，淘汰落后产能、限制过剩产能，着力推进结构调整、加强资源节约型和环境友好型社会建设。支持中小企业发展，认真落实好结构性减税政

策，大力促进地方金融改革，完善担保体系建设，建立小企业贷款风险补偿基金、担保基金和创新基金，进一步缓解中小企业融资难。落实扩大内需政策，综合运用预算、税收等政策工具，加快关系国计民生的重点项目落实；加强项目资金监管，提高政府投资效益；跟踪落实好家电、汽车、农机下乡工程，充分发挥改善民生、扩大消费、促进发展等政策效应。

## 坚持以人为本，精心组织实施民生工程

继续把保障和改善民生作为财政工作的出发点和落脚点，巩固民生工程现有成果，规范基础管理、完善制度政策、提升保障水平、建立长效机制。推进公共服务均等化，按照尽力而为、量力而行、有进有退的原则，科学确定民生工程项目和投入规模，在“巩固、规范、完善、提高”上下工夫，增强民生工程政策体系的系统性和科学性。加快形成稳定多元的筹资机制，充分发挥政府资金的引导作用，积极采取以奖代补、购买服务、贴息补助等形式，鼓励和吸引企业、社会组织、个人资金投入民生工程。健全科学高效的协调推进机制，强化牵头意识、责任意识、协同意识，提升民生工程工作运行效能。同时，注重带动和促进其他民生问题的有效解决。落实好保障教育优先发展的政策措施，加大财政对教育的投入力度，推进职业教育发展，加速形成人力资源新优势。支持文化强省建设，提升安徽软实力。大力促进就业和社会保障，全面实施养老保险省级统筹，抓好新型农村社会养老保险试点；落实各项就业政策，增加就业投入，积极运用税收优惠政策，帮助实现就业、推进全民创业。继续推进廉租住房建设，采取实物配租、发放补贴等形式，进一步加大资金保障力度，着力解决城市低收入家庭住房困难问题；积极支持农村危房改造试点工作，让全省人民安居乐业、共享和谐。

## 坚持城乡统筹，扎实推进新农村建设

围绕“稳粮、增收、强基础、重民生、抓改革、促统筹”，采取更加有力的措施，推动安徽由农业大省向农业强省跨越。加大强农支农投入，健全“三农”投入稳定增长机制，优化和调整支出结构，使财力更多地向新农村建设和现代农业建设倾斜。促进农业增效增收，落实各项支农惠农强农政

策，探索建立种粮农民动态补偿机制，提高种粮农民积极性；加大农业科研投入，促进科研成果转化；大力支持小麦高产攻关、水稻产业提升行动、玉米振兴计划，重点支持农业产业化“532”提升行动（即提升龙头企业的规模和实力，提升农业产业化科技水平，提升农产品精深加工水平，提升农产品市场竞争力，提升农业产业化带动能力；到2012年全省农产品加工产业值突破3000亿元；农业产业化经营为全省农户户均增收2000元）。推进支农资金整合，继续安排支农资金整合县奖补资金，同时从编制部门预算入手，以项目为平台，调整支出结构，逐步整合相关项目资金，探索建立财政内部支农资金分配使用的配合协调机制，最大限度地发挥资金整体效益。加大财政扶贫力度，增加扶贫资金投入，支持实施“552”扶贫行动（主攻皖北、大别山革命老区、沿淮行蓄洪区、皖南深山区、江淮分水岭地区五个重点区域；突出整村推进、产业扶贫、“雨露计划”、社会扶贫和移民搬迁五项重要工作，力争5年实现200万扶贫对象脱贫）；完善扶贫开发政策，创新扶贫开发机制，加快培育特色优势产业，促进贫困地区加快发展。深化农村综合改革，全面推进村级公益事业建设“一事一议”财政奖补试点；支持推进集体林权制度改革和林业发展；探索建立资金来源稳定、管理规范、保障有力的村级组织运转经费保障新机制。加快现代农业发展，大力推进6个现代农业综合开发示范区建设，按照总体规划要求，齐抓共管、循序渐进、分步实施，着力打造新农村建设的窗口、农业增效农民增收的平台。

## 坚持锐意创新，推进财政管理体制改革

积极完善创新有利于科学发展的财政体制机制，着力加快公共财政体系建设步伐。适应新形势、新任务、新要求，加快建立和完善由公共财政预算、国有资本经营预算、政府性基金预算和社会保障预算组成的“四大预算体系”，增强政府预算的完整性和统一性。加快完善省以下财政体制，继续完善财政转移支付制度，探索建立县级基本财力保障机制，进一步理顺省与市、市与非直管县和市辖区的财政分配关系，做到财力与事权相匹配。规范国库集中支付，按照“纵向到底、横向到边”的要求，巩固完善推进县级国库集中支付制度改革；扩大预算单位公务卡管理改革试点，加快财税库银横向联网步伐，建立健全国库集中支付动态监控机制，保障财政资金安全

运行。健全绩效预算评价体系，认真总结绩效评价试点经验，健全项目预评审制度，完善绩效考评指标体系，构建制度完善、考评科学、约束有力的预算绩效考评新机制。统筹推进和落实改革任务，促进医药卫生体制改革，支持医改项目建设，确保全省医改各项工作落到实处；促进事业单位绩效工资改革，调整优化支出结构，积极安排资金，保障改革顺利推进；促进政法经费保障体制改革，健全并落实分级分类保障机制，建立严格的“收支脱钩”机制和科学规范的管理机制，着力提高政法部门经费保障水平，维护公共安全和社会稳定。

## 坚持精细管理，不断提高科学理财水平

强化财政预算管理，依法理财治税，加强收入征管，规范非税收入管理，提高收入质量。同时，重视财政支出管理，加快支出进度，控制一般性支出，着力提高财政资金使用效益。巩固财政“惠民直达工程”试点成果，总结经验，完善创新，加快建立管理科学、操作精细、运转高效的惠民政策落实新机制。加强财政监督管理，规范财政权力运行，强化事前、事中、事后，收入、支出、绩效的全方位监督管理，建立健全覆盖所有财政资金和财政运行全过程的监督机制。加强会计管理工作，深入贯彻实施会计准则、会计制度，加强会计人才选拔培养，强化注册会计师行业及会计中介机构管理，推进会计管理信息化进程。加强财政基层和基础建设，加快推进乡镇财政所标准化建设步伐，着力改善工作条件和办公环境；扎实推进“金财工程”，逐步建立流程通畅、业务协同、数据共享、应用安全的一体化管理系统。加强财政干部队伍建设，强化党的建设，强化政治生态建设，强化干部职工培训，在全系统开展“学习提升年”活动，着力提高财政干部综合素质、提升财政部门形象，为财政改革发展提供坚强的人才保障和智力支持。

# 努力实现安徽财政与经济的良性互动

近年来，在科学发展观的指引下，安徽省迈入厚积薄发、加速崛起的新阶段。在此基础上，省财政收入5年连跨7个百亿元台阶，2007年财政收支双双跨越千亿元，迈上了与经济良性互动的发展轨道。

## 在解放思想中主动理财

安徽省正处在拼一拼就能冲上去、松一松就会滑下来的紧要关头。财政作为国民经济综合管理部门，在促进科学发展、建设和谐社会等方面承担着重要职责。全省必须继续弘扬“大包干”精神，通过新一轮思想大解放推动安徽在新的起点上实现新一轮大发展。

第一，不断拓宽理财思路。跳出财政抓财政，不断拓宽理财的工作思路。一要牢固树立六个理念。即：以人为本的公共财政理念、服务大局的发展财政理念、改革创新的科学财政理念、统筹兼顾的协调财政理念、规范管理的绩效财政理念、强化监督的法治财政理念。二要统筹考虑昨天、今天、明天的事情。既要考虑昨天的遗留问题，如粮食亏损挂账、农村义务教育债务；也要重视今天的现实问题，如改善民生、保护生态；更要研究明天的发展问题，如可持续发展、建设和谐社会。三要统筹考虑城乡均衡发展。冲破不合时宜的观念束缚，不断研究新情况、解决新问题，牢牢把握财政工作的主动性、适应性和驾驭力，城乡统筹兼顾，推动城乡协调、均衡发展。

第二，着力提高理财能力。一方面，要讲究生财之道、聚财之方，不断做大财政“蛋糕”。及时高效地将国家的有关政策，紧密结合本地实际，落实到位，积极发挥财政杠杆作用，促进经济发展。如近期国务院办公厅发文明确中部地区一些政策比照东北老工业基地和西部大开发执行。中部地区就要抢抓机遇，利用好体制、机制和区位、资源及教育科技等有利条件，调动各级政府和广大人民群众的积极性、主动性和创造性，做到把握全局，综合协调，推动发展。另一方面，要切实分好“蛋糕”、用活“蛋糕”，把有限的资金用在刀刃上。安徽人均财力水平在全国较低，2006 年为 1211 元，在全国排末位，财政收支矛盾仍然十分突出。为此，省财政必须下更大的工夫，不断提高生财、聚财、用财的能力和水平。牢固树立长期过紧日子的思想，既充分考虑财力现状，把现阶段能够解决好的事情抓在手上，统筹解决人民群众最关心、最直接、最现实的利益问题，又谋求支持经济有更大的发展，逐步用发展成果解决历史的遗留问题。同时，坚持服务至上，寓管理于服务之中。紧紧围绕省委、省政府提出的发展战略，主动买单，不做单纯的“账房先生”和“摇头先生”，积极为部门、为基层、为群众办实事、办好事。

第三，积极创新理财方式。安徽省财政部门将继续坚持集中财力办大事。目前，省级财政、市县财政的财力保障水平都比较弱，因此要加大整合专项资金力度，在整合财力中盘活财力、放大财力；合理分配财力，建立健全财政资金分配使用、跟踪问效机制，不断提高财政资金的使用效益。继续探索和创新惠民政策落实机制。为了确保党和政府的惠民政策落到实处，2008 年安徽在总结惠民资金管理“一卡通”、“一线实”工作经验基础上，正着手实施惠民直通工程，力求通过建立管理“一体化”、平台“一网联”、审核“一线实”、发放“一卡通”、服务“一站办”的管理机制，实现工作对象由侧重农民向城乡居民一体转变，工作层面由侧重基层向基层与部门上下一体转变，工作方式由侧重实际操作向实际操作与体制机制一体转变，工作手段由传统落后的管理向信息化、精细化转变，工作重点由侧重单方面的突破向全面系统转变，形成完整系统的政策和资金落实保障体系。

## 在转变观念中促进发展

安徽当务之急是发展，因此要抓住中部崛起的机遇，通过体制、机制创新，寻找促进发展的新思路、新办法。一方面超前谋划，对影响科学发展的重大问题进行系统研究，目前省财政已制定了支持县域经济发展、促进和谐安徽建设、支持新农村建设、促进科技创新、支持企业发展、支持生态文明建设、支持文化发展、支持担保体系建设等8个政策性文件，用以指导“十一五”时期全省财政工作。另一方面主动实践，按照奖补引导和集中财力办大事原则，调节发展结构、引导发展方式转变，落实安徽工业强省战略和创新推动战略的实施。

第一，通过深化财政体制改革支持发展。针对基层政府提供基本公共服务能力较弱的现实，安徽省全面实施财政“省直管县”和“乡财县管”，提高一般性转移支付的规模和比重。2007年8月和11月提前下达一般性转移支付资金8亿元和12亿元，比上年增加20亿元，转移支付规模显著扩大、时间大大提前，切实发挥了转移支付资金的拉动效应和使用效益，增强了基层统筹安排财政支出支持发展的能力。针对部门预算执行率偏低的现状，全面提高部门预算编制的精细度，强化预算部门的项目支出责任，并将当期预算执行与下一年度预算安排直接挂钩，使年终结余大大减少（省本级较上年下降45.7%），支出增长幅度大大提高（按财政部口径，全省增长33.5%，中部地区排名第1，全国排名第5），最大限度地发挥了资金使用的经济社会效益。2008年，安徽将继续贯彻落实党的十七大精神，围绕主体功能区建设和推进基本公共服务均等化的要求，调整财政支持区域协调发展政策，界定省、市、县三级政府的事权范围和支出责任，完善省以下财政体制，力求从体制、机制上为推进发展提供支持。

第二，通过深化农村综合改革支持农村发展。经过2007年的全力推进，农村综合改革取得明显成效。乡镇机构改革顺利推进，全省调减乡镇124个、行政村2330个、精简乡镇机构849个；农村义务教育“两免一补”政策得到全面落实，直接减轻农民义务教育负担达23.2亿元；农民得到了更多实惠，全省农民由税费改革前人均年上缴109.4元，到2007年人均得到政府补贴139元。与此同时，公共财政的阳光更多地照耀“三农”，2007年全省财政用于“三农”的各项支出达365.9亿元，比上年增加82.7亿元，增幅达29.2%，为大灾之年粮食增产、农民增收打下了坚实基础。2008年，安徽将以建立公共服务平台为切入点，以清理化解农村义务教育债务为突破口，继续深化农村综合改革，并按中央1号文件要求，狠抓支农惠民政策的落实工作，切实推进粮食增产、农民增收、农村发展。

第三，通过“输血”与“造血”政策的并用支持县域经济发展。2007年，安徽一方面继续加大对基层的一般性转移支付和专项转移支付的力度，为县域经济发展“输血”；另一方面，支持县级工业园区基础设施建设，及时兑现税收增长奖励、财政强县奖励、出口退税等奖补政策，通过财政贴息、信用担保等手段，吸引社会资金投入，解决中小企业融资难问题，为其发展“造血”。一批经济强县快速崛起，县域经济取得长足发展：2007年，全省61个县财政收入完成247.8亿元，增长34.4%，超过全省平均增幅7.7个百分点，有17个县（市、区）财政收入超过5亿元，其中5个县（市）超过10亿元。2008年，省财政对财政支持县域经济发展的各项政策措施进行了整合，针对制约县域经济发展的“瓶颈”问题和关键环节，着力从体制、机制、政策、资金方面进一步加大支持力度，促进县域经济加快发展。

## 在践行宗旨中关注民生

保障和改善民生是党全心全意为人民服务宗旨的根本要求，是密切政府与人民群众血肉联系的具体体现，也是我们新时期财政工作的重要任务。

近年来，安徽省先后实施了一系列惠民利民政策，特别是2007年实施的12项民生工程，全省各级财政累计投入78.4亿元，惠及4000多万城乡居民，人均受益近200元，受到广大群众好评，得到社会各界的肯定。胡锦涛总书记视察安徽时，对这项工作给予了充分肯定，并指出要一项一项抓好落实，不断抓出成效。

2008年，安徽省按照“加大投入、拓展内容、提高标准、完善措施”的总体要求，进一步将民生工程项目扩展到18项。按照省委、省政府的要求，各级财政将积极发挥牵头部门职责，细化分解实施方案，完善激励奖惩机制，确保资金落实到位，切实把好事办好、把好事办实。预计全年财政需要投入160多亿元，将惠及全省5000多万城乡居民。

保障和改善民生，是加强社会建设的一项长期任务，着眼构建覆盖城乡的基本公共服务体系，巩固现有基础和平台，结合财力状况和工作实际，与发展各项社会事业相对接，特别是跟社会保障体系建设相衔接，建立民生资金预算的自然增长机制，推进保障和改善民生的长效化、规范化，使改革发展成果惠及人民群众，让广大群众在共享的同时实现更高水平的多享。

# 把好总预算会计这道安全“防线”

财政总预算会计工作是国家财政工作的基础，是财政国库管理工作的重要组成部分。总预算会计的主要职责是进行会计核算，反映预算执行，实行会计监督，参与预算管理和合理调度资金。由此决定总预算会计工作政策性强，联系面广，责任重大，是一项十分繁杂的事务性工作，对财政工作的诸多环节、特别是对财政资金安全运行有着重要的影响。几年来，在财政部的指导下，我们紧紧围绕建立公共财政管理体制的要求，充分认识加强财政资金安全管理的长期性、艰巨性和复杂性，把确保财政资金安全运行作为财政管理的一条重要生命线，以完善相关制度建设为基础，以规范业务操作规程为保障，以创新资金运行机制为根本，以加强国库队伍建设为重点，不断强化总预算会计规范管理，牢固构筑财政资金安全运行防线，取得了良好效果。

## 一、完善总预算会计管理制度

建立和完善科学合理的总预算会计管理制度，是加强财政资金安全管理的重要基础。

1. 细化总会计岗位责任制度。按照《会计基础工作规范》的要求，根据我省财政国库机构人员普遍较少的实际（目前省国库处9人，市级普遍为4人，县级更少)，因地制宜，科学合理确定主管会计、稽核会计、记账会计、资金拨付、会计档案管理等会计岗位设置和职责，细化岗位分工责任制度，在人员配备上实行一人一岗或一人多岗，明确资金拨付岗位不得兼管稽核会计岗位，做到“依岗定责、依责定人”，保证各岗位之间既相互配合，又相互监督和制约。

2. 健全财政专户管理制度。财政资金专户对于在特定条件下保证专项资金专款专用有着积极作用，但同时财政资金专户也逐渐暴露出账户设立过多、管理分散、资金拨付链条较短、缺乏有效监督等问题，给财政资金带来安全隐患。为防范和化解财政资金风险，2002 年，我们按照厅党组的统一部署，配合监督检查局对厅内各处室开设的银行账户进行了一次全面清理，该撤销的撤销，可以合并的进行合并。在此基础上，我们对厅内各处室专项资金账户，除特殊情况外，全部接收到国库处进行归口统一管理，实行统一调度、统一收付、统一核算。同时，印发了《厅机关各处室（局）银行账户管理办法的通知》，对账户开设、账户使用和账户管理等有关方面作出明确规定，做到户名、印鉴、核算“三统一”，有效规范了财政专户资金管理。2006 年，根据《财政部关于加强与规范财政资金专户管理的通知》，我们进一步对全省财政资金专户管理工作提出要求，要求各市、县对财政专户要认真清理整顿，切实加强对财政资金专户的管理和监督，积极创造条件，实行财政资金专户归口财政国库部门统一管理，并建立财政资金专户管理年度报告制度，及时向省级财政国库部门报送财政资金专户的开设、变更、撤销和管理情况。目前，全省大部分市县已初步实现了财政资金专户的归口统一管理。

3. 完善日常核算和对账制度。严谨细致进行账务处理并及时进行核对是总预算会计日常一项重要工作。为适应财政国库管理制度改革引起的支付方式变化对核算的需求，我们制定了一系列账务核算规定和办法。此后，根据政府收支分类改革、津补贴改革、建立预算稳定调节基金等业务需要，按照财政部的相关制度规定，进一步完善了会计科目设置，各种账目日清月结，更加全面、准确地核算单位财务信息。在及时准确进行账务处理的基础上，我们坚持和完善对账确认制度。在国库集中支付改革初期，由总预算会计定期进行内部对账和外部对账。内部对账分为总预算会计与支付中心、总预算会计与业务处、支付中心与业务处三方对账；外部对账是与人行、上下级财政部门等方面的对账。每天与人民银行核对国库存款收支数额，每月与人民银行、支付中心等相关部门核对财政收支数据，每季度与厅内各支出业务处按款、项、单位核对财政支出数据。财政专项资金账户，与商业银行签订《对账服务协议》，每月与商业银行核对银行存款收支数额和余额，及时与业务处对资金的拨付情况进行核对，每季度向厅领导报送财政专户资金余额变动情况。省级全面推行国库集中支付改革后，内部对账工作更加便利和快捷，各业务处可以通过国库集中支付查询系统实时掌握和核对支出数据，日常由支付中心与各业务处核对，年终再由总预算会计与各业务处核对全年数据。

4. 规范会计档案管理制度。根据《会计档案管理办法》的有关规定和实行会计电算化后对会计档案存档范围没有明确规定的实际情况，我们依据工作需要，参照手工记账会计档案管理方式，明确了电算化会计档案存档范围和要求，对会计凭证、会计账簿、会计报表和其他会计资料建立档案，妥善保管，定期装订成册，每年按时办理存档手续，移交档案室管理，确保资料完整、有序。

## 二、规范总预算会计业务操作规程

规范业务操作规程，建立科学规范、监督制衡、管理有序的内部管理机制是加强财政资金安全的重要保障。

1. 规范财政预算资金拨付流程。一是国库集中支付改革初期，对预算单位用款，依据《省级财政性资金拨付程序》、财政预算、有关文件和厅内处室开具的预算拨款通知书进行审核、拨付，保证了预算拨款安全及时到位。同时理顺预算资金的拨付渠道，对能够通过预算追加指标下达和指标能够分解给预算单位的资金，按照厅统一规定，不再拨付到财政资金专户。二是在推进国库集中支付制度改革过程中，注重规范实拨资金与零余额账户各自在资金拨付、核算管理上的操作程序和衔接转换工作，制订了《国库处预算拨款及分月用款计划批复流程》。三是所有财政性资金全部纳入国库集中支付范围后，为提高工作效率，我们不断完善预算资金审核拨付流程。对部门预算基本支出，由国库支付中心在部门预算指标内按半年均衡下达授权支付额度，拨款原则上控制到支出功能科目。对部门预算项目支出，限时办理用款计划审批。预算部门于每月 20 日前网上申报用款计划，相关处室在每月 23 日前审批，国库处于每月 25 日前集中审批。对于应急性、突发性的预算资金的用款计划的审批，实行特事特办，各相关处室均在 1 个工作日内审批。预算部门用款计划审批后，国库支付中心在1个工作日内下达用款额度。对于预算部门提出的支付申请，国库支付中心1个工作日内审核并办理支付手续。对于部门预算批复前，需使用专项经费的，由预算部门纸质报送用款计划，经有关业务处、预算处、国库处审核同意后，国库支付中心按程序办理。年度预算经省人大批准后，按规定程序通过网络申报。

2. 落实和完善内部制衡机制。一是加强印鉴管理。多年来，我们按照《国库处印章管理规定》，坚持做到每一套印鉴都分开保管，严禁一人同时保管全套印鉴；各类印章不带出办公室，不以任何形式保留印摸；印章的保管遵循“谁保管，谁加盖”的原则；印章人员不在岗时，须对印章进行交接；在加盖拨款印鉴章前，相关人员必须对拨款手续是否齐全、凭证填制是否正确等相关信息进行审核，切实保证资金拨付链条中至少有3人以上参与，确保一个人拨付不走任何一笔资金。二是依托管理信息系统，进行监督制衡。根据我省财政国库机构人员普遍较少的实际，我们加快推进会计电算化工作力度，在简化核算工作量的同时，使总预算会计信息更具有时效性。2002年，在省级相关网络系统不断完善和完成了支付中心支付数据与财政总预算会计软件的连接后，我们为所有市级国库部门全部配备了网络版总会计软件，并推广县级使用。依靠网络版的总会计软件，通过合理设定相关权限，既保证了能够实时查询，又较好地实现了总预算会计各岗位之间的密切配合和相互制衡，适应了现代会计管理工作和资金安全管理的需要。三是建立总预算会计与支付中心的配合制衡机制。我省国库支付中心是完全独立单位，只在业务上接受国库处指导。国库集中支付改革后，额度最终下达和资金支付由支付中心办理，资金清算加盖印鉴在国库处。对加盖的资金清算凭证，由支付中心专人负责送单，并实行登记制度。

3. 建立预拨经费和暂付款定期清理机制。一是认真清理国库各项往来款项。国库处成立以后，花大气力全面开展了国库各项往来款项的清理工作，经过几年的不懈努力，通过采取催收、冲抵、扣还、核销、法律诉讼等多种手段，全面清理收回了国库资金，维护了财政资金安全。二是严格预拨经费和暂付款的审核拨付。实行国库集中支付改革以后，总预算会计除预拨经费和暂付款外，不再采取实拨资金的方式拨付资金。对于各有关处室提出的预拨经费和暂付款申请，我们规定资金拨付必须有相关文件和厅领导签署的同意报告，否则，一律不予拨付。三是对预拨经费和暂付款及时进行清理。每个季度向厅领导报告预拨经费和暂付款情况，并通知各有关处室及时清理。

4. 科学合理调度财政资金。一是根据现行财政体制，将省对市、县的各项固定补助与体制上解测算全年对市、县的正常资金调度总额，按照每月均衡调度的原则对市、县调度。执行过程中，根据补助项目、专项上解、代扣款项等因素的变化及时予以调整。二是省财政在每月 10 日前将正常资金和专项资金调度到市、县，对财政应急资金，坚持急事急办，特事特办，保证防洪抢险、民政救灾、应急扶贫、动植物疫病防治、突发事件等各类应急资金及时足额拨付。三是在资金调度工作中，主动全面分析各市县用款的实际需要，认真做好资金调度的测算工作。四是根据财政体制合理确定市、县的资金留解比例。为方便各地资金使用，减少资金往返，我们根据财政体制和全省市县的实际情况，对 5 个市本级确定了不同比例的资金上解，其他市、县资金全部留用。

5. 严谨办理省与市县年终结算事宜。年终结算是一项严谨、细致而又极其繁杂的工作，为做好年终结算工作，我们明确了结算办理程序和结算办理事项，及时通过网络系统与各市县对账，对每个市县的结算项目逐项进行核实，在每年 1 月上旬基本完成上下级财政之间的年终结算工作，保障了结算工作的准确性和时效性。

## 三、创新财政资金收付运行机制

建立以国库单一账户体系为基础、资金缴拨以国库集中收付为主要形式的现代国库管理制度，对加强财政资金的监督管理、提高财政资金安全管理水平意义重大，是保障财政资金安全的根本途径。

1. 国库集中支付制度改革全面推进。2001 年 6 月，经省政府同意，省政府办公厅印发了《安徽省财政国库管理制度改革试行方案》。2001 年 11 月 1 日，省政府召开了省直单位实行财政国库集中支付试点动员大会，省级选定了省政府办公厅、省财政厅等 16 个部门进行改革试点，市级选定了滁州、铜陵、黄山等 3 个市率先试点。同日，省财政厅国库支付中心正式揭牌运转，标志着安徽省国库集中支付制度改革试点工作正式启动，成为全国率先进行改革的两个省份之一。改革从方案设计到分步实施，经过不懈的努力，现已全面推行并不断完善。按照财政部关于国库集中支付制度改革“横向到边、纵向到底”的工作要求，到2008年底，省、市所有部门及所属基层预算单位全部实施了国库集中支付制度改革；29个县（市、区）开展了会计集中核算向国库集中支付的转轨改革试点，2009年全省76个县（市、区）将全部开展转轨试点。目前省、市实施改革的资金涵盖一般预算资金、非部门预算资金、政府性基金、预算外资金等各类财政性资金。省级已基本形成了包括预算指标管理、用款计划控制、支付申请及审核、支付资金清算、会计核算、资金支付动态监控等各环节紧密相连的国库集中支付管理体系。

2. 公务卡制度改革开始启动。2008年3月，省财政厅联合人行合肥中心支行、省审计厅、省监察厅召开了省直预算单位公务卡改革试点会议，进行改革动员部署和业务培训，按照财政部的统一规范要求启动改革，选择了省药监局、省交通厅、省质监局等10家单位开展试点工作。截至2008年年底，10家单位与公务卡代理银行—工商银行签订了公务卡项目协议，共办理公务卡1220张。各试点单位普遍使用公务卡进行公务消费，通过公务卡支持系统办理公务卡支出报销业务。同时，部分市也开展了公务卡改革试点工作。

3. 财税库银税收收入横向联网试点范围逐步扩大。2007年9月，我们联合省国家税务局、省地方税务局、中国人民银行合肥中心支行向财政部、国家税务总局和中国人民银行报送了《关于参加全国财税库银税收收入电子缴库横向联网试点的请示》，成立由财政部门牵头、税务机关、人民银行和商业银行等部门共同参加的财税库银横向联网工作领导小组，并按照财政部《财税库银税收收入电子缴库横向联网实施方案》和《财税库银税收收入电子缴库横向联网管理暂行办法》的规定，各负其责，共同协商上线前、后的业务和技术问题，选定铜陵市作为安徽省开展财税库银税收收入电子缴库横向联网工作的首批试点市。2008年我们又牵头召开了全省财税库银横向联网工作联席会议，明确进一步扩大试点工作范围，共批复10个市开展了试点工作。

4. 中央专项资金国库集中支付管理不断加强。按照财政部的有关规定和要求，为保证中央专项资金及时、足额到位，保证专款专用，2006年起，部分中央专项资金通过省级财政零余额账户直接将资金拨付到各市、县

（区）特设专户。目前，通过省级财政国库集中支付的中央专项资金有中央农村义务教育补助资金、政策性农业保险保费补贴资金、化解农村义务教育债务资金、新型农村合作医疗保险补助资金等。几年来，我们不断加强中央专项资金国库集中支付管理，根据财政部有关制度规定，印发了相关制度办法，规范了全省市、县（区）特设专户的管理，建立健全了内部操作规范流程，明确了分工、落实了责任，进一步密切与相关处室及代理银行的联系，按照财政部的要求和资金支付程序，做好资金拨付、账务处理、票据传递等方面工作。

## 四、加强财政国库队伍素质建设

总预算会计人员素质的高低直接关乎总预算会计工作质量。财政资金的安全运行需要高素质的干部队伍作为保证。

1. 严把人员配置关口。财政总预算会计工作政策性和业务性很强，对干部的思想政治和业务素质要求都很高。对各级财政国库机构人员的配备，按照符合财政财务管理制度规范要求，人员的综合素质、业务能力、知识水平等，要能适应和满足现代国库管理工作需要，确保将政治合格、道德优良、业务过硬的人员充实到财政总预算会计岗位上来。

2. 加强素质建设。一是通过多种方式加强廉政教育，培养总预算会计爱岗敬业、勤政廉洁精神，做到严格自律，廉洁奉公，自觉抵制各种腐朽思想的侵袭，防微杜渐，警钟长鸣，牢固树立“国库工作无小事”观念和把守好财政国库的高度责任感。二是开展“四心”教育，即做国库管理工作一要有责任心、二要细心、三要耐心、四要恒心。三是培养总预算会计的工作荣誉感，使大家明白财政收支最终环节发生的每笔账务、每个数据、每张报表都由总预算会计具体核算、提供，没有及时准确的基础数据作为保障，领导决策就没有可靠依据，提高整个财政工作管理水平也就成了无本之木、无源之水的道理。进一步树立工作荣誉感和乐于吃苦，甘于奉献精神。

3. 提升业务能力。在国库管理工作中一要提高业务技能，狠抓一个“学”字。即根据财政改革发展要求，不断学习新知识，掌握新业务，既满足现实工作需要，又为今后新的业务工作开展储备能力。二要注重工作效率，突出一个“改”字。即根据财政发展形势和总预算会计业务工作需要，不断创新和改进工作方法，使工作流程安排更趋科学、合理、高效。三要及时全面部署，落实一个“快”字。即根据总预算会计工作时效性强的特点，对各项工作及早考虑，及时办理，未雨绸缪。四要严谨细致工作，强调一个“准”字。即资金拨付、账务核算、数据统计必须准确，不能有丝毫的疏忽和懈怠。

4. 健全培训机制。多年来，我们一直坚持总预算会计日常培训机制，每年都根据总预算会计管理工作需要，采取多种形式，有计划分期、分批对市、县总预算会计财政进行培训，学习新知识，熟悉新业务，掌握新技能，不断增强工作创新意识，努力破解工作难点，确保财政资金安全高效运行。

# 稳步推进安徽财政绩效评价工作

按照财政科学化、规范化、精细化管理要求，积极开展财政支出的绩效评价，对落实财政在保增长、保民生、保稳定中的各项政策，促进经济与社会事业平稳较快发展具有重要的现实意义。为进一步提高财政资金的使用效益，安徽省在推进部门预算编制改革、实行国库集中支付、政府采购制度改革的同时，积极探索开展财政支出绩效评价试点。2005 年，安徽省财政厅印发了《安徽省省级项目支出绩效考评暂行办法》，率先在省级选择了革命老区专项转移支付、城市污水处理厂建设、医院医疗设备购置、农业综合开发等部分项目开展绩效评价工作试点。2008 年，在省本级继续开展部分项目绩效评价试点的同时，选择了合肥市、金寨县开展财政支出绩效评价试点工作。从试点的情况看，试点工作取得了一定的成效，规范了资金的使用与管理，规范了项目申报行为，提高了预算安排的科学性，增强了部门单位使用财政资金的责任意识。2009 年，为进一步规范财政支出绩效评价工作，省财政厅出台了《安徽省预算支出绩效考评实施办法》，对绩效评价的对象、内容、程序、考核结果的运用等做了全面的规定，按照“统一规划、分步实施”的原则，提出了用三年时间，到 2011 年在全省范围内全面开展预算支出绩效评价工作的目标。

由于财政支出绩效评价是一项全新的工作，工作中还存在一些不足和问题，需要改进和完善。一是工作机制不顺畅。从各地情况看，财政部门内部承担绩效评价工作的机构设置多样，上下级财政部门之间没有统一的组织、领导，影响了财政内部开展工作上的交流、指导、协调和督办，不利于绩效评价工作的全面推进和深入开展。二是制度不健全。目前，没有建立起统一的绩效评价法律制度，缺乏绩效评价长效机制。评价指标体系不完善，大部分地方只是对少数行业、部门、项目建立了相应的评价指标，且指标设置较为粗放，指标权重的确定、定性指标的计分等也缺乏科学的方法，评价结果可比性不强。同时，目前的财政支出绩效评价工作仅限于对项目支出绩效评价，对基本支出的绩效评价还是空白。四是资料不完整。由于尚未建立绩效评价信息共享平台，各地绩效评价缺乏可靠的历史、行业资料，影响了绩效评价的科学性和客观性。五是评价结果应用效果不明显。绝大部分地方未制定评价结果应用的办法和措施，评价结果仅停留在反映情况、找出问题、完善制度层面，未能与财政管理相衔接，把结果运用到预算编制上来；未能与经济社会的发展目标相衔接，把结果运用到促进经济社会发展目标的完成上来。

安徽省的财政支出绩效评价工作才刚刚起步，在强化绩效管理认识、规范评价程序、建立合理的评价指标体系等方面有大量的工作需要去探索和实践。因此，在推进全省财政支出绩效评价工作过程中，除需要为绩效评价工作开展营造良好的环境外，还需要稳步推进绩效评价试点、完善制度、创新机制，为绩效评价体系的建立积累经验。

## 一、建立和完善绩效评价的制度框架

加强绩效评价制度建设，逐步建立健全绩效评价工作的政策制度，将绩效评价工作变成一个指令性、经常性、制度性的工作，使财政支出绩效评价工作做到制度化、规范化和法制化，增强评价工作的权威性。

### （一）建立和完善财政支出绩效评价制度体系

统一研究制定绩效评价工作相关规章制度或具有可操作的指导性意见与办法，对绩效评价的内容、方法、指标、组织管理、对象、工作程序及结果应用等进行统一规定，确保财政支出绩效评价的规范性。在此基础上，对不同的评价目标，分别制定实施细则，指导各地行之有效地开展财政支出绩效评价工作。另外，建议在修改《预算法》时，增加加强对财政支出绩效评价相关约束性条款，为财政支出绩效评价工作的开展奠定必要的法制基础。

### （二）在财政资金运行各环节建立财政支出绩效评价制度

目前，开展财政支出绩效评价尚局限于大宗专项资金使用结果的评价。但财政资金总是处于不断循环过程中，只有每个环节都有章可循，才能达到总体的高效。因此，不能仅就财政资金的最终使用成果为对象来评价财政支出的绩效状况，应积极探索建立覆盖财政资金运行分配环节、购买环节、支付环节等各环节的财政支出绩效评价制度，使财政支出绩效评价覆盖整个财政资金运行全过程。

### （三）科学合理设计绩效评价指标体系

目前，我国现有的财政支出绩效评价指标体系主要按支出的功能科目来构建，将绩效评价指标按公共服务、教育、科学技术、文体传媒、医疗卫生等分类建指标库。鉴于财政支出涉及面广且当前指标体系不健全，可考虑按项目支出经济科目来分类构建指标库，构建多层面、立体、交叉的指标体系。

### （四）积极推进绩效评价纳入同级政府目标管理考核体系

将绩效评价结果和同级政府目标管理考核相结合，把财政支出绩效评价结果作为政府目标管理考核的重要内容之一。通过财政支出的绩效评价，促进服务、支撑经济和社会发展方式转变，努力建设资源节约型社会。另外，探索建立绩效评价结果通报制度和绩效评价信息公开发布制度，加强对各部门支出的激励和监督，增加政府公共支出的透明度。

## 二、不断创新财政支出绩效评价的体制机制

### （一）建立健全财政支出事前申报绩效目标、事中跟踪问效、事后绩效评价的全过程“跟踪问效”机制

把财政支出绩效评价的重点前移到支出预算申报和审核过程之中。一是进行财政支出事前申报目标的评审论证，包括部门申报的项目支出预算，增加事业发展绩效目标和为实现绩效目标将要采取的必要措施。二是要重视事

中的跟踪问效，要求部门和单位严格按照计划和预算执行，防止随意变更和调整。三是做好事后绩效评价。结合事前、事中的管理，做好事后的考核评价，实现资金使用全程的“跟踪问效”。

### （二）积极探索多类型的绩效评价方式

目前，安徽试点开展的项目支出绩效评价只是整个财政支出绩效评价的一小部分。开展整个财政支出绩效评价工作，应坚持专项评价和综合评价相结合，建立各部门自我评价、财政综合评价、绩效审计评价为一体的绩效评价机制。同时，由于财政支出复杂性和多样性的特点决定了财政支出评价工作涉及多领域的专业知识，因此，绩效评价工作离不开专家和社会中介等第三方独立机构的积极参与，使绩效评价工作向纵深发展。

### （三）创新绩效评价方法

财政支出绩效评价是非常复杂的过程，因此，需针对不同的绩效评价项目使用一种或几种不同的方法。在绩效评价方法的选择上，应结合经济和社会情况变化和特点，实行“分级负责、分类对待、因地制宜”。在具体的评价方法应用上，要体现各级、各部门、各行业和事业发展的特点，采取灵活、多样的评价方法，使绩效评价达到预期的效果。

### （四）建立绩效评价的应用机制

一是绩效评价结果与年初预算安排相结合。将绩效评价结果作为下年度财政分配方向和安排部门预算的重要依据，并逐步建立财政支出绩效激励与约束机制。对绩效优良的，在下年度安排预算时给予优先考虑；对绩效差劣的要进行通报，在下年度安排预算时要从紧考虑，真正实现预算项目与事业发展目标完成情况挂钩。从源头上控制没有绩效和低绩效的财政支出，逐步建立绩效评价结果与项目安排、预算编制相结合的财政支出评价制度。二是绩效评价与预算执行中期评价、决算评价分析相结合。将预算中期评价和决算评价的结果作为绩效评价的重要信息来源和评价依据。在预算执行的中期报告中要对比资金的使用进度与绩效，使评价方全面了解部门或项目的预算执行情况，及时发现预算执行过程中存在的问题，及时调整预算，防止管理漏洞。各部门在编制决算时必须编制年度绩效报告，以说明部门年度事业发展目标的完成情况、资金的使用情况以及相关信息等。三是绩效评价与财务管理的核算评价相结合。一方面将财务管理的核算评价作为绩效评价基础资料的来源，作为绩效评价工作的基础和组成部分；另一方面通过绩效评价，加强对部门、单位的财务管理。财政部门根据绩效评价中发现的问题，及时提出改进和加强财政支出管理的措施或整改意见，促使部门不断提高财务管理水平。

### （五）加强绩效评价信息化建设

财政支出绩效评价涉及面广、数据信息量大、时效性强，对信息化技术支持要求较高。应以“金财工程”为基础，建设绩效评价信息交流与沟通平台，开发绩效评价分析系统软件。同时，依托现有的政府采购评审论证专家信息库，构建绩效评价专家信息库和中介机构信息库，实现开展绩效评价工作所需信息的资源共享和互通。

## 三、积极稳妥开展绩效评价试点

通过发挥试点部门的示范效应，逐步将绩效评价试点推向深入。在试点工作中，按照“统筹规划、由点及面、总结经验、逐步推开”的原则，从部分专项资金项目的绩效评价入手，有选择地在支出管理水平较高的单位和市县推行财政支出绩效评价试点，在不断总结试点经验的基础上，全面推行财政支出绩效评价改革。

### （一）省级财政选择部分项目开展绩效评价

从民生工程、重大建设项日等财政支出入手，选择资金规模较大、对经济社会发展有深远影响的项目进行试点，完善组织管理程序，逐步有序扩展绩效评价的实施范围，带动财政支出绩效评价的全面开展。

### （二）选择省级预算管理部门开展绩效评价试点

在安徽省一级预算单位中，选择教育、科技、卫生、农业、工业经济管理等相关大的行业或系统开展项目支出绩效评价试点工作。试点期内，可先从1000万元以上的项目着手，逐年降低金额限制，争取用三年时间，实现主管部门项目支出绩效评价全覆盖。通过部门开展项目支出绩效评价试点，积极发挥相关部门在本行业、本系统的引导和示范作用，为财政支出的绩效评价工作开展提供支撑。

### （三）积极推动市县绩效评价试点工作

先选择部分管理较规范，项目支出规模较大的市县开展绩效评价试点，通过试点及时总结经验，发现存在的问题，不断完善各项制度、工作流程、评价方式等各项措施，力争到2011年在全省推开项目支出绩效评价工作，探索出一条适合安徽财政支出绩效评价的新路子。2009年，可选择两个市、若干个县（市、区）开展试点，2010年扩大到50%的市、县，为全面推开奠定坚实的基础。试点工作立足以项目支出绩效评价为突破口，在试点市、县选择试点项目上，从本级实施的专项资金项目着手，鼓励有条件的市、县根据各地的实际情况，自行选择一些部门开展财政支出绩效评价试点。

### （四）全面推开财政支出绩效评价工作

通过省级和市县的试点，力争2011年所有项目支出的绩效评价工作覆盖到省级所有一级预算部门和所有市、县。在项目支出绩效评价试点工作结束后，省级财政部门认真总结项目支出绩效评价的经验，进一步完善财政支出评价指标体系和评价办法，把绩效评价的范围扩大到基本支出，在全省范围内全面推开财政支出绩效评价工作。

## 四、构建绩效预算框架体系

结合开展财政支出绩效评价试点情况，在基础条件具备的情况下，可选择财政管理基础好的市、县，率先尝试编制绩效预算，构建绩效预算框架体系。对列入绩效预算试点范围的部门，要求在编制年度部门预算时相应编制年度绩效计划，详细列明绩效目标、绩效指标等内容；同时在年度终了时提交绩效报告，由部门管理者自行描述绩效计划的完成情况；再由外部机构对绩效计划和绩效报告进行评价。通过加强项目审核和管理，强化预算约束和预算控制，以绩效评价为突破口，探索建立科学、合理的绩效预算评价体系，为编制绩效预算夯实基础。

# 突出重点力促自主创新

近年来，安徽省将“创新推动”作为加速崛起的战略之一，通过自主创新建设不断优化产业结构，促进产业升级。2008 年设立了合芜蚌（合肥、芜湖、蚌埠）自主创新综合配套改革试验区，探索推进自主创新的有效途径和体制机制。

## 资金支持　示范带动

省级财政预算每年安排自主创新资金 6 亿元，专项支持试验区“以企业为主体、高新区为载体、产学研一体”的创新体系建设。合芜蚌三市也都分别建立起市级财政自主创新专项资金，并确保这一投入要高于其他市、高于同期省级投入。省市自主创新专项资金不仅“滋润”着创新型企业，还撬动起巨大的社会资金。据初步统计，2008 年以来，合芜蚌三市重点向奇瑞、江淮汽车、京东方、马钢、方特未来世界、蚌埠普乐能源等创新型企业投入资金 17.77 亿元，带动社会投入 257 亿元，用于支持研发具有自主知识产权的产品和关键性技术攻关，以增强企业的核心竞争力。以合肥市京东方项目为例，财政补贴是 5000 万元，而社会总投资规模达到 175 亿元，乘数效应为 1∶350，真可谓“四两拨千斤”。

2009 年 6 月，总规模为 10 亿元以上的省创业（风险）投资引导基金（以下简称“省引导基金”）启动，带动合芜蚌三市也建立起市引导基金。目前，省级已通过政府采购方式招募确定了省内外 4 家投资公司，省引导基金各投入 1 亿元，带动社会资金 12 亿元以上。此外，省财政还拿出 1 亿元设立了合肥公共安全创业投资公司、芜湖瑞建汽车科技产业投资公司，引导社会资金6亿元以上。同时，在省市两级引导基金的支持下，三市设立了8只创业风险投资基金，吸引资金19亿元、创投机构10余家，选定投入早期创新型项目30多个。引导基金并不直接从事创业投资业务，而是主要通过扶持创业投资企业发展，引导社会资金进入创业投资领域。而创业投资产业的发展，能够增加企业直接融资的比例，改变对银行信贷等间接融资的依赖。

## 政策护航　激励创新

省财政积极争取国家对奇瑞、京东方等自主创新项目的优惠政策，2009年，全省兑现科技创新优惠政策减免税收近100亿元，其中合芜蚌三市占据近半，达45.65亿元。

从2007年开始，省财政在合肥、蚌埠、芜湖对装备制造、石油化工、冶金、汽车制造、农产品加工、采掘、电力、高新技术产业等八大行业实行了扩大增值税抵扣范围试点，鼓励企业更新设备和技术改造。2009年，增值税转型改革全面推进，合芜蚌三市实际抵减税款21亿元。

新《所得税法》实施后，高新技术企业执行15%的税率（一般企业所得税税率为25%）。得益于这一重大的优惠政策，2008年全省高新技术企业相应增加收入7.58亿元，其中合芜蚌三市为4.47亿元。根据新《企业所得税法》的规定，企业开发新技术、新产品、新工艺产生的研究开发费用可以按实际支出额的150%加计扣除。2008年，全省列入税前扣除金额近百亿元，企业相应增加收入10亿多元，其中合芜蚌三市为6亿多元。

这些积极的财税政策激励了试验区创新资金、人才、企业和项目等要素的集聚。2009年，合芜蚌三市高新技术企业已达589家，占全省59.5%，列中部省份第一。省级以上创新型（试点）企业57家，占全省的50%。新兴产业新增规模以上工业企业500多户，占全省70%以上。实施技术改造“百千工程”526项，完成技改投资277.8亿元。规模以上高新技术产业实现产值2157亿元，占全省的55.2%，同比增长34.8%。新增高端人才4000多名，同比增长50%。申请专利9111件，授权专利5431件，分别占全省的55.6%和63.2%。新批设立省级以上（工程）实验室、工程（技术）研究中心、企业技术中心92家，占全省的44%，为历年来最多。

## 金融创新 鼎力相助

为支持试验区自主创新体系建设，省级除了推动创业（风险）投资引导基金运作外，还探索开展知识产权质押贷款、发行集合债等试点工作，为科技型中小企业担保融资，缓解其资金困难。金融创新逐渐在省内各地兴起，如合芜蚌三市共设立了36家小额贷款公司，徽商银行和奇瑞公司共同组建了全国首家自主品牌汽车金融机构等。

省财政还加快推进多层次资本市场建设，会同省金融办对天津股权交易所和北京中关村代办股份转让系统试点情况进行调研，通过各方合作，2009年7月，全省唯一一家非上市企业股权综合服务专业机构——安徽省股权交易所揭牌运行。这为进一步完善试验区乃至全省创新型服务体系、实现高新技术企业与国内外风险资本的对接搭建起良好的综合服务平台。

## 完善制度 规范管理

在省财政部门制定的《试验区自主创新财政专项资金管理办法》（试行）的基础上，省政府又帮助指导合芜蚌三市制订了实施细则，细化了政策兑现措施，并尝试引进社会中介机构审核兑现资金额度，以提高准确度和资金使用效率，保证自主创新专项资金科学分配、及时到位。为加强创业（风险）投资引导基金管理，省财政部门不仅制定了《省引导基金实施办法（试行）》，还针对执行过程中发现的问题完善了操作办法。

具体而言，在资金管理和监督方面，合芜蚌三市财政部门都设立了自主创新资金财政专户。省级财政分配安排的各类奖扶资金直接拨付于此，并实行专款专用，专户核算。各市安排的自主创新资金也一并纳入该专户，统一管理。同时，财政部门还注重加强自主创新资金项目经费管理，指导并督促项目单位严格执行国家有关财政财务规章制度，健全项目经费内部管理制度。自主创新资金项目经费必须纳入单位财务统一管理，单独设账，专款专用。

更值得关注的是，合芜蚌三市建立了自主创新资金绩效考评制度。明确绩效目标，进行中期和年度考核、评估，并作为下一年资金分配安排的依据之一。

为了充分发挥试验区政策措施和自主创新资金引导扶持的效应，合芜蚌三市还建立了创新资金监督体系，于每年 2 月底前上报上年度自主创新资金使用情况。2009 年 6 月，省财政还会同省委、省政府督查室等部门组成联合督查组，分别对三市落实试验区政策措施和财政资金使用情况开展中期督查。12 月，又会同省科技厅等部门，对三市开展了年度督查。通过督查，总结了经验，发现了问题，强化了政策执行力。

几年来，省财政通过不断加大投入，强化政策落实，有效推进了试验区自主创新建设，不仅使科技成果转化及产业化加快，区域创新能力显著提升，而且科技优势正在加速向经济优势转化，大大提高了全省自主创新能力和水平。

# 财政在促进旅游业发展上大有可为

对于安徽省而言，旅游业不仅是促进消费、扩大内需的先导性产业，也是资源节约型、环境友好型的综合性产业，更是极具发展潜力的新兴产业、朝阳产业。近年来，为加快实现由旅游资源大省向旅游产业大省乃至旅游经济强省的转变，省财政认真落实积极的财政政策，加大旅游投入，规范资金管理，有效促进了全省旅游业又好又快发展。2009 年，接待国内游客 1.15 亿人次，同比增长 15.7%；入境游客 150 万人次，同比增长 13.6%。旅游总收入突破 840 亿元，增长 14%，占全省 GDP 的 8% 左右。

## 建立多元化的旅游投入机制

为加大对旅游业的投入，全省各级财政部门拓宽旅游投资和融资渠道，不仅加大财政投入，而且充分调动社会力量兴办旅游的积极性，多渠道多形式吸纳社会资金发展旅游业，形成旅游发展多元化投入机制。首先，坚持政府主导，加大财政投入。据初步统计，2009 年全省各级财政安排旅游发展资金 44640 万元，同比增长 44.4%。其中，省财政安排省级旅游发展资金 1 亿元，同比增长 42.9%，专项用于 A 级以上景区（景点）基础设施建设、旅游商品研发、旅游规划编制等，为做大做强旅游产业提供了强有力的资金支持。各市、县财政部门安排旅游发展资金 34640 万元，比上年增长 44.8%。17 个地级市中，淮南、安庆、黄山、合肥、亳州、宣城等市在旅游方面累计投入都超过了 3000 万元。同时，积极向国家争取资金支持，将其用于旅游开发和旅游推介。2008 年，中央下达安徽省新增投资资金 2000

万元，红色旅游国债项目3780万元，国家旅游发展资金1620万元。其次，加大政策扶持力度，积极引导社会投资。按照“谁投资、谁经营、谁受益”的原则，大力鼓励国有、集体、个体、私营、外资等多种经济成分投资开发旅游资源。各级政府在年度计划指标内优先安排列入省“861”计划的旅游项目用地，鼓励和支持有实力的大企业以集中规划、成片开发的形式取得旅游景区经营权。旅游企业使用水、电、气等，实行与工业企业基本相同价格；有线电视收视费按不高于实际安装终端数的70%收取。对新办独立核算的旅游服务企业，自开业之日起，经税务机关批准，可以减征或免征所得税1年。由于政策扶持有力，极大地调动了全社会投资旅游业的积极性。2009年，全省吸引社会资本投入旅游业的实际投资额达163亿元。

## 集中财力打造旅游精品

财政部门在对省内旅游资源进行充分调研的基础上，坚持集中力量办大事的原则，与旅游部门反复沟通，将旅游发展资金重点用在支持A级以上旅游景点景区建设上，扭转过去“撒胡椒面”的做法。一是推进旅游项目建设。支持建立省、市、县三级旅游项目库，加强旅游招商引资，引进战略投资者。对投资额在5000万元以上的旅游开发项目和投资建设四星级以上饭店、4A级以上旅游景区的，给予重点支持。安排专项经费支持在厦门、天津、北京、浙江等地举办了大规模旅游项目招商会，推出重点旅游项目65个，总投资额573.4亿元，累计达成意向项目4个，意向投资额100余亿元，为今后旅游业发展积攒了后劲。二是提升旅游景区建设水平。以A级旅游景区创建为抓手，规范和提升传统旅游景区，开发和建设新兴旅游景区，不断提升品位、提高档次，打造具有安徽特色的精品旅游区。财政部门积极配合旅游部门开展A级旅游景区创建工作，为景区创建和可持续发展提供智力支持和动力激励，取得了明显成效。全省共有17个旅游景区通过国家4A级检查验收，4A级景区年度增量全国第一。截至目前，安徽省A级旅游景区总数已达337家，与2008年相比增加20.4%，名列中部第一，全国第三。今年，全省将建成300家A级旅游景区，50个国家级工业、农业旅游示范点。三是加大旅游产品开发力度。以增强吸引力、延长逗留时间、促进旅游消费为重点，提升观光产品，开发生态、休闲和度假产品，发展会展、商务、科技、教育和工业等新兴旅游产品，逐步形成自然观光与文化观赏相协调、长线旅游与短线旅游相结合、各类要素相配套的旅游产品体系。支持发展乡村旅游，打造星级农家乐。支持举办中国（芜湖）国际旅游商品博览会，加大安徽省旅游商品宣传推介力度，有效促进了安徽省旅游商品的研发、生产和销售。支持开展文化旅游结合系列活动，策划了一批徽文化旅游产品，黄梅戏、花鼓灯等文艺演出进景区、进饭店活动深入开展，大型多媒体歌舞《徽韵》和以黄梅戏为主、徽京黄结合等富有安徽特色旅游演艺节目已在黄山实现常态化演出。

## 加大旅游宣传营销投入

围绕抢占和扩大市场，坚持用创新的思路，加大旅游宣传营销力度。第一，全省各级财政安排专项资金近2000万元，支持旅游部门成功组织了纪念邓小平同志“黄山谈话”30周年系列活动，进一步深化了社会各界对邓小平旅游经济思想的认识，展示了安徽旅游的发展成就和发展潜力，充分提升了安徽旅游在全国的知名度和影响力。第二，省财政设立5000万元旅游航空培育专项资金，合肥、黄山、安庆配套5000万元，共同开辟和培育重点国际国内旅游航线。全年对12条省重点支持的航线航班和旅游包机的补助资金累计近4000万元，先后支持开通了合肥至首尔、合肥至台北等国际航班，加密了合肥至香港、合肥至北京等航班，恢复了合肥至黄山航班。以上航线航班的开通或加密，为拓展旅游市场特别是海外市场发挥了关键作用。2009年，安徽省接待入境旅游者156.2万人次，同比增长18.22%；旅游外汇收入6.64亿美元，同比增长22.32%。第三，按1∶1比例拼盘资金500余万元，在央视一、四和新闻频道、旅游卫视以及《今日中国》等重点媒体上连续投放安徽旅游宣传广告；同时，借助“网络媒体看安徽”、“全国百城旅游宣传周”、“生态旅游网络宣传推广”等系列活动，深入推进网络宣传。第四，围绕深挖港台市场、稳住东南亚市场、拓展欧美市场、大洋洲市场，先后赴境外主要客源市场开展了10多场次宣传促销活动，特别是组团参加第四届海峡两岸旅游展，向台湾旅游界、新闻界和民众成功推介安徽旅游产品，产生良好效果，保证了入境游客的稳步增长。国内市场重点面向长三角、京津唐和周边市场，支持举办了“安徽人游安徽”活动，组织

100多次旅游推介活动，促进国内旅游的快速发展。

## 加强旅游发展资金管理

专项资金管理是财政支出管理的重点。为加强旅游发展资金管理，全省各级财政系统从深化部门预算、完善管理制度、组织绩效评价等方面入手，优化支出结构，提高资金使用效益，促进旅游发展专项资金规范、有效运行。一是深化部门预算。在编制年初部门预算时，综合考虑上年度旅游发展资金使用情况和本年度的实际需求，有重点地安排资金投入方向。在预算执行过程中，加快支出进度，使旅游发展资金下达时间较往年大为提前；集中力量办大事，集中资金补助了15个在全省具有带动作用的旅游项目，切实提高了旅游资金效益。二是健全专项资金管理制度。省财政厅会同省旅游局对《安徽省旅游发展专项资金管理暂行办法》（以下简称《办法》）进行了修订完善。与原《办法》相比，修订后的《办法》在使用原则方面，资金使用的定位进一步明确，即不仅要服务于转变发展方式，着眼“要素”结构调整，更要改善旅游产品布局，促进产业转型升级。在使用范围方面，重点支持国家国发［2009］41号文件中明确的范围。在项目申报程序、资金下达时间等方面，进一步规范了申报程序和时间，明确规定在每年6月底前将资金下达至各市县。各市、县财政部门也对旅游发展资金管理办法进行了相应修订完善。三是组织绩效评价工作。财政支出绩效评价，是优化财政支出结构，提高资金效益的有效途径。2009年初，省财政投资评审中心对中央财政2007—2008年补助安徽省的部分旅游发展资金项目进行了绩效评价，评价报告认为：“安徽省国家旅游发展基金项目的实施，符合全省旅游发展总体规划和产业政策要求，始终坚持经济效益、社会效益和生态效益并重，做到了统筹安排、突出重点、扶优扶强，充分发挥财政资金的引导作用，用国家旅游发展基金吸引了大量社会资金进行项目建设，极大地改善了景区的接待规模和档次，提高了景区的吸引力和竞争力，对改善安徽省重点旅游景区的基础设施条件和旅游环境，增强景区景点的知名度起着十分重要的作用，同时也为安徽省‘徽文化’和旅游产业的全面、协调、可持续发展奠定了坚实的基础。”通过以上举措，摸清了全省旅游项目资金管理和使用的基本情况，进一步发挥了财政职能作用，为提高旅游资金效益，加强旅游资金管理奠定了基础。

# 财政“五个变化”破解污水处理困局

近年来，安徽省将支持污水处理设施建设作为公共财政支出的重点之一，在创新资金投入机制和管理模式、引导产业化经营等方面进行了有益探索，取得了一定成效。不到3年时间，全省累计建成污水处理厂101座，日处理能力达到415万吨。设市城市污水处理率达到79.8%，居全国第6位、中部地区第1位。同时，安徽还成为继北京、上海、浙江、河南、山东、江苏之后第7个在全国实现“县县建成污水处理厂”的省份。大量污水处理厂和污水管网的建成，对促进污染减排和环境保护发挥了不可替代的作用，为城市人居环境改善创造了基础条件。

## 一、变“单一”投入为“多渠道”投资

2007年以前，安徽省的城市污水处理设施建设主要依靠国债资金，单一的投入模式影响了项目的实施与推进，加上配套管网建设资金严重不足，致使部分已建项目难以发挥应有的作用。省财政厅及时转变思路，主动作为，提出了“调整结构增加一块、争取项目支持一块、引导社会参与一块”的筹资理念，逐步建立起一套多渠道筹集、多层次参与的资金投入机制。一是积极争取中央和省专项资金。全省城市污水处理设施建设项目累计争取国债、中央和省财政奖补资金以及扩大内需资金47.34亿元，占项目总投资的32.45%，是污水处理建设的主要资金来源。二是积极争取外国政府与国际金融组织贷款。淮河、巢湖流域城市污水处理设施建设项目先后获得世界银行贷款7900万美元，德国、荷兰、西班牙、以色列等外国政府贷款5200万

美元，亚洲银行贷款2700万美元，为污水处理设施建设提供了有益的资金补充。三是积极利用国家开发银行贷款。2009年，省财政厅会同其他相关部门对49个城镇污水处理项目统一授信平台，争取国家开发银行贷款13.4亿元，项目总规模达123.8万吨/日，配套管网2115.67公里。这项贷款为缓解全省部分市县污水处理设施建设资金困难发挥了重要作用。

## 二、变“项目补助”为“以奖代补”

过去，省财政主要按污水处理设施建设项目总投资进行补助，没有考虑项目建设的目标和效果。为了增强各地对项目建设的积极性和主动性，省财政创新资金管理方式，建立了财政专项资金“以奖代补”新机制，明确提出污水处理厂的运行负荷必须达到考核绩效目标（建成后第一年60%以上，三年后75%以上），才能给予奖补；对于配套管网专项资金，坚持“先建先补、多建多补”的原则，鼓励和引导各地加快建设，尽早发挥项目效用。2007年，省财政首次专设淮河流域县级污水处理工程“以奖代补”资金，按照每万立方米处理能力补助300万元的标准，分3批对26个县（县级市）污水处理项目予以奖励补贴，共计补贴资金1.92亿元。2008年，这项政策又在巢湖流域7个县（镇）和长江、新安江流域31个县（县级市、区、风景区）实施，共计补贴资金2.25亿元。“以奖代补”机制的建立，不仅改变了地方政府“等、靠、要”的落后观念，还能帮助项目单位加强资金监管、提高资金使用效益，同时也为推动污水处理产业化创造了必要条件。

## 三、变“效益报告”为“绩效评价”

在以往项目建成后的评价环节中，主要是项目单位提交建设及实施效果报告，并由主管部门进行实地检查，但对实施目标、效果及工程预决算执行等缺乏公正、客观的评价。为提高项目科学化精细化管理水平，2009年省财政厅将污水处理厂及配套管网建设纳入了绩效评价范围。建立健全项目绩效评价制度，通过财政投资评审机构和有资质的中介机构，加强对项目概算、预算、决算的评审，并将评价结果作为资金拨付、改进管理的重要依据。以后安排奖补资金时，对效果好的加大奖补额度，效果差的相应予以扣减。行之有效的绩效评价机制，为保证项目质量、发挥其应有效用起到了重要作用。比如，省财政厅对亳州市 25 公里管网建设进行绩效评价并给予奖补后，促进了该市进一步加大项目建设力度，目前在建项目已达 170 公里。

## 四、变“政府组织运作”为“产业规模经营”

根据建设部《市政公用事业特许经营管理办法》，安徽省积极探索特许经营制度的实施途径，引入竞争机制，推进污水处理产业化，并拓宽融资渠道，提高项目管理水平。目前，合肥、马鞍山等 40 多个市、县已经通过建设—经营—转让（BOT）、移交—经营—移交（TOT）、建设—移交（BT）等市场化方式进行了污水处理设施建设；合肥、肥东等 10 多个市、县按照产业化要求，将污水处理厂委托给专业化的污水处理运营企业运营。

为了加快建立以利益为导向、以市场为手段的污水处理设施建设长效机制，安徽省还出台了法规政策，加大污水处理费征收力度。2005 年在全国率先出台了《城市污水处理费管理暂行办法》，规定在本省城市规划区范围内向城市污水集中处理设施排放污水的单位和个人，应当缴纳城市污水处理费。同年，出台《淮河和巢湖流域城市污水处理费征收管理实施细则》，制定了淮河和巢湖流域城市公共供水、自备水源污水处理费征收率考核指标。2007 年，要求淮河流域市县按照每吨不低于 0.8 元的标准交纳污水处理费，并做到应收尽收、足额收取，以进一步加强该流域水污染防治工作。2008 年，在省内所有市县全面开征城市污水处理费，每吨水平均收费标准原则上不低于 0.8 元，已经开征但收费标准低于 0.8 元的，要及时调整到位。有关规章和配套政策的逐步完善，使污水处理费征收在“扩大范围、提高标准、增加总量、规范管理”等方面取得了明显实效，对于污水处理设施建设和运营，发挥了重要的经费保障作用。

## 五、变“一般监管手段”为“目标责任制”

2006 年，安徽省《城市污水处理运行监管实施细则》出台，明确了监管的主体、内容、程序和责任，各地污水处理主管部门加强了行政监管。省财政厅采取现场检查、不定期巡查等方式，加大监管力度，并要求各地按时在网上上报在建和运营的污水处理项目信息，通过现代信息技术，提高监管效率。对各地污水处理设施建设、运营以及信息上报情况，发文通报各市县人民政府，促进加强运营监管。全省已建成投入运营的污水处理设施均安装了在线监测装置，对进出水质、水量进行实时监控，确保出厂水稳定达标。2008 年，省政府将主要污染物总量减排考核结果作为对各市政府领导班子和领导干部综合考核评价的重要依据，实行问责制和"一票否决"制。2009 年，省政府与有关市政府签订目标责任书，将 45 座城镇污水处理厂建设列入地方政府年度目标考核。省财政厅着力加强对污水处理厂建设的资金支持、现场指导和进度督查，通过绘制污水处理工程建设运行情况动态表、完善月报表、编发《污水处理厂建设督查简报》等措施，加强日常监督；通过定期和不定期现场检查，加强督查落实。在各级政府的共同努力下，2009 年全省实现了新增污水处理能力 100 万吨/日以及所有市、县都建成污水处理厂的目标。

# 规范管理篇

## 以科学化精细化提升财政管理水平

倡导并推行财政科学化精细化管理，是财政部本届党组理财思想的集中体现，是理财观念的一次重大转变，是财政管理实践的继承和创新。全面推进财政管理科学化精细化，事关改革发展稳定大局，事关财政职能作用的有效发挥，事关财政事业的健康发展，意义重大，影响深远，正当其时。我们一定要从全局和战略的高度，统一思想，主动探索，以全国财政系统全面推进财政管理科学化精细化为契机，在现有财政管理的良好基础上，加快建立适应公共财政要求，符合科学发展潮流，具有安徽财政特色的现代管理体系。

### “抬头看路”与“埋头拉车”

所谓科学化管理，就是运用现代管理方法和信息技术，发挥管理人员的积极作用，把握加强管理的方向和途径；所谓精细化管理，就是要树立精细思想和治理理念，运用信息化、专业化和系统化管理技术，按照“精确、细致、深入”的要求实施管理活动，避免大而化之、笼而统之的粗放式管理，不断提高财政管理效能。科学化精细化是相互联系、互为补充的有机整体，科学化是精细化的前提，精细化是在科学化指导下，按照统筹兼顾的原则，把科学管理要求落实到管理的各个环节，落实到管理人员岗位，体现集约管理、注重效益的要求。通俗地讲，科学化就是要“抬头看路”，明确方向和目标并选择有效的路径。精细化，就是要“埋头拉车”，一步一个脚印地按照科学确定的方向和路径前进。推进财政管理科学化精细化，既是业务建设，也是作风建设，更是能力建设。回顾近年来安徽财政管理和队伍建设的探索实践，不难发现，我们在理财理念和队伍建设上与科学化精细化思想初衷相同，可谓不谋而合、异曲同工。2007 年 6 月，在全省财政局长座谈会上，强调不做账房先生，不做摇头先生，提升财政形象，既要埋头拉车，也要抬头看路；随后又提出了“突出五个围绕，做好五篇文章”等等，这些思想理念已经在全省财政系统达成共识，成为广大干部职工的自觉行动。从 2007 年开始，我们每年确定一项主题建设年活动，先后开展了“作风建设年”活动，“岗位大练兵”活动，“规范管理年”活动，“能力建设年”活动，每年推荐 5 本必读书目，其中重点推荐了《细节决定成败》、《关键在于落实》等书目；正在推进的“惠民直达工程”等改革试点，核心环节就是科学化、精细化理念；在 2009 年初召开的全省财政工作会议上，我们又率先提出了立足法制化、追求精细化、推进规范化、着力科学化、营造常态化的“五化”要求。这一系列举措都是着力提升财政管理水平的精心谋划。因此，全面推进财政科学化精细化管理，全省财政系统可谓有基础、有平台、有氛围。只要全省各级财政部门一以贯之地坚持改革创新，安徽财政管理水平就能够在新的起点上实现新的突破、迈上新的台阶，在全国财政系统始终处于先进行列。

## “干什么”与“怎么干”

推进财政科学化精细化管理是一个系统工程，必须坚持不懈，循序渐进，既要整体推进，又要突出重点；既要着眼长远，更要立足当前。在明确“干什么”的目标之后，要重点解决“怎么干”的路径问题。要按照主动理财、依法理财、科学理财、民主理财的总体要求，根据财政改革与发展的形势，确立不同时期的阶段性目标和工作重点，做到长计划短安排，谋举措、抓落实、重实效，从“四个规范”入手，不断提高财政管理科学化精细化水平。

规范财政收入管理。坚持依法理财治税，严格执行税收政策，完善税收征管机制，确保税收收入健康稳定增长；规范非税收入征管，明晰非税征管主体，统一非税收入口径、项目、种类和标准，实行非税收入收缴分离制度，完善非税征管系统，加强票据源头控制，确保非税征管科学有序；规范国有资产收益管理，健全资产管理制度体系，加强对行政事业单位国有资产出租、出借、处置、产权转让的管理，规范收益收缴程序，确保及时足额缴库。

规范财政分配管理。依法编制预算，规范预算编制程序，完善政府预算体系，逐步建立由公共财政预算、国有资本经营预算、政府性基金预算和社会保障预算组成的有机衔接的财政预算体系，切实提高预算编制的科学性、准确性和完整性；规范预算追加，严格审批程序，从严控制预算追加事项，增强预算的严肃性和约束力；规范一般性转移支付，不断完善一般性转移支付管理办法，加大一般性转移支付资金规模，努力推进基本公共服务均等化；规范专项转移支付，进一步清理整合专项转移支付项目，严格控制新增项目，切实提高专项转移支付资金分配的科学性。

规范预算执行管理。强化专项资金项目管理，合理分配专项资金，强化监督检查，确保专款专用，提高专项资金分配、使用、管理的科学性；规范国库集中支付，规范用款计划管理，提高资金支付效率，建立健全国库集中支付动态监控机制，防范和控制财政资金支付风险；规范政府采购，坚持“依法采购、应采尽采”原则，建立健全内部管控制度，强化采购运行管理，提高采购执行效率；强化支出进度管理，坚持不懈地加快支出进度，加快“指标—支付”一体化管理改革和财政系统应用支撑平台建设步伐，构建财政支出的快速通道；强化财政自身管理职责，进一步规范惠民资金发放管理、规范外国政府贷款管理、规范国际金融组织贷款管理。

规范财政监督管理。规范财政行政审批，优化审批项目，简化审批环节，提高审批效率；推进政务公开，提高财政资金管理的公开性、透明度，自觉授受群众监督；加强预算支出绩效考评，完善预算支出绩效考评管理办法，健全绩效考评指标体系，逐步扩大绩效考评范围，注重考评结果的运用；加强财政资金跟踪问效，建立动态全程跟踪制度，延伸财政管理链条，主动协同部门进行科学分配、优化实施方案、强化督促检查、纠正执行偏差，努力提高财政资金使用效益；规范财政监督检查，推进管理制度创新，建立健全预算编制、执行、监督相互分离、协调统一的监管机制。

财政科学化精细化管理，有的是长期任务，有的是阶段工作，有的是努力方向，有的是现实要求，是相互联系的有机整体，涵盖了财政工作的方方面面，构成了今后一个时期财政管理的完整体系。

安徽省财政科学化精细化管理工作能否取得实实在在的成效，取决于三个关键因素：即关键在于各级各部门形成合力。按照“政府主导、财政推动、部门参与、合力推进”的工作原则，强化领导，明确责任，重在落实；关键在于全省财政系统真抓实干。发扬改革创新精神，敢于先行先试，分清轻重缓急，有条不紊推进。关键在于财政干部队伍增强素质。切实加强能力建设，全面掌握新形势下的生财之道、聚财之法、理财之方，全面提高实践科学发展观的能力。

此外，全面推进财政科学化精细化管理必须坚持与时俱进，牢固树立现代财政管理观念。财政部归纳了六种观念，即全局观念、法治观念、创新观念、效率观念、服务观念、责任观念。针对全省财政系统而言，除此之外还要牢固树立系统观念。因为“人”是财政管理中最活跃、最具决定性的因素，是财政管理的第一资源，是财政管理实践的执行者、依靠者、创造者。因此。推进财政科学化精细化管理，各级财政部门要树立上下一盘棋的思想，注重系统联动、形成合力、谋求共进，为全面提升理财水平提供强大的人力资源支持和坚强的组织保障。

# 财税政策促发展 法制建设作保障

近年来，省财政以科学发展观为统领，认真贯彻积极财政政策，充分发挥税政政策对经济发展的推动、调控和服务职能，深入推进依法理财、依法行政，财政税政条法工作服务经济社会发展的作用进一步突显，财政科学化精细化管理不断向纵深推进。

## 落实积极财政政策 促进经济平稳较快发展

金融危机以来，省财政认真贯彻中央和省一揽子经济刺激计划决策部署，全力以赴保增长、保民生、保稳定。一是减轻企业负担。认真落实国家结构性减税政策，取消、停征和调整129项行政事业性收费等，每年减轻企业和居民负担140亿元；实行“五缓四降三补贴”政策，共计减轻困难企业负担42.6亿元；全面实施增值税转型改革试点，全省累计为7279户次一般纳税人抵退固定资产进项税额32.1亿元；为应对外需减弱引起的出口下滑，增强企业的竞争力，出口货物退增值税额达143.2亿元；安排25亿元支持建立担保基金和贷款风险补偿资金，加强担保体系建设，有效缓解了中小企业“融资难”；牵头相关单位会商，提出骨干企业资源税返还政策、暂停涉企行政事业性收费项目审批等9条减轻企业负担政策措施，并提请省政府办公厅转发文件，帮助企业渡过难关。二是刺激消费需求。进一步增加对农民的各项补贴，提高农产品收购价格，增加农民收入。努力促进和调控房地产市场健康发展，支持各地出台购房税费优惠政策。认真落实家电、汽车、摩托车、农机等“四下乡、两换新”政策，推进家电下乡工作迈上新台阶。2009年兑付“四下乡、两换新”财政补贴资金15.4亿元，拉动消费108亿元，真金白银的政策推动了消费异军突起。三是加强资金和地方债务管理。按照“保重点、保基层”的原则，确保地方政府扩大内需促进经济增长政策配套资金落实；明确资金专户管理制度，加强巡查督查，及时跟踪执行进度和实施效果，切实发挥资金使用效益。夯实政府性债务管理基础，逐步建立对市县政府及其融资平台公司债务的动态监控，研究建立地方政府债务规模限额管理和风险预警机制，严格要求地方政府债务收支全额纳入地方财政预算管理中，努力防范财政风险，促进财政可持续发展。

## 突出重点工作　推动经济转型升级

深入贯彻落实省委、省政府决策部署，调整和优化财政支出结构，推动经济转型升级。一是着力提高自主创新能力。以合芜蚌自主创新综合配套改革试验区建设为引领，积极探索体制机制创新，充分运用市场机制，建立财政资金为引导，社会资金参与的多元化、多领域投融资机制，吸引更多国内外资本投资创业。充分发挥财政政策、资金的引导和杠杆效应，制定了《合芜蚌自主创新综合配套改革试验区专项资金管理办法（试行）》、《安徽省创业（风险）投资引导基金实施办法（试行）》，安排18亿元财政资金，历史性的在区域内建立了8只风险投资基金，围绕重点产业和关键技术，集中力量加以扶持，让有限的资金发挥最大效应，让一大批创新型企业不断发展壮大。同时，在抓政策措施落实上下工夫，会同相关部门，对自主创新优惠政策进行梳理，加强对政策措施落实的监督检查。由于措施有力，效果非常明显，2008年以来，全省兑现科技创新优惠政策减免税收近100亿元。二是大力支持承接产业转移。积极参加皖江城市带承接产业转移示范区规划政策调研，认真分析国家各类试验区和示范区财税政策特点，向省政府提出促进皖江示范区建设相关措施，牵头梳理和制定12项财税政策，纳入皖江示范区政策体系。积极参与国家税制改革试点，研究政策特点，努力争取国家政策倾斜；密切跟踪国家鼓励各类国家级区域建设新政策，千方百计争取国家在皖江示范区建设上的优惠税政政策。三是积极推进节能减排。综合运用税收、减费、贷款、贴息等政策，加大推进重点行业和企业节能减排力度，扩大节能产品惠民工程实施范围，强力推进城镇污水处理厂和管网配套建设等重点减排项目，大力发展循环经济和绿色经济，积极开展低碳经济试点，着力推进现代服务业、新能源、节能环保等战略性新兴产业加快发展。

## 用足用活税收政策　提高税收政策实施绩效

用足用活税收政策，是强化和驱动安徽省经济平稳较快发展特别是企业发展的必要支撑。一是积极做好高新技术企业认定工作。目前全省已认定高新技术企业1125家，在全国居第7位。2009年，规模以上高新技术产业实现产值3907亿元，比上年增长21.6%；实现工业增加值1094亿元，占全省工业增加值的26.9%。当年申请专利5838项。高新技术企业快速发展，已成为安徽省经济发展新的增长极。二是认真做好公益性捐赠税前扣除工作。严格对申报税前扣除资格的公益性组织进行资格认定，先后认定了安徽省黄梅戏艺术发展基金会、中国科学技术大学教育基金会等8家公益性组织。目前8家公益性组织已接受企业捐赠1亿多元，这些捐赠在一定程度上实现了企业社会责任与社会公益事业的有效衔接。三是支持转制文化企业发展。会同相关单位审核确定安徽省第一批127家经营性文化事业单位转企改制名单，保证了安徽省文化企业享受国家的税收优惠政策。2006年至2008年，全省转制单位和新办文化企业减税达7.05亿元。四是大力扶持重点骨干企业和特色产业发展。强化服务意识，主动服务企业，对合肥市重点骨干企业京东方公司进口设备时需缴纳进口环节增值税，多次向财政部汇报和沟通，请求给予免征进口环节增值税，以帮扶和支持该企业发展。每年安排奇瑞集团研发补贴7000万元，并将实际发生研发费用按150%加计列入税前扣除，大力促进奇瑞汽车的自主创新能力。积极向财政部争取税收政策支持安徽省特色产业发展，通过努力，财政部同意对安徽省唯一一家燃料乙醇供应单位丰原生化股份公司生产的燃料乙醇实行免征消费税、增值税先征后返的政策，每年获得中央财政专项补贴资金近10亿元。对于产量占全国一半的凤阳县黑豆，财政部给予免征出口关税。

## 积极利用关税政策　提升经济发展竞争力

2008年，财政部下调叉车用汽油发动机进口关税税率。2009年，财政部下调薄荷原油和部分小轿车加工模具进口关税税率，增列“宣纸”、“光学色差颗粒选别机”和“逆变器”等税目。关税税率税目的调整，为安徽省企业扩大出口，提高产品国际竞争力创造了有利的政策条件。安徽省合力叉车股份公司、丰乐香料有限公司、红星宣纸集团等企业充分利用这一契机，主动出击，内强产品质量，外抓产品出口管理，努力降低生产成本，不断抢占国际市场更大份额，取得了良好的经济效益和社会效益。

## 推进依法理财　优化发展环境

坚持依法理财、依法行政是对财政工作的基本要求，近几年来，省财政厅更加重视财政法制建设，始终把推动依法理财规范行政行为工作摆在重要议事日程。一是强化法制教育和宣传。开展法制型机关建设，加强对法律法规学习，提高财政干部法律素质。建立领导干部学法用法制度，不断提高依法行政依法理财工作能力。认真制定财政依法行政年度实施方案，深入推行财政“五五”普法工作和“五五”普法神州行媒体系列宣传活动，积极开展财政“六五”普法规划的调研工作。二是加强财政法规和制度建设。规范财政法规、制度制定程序，重视财政立法计划的制定，严格财政立法计划的实施。做好财政立法项目的审核、协调工作，以及各部门立法项目中涉及财政条款的审核。三是建立健全依法行政依法理财工作基础。进一步规范决策行为，建立财政工作集体决策制度、预算追加听证制度等一系列规章制度，提高决策的科学性。认真梳理财政执法依据、清理规范性文件和行政审批事项。规范财政行政执法行为，加强执法监督，完善执法人员持证上岗等制度，全面落实行政执法责任制。严格行政复议和行政诉讼案件办理。2007 年至 2009 年三年时间，全省财政系统依法快速累计办理行政复议案 21 件和听证案 8 件，较好地维护了当事双方的合法权益。四是严格税收政策把关。对《安徽省人民政府关于加快交通基础设施建设的意见（讨论稿）》、《安徽省人民政府关于金融支持皖江城市带承接产业转移示范区建设的意见（征求意见稿）》等一系列文件有关税收条款认真审核，及时纠正和杜绝各地随意出台减免税、先征后返等税收优惠政策的不当行为。

# 支出管理是财政的重大现实问题

提高财政支出管理水平，构建财政支出管理新机制，既是公共财政的题中之意，也是财政形势发展的迫切要求。做好新形势下财政支出管理工作，必须切实转变重收入轻支出、重投入轻监管、重分配轻效益的旧观念，从理财思想到预算执行全过程深刻体现公共财政的理念，取之于民，用之于民，为增加百姓福祉而不懈努力。

从目标和路径来考察，结合安徽财政实践探索中的体会，当前和今后一个时期，深化支出管理改革必须从体制、机制、制度层面全面巩固完善，概括起来，就是要大力实施“五个推进”。

## 大力推进财政支出管理体制建设

一方面，要整合公共资源，强化财政统筹。全面清理政府性收支，逐步将全部政府性收支纳入预算管理，建立完整的公共预算体系，增强财政提供公共产品和公共服务的能力。科学规划城乡基础设施建设，着力提高运筹公共资源的水平。大力推广设备共建、资源共享，继续加强行政事业单位国有资产购置、使用、处置和收益管理。推进政府非税收入管理改革，实现非税收入与税收收入统筹使用。健全化解债务的激励约束机制、举债责任追究和偿债准备金制度，控制县乡政府性债务规模，防范财政风险。

另一方面，要完善转移支付，理顺分配关系。改进转移支付分配办法，建立客观、公正、规范、透明的省对下转移支付制度，进一步理顺省以下纵向的分配关系。加大一般性转移支付，减少专项转移支付，提高省对下财力性转移支付的比重，拓宽市县政府自主统筹安排财政支出的空间。客观评估各地财政收入能力和支出需求差异，科学测算“标准收入”和“标准支出”，建立以标准收支为基础的一般性转移支付分配办法。规范专项转移支付，清理现行省对下专项转移支付项目，将其分为取消类、整合类、固定数额类和保留类，分类处理，逐项规范；采用因素法、公式法和以奖代补等方法，分配专项转移支付资金。改进部门切块资金分配格局，逐步将其纳入专项转移支付统一分配，理顺政府财力横向分配关系。

## 大力推进公共财政支出体系建设

一是合理划分事权，明确支出范围。合理界定市场与政府功能，科学掌握市场运行规律，市场办得了、办得好的事，各级政府要主动提供服务，优化经济运行环境；政府可以和市场合力承担的项目，应尽量扩大市场的作用。合理划分各级政府事权，按照财权与事权相对应的原则，进一步明确各级政府的财政支出责任；按照受益原则、行政管理原则和区域利益原则，确定跨行政区域的项目支出比重。合理确定财政支持经济建设的投入范围，推广专家评审和公示制度，区分轻重缓急，安排专项资金，增加公益性投资和基础设施投资。合理确定财政支持事业发展的投入范围，对纯公益性事业，按政策予以保障；对准公益性事业，财政予以适当补助；对非公益事业，逐步减少投入并将其推向市场。

二是优化支出结构，突出支持重点。财政支出要向民生工程倾斜，按照责任落实到部门、效果体现在基层的要求，夯实基础管理制度，细化基层一线工作措施；巩固完善财政补贴农民资金管理制度和支付方式改革，及时足额兑现各项惠民惠农补助资金，尤其要把惠民对象核实，防止惠民资金滞留、克扣、挪用，避免因基础数据失真、补助对象不实造成资金误发，防止套骗惠民资金现象发生，具体要做到“六个实”，即责任明确在一线要实，规范操作在一线要实，动态管理在一线要实，政策衔接在一线要实，监督检查在一线要实，考核奖惩在一线要实，促进社会和谐发展。财政支出要向“三农”倾斜，整合支农资金，大力发展现代农业，扎实推进新农村建设，促进城乡协调发展。要向社会事业发展的薄弱环节倾斜，加大对教育、文化、科学技术等领域的投入，促进经济社会事业协调发展。要向保护环境倾斜，加大对节能减排、公共卫生和生态建设的投入，促进人与自然的协调发展。

三是创新支出方式，放大乘数效应。广泛应用利益诱导机制、财政补贴和减免税费机制，引导社会资金提供公共产品和公共服务。对支持经济发展的专项资金，要采用投资、贴息、补助等方式，发挥政府投入的“酵母”作用，吸引各方资金，加大对全省经济增长有明显带动作用的区域扶持力度，加快县域经济发展和“十一五”重点建设项目实施（支持县域经济发展：第一，建立县级财力最低保障机制。优化省对县一般性转移支付办法，加大转移支付力度，2004 年、2005 年、2006 年省财政对县级财政转移支付资金分别为 107 亿元、136 亿元、185 亿元，县乡保障能力显著提高。第二，减轻县乡财政负担。2005 起，选择 10 个县开展化解县乡债务试点，对试点县进行综合考评，实行“以奖代补”，兑现奖励资金 2360 万元。2006 年又进一步扩大了试点范围，正在有序开展。第三，着力解决县乡财政运行的突出矛盾。出台了产粮大县奖励政策，建立了山区县生态保护专项转移支付制度，2005—2006 年补助县级财政 10.8 亿元）。对重点产业、企业的支持，要采用资本金注入、贴息、转贷和投资抵免等方式，发挥财政资金的“杠杆”作用，激励自主投入，主动优化结构，推进工业强省战略的实施。对事业单位的支持，要转变养机构、养人的传统做法，大力推行“以财养事”，发挥财政政策的调控功能，促进事业单位改革。

## 大力推进财政支出运行机制建设

一是深化预算改革，严格预算约束。进一步加大部门预算编制改革力度，进一步规范编制流程和编制方法，深化基本支出预算改革，不断提高人员经费保障水平，逐步完善人员定额、实物费用定额相结合的定额标准体系，努力做到资源配置公平，有效保障部门履行职能的需要。进一步加强项目支出预算管理，着力细化项目支出预算编制，在建立项目库的基础上，积极推行项目支出预算滚动管理，切实保障政府施政目标的实现。进一步加快资金拨付进度，提高预算支出执行率，对部门预算基本支出，制定月度均衡计划，随到随拨；对部门预算项目支出，按进度拨付，实行限时办理、超时默认制度；对于应急性、突发性的预算资金，实行随到随办、特事特办。进一步硬化预算约束，严格控制预算追加，对追加数额较大，以及专业性、技术性较强的项目，要采用专家决策和追加听证的办法，不断提高预算的科学合理性；对预算执行中因国家政策调整，以及其他难以预见的重大因素必须发生的追加，要严格按规定的程序办理；坚决维护预算的法定严肃性。

二是健全国库单一账户体系，推进财政国库管理制度改革。按照国库统一管理、严格开设程序、同类专户归并、慎重选择银行的原则，清理结转和整合专户，及时清理撤销政策执行到期处于闲置和不必要的账户，归并资金性质相同或相似的账户；严格控制新开财政资金专户，能够实行国库集中支付的财政资金不再开设财政资金专户。加强财政专户资金的拨付、管理与核算，保证资金专款专用，账户资金产生的利息收入除有特殊规定外，一律缴入国库。进一步扩大国库集中收付资金范围，完善工作程序。县级要加快会计集中核算向国库集中收付制度转轨工作，以国库单一账户体系为基础，将会计核算中心的财政性资金账户改为零余额账户，实行先支付后清算。

三是建立动态监控机制，保障财政资金规范运行。建立预算执行动态监控机制，是规范财政支出管理的重要措施，也是深化财政国库管理制度改革的客观要求。要以现代信息技术为支撑，以实时动态监控为重点，建立起综合核查、信息披露、检查通报、处理整改相配合的预算执行动态监控运行机制。要逐步拓展动态监控范围，健全财政国库内部监控机制，保障财政国库体系安全运行；将外部监控范围逐步扩大到实施财政国库管理制度改革的所有资金和单位，以及上级政府补助下级政府的专项转移支付资金，着力提高预算执行动态监控水平。

四是完善政府采购制度，提升“阳光工程”效能。坚持公开、公平、公正的原则，维护政府和社会公众利益。规范操作程序，创新采购方式，探索电子化采购系统建设，扩大政府采购规模，提高采购资金节约率。着力源头治理，健全防治政府采购领域商业贿赂的长效机制。积极发挥政府采购政策功能，大力支持企业自主创新产品发展，努力促进全省经济社会发展政策目标的实现。

## 大力推进财政支出绩效评价制度建设

一方面，要坚持勤俭节约，严控行政成本。牢记“两个务必”，牢固树立忧患意识、公仆意识和节俭意识。各级各部门要严格人员编制管理，控制财政供养人口；严格小汽车配置标准及编制管理，探索公务用车社会化、货币化改革；控制会议次数和规模，推广使用电视电话会议、网络视频会议，节约会议经费支出；前移成本控制关口，加强出国（境）考察经费管理；提倡公务接待工作餐和自助餐制。要推行公务卡支付办法，提高行政经费管理透明度。要研究制订考核指标，把行政成本纳入财政支出绩效评价体系，建立约束一般消费性支出过快增长的管理机制。

另一方面，要推进绩效管理，注重支出效益。继续完善财政投资评审制度，认真总结绩效评价试点经验，建立科学、规范、量化的绩效预算。按照科学、简便、精准的要求，明确项目支出预算绩效目标，健全财政支出绩效评价指标体系。改进绩效考评办法，建立自我考评与社会考评相结合的考评机制，合理运用考评结果，促进政府管理效能和财政支出效益“双提高”。

## 大力推进财政支出监督检查制度建设

一是自觉接受各界监督，提高民主理财水平。主动接受人大、审计和社会舆论监督，完善部门预算查询系统，提高政府预算公开度；定期向社会公开政府收支数据，提高政府理财透明度。

二是加强财政监督检查，提高支出监管水平。健全预算编制、执行、监督相互制衡的财政资金运行体系，完善事前审核、事中监控、事后检查的财政监督检查体系，扩大财政监督检查面，加强对支出环节和专项资金检查，构建覆盖财政资金运行全过程的财政监督机制。

三是完善管理规章制度，提高依法理财水平。健全地方财政立法、执法和普法“三位一体”的工作体系，清理、修订和完善地方性财政法规制度，做到财政支出运行各方面、各环节都有章可循；完善财政执法责任制，试行财政执法监督听证制度，推行执法错案追究制度，规范财政执法行为；大力开展形式多样的宣传、教育和培训，切实抓好财政“五五”普法工作，营造良好的理财法治环境。

四是加快金财工程建设，提高科技理财水平。金财工程是国家 12 项“金”字工程之一，也是实现政府理财科学化和现代化的重要平台。要按照既定的目标任务和时间节点要求，进一步充实完善全省金财工程实施方案，抓好制度建设、标准建设、网络安全建设和技术骨干队伍建设，保证各级政府理财更加精细、高效、透明。

总之，加强新时期财政支出管理，必须坚持以科学发展观为统领，以推进跨越发展、加速奋力崛起为主题，以资产管理为基础，以预算编制为龙头，以预算执行为关键，以支出效益为导向，以法治监督为保障，以金财工程为支撑，全面遵循“生财之道、聚财之法、用财之效、理财之方”的总体要求，进一步增强理财施政的本领，最大限度地提高财政资金的使用效益，大力促进经济社会事业又好又快发展。

# 构筑直接高效的财政管理模式

为减少管理层次，理顺分配关系，缓解县乡财政困难，促进安徽全省经济又好又快发展，安徽省积极推进和完善省以下财政体制改革，不断取得新的突破。

2004 年，安徽省开始实行省直管县财政管理体制，即省管 17 个市、57 个直管县，市管市辖区和 4 个非省财政直管县。对于省直管县，省财政在体制补助（上解）、税收返还、转移支付、财政结算、专项补助、资金调度、工作部署等方面直接管理到县。在收入划分方面，2004 年调整和完善所得税收入分享改革方案，除少数企业所得税和彩票个人所得税由中央和省分享外，其他所得税全部按属地原则由中央、省和市县统一按 60%、15% 和 25% 的比例分享。除所得税省级分享 15% 以外，省以下没有再层层划分和分享其他税种，财政收入划分相对清晰，分配关系较为简单。在体制补助（上解）方面，与中央分税制改革时新老体制双轨并行相衔接，省对各市以 1993 年为基期年，按市应上解省或省应补助的数额，作为各市体制上解（补助）基数，对上解市实行逐年递增上交，递增率 5%。从 2002 年起，将相对固定的省对下农村税改转移支付、调资转移支付、财力补助、结算补助等并入体制补助基数，同时取消县级 5% 递增上交。在税收返还方面，对于增值税和消费税，省对各市、县按基数加增长返还，其中增长返还为上划“两税”增长率的 1:0.15。对于所得税，省按基数返还。

## 理清思路 不断完善省以下财政体制

安徽省以省直管县财政体制改革为突破口，不断完善省以下财政体制。

1. 权责统一，把明确省市县管理责任作为省直管县财政体制改革的基本原则。要求市级财政继续履行对县财政指导、支持和监督，县级财政彻底打消依赖思想，自力更生、自主发展、自求平衡。省、市、县财政各自承担相应的管理责任，共同支持县域经济加快发展。

2. 明确目标，把促进县域经济加快发展作为省直管县财政体制改革的根本任务。按照“立足当前、着眼长远、统筹兼顾、积极稳妥”的原则，明确省直管县财政体制改革的主要目标是促进县域经济持续快速健康发展，财政收入稳定增长；确保县乡工资正常发放和机构正常运转，逐步实现县域基本公共服务均等化；县乡政府债务有效控制并逐步降低到合理水平。

3. 提高效率，把减少财政管理层级和理顺分配关系作为省直管县财政体制改革的核心内容。省财政在体制补助（上解）、税收返还、转移支付、财政结算、专项补助、资金调度、工作部署及联系等方面直接到县，建立省以下直接高效的财政运行机制。同时，为适应省直管县财政体制的要求，2004 年以来进一步理顺省以下财政分配关系，调整和完善了所得税收入分享改革办法，彻底打破按企业隶属关系分享所得税，按照中央 60%、省级 15%、市县 25%的比例统一分享所得税收入。出台了支持市县区划调整的财政政策；理顺了市辖区和非省直管县财政分配关系，市级财政统一管理非省直管县和市辖区财政体制；深化县乡财政体制改革，进一步明确县乡财政支出责任和收入范围，从体制上确保乡镇工资正常发放、机构正常运转和乡镇财政职能的稳定。

4. 激励约束，把调动县级财政的积极性作为省直管县财政体制改革的政策导向。为防止县级财政产生依赖思想，在合理确定县级基本支出最低保障线的基础上，建立对县级财政的激励约束机制。省财政明确规定，县级一般转移支付资金只增不减，县级税收收入比上年增长的部分，按增收额的 20%奖励发展资金。“十一五”期间，省财政对财政总收入年均增幅不低于 15%，到 2010 年财政总收入规模达到或超过 10 亿元，税收收入平均增幅均不低于财政总收入增幅的县（市），每年奖励发展资金 1000 万元。既鼓励各县加快发展，壮大财政经济实力，尽快形成一批财政经济强县，又保证财政困难县基本支出需要，确保工资正常发放和机构正常运转。

5. 加大支持，把提高县乡财政的保障能力作为省直管县财政体制改革的前提条件。省财政在尽量减轻县级财政负担的同时，进一步加大对县级财政的支持力度。继停止县级财政体制递增上解后，取消县级粮食风险基金筹集任务，减免部分县级农业综合开发土地治理项目有偿资金债务、世行项目有偿资金债务、县乡财政借用省级财政周转金和专项资金的借款。2004 年，省财政进一步减轻了县级财政在配套资金、出口退税等方面的负担。2005 年，结合落实中央财政“三奖一补”政策，省财政积极实施县乡财政振兴工程，出台了包括建立规范的市级转移支付制度、产粮大县奖励、山区县生态保护专项转移支付、化解债务奖补、撤并乡镇补助等 11 项支持政策。

6. 加强管理，把规范县级财政收支行为作为省直管县财政体制改革的保障措施。为加强对县级财政的管理和监督，省财政采取了一系列配套措施：一是全面推进乡财县管改革。在“预算管理权、资金所有权、财务审批权”三权不变的基础上，对乡镇实行“预算共编、账户统设、集中收付、采购统办、票据统管”，由县财政直接管理和监督乡镇财政收支，堵住乡镇财政管理上的漏洞。二是严格控制县乡新增财政供给人员。县乡新增财政供给人员必须报省人事厅、省编办和省财政厅共同审批，从源头上严格控制。三是积极化解县乡政府债务。按照清理清查、分类处置、激励约束、健全机制、综合治理的思路，进一步清理核实化解县乡政府债务，加强对举借新债的管理与监督，使县乡政府债务规模降到合理水平，逐步建立举借有度、化解有方的政府债务管理机制。2005 年，全省选择了 10 个县开展化解县乡政府债务试点，并在 2007 年全面推开，省财政对积极清理、核实、化解政府债务工作成效明显的县（市）予以奖励。四是建立县级财政预算审查制度。从 2004 年起，省财政每年选择部分县实施预算审查，对县级预算安排不符合要求的，要求其按规定程序进行调整，从源头上加强对县级财政收支的管理与监督。五是从省财政厅选派省直管县财政联络员对口联络相关市县。从 2004 年起，厅机关选派 57 名处级干部对口联络 57 个省直管县（市），进一步掌握县级财政的真实情况，加强省与县之间的工作沟通和联系。

## 直接高效　省以下财政体制改革成效初显

通过实施省直管县财政体制改革及一系列配套改革，进一步理顺了省以下财政分配关系，简化了管理层次，初步构筑了省以下以省、市（县）两级财政管理为主的更为直接高效的财政管理模式，取得了明显成效。

一是促进了县域经济加快发展。实行省直管县财政体制后，各地积极适应改革的要求，大力推进体制创新和结构调整，积极培育新的经济增长点。招商引资、工业园区建设等均呈现较为强劲的发展势头，经济活力明显增强，财政收入稳定增长，涌现了一批财政经济强县。2007 年全省 61 个县（市）完成财政总收入 247.8 亿元，年均递增 31.3%，高于全省财政收入增幅 3.3 个百分点。财政总收入 5 亿元以上的县 17 个，而 2003 年最高的县才 4.1 亿元。

二是提高了县级财政保障能力。随着财政收入的快速稳定增长和省财政财力性补助力度的加大，县乡财政保障能力显著提高。2007 年，省对县级财力性补助 214 亿元，比 2003 年增加了 2.5 倍；县级人均可用财力比 2003 年翻了一番多。

三是增强了县级自我发展的意识。实行省直管县财政体制后，为避免各县滋生依赖思想，省财政出台的各项配套措施，在体现规范与公平的同时，注重激励与约束，县财政究竟能从省直管县财政体制中受益多少，关键看自身发展。县级既有动力也有压力，促使县级将注意力最大限度地集中到加快发展、加强管理上来。形成了县财政自身发展越来越快，其从省直管县财政体制中获益就越大的良性循环。

四是提高了财政管理效率。实行省直管县财政体制前，省以下财政管理层级过多，增加了行政成本，财政管理效率较低。中央、省支持县乡发展的政策、资金、项目等容易出现截留挪用现象，影响了财政分配的效率。实行省直管县后，减少了管理环节，促进了资金、项目落实到位，并显著提高了行政效率。

五是提高了财政管理水平。通过县级预算审查和选派省直管县财政联络员等制度，进一步加大了对县财政的指导、管理和监督力度，摸清了家底，发现了管理中的薄弱环节，有针对性地出台了各项财政管理办法和措施，提高了县级财政的管理水平。

## 体制改革应注意科学指导

一是必须建立直接高效的管理体制。管理体制对管理效率的高低具有决定性作用。目前我国实行的是五级政府、五级财政的管理体制，随着社会主义市场经济的发展，政府职能的转换，这种财政管理体制在一定程度上制约了管理效率的提升，也影响了经济和社会的发展，成为解决县乡财政困难的制约因素。省直管县财政体制改革的推行、“乡财县管”改革，正是为了探索建立省以下直接高效的财政管理新模式。

二是必须实行激励与约束并举。衡量财政体制和财政政策优劣的客观标准，应当看其是否能够充分调动各级政府增收节支的积极性。但是也要特别重视建立激励约束机制，既要充分调动各级政府自力更生、自我发展的积极性，又要防止盲目发展、恶性竞争；既要加大支持力度，又要防止在体制上养懒汉。

三是必须做到加大支持与加强管理并重。解决县乡财政困难，在体制既定的情况下，加强管理尤为重要。一方面要加大对县乡财政的支持力度，另一方面，要加强对县乡财政的管理和监督。否则，再大、再多的支持也只能是事倍功半。

四是必须坚持统一完整和分类指导相结合。财政体制一经确定，就应保持相对稳定，不能因某一地区、某一时期的特殊问题而对财政体制进行个别调整。但是具体到每个地区、每个县乡，因为经济发展水平、财政困难程度的不同，就不应用“一刀切”的办法解决县乡财政困难，应在具体财政政策上坚持区别对待、分类指导的原则。

# 多措并举应对金融危机冲击

为认真贯彻积极的财政政策，安徽省各级财政部门将充分发挥宏观调控职能，2009年统筹投入各类财政性资金1000多亿元，安排重点项目投资3000亿元，力争带动全社会固定资产投资9000亿元以上，以应对金融危机的冲击，保持全省经济平稳较快发展。

1. 加快资金拨付进度。按照特事特办、急事急办的原则，对中央下达的各类资金建立“绿色通道”，同时积极配合相关部门，加快项目审核和申报进度，全力做好项目对接。2008年底，国家新增扩大内需投资1000亿元，安徽争取到45.31亿元，建设项目涉及水利基础设施、生态环境、民生工程、廉租房、高速公路等社会事业等六大类共30个大项。除铁路建设、农网改造、食品质量检测体系等项目投资由国家部委直接下达外，省财政均在最短的时间内将中央安排的相关资金拨付到位。

2. 帮助企业渡过难关。省财政把支持企业平稳健康发展作为今后一个时期财政工作的重点。第一，减轻企业税费负担。从2007年7月1日起，合肥、芜湖、蚌埠、淮南、马鞍山五市八大行业实行增值税转型试点，2008年五市共抵扣增值税24.5亿元。2009年全省所有行业实施增值税转型，每年可减轻企业税负负担50亿元。在中央取消和停征100项行政事业性收费的基础上，经省政府同意，省财政又取消省级设立的行政事业性收费14项。取消和停征的114项收费每年减轻企业负担达13.8亿元。据测算，全省为落实结构性减税措施，全面实施增值税转型改革，降低住房交易税费，提高部分出口产品退税率，取消和停征114项收费，每年减轻企业和社会负担达120亿元。第二，解决企业融资难题。省财政安排支持中小企业发展专项转移支付资金25亿元。其中，15亿元用于市县建立中小企业信用担保基金，10亿元用于市县建立中小企业贷款风险补偿资金和贴息资金。目前，该项资金已全部下发市县并发挥效用，全省各市县担保机构加快发展，新组建了一批政策性中小企业信用担保机构，为中小企业搭建了低成本、高效率的融资平台。省财政还对毗邻苏浙地区的中小企业担保给予补贴费2000万元，对省担保集团缴纳的企业所得税省级留成部分全额返还，作为担保风险准备金。同时，支持企业上市融资，对因上市而补缴的企业所得税省级留成部分予以全额返还。第三，支持非公经济发展。省财政新增中小企业发展专项资金3000万元，用于鼓励中小企业项目贴息和补助，降低中小企业融资成本。第四，消化粮食政策性挂账。经省政府同意，从2007年起地方负担利息部分全部由省财政承担，安徽省第二轮粮食政策性挂账余额为80亿元，省财政每年安排贴息资金近3亿元，显著减轻了全省粮食购销企业负担。

3. 着力扩大消费需求。第一，积极落实涉农补贴政策。2008年，全省通过“一卡通”发放财政补贴农民资金共计109亿元，农民人均受益200多元。2009年将继续落实各项涉农补贴政策，着力增加农民收入，为扩大消费需求打下基础。第二，启动“家电下乡”工程。全省从2008年12月1日起启动“家电下乡”工程，为期4年。中央和地方财政对农民购买规定的家电产品，按销售价格的13%给予直接补贴。其中，中央财政负担80%，省级财政负担20%。据测算，2009年直接补贴额达4亿元。为快速推进此项工作开展，省财政厅会同商务厅赴山东、河南开展专题调研，对全省各市业务骨干进行了培训，制定了《安徽省家电下乡补贴资金管理暂行办法》，要求县级财政部门建立直补资金台账，补贴资金专户管理，封闭运行。财政部门还将定期检查和掌握补贴资金的发放动态情况，确保补贴资金专款专用和及时足额兑付。

4. 大力推进自主创新。为强化自主创新载体作用，形成自主创新的集群效应，省财政从2008年起每年安排合芜蚌自主创新综合配套改革试验区建设资金6亿元，其中，1亿元用于设立省创业风险投资引导资金，并对试验区进一步提高产业核心竞争力、加快推进科技成果产业化、激励创新创业人才发挥更大作用等方面给予一系列资助、奖励或税费减免政策，以推动经济转型升级，构筑安徽经济新的增长极。同时，为加快全省产业升级，支持自主品牌建设，每年安排奇瑞集团和江汽集团研发补贴资金共计1.4亿元。

5. 竭尽全力保障和改善民生。为发挥民生工程拉动内需、促进城乡居民共享改革发展成果的“双效应”，2008 年 18 项民生工程各级财政共投入 176.4 亿元，惠及 5000 多万群众。2009 年，在巩固扩大 18 项民生工程成果的基础上，本着量力而行、尽力而为的原则，实施 28 项民生工程，各级财政预计投入 220 亿元以上，将有更多的人民群众从中得到实惠。

# “八个立足”提升财政科学化精细化管理水平

近年来，安徽省财政厅以科学发展观为指导，以“效能建设年”、“规范管理年”、“能力建设年”等活动为抓手，践行主动理财、科学理财、依法理财、民主理财理念，以改革促管理，向管理求效益，实现了财政管理科学化精细化大提速、大跨越。

**立足法治化，促进收入征管科学精细管理**。一是建立税收收入的科学预测机制，结合经济发展、产业结构调整等因素，运用数学模型，科学合理编制收入计划。二是密切财税库银之间的联系，建立定期会商制度，密切关注重点地区、重点税源、重点企业，及时分析收入增减变化的原因，提出有效应对措施。2009 年以来，针对国际金融危机对全省经济的影响，密切加强对重点纳税大户的跟踪调查，每月对全省纳税前 30 户企业生产经营、税收进行动态分析。三是全面推进政府非税收入征管改革。不断加大非税收入管理力度，将除高中学校、高校收费以外的各项行政事业性收费全部纳入预算管理。在全省全面推行“单位开票、银行代收、财政统管、政府所有”的非税收入征管改革，实行收缴分离、罚缴分离，强化以票管费，确保非税收入及时足额缴入国库或财政专户。

**立足规范化，促进预算编制科学精细管理**。一是实行综合财政预算，提高预算的完整性。凡年初可确定的财力全部纳入预算管理，实现部门所有收支项目统一纳入综合财政预算。并按要求编制一般收支预算、政府性基金预算、政府采购预算，不断增强预算体系的完整性。二是全面推开部门预算管理。自省级在2002年实行规范的部门预算管理起，到2008年底，全省所有市县全部编制了部门预算，提高了预算编制水平。三是建立完善部门预算基础信息库，全面掌握预算单位人员、资产等信息，实行精细化管理。四是加强定员定额体系建设。不断完善公用经费标准，核定单位的公务用车编制，制定租赁费、办公区物业管理费、水电费、网络运行维护费、机动车辆运行维护费等单项定额管理办法，统一定额标准。五是完善支出预算编审机制。明确项目支出预算编制的基本原则和申报程序。全面建立部门项目库和财政项目库，实现项目支出通过项目库清理、申报和审核。积极推行项目支出评审论证制度，着力提高项目支出预算编制的科学性、规范性。细化项目支出预算编制，对年初预算编制中能够落实到具体单位和具体用途的项目，全部编制到具体项目实施单位和具体项目名称，提高预算分配一次性到位率和预算执行率。六是推进预算管理与资产管理有机结合。制定了《关于推行资产管理与预算管理相结合的通知》、进一步细化资产配置环节的管理，促进资产管理与预算管理相结合。

**立足绩效化，促进预算执行科学精细管理**。一是提高预算执行均衡性。建立经常性经费均衡支出、专项经费限时支出、采购经费限期执行的经费拨付制度，确保支出的时效性。完善对下均衡性转移支付办法，加快转移支付资金下达进度。对属于省与市县分享的非税收入，实行分级缴库，增强市县统筹安排财力的能力。建立处室责任制、月度分析制和年终通报考核制、上门服务制等制度，加大对市县、处室，部门支出进度考核监督力度。2008年全省财政支出1623亿元，增长31.2%，省级结转较上年减少25亿元，下降37%。二是按照“纵向到底、横向到边”的要求，全面推开市县国库集中支付制度改革，扩大预算单位公务卡管理改革试点，建立健全国库集中支付动态监控机制，提高国库集中支付效率。三是提高政府采购精细化管理，大力拓展货物类、服务类项目政府采购范围，加强财政专项资金项目政府采购工作。同时积极创新采购方式，对省直行政、事业单位和社会团体政府采购计算机等办公设备实行协议供货。2008年，全省政府采购规模256.2亿元，比2007年增长58%，节约资金56.7亿元，节约率18.2%。四是稳步推进预算支出绩效考评工作。建立项目预评审制度，完善预算支出绩效考评管理办法，构建与公共财政体系相适应的绩效考评制度，切实提高财政资金使用效益。2009年，选择两个市十个县进行预算支出绩效考评试点，省级安排16个重点项目进行绩效考评。五是把中央惠民政策落到实处，在惠民资金管理“一线实”经验的基础上，进一步深化改革，在芜湖、滁州等5个市、县区实施“惠民直达工程”试点，构建“五个一”管理体系，即管理“一体化”、平台“一网连”、审核“一线实”、发放“一卡通”、服务“一站办”，形成完整的政策和资金落实保障体系。六是强化支出经费管理。严格控制“人、车、会、出国（境）”和“网络、招待”等支出增长。对公务用车实行定编信息化管理，建立出国境经费审核联动机制。超编人员不得纳入工资统发范围，擅自增设的机构不得纳入预算保障范围。遵循精细化思路，2007年对淮河流域洪涝灾害倒房重建，在深入调研、认真测算的基础上，建立科学补贴标准，受到财政部、省政府肯定，该标准被民政部采用，并在全国推广。

**立足全程化，促进财政监督科学精细管理**。按照财政部关于“加强财政监督机制建设，财政监督融入财政管理，实施全过程监督”的要求，积极推进建立预算编制、执行和监督三位一体“全覆盖”的监督体制。一是进一步明晰财政监督与财政管理的关系。将财政监督与财政管理紧密融为一体，以监督促管理、以管理促绩效，突破传统的集中检查模式，突出财政监督的重点和难点，把重心转移到日常监督上来，把对财政资金的监督检查贯穿于资金分配使用的全领域、全过程。二是整合财政监督资源，加强财政监督队伍建设，成立财政监督检查局，充实监督力量，配备专职人员27人，进一步强化财政监督的职责地位。三是优化财政监督环境。建立与完善财政、审计、国资等部门相互配合、相互促进、相互沟通协调的工作机制，并充分利用人大、审计和社会监督结果，建立财政监督新格局，形成多方参与、整体促进、全面有效的财政监督管理氛围。四是严格执行《财政违法行为处分条例》，加大处罚力度，严格责任追究制度，将财政监督检查工作落到实处。

**立足公开化，提高财政信息透明度**。一是依法接受人大和审计监督。省直所有124个部门预算向人大报送，并逐步细化报送人大审议的预算格式。研究制定了《关于进一步做好预算审计整改工作的意见》，进一步规范财政审计整改工作。二是推进信息公开。按照《政府信息公开条例》的要求，及时公布财政收支统计数据，以及经人大审议通过的政府预决算、部门预决算情况，主动公开财政规范性文件以及政策、发展规划等内容。2008年，在政府信息公开网站主动发布的财政信息1700多条，办理依申请公开信息30多件。三是加强与“两会”代表、委员的沟通。每年“两会”期间，为全省人大代表、政协委员赠阅《财政预算参阅材料》，对涉及财政的热点、难点、焦点问题进行深度分析解答，增强与“两会”人员信息互动。四是创新信息交流方式。与有关预算单位建立定期会商机制；主动借助省广播电台、网络等媒体，现场答复群众提问，拉近与服务对象距离；开通财政补贴农民资金发放手机短信、电话语音查询平台，受到农民欢迎。

**立足机制化，构建科学精细管理的制度保障**。一是促进财政与经济互动。2007年，省财政厅相继开展财政支持县域经济发展、财政支持新农村建设、财政支持自主创新等专题调研，经省政府批准转化为财政支持科学发展的系列政策文件，出台了如《关于省财政支持县域经济发展的若干意见》、《关于财政支持企业发展的指导意见》等。2008年，开展了更加贴近泛长三角经济、县域经济、园区经济、区域经济、非公经济、新型经济、城乡经济、民生经济等“八个更加贴近”课题调研，并转化成政策建议报省领导参阅，受到省领导肯定。二是加强财政业务管理。2007年以来，先后制定了《安徽省省级预算管理办法》、《安徽省政府采购预算管理暂行办法》、《关于进一步加快省级预算资金拨付进度的意见》、《关于改进和加强财政支出管理的若干意见》、《关于规范收入预算管理进一步提高财政收入质量的通知》等规范性文件40余份，有的以省政府或省政府办公厅文件印发。在充分吸取近年来我厅在资金管理方面最新改革成果和实践经验的基础上，省财政厅起草了《关于规范财政资金管理的若干意见》，对财政收入管理、财政分配管理、预算执行管理和财政监督管理等方面进行规范，省政府办公厅予以转发。

**立足信息化，打造科学精细管理的网络平台**。按照统一领导、统一规划、统一管理、统一协调的总要求，积极推进财政信息化管理。一是加快“金财”工程建设。省财政厅专门成立“金财”工程领导小组，健全办事机构，积极推进“金财”工程步伐。二是维护管理好核心业务系统。积极做好国库集中支付、非税收入征收管理、预算编制、公文流转等系统的维护升级工作，确保各应用系统的安全运行。充分发挥应用支撑平台“多功能插座”的作用，加强各应用系统横向联系和信息共享。如以指标管理为核心，构建预算编制、指标管理、国库集中支付连接系统，实现“指标—支付—

管理”一体化。三是构建高效内部办公网络。积极做好内部网站，相继运行了电子协同办公系统、内部信息采编系统，努力打造内部信息交流平台和政务公开窗口，提高了办文、阅文效率。强化部、省、市、县纵向信息系统联通，积极构筑省与市县财政管理信息平台。

**立足专业化，夯实科学精细管理的能力支撑体系**。安徽省财政厅把能力建设作为实施财政科学化、精细化管理的“基础软件”支撑。一是夯实活动载体。2007 年以来，相继在全省财政系统开展“岗位大练兵”、“作风建设年”、“效能建设年”、“规范管理年”、“五型机关”等活动，年年有重点、实事有抓手、项项有成果。二是创新理财思路。把更新理财观念作为提高科学化精细化管理的“总开关”，在全省财政系统树立“四破四立”观念，即破除账房先生意识，树立主动理财理念；破除摇头先生意识，树立服务大局理念；破除财力困难意识，树立支持发展理念；破除主观臆断意识，树立科学理财理念，力求用精细化工作习惯提高管理效率，破解发展难题。三是着力推进能力建设。增强财政干部队伍学习能力、创新能力、谋划能力、执行能力、自律能力，进一步提高主动理财、科学理财、依法理财、民主理财本领。大力实施“一把手”培训工程，今年上半年对百名各县区财政局长、千名乡镇财政所长进行轮训。积极开展“岗位大练兵”，组织编印、选定比读书目，采取“请进来”（聘请专家主讲）和“走上去”（由厅、处长主讲）相结合的办法举办财政业务知识系列讲座。每月进行一次的厅党组中心组理论学习范围扩大到厅机关各处室、厅属各单位主要负责同志，以中心组理论学习带动全厅乃至全系统的理论学习，全面提高干部履职能力。积极推进财政文化建设，丰富机关文化活动，营造科学化精细化管理环境。

# 强化总预算会计规范管理

财政总预算会计工作是国家财政工作的基础，是财政国库管理工作的重要组成部分。总预算会计的主要职责是进行会计核算，反映预算执行情况，实行会计监督，参与预算管理和合理调度资金，对财政资金安全运行有着重要影响。近年来，安徽省财政部门以完善相关制度建设为基础，不断创新资金运行机制，强化总预算会计规范管理，取得了良好效果。

## 完善总预算会计管理制度

建立和完善科学合理的总预算会计管理制度是加强财政资金安全管理的重要基础。近年来，安徽省财政部门结合实际，不断健全和完善相关制度。

一是细化总预算会计岗位责任制度。按照《会计基础工作规范》的要求，根据全省财政国库机构人员普遍较少的实际，科学合理确定主管、稽核、记账、资金拨付、档案管理等会计岗位设置和职责，细化岗位分工责任制度，在人员配备上实行一人一岗或一人多岗，明确资金拨付岗位不得兼管稽核会计岗位，做到“依岗定责、依责定人”，保证各岗位之间既相互配合，又相互监督和制约。

二是健全财政专户管理制度。财政资金专户对于在特定条件下保证专项资金专款专用有着积极作用，但在财政资金专户管理中也暴露出账户设立过多、管理分散、资金拨付链条较短、缺乏有效监督等问题，给财政资金带来安全隐患。为防范和化解风险，2002 年，安徽省财政厅对厅内各处室分管的专项资金账户，除特殊情况外，全部接收到国库处进行归口统一管理，实行统一调度、统一收付、统一核算。同时，对账户开设、账户使用和账户管理等作出明确规定，做到户名、印鉴、核算“三统一”，有效规范了财政专户资金管理。并要求各市、县对财政专户要认真清理整顿，切实加强对财政资金专户的管理和监督，积极创造条件，实行财政资金专户归口财政国库部门统一管理，并建立财政资金专户管理年度报告制度，及时向省级财政国库部门报送财政资金专户的开设、变更、撤销和管理情况。目前，全省大部分市县已初步实现了财政资金专户的归口统一管理。

三是完善日常核算和对账制度。为适应财政国库管理制度改革相关支付方式变化对核算的管理要求，省财政制定了一系列账务核算规定和办法，根据政府收支分类改革、津补贴改革、建立预算稳定调节基金等业务需要，进一步完善了会计科目设置，各种账目日清月结，更加全面、准确地核算财政资金活动信息。在及时准确进行账务处理的基础上，坚持和完善对账确认制度。在国库集中支付改革初期，由总预算会计定期进行内部对账和外部对账，内部对账分为总预算会计与支付中心、总预算会计与业务处、支付中心与业务处三方对账；外部对账分为财政与人民银行、财政与预算部门以及上下级财政对账。每天与人民银行核对国库存款收支数额，每月与人民银行、支付中心等相关部门核对财政收支数据，每季度与厅内各支出业务处按款、项、单位核对财政支出数据。与商业银行签订财政专项资金账户对账服务协议，每月与商业银行核对银行存款收支数额和余额，及时与业务处对资金的拨付情况进行核对，每季度向厅领导报送财政专户资金余额变动情况。省级全面推行国库集中支付改革后，内部对账工作更加便利、快捷，各业务处可以通过国库集中支付查询系统实时掌握和核对支出数据，日常由支付中心与各业务处核对，年终再由总预算会计与各业务处核对全年数据。

四是规范会计档案管理制度。针对实行会计电算化后对会计档案存档范围没有明确规定的实际情况，省财政参照手工记账会计档案管理方式，明确了电算化会计档案存档范围和要求，对会计凭证、会计账簿、会计报表和其他会计资料建立档案，妥善保管，定期装订成册，每年按时办理存档手续，移交档案室管理，确保资料完整、有序。

## 规范总预算会计业务操作规程

一是规范财政预算资金拨付流程。国库集中支付改革初期，对预算单位用款，依据《省级财政性资金拨付程序》、财政预算及有关文件和财政厅相关处室开具的预算拨款通知书进行审核、拨付，保证预算拨款安全及时到位。同时，理顺预算资金的拨付渠道，对能够通过预算追加指标下达和指标能够分解给预算单位的资金，按照财政厅统一规定不再拨付到财政资金专户。在推进国库集中支付制度改革过程中，注重规范实拨资金与零余额账户各自在资金拨付、核算管理上的操作程序和衔接转换工作，制订了《国库处预算拨款及分月用款计划批复流程》。所有财政性资金全部纳入国库集中支付范围后，不断完善预算资金审核拨付流程。对部门预算基本支出，由国库支付中心在部门预算指标内按半年均衡下达授权支付额度，拨款原则上控制到支出功能科目。对部门预算项目支出，限时办理用款计划审批。预算部门于每月 20 日前网上申报用款计划，相关处室在每月 23 日前审批完毕，国库处于每月 25 日前集中审批。对于应急性、突发性的预算资金用款计划的审批，实行特事特办，各相关处室均在 1 个工作日内审批。预算部门用款计划审批后，国库支付中心在 1 个工作日内下达用款额度。对于预算部门提出的支付申请，国库支付中心 1 个工作日内审核并办理支付手续。部门预算批复前，需使用专项经费的，由预算部门以纸质形式报送用款计划，经有关业务处、预算处、国库处审核同意后，国库支付中心按程序办理；年度预算经省人大批准后，按规定程序通过网络申报。

二是落实和完善内部制衡机制。首先，加强印鉴管理。坚持做到每一套印鉴都分开保管，严禁一人同时保管全套印鉴；各类印章不带出办公室，不以任何形式保留印模；印章的保管遵循“谁保管，谁加盖”的原则；负责印章保管的人员不在岗时，须及时交接；在加盖拨款印章前，相关人员必须对拨款手续是否齐全、凭证填制是否正确等相关信息进行审核，切实保证资金拨付链条中至少有 3 人以上参与，确保一个人拨付不走任何一笔资金。其次，依托信息管理系统进行监督制衡。加快推进会计电算化工作，在简化核算工作量的同时，使总预算会计信息更具时效性。在省级相关网络系统完成了支付中心支付数据与财政总预算会计软件的连接后，省财政又为所有市级国库部门全部配备了网络版总预算会计软件，并推广到县级使用。依靠网络版的总预算会计软件，通过合理设定相关权限，既保证了能够实时查询，又较好地实现了总预算会计各岗位之间的密切配合和相互制衡，适应了现代会计管理工作和资金安全管理的需要。此外，建立总预算会计与支付中心的配合制衡机制。拨付额度最终下达和资金支付由支付中心办理，资金清算加盖印鉴在国库处。对加盖印鉴的资金清算凭证由支付中心专人负责送单并登记。

三是建立预拨经费和暂付款定期清理机制。近年来，省财政厅全面开展了国库各项往来款项的清理工作，经过不懈努力，通过催收、冲抵、扣还、核销、法律诉讼等多种手段，全面清理收回了国库资金，维护了财政资金安全。实行国库集中支付改革以后，总预算会计除预拨经费和暂付款外，不再采取实拨的方式拨付资金。对于各有关处室提出的预拨经费和暂付款申请，严格规定资金拨付必须有相关文件和厅领导签署的同意报告，否则，一律不予拨付。同时，每个季度向厅领导报告预拨经费和暂付款情况，并通知各有关处室及时清理。

四是科学合理调度财政资金。根据省对市、县的各项固定补助与体制上解测算全年对市、县的正常资金调度总额，按照每月均衡调度的原则对市、县调度。执行过程中，根据补助项目、专项上解、代扣款项等因素的变化及时予以调整。省财政在每月10日前将正常资金和专项资金调度到市、县，对财政应急资金坚持急事急办、特事特办，保证防洪抢险、民政救灾、应急扶贫、动植物疫病防治、突发事件等各类应急资金及时足额拨付。在资金调度工作中，主动全面分析各市县用款的实际需要，认真做好资金调度的测算工作，并根据财政体制合理确定市、县的资金留解比例。为方便各地资金使用，减少资金往返，省财政根据财政体制和全省市县的实际情况，对5个市本级确定了不同的资金上解比例，其他市、县资金全部留用。

五是严谨办理省与市县年终结算事宜。明确了年终结算办理程序和结算办理事项，及时通过网络系统与各市县对账，对每个市县的结算项目逐项进行核实，在每年1月上旬基本完成上下级财政之间的年终结算工作，保证了结算工作的准确性和时效性。

## 创新财政资金收付运行机制

建立以国库单一账户体系为基础、资金缴拨以国库集中收付为主要形式的现代国库管理制度是保障财政资金安全的根本途径。几年来，安徽财政不断创新财政资金收付运行机制，取得了显著成效。

一是国库集中支付制度改革全面推进。安徽是全国率先进行国库集中支付制度改革的两个省份之一。自2001年实施改革以来，已全面推行并不断完善。截至2008年底，省、市所有部门及所属基层预算单位全部实施了国库集中支付制度改革；29个县（市、区）开展了会计集中核算向国库集中支付的转轨改革试点，2009年全省76个县（市、区）将全部开展转轨试点。

二是公务卡制度改革开始启动。2008年3月，安徽省财政厅联合人民银行合肥中心支行、省审计厅、省监察厅召开了省直预算单位公务卡改革试点会议，选择了省药监局、省交通厅、省质监局等10家单位开展试点工作。截至2008年底，10家单位与公务卡代理银行——工商银行签订了公务卡项目协议，共办理公务卡1220张。各试点单位普遍使用公务卡进行公务消费，通过公务卡支持系统办理公务卡支出报销业务。同时，部分市县也开展了公务卡改革试点工作。

三是财税库银税收收入横向联网试点范围逐步扩大。2007年成立由财政部门牵头，税务机关、人民银行和商业银行等部门共同参加的财税库银横向联网工作领导小组，并按有关规定各负其责，共同协商上线前、后的业务和技术问题，选定铜陵市作为开展财税库银税收收入电子缴库横向联网工作的试点市。2008年，由省财政部门牵头召开了全省财税库银横向联网工作联席会议，明确进一步扩大试点工作范围，共批复10个市开展了试点工作。

四是中央专项资金国库集中支付管理不断加强。不断加强中央专项资金国库集中支付管理，印发了相关制度办法，规范了全省市、县（区）特设专户的管理，建立健全了内部操作规范流程，明确了分工及责任，进一步密切与代理银行的联系，按照资金支付程序，做好资金拨付、账务处理、票据传递等方面工作。

# 着力增强县乡财政保障能力

县乡财政是基层政府执政的重要基础和财力保障，也是国家财政体系的重要组成部分。但县乡两级财力不足，财政保障能力偏弱的问题已成为财政制度设计上的“短板”以及财政运行的薄弱环节。党的十七大明确提出了“完善省以下财政体制，增强基层政府提供公共服务能力”。为此，安徽省财政部门在认真总结已有实践经验的基础上，进一步探寻提高县乡财政保障能力的解决办法。

## 一、提升县乡财政保障能力措施成效初显

近年来，安徽省不断深化财政改革，先后推行了多项措施和办法，有效地提高了县乡财政保障能力。特别是 2007 年以来，省财政从政策、资金、体制等方面采取一系列措施，力求从源头上解决县乡财政保障问题。

### （一）大力支持县域经济发展

一是大力支持园区经济发展。省财政充分发挥财政职能，安排县域工业园区贴息和奖励资金，筹集安排县域工业园区发展资金，支持县域工业园区基础设施建设和园区企业发展。计划 2008—2012 年，省财政每年专项补助皖北三市及沿淮六县 2.6 亿元，其中 2.3 亿元补助到 23 个县市区，主要用于工业园区基础设施建设或重大项目贷款贴息。二是大力支持县域企业发展。省财政积极筹措资金，支持县域企业发展。2008 年，下达各市、县支持中小企业发展专项转移支付资金 25 亿元，其中 76 个县市区 15 亿元。三是实施财政激励政策。实施县级税收增长奖励政策、财政强县奖励政策和县级企业所得税省级分成超基数

奖励政策，鼓励财政强县率先崛起。四是切实减轻县级财政负担。全面开展化解县乡政府债务试点工作，建立化解县乡政府债务激励约束机制，2005年以来，省财政安排化解县乡政府债务奖补资金6.6亿元。2008年，安排下达化解农村义务教育债务奖补资金28亿元，比国家要求时间提前一年完成农村义务教育债务化解工作。对县级出口退税超基数地方负担部分予以全额补助，对县级撤并乡镇、乡镇事业单位分流人员、城镇退伍军人有偿安置等予以专项补助。

### （二）不断加大省对下转移支付力度

近年来，省财政不断加大对下转移支付力度，2008年，省财政多方筹措资金，安排下达新增一般性转移支付50亿元，新增资金比上年增长150%，增量和增幅居历年首位；在转移支付资金的安排上注重统筹省与市县的分配关系，拓宽县级自主安排财力的空间；着力加大一般性转移支付力度，在制度建设上制定下发一般性转移支付办法，使转移支付资金分配更加规范、透明，提高了县乡财政公共服务保障能力。

### （三）着力完善省以下财政管理体制

2004年，安徽省启动“省直管县”和“乡财县管”财政体制改革，推进了财政体制的“扁平化”，极大提高了财政运行效率，增强了县乡财政实力。从体制看，进一步明确了乡镇财政支出范围、顺序和标准，从体制上确保乡镇工资正常发放和机构正常运转。从收入划分看，目前，除所得税省级分享15%以外，省以下没有再层层划分和分享其他税种，财政收入分配关系较为简单。财政体制的不断完善调动了县级发展经济、培植财源和当家理财的积极性，县乡财政保障能力得到较大提升。

## 二、县乡财政保障能力现状分析

### （一）县乡财政收入分析

从县乡财政收入总量上看，2008年，安徽全省从地方一般预算收入分级次情况来看，县级222.2亿元，占全省地方一般预算收入的30.6%。从县乡财政收入结构上看，2008年，全省县级非税收入占地方一般预算收入的比重为25.7%，比重有较大程度下降，财政收入质量稳步提高。县级非税收入比重达40%以上的有9个，30%—40%的有22个，从总体分布看，越是财政困难地区，非税收入所占比例越高，反映了非税收入是县乡尤其是经济落后县乡财政保障能力的重要来源。从县乡可用财力上看，2008年，全省县级可用财力为537.2亿元，其中地方一般预算收入占41.4%；税收返还及各项财力性补助为315亿元，占58.6%。与2006年相比，在可用财力增幅中，自有收入带动增长29.3%，省补助收入带动增长34.8%。可见在省里支持县域经济发展的政策作用下，县乡自有收入和省补助收入均保持了较为同步的高速增长。

### （二）县乡财政支出分析

从县乡财政支出总量上看，2008年，安徽全省县级财政支出758.8亿元，占全省财政支出的46.1%。与财政收入级次分布相比较，县级财政支出占比高出近16个百分点，表明县乡事权范围较大，支出责任重。从县乡财政支出结构上看，2008年，全省县级一般预算支出中，一般公共服务、农业、教育、医疗卫生、社会保障等各项重点支出在一般预算支出中占有较高比重。而从县级财政支出占全省支出比重看，全省70%以上的教育，60%以上的医疗卫生、农业，近一半的一般公共服务、社会保障集中在县级，这些支出项目都是基本公共服务的重要内容，属于刚性支出，因此，对县乡财政保障能力的约束也是刚性的。

### （三）县乡财政自给能力分析

2008年，县级一般预算收入为分税制改革初的7倍多。但随着保工资、保运转、保重点等支出规模的不断上升，支出总量也在迅速增长，且远远超过了收入增长。县乡财政自给能力则由1999年的78.5%下降到2008年的29.3%，约70%的财政支出需要上级通过转移支付的方式进行解决。县级支出来源中，财力性转移支付和专项转移支付的比重呈上升趋势，而其本级收入和上级税收返还的比重则呈下降趋势。

### （四）县乡政府性债务分析

县乡政府性债务有些是为了推进经济发展、加速经济结构调整和产业的升级换代而举借，也有些源于财力与事权不匹配而产生的财政支出缺口。如化解地方金融风险贷款、支持企业破产改组和安置下岗职工等国有企业改制债务，城镇基础设施建设、农村道路建设等工程项目负债等。2008 年，全省县级政府性债务余额 444.7 亿元，比上年增长 9.5%，其中，乡镇级政府性债务余额 123 亿元，乡均政府性债务余额约 1000 万元，县乡政府偿债压力沉重，县乡财政风险较大。

### （五）县乡财政保障能力的总体评价

纵向上看，自分税制改革以来，省财政积极推行省以下财政体制改革，县乡财力统筹范围逐步拓宽，本级财政收入稳步增长，上级转移支付逐年加大，县乡政府性债务逐步化解，许多县已从“保工资、保运转”发展到“保民生、促发展”上来；从层级上看，与省市两级相比，县乡财政保障能力相对薄弱，水平较低，受经济总量不足、事权范围扩大等因素影响，县乡财政保障能力较为有限，保障水平层次较低。同时，就县乡同一层级而言，受地理环境、人口规模、经济发展实力等方面的影响，地区差异较大。2008 年，人均财力最高与最低的县相差 3 倍。从趋势上看，虽然县乡财政收入在不断壮大，上级转移支付力度不断加大，但相对于不断扩大的支出责任和迅猛增加的支出需求，县乡财政收支矛盾仍十分突出，县乡财政保障面临新的更大压力。

## 三、县乡财政保障能力薄弱成因复杂

### （一）经济因素

一是经济基础薄弱。全省县域经济总量小，经济规模水平低，经济基础较为薄弱。二是经济结构不合理。大多数县至今没有摆脱“一产重、二产弱、三产轻”的结构困局。产业结构不合理，县域间产业雷同、资源配置不合理和低水平重复建设等问题比较突出，由此造成县乡财源结构不合理，财政收支矛盾加剧。三是经济发展后劲不足。占主导地位的农业经济对自然灾害的抵御能力弱，园区经济发展起步迟，许多县乡自然条件较差，又缺乏资金、技术、区位等优势，导致招商引资难度大，经济发展乏力。

### （二）政策因素

近年来，除国家出台的减收政策影响县乡财力外，来自于上级的增支政策或增支要求给县乡造成很大压力，屡屡出现“上级请客，下级买单”的现象。有的上级部门只提配套要求，不顾基层财力状况，县乡财政捉襟见肘。

### （三）体制因素

一是县乡缺乏主体税源。分税制后，中央集中了75%的增值税和100%的消费税，而留给地方的只是一些征收成本高的小税种，随着农业税的取消，县乡政府失去了主体税源，发展经济带来的新增税收大多上交了中央。二是县乡财力与事权不相匹配。分税制改革以来，财政收入呈现层层集中的状况，县乡两级所占比重较小，而县乡政府事权却呈不断扩大之势。三是转移支付制度有待于进一步完善。用于实现基本公共服务均等化的财力性转移支付所占比重有待进一步提高，专项转移支付需进一步整合，各类专项转移支付资金分配透明度不高，资金使用亟待加强监管。

### （四）管理因素

一是财政支出存在越位现象。有些县乡政府职能转变滞后，政府与市场边界不清，增加了财政支出压力。二是财政供养人员多。许多县乡历史形成的财政供养人员较多，短时间难以有效消化，在工资标准不断提高的情况下，供养人员的经费支出增长超过财政收入的增长。三是财政支出缺乏绩效评价和有效监督。县乡财政一些项目安排不够科学，重大项目缺乏评审论证和绩效评价，财政监督体系尚未健全。

## 四、提高县乡财政保障能力的对策

县乡财政是基层财政，更是基础财政，事关财政平稳健康运行大局。安徽各级财政部门应立足县乡财政经济发展实际，坚持激励与约束并重、改革与管理并行、“输血”与“造血”结合，大力推进县乡财政建设，着力增强县乡财政保障能力，实现县乡财政经济良性循环。

### （一）支持经济发展，不断提高县乡财政自身实力

加快县域经济发展，做大做强县域经济，为提高县乡财政保障能力打下坚实基础。一是贯彻落实支持区域经济、县域经济发展的一系列政策措施。落实好省委省政府《关于贯彻落实科学发展观促进县域经济又好又快发展的若干意见》，同时，大力推进扩权强县强镇和皖江城市带承接产业转移示范区建设。支持皖北及沿淮地区发展的园区基础设施建设，毗邻苏浙地区的“东向发展”战略以及合芜蚌自主创新试验区自主创新等，不断提高县乡财政实力。二是支持县域工业园区发展，促进产业集聚。通过多种方式和渠道逐步加大对县域工业园区的支持力度，引导县域产业集群发展，培育县域经济增长极。三是支持县域企业特别是中小企业发展。积极、充分发挥财政投融资作用，加快建立中小企业信用担保体系，促进多元化企业融资服务平台建设，帮助企业筹集发展资金，促进县域企业发展。

### （二）规范转移支付，建立县级基本财力保障机制

一是建立健全政策性、激励性、均衡性相统一的科学的财力性转移支付体系。实现政策性、激励性、均衡性转移支付的高度协调配合，并根据实际情况有所侧重。政策性转移支付主要体现中央和省的特定政策要求，激励性转移支付主要体现中央和省鼓励县级加快发展等政策意图，均衡性转移支付（即原一般性转移支付）则主要体现缩小地区差异。二是继续加大均衡性转移支付力度。切实提高均衡性转移支付的规模和比例，以进一步拓宽地方政府自主统筹安排财政支出的空间，促进地区间公共服务的均等化。坚持用标准收支统一衡量区域财力差异，优化选择标准收支的客观因素和计算方法，采用公式化方式进行规范化分配。三是规范专项转移支付。整合和规范专项转移支付，充分发挥政策功能，确保实现专项转移支付的特定目标，并逐步降低其比重。四是探索建立县级基本财力保障机制。进一步研究制定更为科学的动态的保障范围和保障标准，考虑各县支出成本差异等因素，确定县级基本财力需求，对基本财力存在缺口的县，根据缺口情况、保障资金额度、财政困难程度等因素分类分档给予补助。

### （三）完善体制机制，努力实现财力与事权相匹配

一是明确政府间支出责任。按照受益范围、权责对等和效率优先的原则，明确划分各级政府间的事权，建立和完善财力与事权相匹配的财政体制。科学界定政府与市场边界，明确公共财政支出范围。同时，推进财政支出方式的创新，实行政府购买服务、以奖代补等支出方式，加强财政资金的引导作用。科学界定各级政府本级事务，避免各级政府支出责任交叉。二是继续完善省以下财政体制。进一步理顺省与市、市与非直管县和市辖区的财政分配关系，充分调动市级积极性，增强市级财政在市域范围内的财政职能，发挥市对县区的支持、带动和辐射能力，推进城乡统筹。

### （四）制定政策措施，化解县乡政府债务

县乡两级政府性债务负担沉重给地方经济发展和社会稳定带来隐患和风险，必须采取切实有效措施，积极化解。理顺政府性债务管理体制，按照权责一致的原则，由财政部门对政府债务的借、用、还等实施统一管理；建立规范的政府新债控制机制，有效的地方政府性债务存量消化机制，稳定、可靠的政府到期债务偿还机制，化解政府性债务奖补机制以及建立公开、透明的政府性债务监管机制。

### （五）加强财政管理，提高财政资金使用效率

提高县乡财政保障能力必须加强财政管理，逐步建立预算编制—预算执行—绩效考评一体化监督体系，切实提高财政资金使用效率。一是积极推进预算管理制度改革。完善县级部门预算改革，实行综合预算，将县乡一般预算收入、预算外资金收入、政府性基金预算收入、社会保险基金收入全部纳入财政管理范围，加大非税收入征管和统筹力度，提高县乡财力完整性，预算编制的可靠性。优化支出结构，硬化预算约束。进一步推进“收支两条线”管理、国库集中收付制度和政府采购制度改革，提高县乡财政资金使用的安全性、规范性及有效性。二是提高县乡财政资金使用效益。对重大项目进行评审论证，注重“关口前移”，实现事前评审、事中监控、事后评价一体化，切实提高项目支出效益；推进预算支出绩效考评工作，并将考评结果作为以后年度预算编制的重要依据。三是强化财政监督机制。不断创新财

政监督工作模式，提高监督效能，建立健全事前、事中和事后监督相结合的财政监督机制，从源头规范财政管理和财务管理；建立法律监督、上级政府监督、财政内部监督以及人大、审计、监察等部门监督、社会监督相互补充协调的全方位监督机制。四是建立县乡财政运行动态监控机制。加快“金财工程”建设步伐，探索建立省以下财政经济运行基础信息库，发挥财政广域网的优势，从财政供养人员、重点税源、行政事业单位资产管理、预算安排、支出执行等方面实行动态监控，实现财政信息资源的“上下对称”、“真实透明”。

# 加快建设“五个一”构架的惠民直达工程

2008年5月，安徽省政府召开惠民直达工程试点工作会议，决定在芜湖市、滁州市、金寨县、太和县、合肥市蜀山区开展惠民直达工程试点。一年多来，在财政部的关心支持和省政府的有力领导下，试点工作已起步破题，达到了预期目标。7月中旬，财政部谢旭人部长来皖视察时指出，惠民直达工程是推进财政科学化精细化管理、贯彻落实科学发展观的一次有益探索和大胆实践，期盼安徽省创造出更多的先进经验以便在全国推广。

## 一、适应形势，催生资金管理新思路

存在决定认识，形势催生思路。党的十六大以来，各级党委和政府把构建社会主义和谐社会提到前所未有的高度加以推进，出台了一系列保障和改善民生具体措施，惠民范围越来越广、惠民资金量越来越大、享受惠民政策的对象越来越多、百姓要求和期盼都越来越高。如何确保党和政府的惠民政策不走样、不打折扣地落到实处，是一项十分艰巨的任务。

从各地情况看，总体上人民群众是满意的，但一些地方仍不同程度地存在着政策错位、执行走样的问题。这些问题从表面上看或者简单地归咎为资金管理问题，但其实质则是由“四个不到位”造成的。一是管理不够到位。在体制上，部门之间相互推诿、扯皮现象时有发生；在政策设计上，受利益驱动，出现政策覆盖的“空档”和“盲区”；在资金管理上，分配缺乏可靠的基础数据和制度性分配原则，随意性较大，且程序过多，方法比较落后，科学化管理手段没跟上，等等。二是审核不够到位。村组、社区是直接产生基础数据和补助对象的一线工作层面，恰恰在这个层面，由于责任不够明确，制度不够完善，规范操作的约束力较弱，造成了一些地方的干部没有很好的履行职责，敷衍了事，不负责任。三是发放不够到位。过去各类惠民资金多头管理、多渠道发放，不仅程序交叉，增加行政成本，且难于监控，致使滞拨、克扣、挪用现象时有发生。四是服务不够到位。群众对公共服务的要求在不断提高，但一些乡镇、村服务的理念和方式方法跟不上形势的发展。

因此，创新保障惠民政策和资金落实的新机制，已经势在必行，迫在眉睫。从2005年开始，在部分县已经开展的涉农资金发放“一卡通”的基础上，省财政厅指导金寨县先后进行了“一卡通”、“一站办”、“一线实”试点，并取得了很好的效益。“一线实”有效解决了“审核不够到位”的问题、“一卡通”有效解决了“发放不够到位”的问题，“一站办”有效解决了“服务不够到位”的问题。但是，在实践中，我们也逐步发现，“三个一”的工作对象主要侧重于农民，工作层面主要侧重于基层，工作方式主要侧重于实际操作，工作重点主要侧重于单个方面的突破。制度保障面比较窄，工作平台偏小，系统化不够，具有一定的局限性。

思路决定出路。为有效弥补“三个一”的局限性，探索出一条惠民资金管理的新路子，全省惠民资金管理“一线实”现场会后，省财政厅立即成立了以主要负责同志为组长的构建“惠民直达工程”课题组。经过5个月的调研论证，在广泛听取人大代表、政协委员、基层干部、专家学者和群众意见的基础上，提出了构建“惠民直达工程五个一”的改革构想，得到了省委、省政府和财政部领导的充分肯定和积极支持，并付诸实践。

## 二、科学论证，推动财政改革新模式

在深入系统论证的基础上，省政府办公厅出台了《关于开展惠民直达工程试点工作的指导意见》，着力构建融“管理一体化、平台一网联、审核一线实、发放一卡通、服务一站办”等“五个一”为一体的惠民政策落实和资金管理体系。惠民直达工程，目标是“惠民”，核心是“直达”，载体是“工程”。主要包括以下五项内容：

**（一）管理“一体化”**

进一步理顺部门关系，加强部门间的沟通协调，构建“政府统一领导、部门分工负责、上下统一协调、整体配合联动”的工作机制，切实解决职能交叉、权责不清的问题。各级政府加强对有关部门制定的惠民政策的衔接，避免出现政策覆盖的“盲区”。各级财政部门集中下达资金。凡是惠民项目、标准已明确的，应将资金直接计入财政体制补助基数；对新出台的惠民项目，及时下达资金指标，确保资金及时划拨、足额发放。建立健全监督检查机制，采用“部门监管、群众监督、社会化核查”的办法，将监督检查工作贯穿资金发放的全过程，保障监督检查的实效性。

**（二）平台“一网联”**

依托“金财工程”，利用计算机网络技术，建立惠民直达工程信息系统，搭建“纵向到底、横向到边”的动态信息管理平台，做到资源共享。纵向上建立省、市、县、乡镇四级骨干网，横向上实现各级政府与同级主管部门、代理金融机构的连接。利用惠民工程信息管理软件，将各类惠民信息录入惠民直达工程信息系统，建立集补助对象、资金发放、信息汇总、动态监管为一体的基础信息数据库，为领导决策、政策制定、资金分配、监督检查、绩效考评等提供依据。

**（三）审核“一线实”**

县（市、区）、乡镇（街道）、村（社区）充分利用村（居）民会议、惠民政策明白纸和宣传手册等多种形式，广泛深入宣传惠民政策，做到家喻户晓，让群众有效参与管理和监督。认真做好收入测算工作，除政策规定的特定补助对象外，应根据居民人口、劳动力状况、资源条件等因素综合测算其家庭收入，初步界定补助对象范围。在此基础上，组织召开村（社区）居民代表会议，由群众进行评议。对群众评议的补助对象，须经乡镇审核，并由县级主管部门会同财政、监察部门集中联合审批。对群众评议、乡镇审核、县级审批的补助对象，实行县、乡、村三级公示，全面接受群众监督，严防暗箱操作和以权谋私现象发生。

### （四）发放“一卡通”

惠民资金由财政部门集中管理，实行“一个漏斗”向下。县级财政部门在金融机构设立“惠民资金专户”，各项惠民资金直接纳入专户管理，实行封闭运行。惠民资金可由财政部门委托一家农村金融机构发放，县级财政部门与代理机构统一签订惠民资金委托发放协议，明确双方的权利和义务，金融机构不得以任何理由压款、扣款或强行揽储。县级财政部门负责为每户补助对象建立个人账户，金融机构负责为每户补助对象发放一个专用存折，并根据财政部门提供的惠民资金发放花名册，在规定时间内将惠民资金直接打入补助对象个人账户。补助对象即可持存折凭有效证件到金融机构支取现金。

### （五）服务“一站办”

县（市、区）在乡镇（街道）设立为民服务中心（已设立政务服务中心的，通过整合内部职能成立为民服务中心），村（社区）设立为民服务代理点，为群众提供惠民政策、资金发放等方面的服务。坚持以群众需求为导向，将涉及财政、民政、农业、教育、林业等部门的惠民服务事项，全部纳入为民服务中心服务范围。按照“权责统一、条块结合”的原则，由乡镇（街道）统筹安排人员集中办公，对群众申请办理的事项，实行“一个中心”对外，“一个窗口”受理，“一条龙”服务。坚持依法行政，公开服务项目和程序，做到阳光操作。

## 三、勇于实践，取得惠民利民新成效

2009 年 11 月 8 日，财政部王军副部长在惠民直达工程试点工作座谈会上指出，惠民直达工程试点意义重大，是正在进行着和孕育着更多更大的、信息化条件下的公共服务模式的一场革命，要坚定不移推下去。安徽省惠民直达工程试点工作正在有序推进，取得了阶段性成果。

### （一）体现一个“民”字，凸显了以人为本、服务民生的理念

实施惠民直达工程，是一项民心工程、德政工程。试点过程中，我们坚持以人为本、服务民生的执政理念，始终把维护人民群众的根本利益作为一

切工作的出发点和落脚点，以解决群众最关心、最直接、最现实的问题为突破口，以提高为民服务能力和群众满意度为着力点，实现了网上宣传政策、网上答疑解难、网上审核支付，为群众提供了办事“只进一个门、只找一个人”的“一站式”服务和“小事不出村、大事不出乡、难事不出县”的“一条龙式”服务，体现了民本思想和“以人为本”的执政理念。

**（二）紧扣一个“细”字，探索了科学管理、精细管理的机制**

试点地区将所有惠民资金全部纳入财政部门，按照“统一渠道、统一方式、统一时间和公开补贴项目、补贴数额及政策依据”的总体要求，实行专户管理、专账核算、封闭运行，做到了“一个部门管理、一家银行代发、一个漏斗向下”，建立健全了制度完善、操作规范、安全高效、管理科学、公开透明的民生资金管理新机制，惠民政策落实更加系统化、全面化，惠民资金管理更加科学化、精细化。

**（三）突出一个“新”字，实现了系统管理、重点突破的创新**

各试点地区结合本地实际，在系统管理、科学管理、上下联动、协调发展等出新招、求实效，做了大量的研究和思考。金寨县在“一体化”上创新了部门落实惠民政策的良性互动机制，在“一网联”上推进了资源整合、信息共享、动态管理和效能提升，在“一线实”上注重了准确性、公正性和严肃性；蜀山区创新惠民直达工程城市社区网格化管理方式，将辖区57个居（村）划分为619个网格，确定专人分片包干，实现社区事务全覆盖；芜湖市创新居民基本信息登记机制，实现与公安户籍信息共享，并开发了横贯各部门、纵伸市、县、乡（街道）、村（居）委四级的一体化网络系统，等等，把政策和资金落实的各个环节整合起来，提高管理的系统化和组织化程度，实现工作重点由单项突破向系统化突破转变。

**（四）力求一个“变”字，推动了政府职能、服务效能的转变**

试点以来，各地区紧扣转变政府职能、提高服务效能这一宗旨，着力在破除制度性障碍上突围、在消除机制性困扰上突破，初步解决了体制不顺、机制不活、监管不力、服务不优等问题，推动了政府职能转变，改进了干部作风，密切了党群干群关系，为推进构建服务政府、责任政府和效能政府作出了积极探索。

### （五）紧抓一个“实”字，注重了组织领导、制度措施的落实

推动改革，领导是关键，制度是保障。省委、省政府及五个试点地区高度重视，注重组织领导和制度措施的双落实，成立了组织领导机构，抽调了专人集中协调实施，制定了试点工作实施方案和相关工作制度，出台了试点工作奖惩考核办法，并对试点情况实行目标管理，真正做到了工作有人管、事情有人办、责任有人担，切实把好事办好、实事办实。

实践已经并将继续证明，惠民直达工程是确保党的各项惠民政策有效落实的重要抓手，是管好用好大量惠民资金的体制机制保证。但同时我们也清醒地认识到，既然是改革，就不会一帆风顺，既然是试点，就没有现存标准去衡量、没有既定的目标去追求，需要破解的难题还很多。下一步，我们将着重在“三个方面下工夫”：一是在整体推进方面下工夫，积极整合现有资源，优化系统功能，推动农村与城市同轨运行，既立足当前，又着眼长远，用发展的眼光、战略的眼光来推进这项试点工作；二是在开拓创新方面下工夫，鼓励和支持各试点地区根据自身实际情况，深入研究，通过多层面、多区域的试点，取得更多值得借鉴的经验；三是在巩固完善方面下工夫，系统分析评估各地试点情况，在有条件的地方逐步扩大试点范围，进一步真抓实干、攻坚克难，争取试点工作早出成果、出好成果。

# 依法理财必须贯穿财政工作的始终

依法治国，建设社会主义法治国家是我国的基本方略。全面推进依法理财进程，既是建设法治政府的重要内容，也是衡量财政管理效能的重要标准，必须贯穿于财政工作的始终，使所有财政活动在法制框架下运行。

## 一、依法理财意义重大深远

财政是政府行使职能的物质基础。建设法治财政，健全依法理财机制，依法保障纳税人的钱为人民群众创造最大福祉，始终是财政改革发展的重大课题。

首先，依法理财是贯彻落实科学发展观的必然要求。财政是国家行使职能的物质基础，是所有现代国家最重要的一项政务，也是我们党执政最重要的领域。因此，财政活动必须率先贯彻科学发展理念，把科学发展观作为统揽财政工作全局的根本指导思想，落实到财政法规政策中，通过法的形式界定财政工作内容，体现财政活动的权威性、规范性、科学性，从而形成强大的凝聚力、执行力、约束力，切实提高财政管理效能，为实现经济社会又好又快发展提供坚实的财力支撑。

其次，依法理财是建设公共财政体系的应有之义。社会主义市场经济是法治经济，依法行政是市场经济的基本要求，也是检验一切工作的重要标准。加快建立与市场经济相适应的公共财政体系，其中一个非常重要的方面，就是要建设法治财政。法治财政贯穿于财政调控、分配、配置、监督四项职能之中，具体包括：是否依法组织财政收入，财政支出是否符合公共财政和法律要求，财政管理监督是否以法律为准绳。比如，为了筹集财政资金，公民、法人具有强制纳税的义务；法定支出项目财政必须依法保障，预算报告须经人大审议批准，非经法定程序不得调整预算，等等，都体现了法治财政的硬约束。

第三，依法理财是推进反腐倡廉建设的有力武器。依法理财说到底就是依法治权，不是依法治事；是依法治官，不是依法治民；是依法治自己，不是依法治别人。尤其是《财政违法行为处罚处分条例》已从2005年2月1日正式施行，该条例综合了以往发生过的400多种财政违法行为，归纳提炼了17类财政违法行为，处罚处分对象直接针对部门领导和经办人，在财政立法史上具有重要地位，为落实理财责任追究提供了法律保障，维护了依法理财的权威性、严肃性。有力推动了源头治腐、制度反腐的进程，无疑是推进财政财务部门党风廉政建设的有力武器。

## 二、依法理财迈出坚实步伐

近年来，全省各级财政部门以科学发展观为统领，加快建立公共财政体制，依法理财取得明显进展，各项财政工作开始步入法制化轨道，特别是通过推进财政改革、加强财政法制建设、规范财政执法行为，全省依法理财机制日渐形成。

第一，加强制度建设，夯实依法理财基础。一是完善财税法规制度。认真总结财政改革发展的实践经验，将符合公共财政体制要求、符合安徽客观实际、符合科学发展规律的东西，用法规制度形式确立下来，做到有章可循，基本做到了财政资金到哪里，法规制度就覆盖到哪里。二是提高财税法规制度质量。根据财政经济发展形势，及时对现有的制度进行清理，修改、废止不符合国家法律法规和政策规定、不符合经济发展要求的制度，为依法理财创造了条件。三是集中开展课题研究。围绕中心、服务大局，深入开展财政支持县域经济发展、支持新农村建设等8个课题研究，并报经省政府批准，转化为财政支持科学发展的系列政策文件，涵盖了全省中心工作的方方面面。

第二，依法组织收入，努力做大财政“蛋糕”。一是依法界定财政收入范围，加大行政事业性收费清理力度，严格区分一般预算收入和专项管理收入、行政事业性收费与经营性收费，规范财政收入的预算管理。同时，严格国有资本经营收入的征收管理。二是严格执行征管法律法规，做到应收尽收，杜绝财政收入的跑、冒、滴、漏。三是严禁乱收，防止乱立名目，随意收取各种收入。对支持经济社会发展的各种优惠政策坚决执行到位，切实维护征纳双方合法利益。规范征收行为，改善财政收入结构，推动产业结构调整和升级换代。2007 年，在全省经济发展的基础上，由于依法加强收入征管，全省财政收支双双突破千亿元大关，财政与经济良性互动的态势明显。

第三，规范管理行为，建立健全约束机制。一是规范决策行为与程序。建立了财政工作集体决策制度、预算追加听证制度、重大预算事项专家评估决策制度等一系列规章制度，从程序上规范决策行为。二是建立政务公开制度。以公开为原则，以不公开为例外，除有保密要求的业务外，将财政法律、法规、规章、规范性文件和各项财政工作进展情况逐步向社会全面公开，接受全社会对依法理财工作的监督。三是规范服务行为。切实加强财政“窗口”建设，积极推行“一站式”服务，实行服务承诺制，公开服务内容、办事程序、申请条件、申报材料、政策依据、时限要求和办理结果，实行亮牌办公、持证上岗，建立信息反馈制度，提高办事效率。2007 年共办理审批事项 2117 件，同比增长 34%，办结率达 100%。财政厅窗口荣获 2007 年度“优秀窗口”。四是开展法治型财政机关创建活动。实现由提高全厅执法人员法律意识向提高法律素质的转变、由注重依靠行政手段向注重法律手段的转变。五是实行目标责任考核。规定法定职责必须依法完成，严格禁止超越法律范围乱行政，严格实行办文办事限时制、超时默认和责任追究制。

第四，加强财政监督，强化依法理财责任。一是完善财政监督制度。制定了《安徽省预算审查监督条例》和《安徽省财政监督检查暂行办法》等法规规章。积极开展了会计信息质量、重点投资项目等专项检查，提高了会计信息质量和财政资金使用效益。尤其是 2007 年重点选择了 100 家企业，集中开展会计信息质量检查，依法处理处罚 24 家，处罚率达 24%。二是强化内部监督。作为财政政策执行和财政资金的管理部门，通过规范财务审批程序，强化内部审核审计，厅机关会议费、差旅费等内部管理更加规范，2007 年机关日常运行成本节约率近 10%。三是主动接受监督。依法向同级人大报告工作，主动接受监察、审计监督，自觉接受政协的民主监督，建立健全投诉、申诉、控告、检举制度。连续多年，省财政厅财政执法错案率、财政处罚行政复议率保持零纪录。

## 三、法治财政建设任重道远

面对新形势新任务，安徽省财政工作仍然存在不适应问题。主要是：财政法规制度体系不健全，一些财政规章和规范性文件不能充分反映社会主义市场经济和公共财政的客观要求；财政预算的规范性、约束力不强；财政决策程序、理财行为等不够规范、科学；财权监督制约机制不够完善；一些地方政府领导及财政工作人员法制意识淡薄，依法行政能力不强。这些问题严重制约政府理财水平的提高，妨碍依法治国方略特别是依法行政的实施，必须继续解放思想，更新理财观念，创新理财方式，全面推进依法理财进程，开创财政工作新局面。

一要依法加强征管，保持财政经济良性发展。依法征管要求加强收入分析预测，依法实施过程控制，依法进行过程管理，既应收尽收，也不搞竭泽而渔。尤其是当前面临的国内外环境之复杂、不确定性之多、调控难度之大，多年来未曾有过，财政收入面临诸多不利因素，增收节支矛盾十分突出，依法加强收入征管尤为重要。针对宏观形势和安徽实际，要确保财政收入快速稳定增长，必须实行收入目标管理，做到应收尽收、均衡入库，防止财政税收出现大幅下滑和波动。特别要跟踪研究增值税转型试点、企业所得税两法合并、耕地占用税税额调整等税收政策对财政收入的影响，积极争取税政调整对安徽省经济的正面影响。同时，要切实执行“收支两条线”管理改革，进一步加强非税收入管理，强化行政事业单位国有资产和收益管理。总之，要在依法组织收入的前提下，千方百计壮大财政实力，努力实现财政与经济的良性互动。

二要推进财政改革，健全依法理财运行机制。深化各项财政改革，建立科学顺畅的财政行政运行机制，是实现依法理财的必要条件。首先，要依法界定和规范财政职能。科学界定财政部门的职能和权限，合理设置内部机构并理顺其间的关系，科学配置职责权限，合理界定财政供给范围，创新财政支出管理机制，依法强化财政监督职能。其次，要巩固扩大财政“三项改革”成果。深入推行部门预算管理制度。细化预算编制，强化基础信息和项目数据库管理，切实增强预算编制的科学性、规范性和透明度；完善国库集中收付制度。规范财政收入收缴程序和财政资金拨付程序，逐步建立起国库单一账户体系和国库动态监控体系，保证财政资金运行的安全、规范和高效；深化政府采购制度改革。认真贯彻实施政府采购法，提高政府采购信息的公开性和透明度，最大限度地节约财政资金。依法加强政府采购监管，切实规范政府采购行为。第三，深化财政管理体制改革。完善财政省直管县、乡财县管改革，完善转移支付制度，理顺各级政府财政分配关系，调动生财、聚财、理财积极性，促进基本公共服务均等化。

三要加强法制建设，提高财政立法质量。将科学合理、普遍适用的经验、做法上升到法制层面，既符合法治精神的本意，也是衡量理财水平的显著标志。提高财政立法质量，一方面，要彻底明确财政立法范围。围绕建设公共财政的目标，按照《中华人民共和国立法法》等立法权限规定，逐步建立与社会主义市场经济相适应的财政法规制度体系。积极配合立法机关将预算编制、收入征管、资金分配、预算追加、财政监督、绩效评价、过错责任追究以及财政审批等纳入立法范围，通过制定地方性法规、规章、规范性文件予以科学规范。另一方面，要规范财政立法程序。建立和完善财政法制工作制度，凡草拟地方性法规、规章草案，制发规范性文件，都要经过法定程序讨论通过，坚决杜绝违反程序随意制发规范性文件的行为。建立和完善财政法规规章修改、废止和清理制度，对本地制定的规范性文件进行定期清理，及时进行修改或废止，避免违反“上位”法、脱离实际以及相互冲突。

四要强化财政监督，切实维护财经秩序。天下大事，不难于立法，而难于法之必行。因此必须强化财政监督，维护依法理财的严肃性。第一，要自觉接受人大和政协监督，认真落实人大及其常委会的决定和要求，依法接受人大及其常委会的监督和质询；自觉接受政协的民主监督，虚心听取和接受政协的意见和建议；认真办理人大代表和政协委员提出的议案、建议、提案。第二，要强化监察、审计、财政等专门监督，建立事前审核、事中监控与事后检查相结合，日常监督与专项检查相结合的监督检查机制，使专门监督工作制度化、经常化、规范化。第三，要广泛接受社会监督，按照建设“阳光财政”的要求，不断扩大政务公开的范围和内容，增强政府理财工作的社会透明度，健全受理申诉、控告、检举和办理制度，依法保护公民、法人和其他组织监督举报权，形成对政府理财的社会监督氛围。第四，要实施理财过错责任追究，建立健全惩戒机制。要按照“谁决策、谁负责”的原则，建立健全过错责任追究制度，实现理财行为的权责统一。坚持有错必纠、处罚到位、惩教结合，不断强化依法理财的责任意识。

五要强化法制教育，增强依法理财能力。国与法相依，法与人相连。人是学法、守法、执法、用法的行为主体。因此，要结合财政五五普法，加大财政普法规划落实力度，根据新时期特点，建立和完善科学、规范的学习培训制度、学习考核制度、学习激励制度，开展财政基本理论、重大财政政策、具体业务知识等培训，优化财政干部职工的知识结构，不断提高依法理财意识，切实提高其依法理财的能力。尤其要继续完善和落实领导干部学法用法制度，使领导干部学法用法规范化、长效化。同时，要采取多种形式，继续加大法制宣传力度，提高全社会法律知识普及程度，努力形成全社会遵纪守法和学法用法能力，在全社会营造有法可依、有法必依、执法必严、违法必究的法治环境，保障全部财经活动在法治的轨道上健康运行。

# 巩固财政经济企稳回升向好势头

当前，国际金融危机对实体经济的冲击可能进一步加剧，全省各级财政收支矛盾将更加突出。面对新形势、新任务、新要求，我们要深入学习实践科学发展观，主动作为，抢抓机遇，应对挑战，千方百计保持财政发展好势头，为科学发展、跨越发展、和谐发展作出新的贡献。

## 坚持科学发展，促进经济平稳较快增长

发展始终是安徽最大的问题、最紧迫的任务、最硬的道理。我们要认真贯彻落实中央积极财政政策，用足用活扩大内需的各项财税措施，多渠道筹集资金，加大投入，全力促进经济又好又快发展。一是支持重点工程建设。积极争取中央资金支持，做好项目对接，围绕提升“861”行动计划，加快关系国计民生的重点项目落实，确保全省重大项目建设顺利实施。二是推动区域经济发展。加大有效投入，积极支持参与泛长三角区域发展分工合作，大力支持合芜蚌自主创新综合配套改革试验区建设，积极支持皖北加快发展。继续支持推进县域经济、园区经济。三是推进经济发展方式转变。积极支持安徽省自主品牌建设。支持安徽省科技型中小企业技术创新。积极推进城镇污水处理厂和淮河巢湖流域污水处理厂建设，全面启动长江和新安江流域县级污水处理厂建设。支持推进天然林保护和退耕还林工作。贯彻落实资源税改革政策，加大节能减排和环境治理投入力度。积极配合有关部门，做好高新技术企业认定工作，落实好各项税费优惠政策。四是扩大城乡消费需求。密切关注价格变动对民生的影响，增加对低收入群体补贴，增强消费对

经济增长的拉动作用。全面实施家电下乡工程，启动农村消费市场。积极发挥政府采购作用，促进本地企业健康发展。

## 坚持关注民生，加快和谐安徽建设步伐

越是经济困难的时候越要更加关注民生。我们要充分发挥民生工程拉动内需、促进城乡居民共享改革发展成果的“双效应”，本着量力而行、尽力而为的原则，在巩固18项民生工程成果的基础上，突出社会建设、基础建设、素质建设，2009年民生工程扩充至28项，资金投入达223亿元，着力建立健全改善民生的成效机制，努力实现科学发展上水平、人民群众得实惠。一是坚持教育优先发展。大力促进义务教育均衡发展，完善义务教育经费保障机制，全面完成农村义务教育债务化解任务。推进职业教育发展，支持高校质量工程建设，促进其他各类教育事业共同发展。二是健全就业服务体系。认真落实积极财政政策，进一步加大对就业再就业的资金和政策支持力度，继续实施基本养老保险、失业保险、基本医疗保险补贴和公益性就业岗位补贴政策，推进建立促进零就业家庭和困难群众再就业长效机制。三是推进社会保障体系建设。完善农民工、被征地农民社会保障政策；探索建立事业单位养老保险制度，完善现行养老保险制度；提高城乡居民最低生活保障、生活困难救助、医疗救助标准。四是完善医疗服务保障体系。继续加大资金投入，全面建立城镇居民基本医疗保险制度和新型农村合作医疗制度，完善重大疾病防治财政补助政策，扩大计划免疫范围，提高补助水平。五是加大廉租住房保障力度。积极争取中央专项资金，省财政继续安排以奖代补资金，强化市县政府主体责任，共同缓解城市低收入家庭住房困难。

## 坚持统筹城乡，扎实推进新农村建设

农业、农村仍然是安徽省发展中最薄弱的环节。我们要认真贯彻落实十七届三中全会和省委八届九次全会精神，采取更加有力地措施，努力在新一轮农村改革发展中寻求新突破和新发展。一是进一步增加资金投入。按照基本公共服务均等化的要求，进一步调整和优化支出结构，大幅度增加对“三农”的投入，让公共财政的阳光更多地照耀农村。二是积极发展现代农

业。加大支农资金整合力度，明确投向重点；重点支持产粮大县、种粮大户和农业产业化龙头企业，提高示范带动效应；采取以奖代补等形式，引导和支持农民开展小型农田水利设施等项目建设，改善生产生活条件；确保将补贴资金及时足额地发放到农民手中，充分调动广大农民发展农业生产特别是粮食生产积极性。三是支持发展农村公共事业。支持农业服务体系建设，探索建立“以钱养事”农村公益性服务新模式；加快建立完善农村社会保障制度，从制度上、机制上重点解决好农民“老有所养、病有所医”问题；加强农村文化建设，丰富农民文化生活，促进农村社会全面进步；支持开展城乡一体化综合配套改革试验，推进二元结构向一体化转变，促进城乡统筹发展。四是深入推进农村综合改革。支持在依法自愿有偿原则下的土地流转，支持农村金融体系的创新，扩大农业保险试点范围，全面推进为民服务全程代理制，进一步完善农村基层工作新机制。

## 坚持改革创新，努力完善公共财政体系

近年来，安徽省财政改革与发展取得了巨大成就，农村税费等多项改革均走在全国前列。改革未有穷期，发展永无止境。在新的历史起点上，我们要继续弘扬改革创新精神，以公共化为取向，以均等化为主线，以规范化为原则，努力完善公共财政体系，为全省经济社会发展提供强大的动力和体制保障。一是完善省以下财政体制。进一步理顺政府间分配关系，加快形成统一、规范、透明的转移支付制度，扩大财力性转移支付规模，规范专项转移支付制度，着力提高县级财政保障能力。二是增强预算完整性。逐步构建由公共财政预算、国有资本经营预算、政府性基金预算和社会保障预算组成的有机衔接的财政预算体系；完善综合预算制度，将政府以行政权力和国有资产所有者身份集中的社会资源都纳入预算管理；规范超收收入的使用，探索建立预算稳定调节基金制度。三是规范国库集中支付。按照“纵向到底、横向到边”的要求，全面推开市县国库集中支付制度改革；扩大预算单位公务卡管理改革试点，加快推进财税库银税收收入横向联网，建立健全国库集中支付动态监控机制，防范财政资金支付风险。四是推进政府采购制度改革。完善政府采购制度体系及运行机制，进一步扩大政府采购范围，规范操作程序和采购方式，充分发挥政府采购政策功能。五是强化财政监督管理。

强化监督职能，建立健全覆盖财政资金运行全过程的监督制度，促进监督与管理融合，努力构建制度健全、执行严格、监督有力的财政监督新机制。

## 坚持依法理财，不断提高财政管理水平

针对财政收支规模不断扩大的新形势、新要求，我们要加快推进财政管理法制化进程，不断提高财政管理的科学化、精细化和法治化水平。一是加强财政法规制度建设。继续落实“五五”财政法制宣传教育规划，全面推行行政执法责任制，加强法制宣传培训力度，努力推进依法理财进程。二是强化收支管理。坚持依法治税，加强税收征管。规范非税收入征管，进一步提高财政收入质量。把支出管理放到更加重要的位置，紧抓不放，切实提高财政支出进度，切实提高财政资金使用效益。三是严格预算管理。坚持厉行节约，勤俭办一切事业，严格执行《预算法》，硬化财政预算约束，从严控制一般性支出增长。加强行政事业单位资产管理，推动节约型政府建设。四是加强绩效评价。稳步推进预算绩效评价工作，建立项目预评审制度，完善绩效考评指标体系，努力构建制度完善、考评科学、约束有力的预算绩效考评新机制。五是加强理财队伍建设。深入开展学习实践科学发展观活动，突出实践特色，着力解决制约科学发展的实际问题。在全省财政系统开展“能力建设年”活动，进一步提高“五种能力”，即学习能力、创新能力、谋划能力、执行能力和自律能力，为推进科学理财、服务跨越发展提供强大的思想保证、智力支持和人力资源保障。

# 财政体制与财政政策

胡锦涛总书记在主持中央政治局第十八次集体学习时，就深化财税体制改革、做好新时期财政工作发表重要讲话，高度评价了近年来财政改革与发展取得的显著成绩，科学界定了新形势下财政工作的职能作用和重要地位，深刻阐述了进一步深化财税体制改革的重大意义，明确提出了当前及今后一个时期完善有利于科学发展的财税体制、机制的总体要求和主要任务。财政目前面临的问题，必须通过进一步深化财税体制改革加以解决。只有熟知过去和现在，了解国内和国外，客观认识成就和问题，才能科学预测未来，找出破解难题的路径和方法，这是所有财经工作者肩负的重大使命和历史责任。

## 一、财政职能基本定位

财政是以国家为主体，通过政府的收支活动，集中一部分社会资源，用于履行政府职能和满足社会公共需要的经济活动。它伴随着国家的产生而产生，并随着社会的发展而变化。财政职能的定位也是一个动态发展变化的过程。不同的历史时期，不同的经济发展阶段，不同社会类型，财政职能的重点和主要内容都有很大差别。随着社会主义市场经济体制建立，由市场经济的共性决定，我国财政基本职能定位从“吃饭财政”、“建设财政”逐渐转到“公共财政”上来。

1. 财政地位。市场经济条件下财政存在地位取决于三个方面。一是国家政治的具体体现。政以财为基，财以政为本。财政是为巩固和扩大政权的社会基础和政治基础服务的，直接关系到经济发展、社会进步、政治稳定、国家盛衰和民族振兴。国家为维持自身的存在和运转，必须要有物质基础，这就形成了财政收入活动；同时国家为维持自身存在和运转消耗社会产品的过程，形成了财政支出活动。新中国成立60年来的实践证明，国家财力的日益壮大，有力地推动了我国经济社会的快速发展。二是经济社会的综合反映。财政活动贯穿于经济社会的全过程，财政既是经济运行效益的综合反映，也是政府管理宏观经济的重要手段。比较而言，财政具有其他政策工具无法比拟的优势：一方面，通过财政政策可协调拉动投资、消费和出口“三驾马车”，以此“对冲”市场强烈波动的力量，或“抑制”市场的盲目冲动，保持经济平稳运行；另一方面，财政政策具有更直接、更灵活、见效快、时滞短的特点，既能面上调控，控制总量；也能以点调控，定点发力。三是调节市场的有形之手。在市场经济条件下，市场机制主导资源配置，资源流向主要受需求的引导，并通过需求刺激价格、价格引导投资的传动过程来实现资源配置过程。尽管市场对资源配置的结果相对有效，但仅凭市场的作用，不可能实现资源最优配置，因为，在资源配置过程中存在着广泛的市场失效领域。这种“市场失灵”的存在，正是财政宏观调控发挥作用的客观要求和现实基础，财政必须介入资源配置过程，主动弥补市场功能缺陷，承担起市场不能或不宜承担的资源配置任务。

以上简要说明国家财政存在的必要性和可能性，国家政治需要是前提，财政所具有的政策优势和弥补市场失灵的功用是基础。可以说，只要国家存在，财政就必然存在。

2. 财政职能。概括地说，财政职能主要包括经济调控、资源配置、收入分配、监督管理四个方面。一是经济调控的“稳定器”。国家通过实施特定的财政政策，促进较高的就业水平、物价稳定和经济增长等目标的实现。根据宏观经济运行的不同状况，相机抉择采取相应的财政政策措施。当总需求小于总供给时，采用扩张性财政政策，增加财政支出和减少政府税收，扩大总需求，防止经济衰退；当总需求大于总供给时，采用紧缩性财政政策，减少财政支出和增加政府税收，抑制总需求，防止通货膨胀；在总供给和总需求基本平衡，但结构性矛盾比较突出时，实行趋于中性的财政政策。二是资源配置的“生力军”。国家将一部分社会资源集中起来，形成财政收入，然后通过财政支出活动，由政府提供公共物品或服务，引导社会资金流向，弥补市场缺陷，从而优化全社会的资源配置。在市场经济中，财政不仅是一部分社会资源的直接分配者，也是全社会资源配置的调节者。这一特殊地位，决定了财政的资源配置职能既包括对用于满足社会公共需要资源的直接分配，又包括对全社会资源的间接调配。三是收入分配的“调节器”。在对收入分配不加干预的情况下，一般会以个人财产多少和对生产所做贡献大小等因素，将社会财富在社会各成员之间进行初次分配。这种分配往往难以做到完全公平，而市场对此无能为力，只有依靠政府对这种不公平现象加以调节。国家通过财政收支活动对各个社会成员收入在社会财富中所占份额施加影响，以公平收入分配。财政的收入分配职能主要通过税收调节、转移性支出（如社会保障支出、救济支出、补贴）等手段来实现。四是国家财产的“守夜人”。在市场经济条件下，由于利益主体的多元化、经济决策的分散性、市场竞争的自发性和排他性，都需要财政的监督和管理，这里我们借用了亚当·斯密提出的“守夜人”名词，意味着以规范财经秩序，确保国家财产安全，促进社会主义市场经济健康发展。事实上，在财政的前三项职能中，都隐含了监督管理职责。

上述四点基本概括了财政在经济社会发展中的主要作用。新的发展时期，在科学发展观统领下，强调以人为本，注重统筹兼顾，促进经济社会全面协调可持续发展，已经成为财政的重要使命。

3. 公共财政。公共财政是满足社会公共需要为基本出发点，政府为解决公共问题、提供公共产品、服务社会而建立的财政运行机制，其本质在于取之于公众、用之于公益、定之于公决、受之于公众监督。自 1998 年国家明确提出建立公共财政目标以来，经过 10 多年努力，公共财政框架已经基本形成。现阶段我国公共财政支出体系有 3 个明显特征：从偏重生产建设转向关注民生；从服务国企转向平等对待所有企业；从直接介入竞争性领域转向着力于发展薄弱环节。从安徽省来看主要体现在 6 个方面：一是树立了公共财政理财理念。在实践工作中我们遵循以人为本，坚持科学发展，逐步树立了“四破四立”的理财观。即破除账房先生意识，树立主动理财理念；破除摇头先生意识，树立服务大局理念；破除财力困难意识，树立支持发展理念；破除主观臆断意识，树立科学理财理念。二是形成了收入稳定增长机制。率先在全国取消农业税及其附加，积极清理整顿乱收费，规范政府非税收入管理，推进实施增值税转型、统一内外资企业所得税等税制改革措施，财政收入制度不断完善，初步形成以税收收入为主体的财政收入稳定增长机制。2009 年全省财政收入 85% 来源于税收。三是建立了支出结构优化机制。财政的公共职能不断强化，财政对一般竞争性领域的投入逐渐减少，相应调整和优化支出结构，着力提高省与市县政府分配透明度，将财力更多地向“三农”倾斜、向困难地区倾斜、向基层倾斜，增强基层财政的保障能力，大幅增加教育等社会事业、农业、科技、环境保护以及基础设施建设等重点支出，保障和改善民生，着力建设民生财政。四是增强了财政宏观调控能力。财政由过去计划的被动执行者，逐步转变为主动的经济调节者。随着经济形势发展变化，根据中央统一决策，我们相机实施适度从紧的财政政策、积极的财政政策和稳健的财政政策，综合运用财政政策手段，熨平经济波动，应对国际金融危机，有力地促进了全省经济平稳较快发展。五是深化了财政管理体制改革。为加快制度创新，相继推进部门预算制度改革、政府采购制度改革、国库集中支付制度改革、政府非税收入征管改革。为缓解基层财政困难，实行财政“省直管县”和“乡财县管”改革，县乡财政困难状况有效缓解，省以下财政体制高效运行。为转变支出管理模式，率先在全国实施财政补贴农民资金“一卡通”发放；2007 年全面推开惠民资金管理“一线实”改革；2008 年开展“惠民直达工程”试点，努力实现财政惠民资金效益最大化。六是强化了财政系统队伍建设。围绕建立和完善公共财政体制这一目标，在注重发挥财政职能作用的同时，更加重视财政自身建设。2007 年以来，相继开展了效能建设、“作风建设年”、“岗位大练兵”、“规范管理年”、“能力建设年”、“学习提升年”活动，着力创建“五型机关”，为全面提高科学理财能力提供了坚实的队伍保障。

通过上述改革和发展，安徽省初步构建了适应社会主义市场经济发展要求的公共财政体系。

## 二、财政体制基本特点

财政体制作为处理不同级次政府间财政关系的制度安排，主要涉及事权划分、财权配置，以及解决自有财力与支出责任不对称问题的转移支付制度等方面。财政体制基本特点主要体现在四个方面。

1. 遵循的原则。尽管世界各国国情差别较大，但目前基本上均实行分税制财政体制，在制度安排上主要遵循如下几个原则：

一是以法制规范政府间财政关系。各国均用宪法或相关法律明确界定政府与市场、公共事务与民间事务的活动边界。对于财政体制所涵盖的政府间的事权划分，税收收入划分以及转移支付，也都通过法律形式予以明确。从事权划分来看，美国由宪法等单独列举联邦政府事权，地方承担剩余事权；印度、加拿大等由宪法同时列举中央与地方事权；南非在法律上列举了地方事权，而未列举的推定属于中央。从转移支付来看，一些国家还专门成立政府间论坛（如加拿大）或独立委员会（如印度、澳大利亚）来负责制订转移支付的规则。我国1994年开始实施分税制财政体制改革，它突破了“放权让利”的传统改革思路，跳出了传统旧体制下中央财政与地方各级财政的委托代理关系，使各级政府的职责、支出、收入范围都有了制度依据。但由于缺乏法律层面的规定，我国分税制的运行目前还主要停留在行政层面，没有上升到宪法或法律层面，缺少法理支撑。

二是中央政府集中大部分财政收入。从国外来看，中央财政收入占全国财政收入的比重较高，2007年，大部分单一制国家保持在60%以上，如英国、法国、西班牙，分别为91.9%、84.9%、69.1%。在实行联邦制的澳大利亚、德国、美国，这一比重也依次为73.9%、65.3%、56.7%。从我国情况来看，1994年分税制财政体制改革后，中央财政收入占全国财政收入的比重得到提高，一直稳定在50%左右。2009年为52.4%。

三是清晰界定事权和支出责任。从国外实践来看，涉及宏观经济稳定、收入再分配、全国性公共物品和服务的提供（如国防、外交、全国性基础设施）等方面的职能由中央政府承担。另外，调节地区间财力不均衡和失业、医疗、养老保险等，也主要由中央政府承担或给予适当补助。地方政府主要承担地方性公共物品和服务的提供。

四是通过转移支付均衡财力差异。正是由于地方支出责任较大而收入分布又不均衡，必然要求收入较多地集中于中央，由中央财政通过对地方转移支付的方式，实现横向上均衡地区间财力差异的目的。转移支付的具体形式有很多种，大体可归结为一般性转移支付与专项转移支付两大类，但不同国家对两者的搭配比例不尽相同。比如，美国的专项转移支付占到全部转移支付的80%以上；加拿大、澳大利亚对各省、州的转移支付却以一般性转移支付为主。在经合组织（OECD）国家中，一般性转移支付占整个转移支付的比重为40%左右。从我国情况看，从1994年分税制改革以来，中央财政对地方的转移支付规模不断扩大，一般性转移支付规模也在不断增加，2009年达到47.7 %。两者比例大小，与国家地区间经济发达程度的均衡性有关。按照我国实际情况，一般性转移支付比例仍然偏低。

2. 税收的来源。税收是国家调节国民收入分配的一种手段，也是财政收入的主要来源。在很大程度上，税收制度决定了政府与企业和居民的分配格局。现代国家的税制一般都由多个税种组成，各种来源相互区别又密切相关。从世界主要国家来看，税收主要来源于三个渠道。

一是来源于所得类。主要包括个人所得税、企业所得税和社会保障税。所得类税收在成熟市场国家所占比重较高，主要原因是这些国家人均收入水平较高并具有相对完善的社会征信系统，为所得类税收的征收奠定了坚实的基础。同时，也与高度重视调节收入分配和贫富差距有关。如2006年，个人所得税、社会保障税和企业所得税占税收收入的比重，欧盟15国的平均水平为25.1%、28.1%和8.8%；美国为36.5%、23.8%和11.8%。

二是来源于流转类。包括对大多数商品和服务普遍征收的一般流转税如增值税，以及对烟、酒、奢侈品等征收特别流转税如消费税。一般而言，流转类税收的最大功能是组织收入，但在国外具有政策调节功能的特别流转税占有重要地位。比如，在美国、日本和韩国，特别流转税的规模分别为6.2%、7.4%和14.9%，在流转税比重较高的欧盟15国，特别流转税占税收收入的比重为9.3%。与成熟市场国家相比，受经济发展水平和征管条件的制约，新兴市场国家流转类税收所占比重相对较高。

三是来源于财产类。主要包括房地产税、遗产和赠与税等。从国外来看财产类税收是基层政府主要来源。美国、德国、加拿大、澳大利亚等国家财产类税收中，基层政府所占份额分别为89%、100%、80.2%和100%。

我国税收除以上三类外，还包括资源类（资源税、城镇土地使用税和耕地占用税）、行为类（印花税、车船使用税）。从安徽省来看，2009年，全省税收收入1317亿元，其中增值税占36%，所得税19.2%，消费税10%。

3. 预算的方式。政府预算不仅是政府的财政收支计划，也是政府财政收支的基本管理制度。其核心是预算权和其所支配的公共资源在国家机构间的配置，它集中反映政府活动的规模、范围和方向。现代国家预算，主要通过以下四个方式来实现。

一是必须依法批准。预算是国家的重要立法文件，必须经过立法机构审批，才能生效和执行。执行过程和结果也必须接受立法和审计机构的监督与审查，并按照法律规定向社会公开有关情况，接受监督。

二是所有政府收支纳入预算管理。由于政府及其组成部门的收支活动是其履行职能的必要条件，对政府收支活动的全面预算管理，其实质是对政府各部门运用公共资源履行职能情况的控制和监督，因而，即便是带有特殊性的政府收支也要纳入统一预算视野。

三是预算体系完整。在统一完整的预算体系框架内，通过编制两个或两个以上的预算，来反映政府财政收支计划，以适应不同特点财政收支管理的需要，是现代预算的一个重要方式。如除编制一般预算外，成熟市场国家养老、医疗、失业等社会保障项目收支，具有专门的资金来源和明确规定的刚性支出标准，往往编制相对独立的预算报表进行说明。美国采用统一预算办法，将社会保障资金等收支项目以附列预算的名义，一并附在政府预算报告中。我国目前正在建立公共财政预算、国有资本经营预算、政府性基金预算和社会保障预算四大预算体系。

四是滚动预算。随着经济增长周期波动，世界各国为保持预算安排的连续性和稳定性，开始编制滚动预算，将预算视野由一年拓展到3—5年，以便更好地瞻前顾后和区分轻重缓急，做好统筹安排。欧盟成员国均要求编制中期滚动预算。我国也在做一些探索，对一些项目编制滚动预算。在平衡年度财力安排上，也采取了一些措施，如建立预算稳定调节金制度，将年底超收收入转入次年予以重新安排预算，达到以丰补歉的目的。

4. 管理的重心。预算管理活动是一项复杂的系统工程，用通俗的话说，预算管理就是算着花钱而不是花了再算。由于涉及的内容较多，这里我着重讲以下几点。

一是部门预算。部门预算制度是市场经济国家财政管理的基本形式，也是编制政府预算的一种制度和方法，由政府各个部门编制，反映政府各部门所有收入和支出情况的政府预算。实行部门预算制度，在财政管理上，明确将单位的支出划分为基本支出和项目支出，为防止资金被挪用，财政部门规定，基本支出和项目支出之间不能调剂，基本支出中人员经费和公用经费之间不能调剂，项目支出中不同项目之间也不能调剂。在资金的分配上，对基本支出安排实行定员定额管理，严格按政策规定的标准执行，比较有效地解决了不同单位机构运行成本之间的差异性。在资金的使用上，注重把钱用在刀刃上，保重点、保民生。安徽省从2000年开始积极推进部门预算改革，截至2006年预算年度，省本级125个一级预算单位已全部纳入部门预算编制范围，并延伸到1368个基层单位；2008年实现所有市、县编制规范、统一的部门预算。

二是国库集中收付。为规范财政资金管理，提高运行效率，我国推行了国库集中收付制度改革，建立了以国库单一账户体系为基础，资金缴拨以国库集中收付为主要方式的现代财政国库制度。通过建立国库单一账户体系，全面取消部门和单位过渡账户；规范收入收缴程序，使财政收入“直达”国库；规范支出支付程序，使财政支出“直达”收款人。单位用款计划与资金拨付相分离，使单位形成的结余体现为用款计划指标结余，而实际资金结余却在国库或国库集中支付专户。安徽省实行国库集中收付制度改革起步较早，到2009年底，已实现所有县级会计核算中心向国库集中收付转轨，同时，结合“金财工程”建设，正在积极推进“财、税、库、银”横向联网，实行税收收入电子缴库，加快税款入库进度。省级国库动态监控系统建设取得进展，将实现对财政资金支付的申请、审核、支付、清算及核算全过程的实时动态预警监控和智能分析。

三是政府采购。当今各国政府采购的资金一般占GDP的10%以上，而实行政府采购制度可节约资金10%左右，因此，政府采购制度被越来越多的国家所接受。2002年，我国出台了《政府采购法》。据统计，我国全社会每年生产的商品和劳务中约有25%由政府购买。安徽省2009年通过政府采购的资金达300亿元，省级完成采购预算金额35.49亿元，节约4.4亿元，综合节约率达到12.4%。另外，我国政府采购市场也正在与国际接轨，2007年财政部部长谢旭人代表我国政府，签署了中国加入WTO《政府采购协议》（GPA）申请书，标志着我国正式启动加入《政府采购协议》谈判。GPA文本主要核心是：签署方在政府采购市场上，要给予其他签署方的供应商和产品以国民待遇，除GPA规定和签署双方另有约定外，签署方不得给予本国企业和产品特殊待遇。目前，安徽省正在积极做好各项准备工作。

四是绩效管理。由于资源的稀缺性，这就要求花钱要有一个效益的问题，“所费”与“所得”要成正比。提高效益就是我们平常所说的“少花钱、多办事，巧花钱、办好事”。政府花钱的效益与经济实体花钱效益有所不同，后者主要追求利润最大化，而政府追求的是社会效益最大化。具体效益可分为三个层次：第一，总量效益，是指政府花钱总规模所产生的效益，包括对国民生产总值的贡献率、财政支出的公共产品产出率等；第二，结构效益，是指政府支出项目间的组合效益，包括经济效益和社会效益；第三，项目效益，是指具体项目所产生的效益。政府花钱效益的评价是一个十分复杂的社会课题，现在最常用的两种方法是成本—效益分析法和最低成本法。近年来，安徽省积极推进财政支出绩效评价工作。2008 年，选择合肥市、金寨县开展财政支出绩效评价试点。2009 年，省级选择了 16 个涉及面广、影响大、社会关注度高的项目进行绩效评价，并将试点范围扩大到 2 市 10 县，力争用 3 年左右时间，在全省全面推开财政支出绩效评价工作。

五是风险控制。在国际国内各种不确定性因素不断增多的情况下，我国财政风险源也在不断增多，财政风险不容忽视。当前，各国衡量财政风险的参考指标主要有三个：第一，赤字率，即财政赤字占当年 GDP 的比重，《马斯特里赫特条约》规定加入欧洲经济和货币联盟的国家赤字率一般不高于 3%。第二，国债负担率，即国债余额占当年 GDP 的比重。《马斯特里赫特条约》规定为 60%。第三，债务依存度，即当年债务收入占财政支出的比重，一般设为 20%。需要说明的是，以上这三个指标是利益妥协的产物，不是科学认证的结果，只具有参考价值。

六是财政监督。改革越深入，经济越发展，财政收支规模越大，就越需要加强和完善财政监督。从国外财政监督的产生和发展来看，以保证执法的独立性和权威性，财政监督的重视度和关注度不断提高，财政监督机构规格不断提升，如美国设立的财政总监由总统直接任命，对总统和国会负责；法国设立的财政稽查总署、国家监察署都直属于财政部长，对部长负责。2008 年，在省委、省政府重视下，省编办对省财政厅财政监督检查局，进一步充实了监督力量，强化了财政监督职责。2009 年，全省财政监督系统在开展“小金库”治理、监督落实扩内需保增长系列政策、财政专项资金监督检查等方面做了大量工作，取得了明显成效，全年共发现“小金库”1559 个（其中省级 173 个），涉及金额 4.47 亿元。2010 年“小金库”治理工作延伸到国有企业、国有控股企业，同时全面开展社会团体“小金库”治理工作，原定一年的任务，现在扩大范围后两年完成。

## 三、财政政策基本趋向

财政政策是指政府为实现一定的经济目标而调整财政收支规模和收支平衡的指导原则及其相应措施的总称。随着我国市场经济体制的建立，经济运行主要依靠市场“无形的手”和政府“有形的手”进行调节。作为政府主要宏观调控工具，财政政策在调节宏观经济运行、促进国民经济持续健康发展方面发挥着日益重要的作用。用好财政政策，必须正确把握以下四个方面。

1. 把握好政策的重点。财政政策贯穿于财政工作的全过程，体现在预算、收入和支出等各个方面。在市场经济条件下，政府宏观经济目标通常包括物价稳定、经济增长、充分就业和国际收支平衡等方面。由于财政政策目标涵盖在经济目标范畴之内，因而在实践中，人们一般都把上述政府宏观经济目标视同财政政策目标。把握好财政政策的重点，就是要充分运用好预算、税收、投资、补贴、国债、收入分配和转移支付等财政政策手段，稳定经济增长、优化经济结构、调节收入分配。具体实施中要注意以下问题：一是准确分析宏观经济形势是前提。必须密切关注经济运行态势，在科学分析研判的基础上合理确定调控对象和范围，主动适度地运用财政政策手段予以调控，做到有的放矢，对症下药。二是发挥财政政策组合效应是保障。不同的财政政策手段有不同的作用力，不同的组合手段又具有不同的效果。在发挥财政政策手段各自优势的同时，要注重多种财政政策手段的组合使用，才能发挥政策的整体效应。三是把握政策时机和力度是关键。就是中央领导说的，要用力学的原理解决经济问题，把握好用力的大小、方向和作用点。财政政策调控好比医生给病人看病，在下对药的同时还要抓住用药时机和用药力度。可以说，合理把握财政政策调控时机和力度是确保政策发挥效用，达到预期目的的关键环节。措施实施中应当力求主动，适时适度调整各种财政政策手段力度和方向，做到见事快、动手早，力度适中。四是立足当前着眼未来是根本。财政政策不仅要应一时之急，还要发挥长远效应。一方面，实现维护经济稳定的即期目标，在应对复杂经济形势挑战和眼前危机中发挥重要作用。另一方面，实现支持全面协调可持续发展的远期目标，为经济社会的不断进步积蓄后劲。实际上，再好的药也可能有副作用，经济政策也是这样，既可能有积极作用，也可能有消极作用，人们之所以选择这种政策而不选择那种政策，是因为在特定情况下，这种政策更有针对性、更为有用、更为急需，人们会最大限度地发挥其积极作用，限制其消极作用。

2009 年，为应对国际金融危机对我国经济增长的冲击，积极财政政策的重点放在保增长、保民生、保稳定上，政策效应十分显著，取得了巨大成效，我国在世界率先实现经济回升向好。2010 年，财政政策的着力点放在支持经济结构调整，促进发展方式转变上来，这既是我国经济发展形势的内在要求，也是面临国际经济环境所迫。正如胡锦涛总书记在中央省部级主要领导干部深入贯彻落实科学发展观、加快经济发展方式转变专题研讨班讲话中明确指出，国际金融危机对我国经济的冲击，表面上是对经济增长速度的冲击，实质是对经济发展方式的冲击。温家宝总理 2010 年 3 月 22 日会见出席中国发展高层论坛 2010 年会的境外代表，在回答摩根斯坦利（亚洲）董事长的提问时，也做了相应论述，他指出虽然从总体上看中国应对危机还是比较好的，但我们仍然看到这方面的问题暴露得更加充分。“因此我的结论是，这场危机实际上是对中国经济增长方式的挑战。”转变经济发展方式刻不容缓。我领会两位领导人讲话精神，就是把近期目标与远期目标结合起来，把发挥刺激政策的作用与完善体制机制结合起来，具体应注意以下几点：①刺激政策是临时性的，是非常情况下的非常之举；②刺激政策应致力于创造良好的经济环境；③借助刺激政策及时转变经济发展方式；④把握好政策力度，加强政策的针对性和灵活性；⑤抓住时机推进改革，建立健全保障科学发展的体制机制。为此，要继续实施积极的财政政策，保持政策的连续性和稳定性，根据新形势新情况，处理好保持经济平稳较快发展、调整经济结构和管理好通胀预期的关系。既要保持足够的政策力度、巩固经济回升向好的势头，又要保证加快经济结构调整、推动经济发展方式转变取得实质性进展。

2. 把握好政策的选择。财政政策对经济的调节，大体归纳为两种模式，自动稳定的调节模式和相机抉择的模式。在某些情况下，仅仅依靠财政政策自动稳定功能难以有效发挥稳定经济的作用，必须由政府根据经济运行态势，相应调整财政支出和税收，尽快消除经济波动，实现经济稳定增长的目标。这种有意识地利用财政收支变化调节经济运行的方式就是相机抉择的模式，其主要任务是保持社会总供给与总需求基本平衡。实践中，主要有三种政策模式可供选择。一是通货膨胀时实行紧缩性财政政策。在经济过热（通货膨胀）时期，由于存在过度需求和物价高涨问题，此时适宜实施紧缩性财政政策，以减轻或消除通货膨胀，所采取的主要措施是减少政府支出和增加政府税收。这方面比较典型的事例是1993—1997年实施的适度从紧的财政政策。随着我国改革开放进入新的历史阶段，国民经济呈现高速增长态势，出现经济过热特征。1993年6月，党中央、国务院联合发出《关于当前经济情况和加强宏观调控的意见》，提出16条措施，确定此后几年实行适度从紧财政政策的基调。经过三年的努力，适度从紧的财政政策取得了显著成效，国民经济成功实现“软着陆”，形成“高增长、低通胀”的良好局面。二是通货紧缩时实行扩张性财政政策。在经济衰退（通货紧缩）时期，由于社会总需求不足和失业严重，此时适宜实施扩张性财政政策，以减轻或消除经济衰退，所采取的主要措施是增加政府支出和减少政府税收。近10多年来，我们经历了两轮扩张性财政政策，第一轮是为应对亚洲金融危机，1998—2004年国家实施了积极财政政策，通过发行长期建设国债、调整税收政策、调整收入分配政策、提高城镇低收入者收入水平等措施，有效抵御了亚洲金融危机的冲击。第二轮就是2009年以来，为应对国际金融危机，我国宏观调控再次启动积极财政政策。三是总量平衡时实行中性财政政策。在社会总供求处于基本平衡的情况下，应实行收支基本平衡或趋于平衡的中性财政政策。2005年，面对全国范围内的投资过热和宏观经济偏热，实施6年之久的积极财政政策淡出人们的视野，稳健财政政策走向前台，2005—2008年前三季度国家实施了稳健财政政策，此后几年里，我国经济保持了两位数加速增长的势头。

3. 把握好政策的协调。财政政策与货币政策是政府宏观调控的两项重要工具，但两者在调控机制及侧重点等方面都有所不同。因此，在具体调控中，政府要加强这两大工具之间的相互协调和密切配合，发挥政策合力效应，实现经济持续稳定地增长的目标。财政和货币政策都可以随着经济景气度的变化而作出“松”、“中性”和“紧”三种政策取向，我们称之为：扩张型、稳健型和紧缩型财政或货币政策。根据这两大手段的三种不同政策取向，在某一时点上两者在政策取向方面可以有多种组合模式和搭配，从而选择宏观调控政策的不同类型。1994年至1997年，在中国经济软着陆过程中，货币政策与财政政策实行的是“双紧缩”配合。1998年至2002年，为了应对亚洲金融危机，实行的是“双扩张”的配合。2003年至2006年，实行双稳健政策的配合。2007年下半年，通货膨胀压力显著增加，财政政策和货币政策的组合转变为“一稳一紧”，即稳健的财政政策与适度从紧的货币政策。2009年至今，为应对国际金融危机，我国实施了积极的财政政策和适度宽松的货币政策。

4. 把握好政策的调控。财政调控的灵魂或关键是注重预测分析，审时度势，相机抉择。2008年四季度以来，为应对国际金融危机冲击，我国及时实施积极的财政政策。这一轮积极财政政策主要有5项：一是扩大政府投资，着力加强重点建设。2009年中央政府公共投资达到9243亿元，安徽省积极争取中央扩内需投资137.7亿元。同时，省财政安排25亿元专项资金支持各市县建立中小企业担保基金和贷款风险补偿资金，加强信用担保体系建设，全省累计完成担保再担保金额350亿元，有效拉动信贷资金投放和社会资金支持中小企业发展。二是扩大发行国债。专为地方代理发行国债2000亿元，为中央项目提供配套，这在历史上是第一次，安徽省争取份额77亿元。三是实行结构性减税。这项政策实施大约为企业和居民减轻负担6000亿元，安徽省全面实施结构性减税政策，取消、停征和调整129项收费，每年减轻企业和社会负担达140亿元。四是全面启动和强化财政补贴政策工具。2009年，中央财政农资综合补贴、粮食直补、良种补贴、农机具购置补贴这四大项涉农补贴规模达到1275亿元，同比增长23.6%。尤其是扩大消费政策体系建设方面，比如实施家电、汽车摩托车和农机“四下乡工程”，以及汽车家电以旧换新政策，全年累计销售家电下乡产品3450万件，累计发放补贴资金75.4亿元，汽车销售增长38.5%。安徽省全年通过“一卡通”发放27项涉农补贴资金120.7亿元，“四下乡工程”，以及汽车以旧换新，全年兑付财政补贴资金15.4亿元，拉动消费108亿元。真金白银的政策，有效改善了农民生产生活条件，推动农村消费异军突起。五是大力支持科技创新和节能减排。推动经济结构调整和发展方式转变，2009年中央财政科技支出达到1515亿元，安徽省科技支出达到42.6亿元，增长79.1%，高于全省财政支出49个百分点；大力支持合芜蚌自主创新综合试验区建设，省财政从2008年起连续5年，每年安排6亿元专项支持试验区创新体系建设，省及合芜蚌三市已安排专项资金30多亿元。这些财政政策的实施，既改变了安徽以往经济波动中“下行快、上行慢”的被动局面，又为经济的健康持续发展增添了后劲。

这一轮调控具有 4 个鲜明特点：一是出手快。2008 年第四季度，中央果断实行积极的财政政策和适度宽松的货币政策，迅速出台扩大内需、促进经济平稳较快发展的十项措施，很快形成了一揽子计划，争分夺秒抓落实。安徽省也果断实施了一系列具有安徽特色的应对举措。二是力度大。这次我国通过新增政府公共投资和实施结构性减税政策刺激经济的力度占 GDP 的比重超过了 3%，而 20 国集团大多数国家扩张性财政政策力度占其国内生产总值的比重为 2% 左右。三是重统筹。综合运用多项财税工具，并加强与货币、产业等政策的协调配合，既扩大投资，又刺激消费；既拉动内需，又稳定外需；既促进增长，又调整结构；既推进改革，又改善民生，全面推动经济社会平稳较快发展。四是可持续。既扎实实施积极的财政政策，又加强管理，把握政策实施力度和节奏，积极防范和控制财政风险，堪称宏观调控的又一成功实践。

## 四、财政形势基本评估

1. 财政回顾和变化。财税体制改革是建立和完善社会主义市场经济体制的突破口和重要组成部分，回顾改革开放以来的奋斗史，财税体制走过了不平凡的历程，承担了为改革“打头殿后”的光荣使命，财政面貌随着国家经济实力的壮大也发生了翻天覆地的变化。

（1）财税体制改革历程漫漫。伴随着改革开放的总体历程，是从放权开始的，一是对农民放权；二是对国有企业的放权；三是中央对地方放权。我国的财税体制改革大致经历了 4 个关键阶段：第一阶段，1978—1981 年，关键词：“分灶吃饭”。党的十一届三中全会以后，为了打破高度集中的局面，调动地方政府当家理财和发展经济的积极性，推行划分收支、分级包干的“分灶吃饭”财政体制。第二阶段，1982—1993 年，关键词：“分级包干”。1982 年党的十二大以后，重点围绕增强企业活力、确立企业市场主体地位这一中心环节，先后实施两步利改税、税利分流和企业经营承包制，初步形成了复合税制体系。同时为了扩大地方财权，探索实行了多种形式的财政包干制。第三阶段，1994 年以来，关键词：“分税制”。到 20 世纪 90 年代初期，“财政大包干”的弊端已经全部暴露了出来，主要有两点：一是弱中央，强地方，造成中央与地方的关系紧张；二是地方政府苦乐不均。“诸侯经济”大行其道。1992 年中央本级收入只占总收入 3500 亿元的 28%，中央财政支出 2000 亿元，赤字 1000 亿元，因此被讥笑为“讨饭财政”。根据党的十四届三中全会精神，1994 年，我国实施了具有里程碑意义的分税制财政体制和工商税制改革。分税制财政体制改革主要内容是：按照税种划分中央与地方收入范围；根据事权划分中央与地方支出范围；按照国税和地税分设中央与地方两套税务机构；按照统一办法确定中央对地方财政的税收返还基数；实行过渡期财政转移支付制度。工商税制改革以公平和简化税制为核心，将税种设置由原来的 37 个减少为 23 个。通过改革，初步形成了适应社会主义市场经济发展要求的财税体制新框架。第四阶段，1997 年以来，关键词：公共财政。1997 年党的十五大召开，财税体制改革稳步推进，并明确逐步向公共财政转变的目标要求。先后实施了部门预算、国库单一账户、政府采购、收支两条线管理等预算管理制度改革，进行所得税分享改革，并加快财政支出结构调整。

（2）财政面貌发生巨大变化。财税体制经过 30 多年来 4 次重大变革，财政面貌发生了翻天覆地的变化。第一，税收制度逐步健全，财政实力不断壮大。构建了以税收为主的财政收入稳定增长机制，财政收入规模不断迈上新台阶。全国财政收入从 1978 年的 1132 亿元，增加到 2008 年的 61330 亿元，年均增长 14.2%。2008 年一周的财政收入超过 1978 年全年水平。全省财政收入从 1978 年的 22.5 亿元，增加到 2008 年的 1326 亿元，年均增长 14.6%。人均财政收入由 1978 年的 47.7 元增加到 2008 年的 1967.1 元，增长 41.2 倍。2009 年，全省财政总收入完成 1551.2 亿元，实现 5 年增长 3 倍，其中地方财政收入完成 863.9 亿元，增长 19.2%，增幅位居中部第一，总量超过了湖南、湖北。通常 GDP 只是经济发展速度和规模的见证，无法全面判断经济增长的质量和效益。前不久《中国经济周刊》制作出炉了一份 GDP 含金量排名表（人均可支配收入除以人均 GDP 得出单位 GDP 人均可支配收入的比值），上海、北京、海南位列前三位，安徽位居全国第六位，从这个侧面也可反映出安徽的发展质量。财政实力是综合国力、省力持续壮大的重要体现，增强了政府宏观调控和公共服务能力。第二，财政体制不断完善，推动基本公共服务均等化。初步构建了与社会主义市场经济发展相适应的分税分级财政体制框架，规范了政府间财政分配关系，增强了中央政府宏观调控能力，促进了区域协调发展。中央对地方转移支付由1994年的550亿元，增加到2008年的18709亿元，年均增长28.6%。2008年，中央财政本级收入占全国财政收入的比重达53.3%，支出占全国财政支出的21.3%，中央集中上来的收入有60%转移到地方来安排支出。地方本级支出平均38%来源于中央财政转移支付，中西部地区本级支出中平均54.4%来源于中央。安徽省属于净补助省份，2009年地方财政收入864亿元，支出2141亿元，收支差额1277亿元，财政支出60%依赖于中央转移支付。第三，预算制度改革深入推进，支出结构不断优化。部门预算、国库集中收付、政府采购制度体系基本形成，收支两条线管理改革深入推进，预算的完整性、规范性、透明度显著提高。特别是支出结构不断优化，财政逐步退出对一般性、竞争性领域的直接投入，不断加大民生等公共服务领域的支出。2008年，全国财政用在与人民群众生活直接相关的教育、医疗卫生、社会保障和就业、文化方面的民生支出大约2万亿元，约占全国财政收入的三分之一。2009年全省统筹安排民生领域资金860亿元，占财政支出的41%，全年新增财力80%以上用于民生；自2007年实施民生工程以来，3年累计投入民生工程资金508.8亿元，真可谓经济增长助增收，财力增加保民生。财政支出结构的不断调整优化，逐步实现了由生产建设财政向公共财政的转型。第四，财政管理制度更加完善，监管水平不断提高。依法理财稳步推进，财政法律法规不断健全，理财环境大为改善。财政监督机制逐步完善，监督方式从简单的行政监督向法制监督、中介机构监督与行政监督相结合的综合监督发展，“金财工程”建设逐步推进，财政信息化水平不断提高，财务会计等基础工作不断强化，财政管理科学化精细化水平明显提升。第五，宏观调控不断加强，促进了经济持续健康发展。根据经济发展形势变化，我国分别于1993年至1997年、1998年至2004年、2005年至2008年，实施适度从紧的财政政策、积极的财政政策、稳健的财政政策，2008年10月至今又开始实施积极的财政政策。财政政策因时而动、相机抉择，促进了国民经济平稳较快发展。

总体来看，我国财税体制改革探索和财政政策实践是比较成功的，初步建立了适应社会主义市场经济发展需要的公共财政体系。30年财政体制改革的历程和实践也证明：推动财税体制改革不断深化并取得成效，必须坚持从实际出发，不断解放思想、与时俱进；必须妥善处理中央与地方、国家与企业、个人之间的分配关系，走渐进式改革之路，调动各方面的积极性；必须坚持财税改革同政府职能转变进程相适应，与国企、金融、投资体制等改革协调配套推进；必须立足国情、省情，吸收和借鉴当今世界有益经验，尊重和鼓励基层和群众的首创精神。

2. 财政矛盾和问题。面对世界大变革、大发展、大调整的新格局，特别是贯彻落实科学发展观、加快构建和谐社会的时代要求，社会各界对财政的期望越来越高，财政实践中，一些深层次的体制性、制度性的问题逐渐暴露出来。

一是财政收入制度不够完善，政府参与国民收入分配的力度不够。主要表现在四个方面。第一，财政收入占国内生产总值偏低。尽管社会各界对中央高度集中财力颇有微词，依照现代财政管理理论和实践来看，要想提高财政在收入再分配环节的调控能力，促进提高居民收入在国民收入分配中的比重，特别是低收入者的收入，必须要有强大的财政实力做后盾。一般而言，伴随经济的发展，财政收入占 GDP 的比重呈逐步提高的趋势，发达国家在 40%—50%之间，发展中国家在 25%—30%之间。2009 年，我国财政一般预算收入占 GDP 的比重，在经过 10 余年的持续上升之后也仅为 20.4%，而安徽省财政收入仅占 GDP 的 15.4%。按照国际上大致可比口径，2008 年我国政府一般预算收入加上政府性基金收入、社会保险基金等收入，占 GDP 的比重约为 29.9%，仍比工业化国家和发展中国家的平均水平分别低 15.4 和 5.6 个百分点。更何况政府性基金和一部分预算收入定格专款专用，难以统筹使用，直接影响和弱化了财政优化资源配置、调节收入分配等职能发挥。第二，财政收入结构有待优化。税收收入占一般预算收入比重偏低，大体在 80%—85%左右。而基金收入、非税收入占政府收入的比重又偏高，一些地方特别是基层专款专用的非税收入占财政收入比重更大。不利于财政收入增长的可持续性，不利于提高财政收入质量，而且容易引发乱收费，扰乱收入分配秩序，损害政府形象。第三，税制结构不尽合理。直接税比重偏低，不利于税收调节收入分配作用的发挥。资源税制度不够完善，税负偏低，或者说，由于费改税滞后，硬化不够，不利于节能环保和可持续开发。第四，地方税体系建设滞后。市场经济发达的国家，政府层级一般不超过三级，我国政府层级偏多，地方政府缺少主体税种，没有税政自主权，县乡财政仍比较困难。

二是财政体制有待健全，财力与事权不够匹配。主要体现在四个方面。第一，事权与支出责任界定不清晰。宪法和法律对各级政府的事权界定比较原则，执行中存在较多交叉事项和模糊之处，特别是专项支出方面：如国防、外交等中央事权，地方政府也承担了部分支出；属于下级政府承担的事权，中央又通过转移支付安排了专款。第二，基本公共服务均等化进展缓慢。我国地区间财力差异较大。一些专家学者认为：重要原因在于中央财政集中度仍然偏低，从而影响了中央调控地区间财力差异的能力。2008 年，中央财政收入占全国的比重为 53.3%，扣除税收返还，占比 47.8%。而大部分国家这一比例在 60% 以上。部分专家建议进一步研究提高中央财政集中度，并加大对中西部的转移支付力度，促进地区协调发展。第三，转移支付结构不尽合理。2009 年，中央对地方的转移支付当中，一般性转移支付只占 47.7%，专项转移支付占到 52.3%，这种状况不利于发挥规模效益，中央部门容易陷入微观事务。同时，地方配套要求缺乏规范办法，一些地方出现虚假配套、负债配套问题，影响政策目标实现，也加重地方负担。第四，省以下财政体制有待完善。省以下 4 个政府层级间尚未完全实行分税制，县乡之间讨价还价的分成制和包干制仍然存在，县乡财政支出水平偏低，保障能力较弱。

三是财政预算制度的完整性欠缺。主要是：包括公共收支、国有资本、政府性基金、社会保障等在内的完整预算制度体系尚未建立，仍有部分收入游离于财政预算之外。

四是财政管理绩效有待提高。重收入、轻支出，重分配、轻管理的现象依然严重。我曾这样归纳过：收钱难，分钱更难；钱少难，钱多更难；用钱难，管钱更难，不一定准确，但这是几年厅长岗位上的深刻感悟。法治建设有待加强，预算法滞后于新形势；财政管理仍比较粗放，全过程、全方位监管机制有待健全；铺张浪费现象仍然存在，资金使用效益尚需提高。

五是财政宏观调控有待充分发挥。以财税手段解决经济运行中体制性、结构性问题的力度需要加大，财政与货币政策、产业政策、投资政策的协调配合，也有加强的必要和余地。

以上五个方面的问题，既有多年积累的症结，也有改革发展中新近发现的缺陷，需要深化财税体制改革，循序渐进地加以解决。

3. 财政影响与反映。当今的中国，已经进入社会财富和社会矛盾快速累积的发展阶段。财政是社会关注的焦点，各方博弈的热点，也是各种矛盾的聚集点，近几年亲历全国“两会”，与财政相关的问题都会引起热烈讨论和议论，成为牵动媒体和社会的神经。

一是基于贫富分化社会现象引发对“公平”的质疑。关于贫富分化程度，可以用三个指标对比分析：第一，两个“比重”下降，即劳动报酬占初次分配的比重，从1995年的51.4%下降到2007年的39.7%，世界发达国家达到60%，新兴工业化国家也在50%以上；居民收入占GDP的比重，从1992年的68.6%下降到2007年的52.3%，目前仅有43%。第二，贫富差距悬殊，收入最高10%群体和收入最低10%群体的收入差距，从1998年的7.3倍上升到2007年的23倍。在中低收入群体消费能力低下的时候，我国的奢侈品消费近两年平均增长高达22%，位列全球第二位。第三，城乡差距拉大，国家统计局的数据显示，2009年城镇人均收入为17175元人民币，农村地区为5153元，城乡收入比为3.33，较2008年的3.31有所扩大；安徽省城镇居民人均可支配收入增长8.4%，而农民人均纯收入仅增长7.2%，收入差距呈逐年扩大之势。目前，贫富差距已经从一种社会现象，上升为敏感的社会问题，这一矛盾的尖锐程度，在每年“两会”的讨论中可见一斑。2009年“两会”期间，许多代表委员建议个税起征点调整到3000元或5000元，从而减轻中低收入群体的税收负担，由于中央暂不考虑个税起征点调整。再次引来一片议论和责难。还有推行的规范公务员津补贴、事业单位绩效工资改革以及其他财政供给对象问题，在座的各位都有亲身体会，来自上下左右、横向纵向的差距，使得改革步履维艰。这种收入分配不合理主要表现：①政策不合理导致居民的收入分配差距越来越大；②要素市场发展滞后，不少要素财富的分配不是通过市场价格机制进行，而是通过权力方式获得；③政府对社会资源过度干预与管制，加上许多制度缺陷，使不少政策成为不合理的财富转移与分配的手段；④在政府的政策中还有许多隐性的不合理的财富转移与分配机制，以及既得利益的制度化。针对收入差距拉大问题，全国“两会”给予明确回应，温家宝总理在政府工作报告中也明确表示：合理的收入分配制度是社会公平正义的重要体现。并提出既要把社会财富这个“蛋糕”做大，也要通过合理的收入分配制度把“蛋糕”分好，加大财政税收在收入初次分配和再分配中的调节作用，提高居民收入在国民分配中的比重和劳动报酬在初次分配中的比重，着力增加低收入群体收入，着力缩小居民收入分配差距。我认为改革现行的收入分配体制，完善收入分配制度，对于弱势群体和低收入阶层而言才是最大的民生工程。社会财富严重分配不公，不仅造成消费支付能力不足，还使经济增长更加依赖出口和投资，经济增长结构畸形发展，并带来了潜在的社会问题。

二是基于资金损失浪费现象引发对“效率”的质疑。学者曾测算全国公款出国 3000 亿元、公款招待 3000 亿元、公务用车 3000 亿元，引发了长时间、大规模的关于行政成本过高的公众热议和广泛关注，还有 2009 年底热炒的突击花钱 2 万亿元的报道，尽管作出了回应，但社会各界仍然质疑不断，一方面需要大量政府投入，另一方面资金花不出去。由此，还引发中国式“年底政治经济学”：①为提高结案率，法院 10 月后一般不立案；②搞年底评比；③年底突击检查。年底扎堆的问题，年底集中的病症，把政治生态的弊端暴露得相当充分。同时，只要是公款建设豪华办公楼，形象工程很快就会曝光，立即引起媒体关于铺张浪费的声讨。

三是基于社会保障水平偏低引发对“正义”的质疑。“两会”期间一位网友的留言：“金融风暴期间到国外转了一圈，感觉他们的经济确实受到的冲击更大，但是国民的生活影响很小，才发现原来他们比我们滋润多了。进而发出感叹：国家的 4 万亿刺激计划取得巨大成就，但与我们的生活有什么关系呢?”这一留言引起成千上万的跟帖，反响十分强烈。可见，如果说过去的 30 年，我国综合国力的每一个跨越，都让每一个国民振奋自豪的话，这种群体性激励功能正在减弱，普通百姓更关心自身生活水平的提升。

四是基于“土地财政”过度使用引发对“风险”的质疑。如果过度使用土地财政，把土地财政作为地方建设资金的主要来源，那么，土地财政可能会掏空地方政府的未来。①土地财政让房价一涨再涨，完全脱离国情，脱离老百姓的实际承受能力，地方政府总有一天要为此买单。应该说，土地财政确实为地方政府开辟了一条“宽阔”的生财之道，也为地方政府基础设施建设提供了强大的资金保证。②土地财政让地方政府财政的风险不断加剧，让地方财政的弦绷得越来越紧。③土地财政让一些地方的用地矛盾更加突出，发展经济与防范风险将面临越来越严峻的考验。一方面，大量土地被注入政府融资平台，成为政府债务偿还的主要依靠；另一方面，只要继续进行大规模的城市建设，就仍然需要大量的资金，但筹资渠道仍然只能放在土地财政上。过去十年，城市化的中心在沿海特大城市，今后十年，中国城镇化的重心应当转向二、三线城市，类似问题会更加突出。

五是基于财政信息不够透明引发对“信任”的质疑。也是在今年“两会”期间，有网友以《中国第一个“全裸”乡政府》为题发帖，披露四川巴中县白庙乡政府在网上“晒账本”，详细地记录每分钱公务花费，招待烟酒费用都全部公布。媒体对此现象高度褒奖，而后寻根问底，发现很多敏感账目并未公开，转而指责白庙乡是“裸体作秀”，是一场赤裸裸的“行为艺术”。一方面说明有愿望，一方面说明事情很难。2010 年 3 月 23 日温家宝总理在国务院第三次廉政工作会议上强调指出推进财政预算公开透明，政府公共支出、基本建设支出、行政经费支出预算和执行情况等都要公开，让老百姓清清楚楚地知道政府花了多少钱、办了什么事，能够有效监督政府。

以上问题和反映，相信大家都有体会，今天的问题就是明天改革的方向，现在的矛盾就是继续深化改革的动力。我们看到，转变经济发展方式、改革收入分配制度等热点问题已经提上国家重要议事日程，在此过程中，财政使命光荣艰巨，财政体制改革任重道远。

## 五、财政改革基本思考

1. 深化财政体制改革认识。党的十七大报告明确指出，围绕推进基本公共服务均等化和主体功能区建设，实行有利于科学发展的财税制度，完善公共财政体系。这一论述，为深化财政体制改革指明了方向和目标。分税制财政体制自 1994 年正式实施以来，取得了明显的成效。对中央财政来说，达到了“两个提高”的目的，即：提高财政收入占 GDP 的比重；提高中央财政收入占全国财政收入的比重，中央财政的宏观调控能力明显增强。就安徽省而言，通过实施分税制财政体制，调动了地方当家理财的积极性，市县财政实力显著增强，促进了县域经济快速发展，同时，也促进了县级基本公共服务均等化。随着改革的深入和转变发展方式的要求，现在看来，财政体制改革还存在一些问题，主要表现在省级调控能力薄弱，原体制不合理因素随时间的推移逐步放大，事权与支出责任界定不够明晰，省以下财政体制有待完善等等。在现实情况下，推进财政体制改革，必须注意处理好几个问题。

一是统筹兼顾“公平”与“效率”关系。财政体制的设计，既要力求保证提供必要的公共物品和公共服务，实现公共服务均等化目标，又要保护和发挥各地发展经济、增收节支的积极性，避免平均主义、吃“大锅饭”和“养懒汉”。安徽省正处在加快发展、奋力崛起的关键时期，既要加大对困难地区的转移支付力度，又要激励经济强市、经济强县加快发展。

二是统筹兼顾“集权”与“分权”关系。从中央和地方关系来看，应该给予省级一定税制权限，赋予更多的作为空间，并适当调整完善中央与地方政府间收入划分，合理划分中央与地方的事权和支出责任。从省以下体制来看，分税制以后，由于省级对下分享税种较少，省级财政收入集中度一直偏低，调控能力偏弱。地区之间由于发展水平不同而导致的财政保障能力差异缺乏足够的弥合机制。因此，在体制的设计过程中，应将适度增强省级调控能力作为重要目标，以利于更好地促进地方加快发展。

三是合理界定政府间“事权”与“支出责任”。重点抓住四个方面：第一，科学界定政府与市场边界，明确公共财政支出范围，推进政府职能转变，进一步清理和界定公共财政支出范围。第二，科学界定各级政府本级事务，避免各级政府支出责任交叉。各级政府的本级事务，应当作为本级政府直接支付项目。第三，科学界定各级政府共同事务，明晰各级政府支出分担比例。第四，从严控制上级政府委托下级政府事务，委托事务需要有资金保障。

四是完善转移支付制度。中央政府通过财政体制集中财力用来建立科学、合理、规范、透明的财政均衡制度，以此均衡调控各级政府在支出需求与收入来源之间的差异。第一，改进和完善一般性转移支付。通过提高一般性转移支付的规模和比例，拓宽地方政府自主统筹安排财政支出的空间。坚持用标准收支统一衡量区域财力差异，优化选择标准收支的客观因素和计算方法，采用公式化方式进行规范化分配。大力推进转移支付制度建设，从制度上保障一般性转移支付分配的公开透明。第二，规范和清理专项转移支付。对符合事权划分和省级履行宏观调控职能所需的项目予以保留，并进行必要的整合。进一步规范和创新专项转移支付管理模式，借鉴发达国家经验，更多地采取分类转移支付方式，即上级政府只规定使用方向，不确定具体项目，赋予地方政府充分的自主权。对于确需明确到具体项目的专项转移支付，也要提高资金分配的科学性。第三，逐步建立转移支付的评价、监督和考核机制。无论是一般性转移支付，还是专项转移支付，都要加强管理，做到规范、高效、透明。科学合理地分配资金，减少资金分配的随意性，并加强使用监管和绩效评价，努力形成制度完善、约束有力的转移支付使用考评机制。

五是完善省以下财政体制。2004 年以来，安徽省推进直管县财政体制，经过几年的运行，应该说在提高财政管理效能、增强县乡财政保障能力、规范乡镇政府和财政行为方面起到了积极作用。但这种改革仅停留在财政管理层面，从长远看应该进一步积极向行政管理体制改革推进。在现阶段，要着力推进以下工作：一要完善市级财政管理体制。充分调动和发挥市级积极性，增强市级财政在市域范围内的财政职能。理顺市与非直管县、市辖区的财政分配关系。二要完善省直管县财政体制。进一步明确省、市、县的财政管理职责，规范省、市、县的财政分配关系，完善省以下直接高效的财政扁平化管理模式。三要理顺开发区的财政管理体制。合理界定开发区的财政地位，理顺开发区的财政管理体制，促进开发区作为经济发展重要载体作用的发挥。四要继续推进"乡财县管"改革。转变和充实乡镇财政职能，充分发挥乡镇财政贴近农村、服务农村的优势，切实保障各项民生政策落实。

六是逐步建立县级基本财力保障机制。过去一段时间，经常听人讲，"国家财政蒸蒸日上，省级财政稳稳当当，市级财政摇摇晃晃，县级财政哭爹叫娘，乡级财政精精光光"，虽然说法有些过分，但它形象地描绘出了县乡财政的窘境。县级政府在保障工资发放、政府正常运转以外，还承担了落实教育、医疗卫生、社会保障、公共安全等民生政策，以及规范公务人员津补贴，服务"三农"，促进当地经济社会发展等任务，但目前县乡政府提供基本公共服务能力偏弱，其财力与事权不匹配的问题更为突出。为此，需要探索和研究建立县级基本财力保障机制，增强基层政府公共服务能力。目前，解决这个问题的方向是，根据有关人员经费、公用经费和民生支出标准，考虑各县支出成本差异等因素，研究制定县级基本财力保障动态标准，确定县级基本财力需求。对基本财力存在缺口的县，省财政根据缺口情况、保障额度、财政困难程度等因素，给予补助，切实增强县乡政府提供基本公共服务的能力。

2. 发挥财政政策即期效益。财政政策具有目标定位准、针对性强、作用直接、见效较快等明显的即期优势。

一是财政政策即期化的优势。主要表现有四点。第一，即期内在稳定效益。财政政策能在宏观经济的不稳定情况下自动发挥作用，使宏观经济趋向稳定。其主要表现在两方面：累进的所得税制（经济不景气时，企业生产总量和效益会下降，致使税收收入自动降低）和公共福利支出（经济不好时，符合低保条件等救济人数会增长，使社会需求不致过快下降）。第二，即期乘数效益。包括支出乘数效应和税收乘数效应。当政府公共支出扩大或税收减少时，很快就会对国民收入有加倍扩大的作用，从而产生宏观经济的扩张效应。第三，即期奖抑效益。政府通过财政补贴、各种奖惩措施，很快就能对某些地区、部门、行业、产品及某种经济行为予以鼓励、扶持或者限制、惩罚，实现“点调控”。第四，即期货币效益。表现为财政政策的一系列政府投资、公共支出、财政补贴等措施很快就能转化社会货币购买力。同时，财政赤字政策，通过向公众借债，可以使流通中的货币增加。

2009 年我国应对国际金融危机就是一个典型的案例，财政政策即期优势体现得很充分。可以说出现三个前所未有：面临的困难前所未有；各项措施实施力度前所未有；取得的效果前所未有。全面实施应对国际金融危机的一揽子计划，满足经济社会发展的资金需求，有效扩大了内需，很快扭转了经济增速下滑趋势。2009 年全社会固定资产投资 224846 亿元，同比增长 30.1%，全年社会消费品零售总额同比增长 15.5%，扣除价格因素，实际增长 16.9%，全年规模以上工业增加值同比增长 11%。国内生产总值达到 33.5 万亿元，比上年增长 8.7%；财政收入 6.85 万亿元，增长 11.7%；城镇新增就业 1102 万人；城镇居民人均可支配收入 17175 元，农村居民人均纯收入 5153 元，实际增长 9.8% 和 8.5%。“最为困难”一年，取得“极为不易”的成绩。从安徽省来看，全省生产总值跨上了万亿元新台阶，达到 10052.9 亿元，比上年增长 12.9%；财政收入 1551.2 亿元，增长 17%；全社会固定资产投资 9263.2 亿元，增长 36.2%；社会消费品零售总额 3527.8 亿元，增长 19%；城镇居民人均可支配收入 14086 元，增长 8.4%；农民人均纯收入 4504 元，增长 7.2%。

二是财政政策长期化的危害。在运用财政政策过程中，有些财政政策具有阶段性，如果不把握这一短期政策的即期性，使政策出现长期化的趋势，不可避免对经济平稳较快增长产生负面作用。第一，产生挤出效应。政府长时间规模过大的投资对社会投资产生了挤出效应，且用于建设的资金扩大就必然导致用于民生支出的资金减少。第二，拉动效应递减。从前几轮积极财政政策实施效果来看，这种递减效应主要体现在三个方面，即对经济拉动效应的递减、投资与消费传导效应的递减和国债投资收益的递减。第三，存在稀释效应现象。政府公共投资规模再大，分散到各个地区和部门以后，也不过是杯水车薪，不足以对社会经济产生持续、有效拉动作用。第四，导致发展和体制依存。发展依存是指经济的有效增长对积极财政政策已经产生了比较明显的依赖性；体制依存是指行政性的投资选择机制所造成的层层行政依附，并且导致企业在对市场依赖与政府依赖的选择中，使市场力量得不到有效施展。

三是运用好财政政策的即期效应。温家宝总理在2010年“两会”上答记者提问时说，要处理好保持经济平稳较快发展、调整结构和管理好通胀预期三者的关系。当前扩内需和管通胀问题相当突出。特别在中美汇率大战不断升级的情况下，货币政策在调整供给结构、抑制输入型通胀压力等问题上效果不明显。因此，运用好财政政策显得尤为重要。具体来讲，要做好“加减乘除”法。第一，做好“加”法，就是总量扩张，重点在于增加政府公共投入。在增投资上，财政资金要重点用于项目的保收尾、保续建，尽快发挥投资效益；在扩内需上，形成内需主导型增长动力结构不能单纯依靠投资，而更要引导消费，要继续实施好“四下乡、两换新”工作，增加对低收入群体的补贴，提高社会保障水平等，促进消费增长；在拓外需上，进一步落实出口退税政策，完善WTO规则内的财政补贴政策，鼓励本地企业走出去。另外，加强对中小企业融资难的点调控，弥补货币政策收缩造成的影响，避免“误伤”经济实体。第二，做好“减”法。就是继续实施结构性减税和税费改革，把总量扩张和结构优化通过税费改革落实到宏观调控中。通过运用对困难企业“五缓四降三补贴”财政税收政策，可以最大限度消除货币政策收紧产生的负面影响，帮助企业渡过难关。第三，做好“乘”法，就是要发挥乘数效应和组合效应，通过优化政府投资结构，通过政策性融资、支持企业兼并重组等举措，着力解决影响非公经济发展的“弹簧门”、“玻璃门”现象，积极引导社会资金和民间资本跟进，发挥政策的乘数效应。同时，要强化财政政策与货币政策、商务政策、产业政策、投资政策、社保政策、土地政策以及其他政策的搭配组合，与推进改革配合，这样才能事半功倍。如要把基建投资同拉动消费投资结合起来，搞好保障性住房建设，加快城镇化进程等，把做好国民收入分配与促进消费结合起来，提高劳动者报酬，完善社保体系。第四，做好“除”法，就是进入后危机时代，如何在确保经济平稳增长的同时，消除财政风险，确保积极财政政策“软着陆”，必须引起高度重视。当前，一些地方政府债务增长过快，其中包括直接债务和间接债务。借债的冲动大，还款的动力小，避险的意识更不强，在这种情况下，地方财政风险可能会扩大。在现行体制下，中央与地方之间没有“防火墙”，地方财政风险最终都会转化为中央财政风险。所以，应当树立风险意识，并采取综合平衡的方法。讨论扩大支出，应考虑收入来源；谈论减税，要考虑财政支出的要求，尤其是一些刚性的社会性支出。最终还要看赤字和债务的承受能力，风险是否可控。否则，各唱各的调，财政就会在社会压力的挤压之下引发风险甚至危机。

3. 完善财政收入体系建设。按照新的政府收支分类科目划分，我国政府收入包括税收收入、社会保险基金收入、非税收入、贷款转贷回收本金收入、债务收入和转移性收入六大类。我们平时讲的财政收入实际上只是政府收入的一部分，主要包括税收收入、非税收入和债务收入，还有大量政府资金没有进入一般预算收入。例如，以土地有偿使用收入为主体的政府基金增长迅猛，2009 年全国土地出让金收入达到 1.42 万亿元，相当于全国财政收入的五分之一。西方各主要国家从 19 世纪末到 21 世纪，国家的税收一般都占到财政收入的 80% 以上。当前财政收入体系存在的财政收入占 GDP 比重偏低、财政收入结构有待优化、税制结构不尽合理、地方税收体系建设滞后等问题，已经引起中央决策层的高度重视。同样是在国务院第三次廉政工作会议上，温家宝总理特别强调要把政府所有收支统一纳入预算管理，形成覆盖政府所有收支的预算体系。这样，我国财政收入的可比口径就会与国际相接近、相统一、相衔接。为此，我们要进一步完善财政收入体系建设。

一是推进税制改革。按照“简税制、宽税基、低税率、严征管”的原则，构建更加合理的税制结构，要逐步提高我国直接税的比重，更好发挥税收调节收入分配作用，比如，开征房产税，提高个人所得税薪金扣除标准等。适时出台资源税改革方案，促进资源节约和环境保护。统一内外资企业城建税和教育费附加制度，公平税收负担。加快地方税收体系建设，增强地方政府提供基本公共服务的保障能力。

二是规范非税收入管理。按照强化税收、规范收费的原则，正税清费，完善非税收入管理，优化财政收入结构，提高公共财政保障能力。严格控制设立新的收费、基金项目。全面清理取消不合法、不合理的收费、基金。整合性质相近、重复设置的收费、基金。将部分具有税收性质的收费、基金转为税收。将养老、失业、医疗保险基金改为社会保障税；将教育费附加、地方教育基金及文化建设事业费等改为文化教育税；将环保方面的各项收费、基金改为环境保护税。并将不再体现政府公共管理职能的收费转为经营性收费。对应保留的非税收入实行规范化管理，进一步厘清财政收入征管秩序。全国人大财经委副主任委员高强在今年全国“两会”上答记者问时，提到要取消全部预算外收入，赶进“笼子”，纳入“盘子”。虽然马上做到困难，但是努力的方向，追求的目标。

三是加强政府债务管理。从我国目前情况来看，为有效应对国际金融危机，加大财政政策对经济发展的支持力度十分必要。从全国来看，2009 年财政赤字率预计接近 3%，国债负债率 19%，债务依存度预计超过 20%，赤字率指标接近欧盟控制线 3%，虽然这三个指标数值不高，但短时间内上升过快，风险在加速累积。而且，我们还有大量隐性赤字和债务，实际的财政赤字和债务数要大得多。例如，目前各式各样的地方投融资平台遍地开花，包括城市建设投资公司、城建开发公司等。国务院发展研究中心统计，2009 年，全国各级各类投融资平台数量在几个月之内由 3000 家增加到 5000 家，地方政府融资平台贷款余额（不含票据）约为 7.2 万亿元；其中 2009 年新增后续贷款约为 3 万亿元，估计 2011 年底将达到 10 万亿元，约占我国 2009 年 GDP 的三分之一。同时，全国新增的 10 万亿元贷款规模中，约有 50% 以上的信贷资金流向各类政府投融资项目。由地方投融资平台主导的信贷不断增长，增大了财政隐形负债，将融资风险转嫁至地方财政，当地方财政出现困难时，融资风险就会转给商业银行。从国际来看，情形也不乐观。美国财政赤字 2009 年为 1.42 万亿美元，赤字率由 2008 年 3.2% 猛增到 10%，美国联邦政府的债务增至 6.71 万亿美元，占 GDP 的 47.7%，创下二战后最高水平。原因三方面：①金融危机政府投入 3530 亿美元；②上届政府赤字财政政策影响；③医疗体系巨额支出 7963 亿美元。最近欧盟研究援助化解希腊政府债务危机更是鲜活的例子。为了摆脱二战以来最严重的经济危机，希腊等欧盟成员国纷纷斥巨资用于刺激经济增长，加上财政收入锐减，财政赤字和政府债务水平普遍大幅上扬，导致了极为严重的政府债务危机。统计数据显示，2009 年希腊财政赤字占 GDP 比重为 12.7%，公共债务占 GDP 比重为 113%，均远远超过欧盟规定的 3% 和 60% 上限。美国经济复苏艰难和希腊政府债务危机给我们敲响警钟，都值得我们反思。财政部谢旭人部长在 2010 年全国人代会举行首场专题记者会上明确表示，在继续实施积极的财政政策同时，要进一步防范潜在的财政风险。有人提醒：中国应警惕“五万亿美元陷阱”，要避免日本进入 5 万亿美元俱乐部之后所患的巨型经济体综合征，并尽力避免在西方热捧的所谓的中国模式中滋生骄傲心理。

4. 建立财政预算根本制度。尽管我们在预算管理和改革方面取得了一定的成绩，但随着经济社会发展，现行的《预算法》已经不能适应发展的需要，行政管理体制与预算管理改革不同步，预算管理制度本身也存在一些薄弱环节等问题逐步暴露出来。我在参加全国人代会上提议修改《预算法》，不修改财政系统无法以法从政，现在算来《预算法》已经执行了 15 个年头，法定内容和现今实际情况差距很大，最大的问题是预算编制不够完整、预算执行不够严肃、预算监督不够到位，满足不了正常管理需要，必须建立新的财政预算根本制度。

一是硬化预算约束，增强预算的法定性。要尽快修订《预算法》，这次“两会”上传出消息，预算法修改已取得了明显进展，修改的核心内容是三句话：第一，增强预算编制的完整性，明确提出“所有的政府收入和支出都应当纳入预算”，在我国存在多年的政府预算外收支将成为历史。第二，规范预算的执行。“经人大批准的预算，未经法律程序不得改变”，这一条对于预算的调整作出了严格的规定。而现行《预算法》规定的预算调整是，只要人大批准的收支平衡的预算不出现赤字，或者批准的赤字预算不突破，就不算调整。这几年，各级财政超收的很多，最多的超几千亿，但只要不出现赤字，就可以不作为预算调整。结果是，大量预算收支的增加脱离了人大的监督，这是不完善的，要作出修改。第三，增强预算监督的严肃性。在预算监督的内容、承担的法律责任，以及如何追究违反《预算法》各项行为的处罚规定方面，都作了明确规定，做到预算编制、执行、监督全方位的法制化。

二是建立四大预算体系，提高预算的完整性。建立健全国家财政预算体系，全面提高财政预算的统一性和完整性，是增强预算约束力、完善财政职能、增强政府宏观调控能力的重要手段。我国预算体系改革方向是，建立由公共财政预算、国有资本经营预算、政府性基金预算和社会保障预算四大预算共同组成并有机衔接的国家财政预算体系，全面反映政府收支总量、结构和管理活动。四大预算应保持相对独立、自成体系。在编制国有资本经营预算、政府性基金预算和社会保障预算时，也应坚持量入为出的原则，原则上自求平衡，并作为公共财政预算的附加形式提交人大审议。同时，四大预算相互之间可进行适当调剂。调剂渠道包括：从国有资本经营预算、政府性基金预算调剂资金用于公共财政预算支出，支持统筹解决民生问题；从公共财政预算、国有资本经营预算调剂资金用于社会保障支出，弥补社会保障支出缺口。

三是实行科学化精细化管理，增强预算的科学性。科学化和精细化是加强预算的重要手段，科学化就是要“抬头看路”，明确目标和方向并选择正确的路径；精细化就是要“埋头拉车”，按照科学化指引的方向扎扎实实推进工作。增强预算的科学性，主要是在预算编制上体现优化财政支出结构的要求。从我国经济社会发展阶段的实际出发，坚持有所为、有所不为，充分发挥市场配置资源的基础性作用，合理界定支出范围，集中资金用于加强经济社会发展的薄弱环节，强化公共服务和社会管理。按照广覆盖、保基本、多层次、可持续的原则，重点加大对“三农”、教育、医疗卫生、社会保障和就业、保障性住房等公共服务领域的投入，优先保障和改善民生。同时，在具体的项目支出安排上，要引入评审论证机制，提高项目支出预算安排的前瞻性和合理性。在此过程中，要处理好增加投入和制度建设的关系。应在不断加大财政投入的同时，更加注重制度创新，建立健全保障和改善民生的长效机制。要处理好财政支持与社会参与的关系。对一些具有明显公益性质的社会事业，要切实发挥财政保障功能，减轻群众负担。同时也要考虑，社会需要具有多样、多层次和不断变化等特性，还需要调动各类市场主体和社会组织的积极性，充分发挥市场机制作用，形成多元化的民间投入机制。要处理好尽力而为和量力而行的关系。一些国家教育等民生支出高，是与其财政收入占国内生产总值比重高直接相关。而我国财政收入占国内生产总值比重较其他国家偏低，而且一些收费、基金具有专门用途，很难统筹用于民生支出。因此，保障和改善民生需循序渐进，既要尽力而为、不断增加民生投入，又要量力而行、区分轻重缓急，防止因超越可能去满足需要而不可持续。

四是扩大预算透明度，提高预算的公开性。近年来，老百姓越来越来关注袋子里的钱花到哪去了。今年两会上，预算公开就是一个热门话题。深圳的吴君亮、上海财经大学的蒋洪教授等民间“查账”人士，以各种方式要求预算信息的公开。吴君亮搞了一个中国预算网，蒋洪教授是全国政协委员，于2008年带领他的弟子们，从民间角度为各省的预算透明度搞了个排名，安徽省排内蒙、福建后居第三位。平心而论，要求政府公开预算信息，既是公民参政和监督的权利，也应该是财政部门的一种自觉行为和努力方向。目前，财政预算信息公开正在依法加快推进，但要做到“一步到位”的全公开，各方面条件估计还不具备。比如，大家关心的“三公”问题（即公款出国、公款招待、公务用车）和政府行政成本，按照现行科目设计，还不具备这样的统计功能。下一步，推进预算公开主要做好这几个方面。第一，加大预算信息的公开力度。向社会公开的财政预算信息具体可包括：预算管理体制、预算分配政策、预算编制程序等预算管理制度，以及预算收支安排、预算执行、预算调整和决算等预算管理信息。第二，明确公开的责任主体。政府预算由财政部门公开，部门预算由部门自己公开。人大审议通过的政府预算收支和预算报告要及时向社会公布。第三，合理界定公开深度。从体系上看，在目前向人大报送审批一般预算收支、政府性基金预算收支的基础上，逐步拓展到报送国有资本经营预算、社会保险基金收支等。从科目上讲，要按政府支出功能分类的“款”级科目列示。部门预算方面，除个别涉密程度较高的部门外，一级预算单位的部门预算全部报送人大审批。第四，找准社会关注点。一些与人民群众有直接利益关系、社会公众能切身感受到的资金分配政策，如新型农村合作医疗补助资金、城乡最低生活保障资金、粮食直补和农资综合直补资金、救灾扶贫资金等应作为重点内容向社会公开，并且要直接向受益对象、受益群体公开。最近，财政部下发了进一步做好预算信息公开的意见，确定了预算公开的主体、公开的内容、公开的方式等等，安徽省各级财政部门将认真贯彻执行，进一步提高预算的透明度。2010年3月，我在北京参加全国人代会时，也有记者专门就安徽省财政预算公开步伐有多快向我提问，我明确表态将按照国家的统一部署，争取3年内实现向社会公开全部部门预算。

5. 加强财政管理绩效跟踪。党的十六届三中全会提出“建立预算绩效考评体系”。2010年1月8日，胡锦涛总书记在主持政治局第十八次集体学习时强调，要提高财政管理绩效。从我国现实情况来看，政府投资项目管理常常存在“铁路警察，各管一段”的局面，批项目、建项目、管项目三段制、三分离，往往形成管理环节脱节，项目实际成效打折扣，容易造成重复建设、低水平建设。最可怕的是，该自己管的一段也没管好，一些地方上项目拍脑袋、要项目拍胸口、还资金拍屁股。加之我国财政绩效管理主要侧重于技术和工程及资金使用的合规性评价，而对财政资金的效益评价不足；评价对象局限于项目本身，而对项目内外因素的综合分析不足；评价数据缺乏，导致项目评价基础薄弱，财政监管职能无法充分发挥，进一步加强财政绩效管理势在必行。

一是构建绩效管理的法制体系。预算绩效管理覆盖面广，涉及政府及其部门职责与权能的重新配置，利益结构也会相应整合，遇到的阻力可能较大，需要加强立法对相应的权利义务关系进行调整和规定。如在《中华人民共和国地方各级人民代表大会和地方人民政府组织法》等相关法律修订中，增加对各级政府绩效管理的有关规定。另外，在修订《预算法》及其他相关财政法规时，增加预算绩效管理有关要求，明确部门绩效管理职能。一旦条件成熟，应及时制定出台政府绩效管理单行法规。

二是大力开展财政支出的绩效评价。通过扩大绩效评价范围，逐步积累开展财政支出绩效评价的经验，实现由单个项目支出绩效评价向部门使用财政资金综合效益评价转变，由目前注重预算内财政资金向所有财政性资金开展绩效评价转变。在实际工作中，认真研究构建财政绩效管理的评价体系和财政绩效评价的指标体系，增强绩效评价的科学性和合理性。

三是积极推进绩效预算。实施绩效预算，将预算资金分配与政府部门绩效考评紧密联系起来，有利于强化政府部门责任，推动政府部门优化资源配置，也有利于社会各界对政府提供公共产品和服务的质量、成本进行监督。当前，在我国推进绩效预算还受很多条件制约，尚难以全面实行，但要坚持这一方向，可选择有关重点项目进行绩效预算试点，不断积累经验，并加以扩展。

四是积极推进绩效监督。围绕经济性、效率性和效益性开展财政监督和审计监督工作。也就是说，推行绩效监督，不仅要关注财政资金筹措和使用方向上的“对不对”、“实不实”，更要关注用得“好不好”，目标取向上要从传统的侧重于评价财政财务收支的真实、合法上，转变到重点评价财政资金的效益上，将预算管理绩效与部门预算资金的安排挂钩。同时，树立并全面推行绩效理念，开展绩效监督，建立绩效管理的问责机制。

财政体制与财政政策内容比较丰富，涉及经济社会方方面面，可谓包罗万象，随着理财实践的进一步深入，体系、体制、机制和各项职能的发挥必将进一步适应时代和社会发展，要求理财者始终保持与时俱进、开拓进取的精神。

# 后　记

站在新世纪第一个10年的终点，金融危机的阴霾仍未散尽，但已经感受到复苏的阵阵暖流，正在目睹经济持续向好的片片霞光。这几年，国家大事不断，难事重重，也喜事连连，我们经历了罕见的冰冻雨雪灾害，四川汶川大地震、青海玉树地震，迎来了改革开放30周年，见证了奥运会的百年圆梦，庆祝新中国成立60华诞，成功举办了上海世博会，有效应对波及全球的金融危机……财政是经济的直接反应，财政政策具有作用直接、重点突出、见效快速的鲜明特点，在宏观调控中发挥着“打头殿后”的重要作用，尤其在应对国际金融危机过程中，财政部门沉着应对，冷静决策，果断出击，在财政史上谱写了为民理财的浓重一页。

这本文集，记载了近年安徽财政探索与创新的过程，真实地再现了财政改革与发展的轨迹，其中不乏篇幅带有时代性、事件性和业务性的印记，但多是站在财政发展角度上的探索，以及“跳出”财政服务大局的思考。根据内容分类，本书分为四个部分，共52篇文章，有的已经整理发表在报纸期刊上，需要说明的是，限于文稿所处的历史方位，一些观点和思考也具有一定的局限性，敬请广大读者批评指正。

近年来，我们按照财政科学化精细化管理的要求，深入推进依法理财、科学理财、民主理财，与此同时，注重主动理财、积极作为。所谓主动理财，就是要围绕中心、服务大局，在构建和谐社会的大背景下，充分发挥好财政宏观调控作用。主动理财，既是一种工作状态、工作责任，也是一种理财思路、时代使命；不做账房先生，做一名经济管理者，不做摇头先生，做一名财政明白人。财政工作面临的所有难题和全部挑战，只要坚持主动理财、主动创新、主动实践，就能找到解决问题的办法。当前财政经济形势复杂多变，对理论实践与时俱进的要求更加迫切，也激励我们财政人不断思考、不断探索、不断破解发展中的矛盾和难题。

作 者

2010 年 12 月